浙江省普通高校"十三五"新形态
高等院校心理学专业精品教材系

The Principles of
PSYCHOLOGICAL
COUNSELING

# 心理咨询原理

杨宏飞 / 主编

ZHEJIANG UNIVERSITY PRESS
浙江大学出版社

**图书在版编目（CIP）数据**

心理咨询原理 / 杨宏飞主编. —杭州：浙江大学
出版社，2020.12
　　ISBN 978-7-308-19871-4

　　Ⅰ.①心… Ⅱ.①杨… Ⅲ.①儿童心理学—咨询心理
学 Ⅳ.①B844.1

　　中国版本图书馆 CIP 数据核字（2020）第 002136 号

**心理咨询原理**

杨宏飞　主编

| | | |
|---|---|---|
| **策划编辑** | 阮海潮 | |
| **责任编辑** | 阮海潮（1020497465@qq.com） | |
| **责任校对** | 王元新 | |
| **封面设计** | 春天书装 | |
| **出版发行** | 浙江大学出版社 | |
| | （杭州市天目山路 148 号　邮政编码 310007） | |
| | （网址：http://www.zjupress.com） | |
| **排　　版** | 杭州青翊图文设计有限公司 | |
| **印　　刷** | 杭州钱江彩色印务有限公司 | |
| **开　　本** | 787mm×1092mm　1/16 | |
| **印　　张** | 20 | |
| **字　　数** | 499 千 | |
| **版 印 次** | 2020 年 12 月第 1 版　2020 年 12 月第 1 次印刷 | |
| **书　　号** | ISBN 978-7-308-19871-4 | |
| **定　　价** | 75.00 元 | |

**版权所有　翻印必究　印装差错　负责调换**

浙江大学出版社市场运营中心联系方式：0571 - 88925591；http://zjdxcbs.tmall.com

# 前　言 　　>>> >

　　大学生心理健康教育课的内容安排有两种基本模式:一是以大学生常见心理问题为主线,讲解问题的起因、表现、影响和解决方法;二是以理论和方法为主线,讲解理论和方法的产生、发展、具体内容和操作步骤,并联系学生的心理问题进行讲解。相应地,教材的内容体系也可以分为这两种模式。这两种模式各有千秋,前者容易引起学生的共鸣和兴趣,但不容易保持理论和方法的系统性学习;后者则相反。但上课不同于写教材,书是死的,人和课堂是活的,老师完全可以扬长避短,做到既保证理论和方法学习的系统性,又不乏生动有趣的例子,而整合两者的路径之一是开展小组参与式教学。

　　我们曾经做过教学实验:单周上大课,以老师讲解理论为主;双周分小班,由助教负责上小课,课内 5 至 6 人一组,先简要讨论知识要点,再重点讨论如何用所学理论和方法解决自己遇到的心理问题,心理问题可以是消极的(如人际焦虑),也可以是积极的(如想保研)。结果发现,这样的教学效果比传统教学好。

　　接着,我们又做了一个教学实验:在原来的基础上,增加一个课外练习,即通过校园网找一个本校学生,帮助对方解决心理问题(如发现问题严重则转介给学校心理中心),然后在小组里讨论和分享。结果发现,这样的教学除了培养解决自己心理问题的能力外,还能培养一定的朋辈辅导能力。

　　基于这样的经验,我们希望使用本教材的同学努力学习,不仅为了好分数,更为了帮助自己和他人解决心理问题,做一个不仅无心理障碍,而且有较高幸福感的心理健康人。

　　全书共 16 章,先阐述心理咨询的伦理、内容、形式、原则、目标、过程、谈话技巧等,然后介绍心理咨询主要流派(精神分析、沟通分析、行为疗法、来访者中心疗法、理性情绪疗法、家庭治疗、折衷心理咨询、后现代心理咨询、积极心理干预)的产生背景、发展历史、基本理论和方法,并作简明扼要的评价,最后论述心理咨询效果评价模型和心理咨询的哲学基础。为了便于组织教学活动,每章设计了学习要点、思考题和小组活动等栏目。

本教材第二章由徐青、杨宏飞撰写,第十一章由周宵撰写,第十二章由来燕、杨宏飞撰写,其余各章由杨宏飞撰写。全书由杨宏飞统稿。杨宏飞、徐青和周宵拍摄了中国大学 MOOC 视频公开课"心理健康与心理咨询",经学校同意,视频可作为本教材配套资源,以二维码形式嵌入相关章节(共 27 个视频)。由于 MOOC 视频公开课只有 8 章,而本教材有 16 章,所以并非每章都有视频。

编者

CONTENTS

# 目　录　　>>> >

# 第一章　绪　论

1.1 绪论

## 学习要点

　　掌握心理咨询的基本概念,了解心理咨询的发展史和我国传统文化中常用的五个心理调节方式。初步分析自己的心理健康情况。

　　随着社会的发展,人们越来越关注心理健康,对心理健康的追求必然会成为生活的重要组成部分。因此,各种心理健康服务工作应运而生,首先出现的自然是心理咨询。心理咨询是以维护和促进心理健康为工作目标的专业领域,有其自身的特点和要求。

## 第一节　心理咨询概述

### 一、什么是心理咨询

　　我国"咨询"一词最早见于《书·舜典》:"咨,十有二牧","询于四岳",意为上下级官吏之间商议政事、征询意见。咨,亦作"谘",共谋、商议之意。《古·辞书》:"咨,谋也"。《信安王幕府诗》:"庙堂咨上策,幕府制中权"。同时又强调询问于善者、忠信之人。《左传》:"必咨于周","访问于善为咨,咨亲为询,咨礼为度,咨事为诹,咨难为谋"。杜预注:"当咨于忠信,以补己不及"。诸葛亮《出师表》:"陛下亦宜自谋,以咨诹善道,察纳雅言"。询,询问、请教之意。《诗·大雅》:"先民有言,询于刍荛",引申为查考,"询事考言"。故咨询的基本词义为:主体主动向善者(智者、专家)请教(或商议)意见(或建议、办法、谋略);引申词义为:(向书籍等)查询、考证。

　　在《现代汉语词典》中,"咨询"一词的解释为"征求意见"。这是从来访者角度看的。从咨询者角度看,有人认为应为"提供信息"。英文中"咨询"(counsel)与古法语 conseiller、拉丁语 consiliari 的词干相似,意指商议、商量、劝告、忠告、建议、会议、考虑、谈话、智慧等。还有人从行为科学观点出发,将它引申为"介入"和"干预",意即把原本属于自己的问题,自愿主动请别人介入和帮助解决的一种行为。另一个英文单词 consult,早期指与他人商量,共同商议,向别人或书籍寻求知识、劝告、建议,后来演绎为"以重要事项与能给予明智劝告的人商量",即向专家询问、请教,与之商议、谋划,也指当顾问。但在现代心理咨询中,counsel 指咨询师与来访者之间的咨询活动,counsult 指咨询师与相关的第三方(如父母、教师等)之间的咨询活动,这时,咨询师既是提供帮助的人,也可以是从第三方寻求帮助的人,如从父母、教师中获取关于来访者的情况,以及可能的解决方法。"心理咨询(psychological counseling)"一词既可表示一门学科,即"咨询心理学"(counseling psychology),也可表示一种技术工作,即心理咨询服务(psychological counseling services)。首先用心理咨询概念的是威廉森(Williamson,1939),他在《如何咨询学生》(How to Counsel Students)一书中,将学生指导计划分为 6 个阶段:分析(analysis)、综合(synthesis)、诊断(diagnosis)、预测(prognosis)、咨询(counseling)、追踪(follow-up),其中咨询属于第 5 个阶段[①]。后来,罗杰斯(Rogers,1942)在其《心理咨询与心理治疗》(Counseling and Psychotherapy)一书中提出了颇具影响的定义:"心理咨询是一个过程,其间咨询师与来访者的关系能给予对方一种安全感,使其可以从容地开放自己,甚至可以正视自己过去否定的经验,并把它融合于已经转变了的自己,作出统合。"[②]派特生(Patterson,1967)认为:"咨询是一种人际关系,在这种关系中咨询人员提供一定的心理气氛或条件,使咨询对象发生变化,作出选择,解决自己的问题,并形成一个有责任感的独立个性,从而成为更好的人和更好的社会成员。"[③]《美国精神病学词汇表》(1994)的定义为:"咨询是一种谈话和讨论的治疗方法,其中供咨者向询者就一般的或特定的个人问题提供建议或辅导。"[④]

《心理学百科全书》(1995)对"心理咨询"的定义是:"咨询者就访谈对象提出的心理障碍或要求加以矫正的行为问题,运用相应的心理学原理及其技术,借助一定的符号,与访谈者一起进行分析、研究和讨论,揭示引起心理障碍的原因,找出行为问题的症结,探索解决问题的可能条件和途径,共同协商出摆脱困境的对策,最后使访谈者增强信心,克服障碍,维护心理健康。"[⑤]中国心理学会(2018)关于"心理咨询"的定义是:"在良好的咨询关系基础上,经过专业训练的临床与咨询专业人员运用咨询心理学理论和技术,帮助有心理困扰的求助者,以消除或缓解其心理困扰,促进其心理健康与自我发展。心理咨询侧重一般人群的发展性咨询。"[⑥]

不难发现,关于心理咨询的定义众说纷纭,但区别主要在语言描述上,本质上极为相似。首先,心理咨询是一种人际交往活动,具有互动性。一方是受过专门训练的咨询师(counselor),另一方是愿意接受咨询的来访者(client or counselee),双方通过语言的和非语言的交流,期望来访者产生积极的心理变化。其次,心理咨询是一种助人活动,咨询师是专业助人者(professional helper),来访者是受助者(helpee),前者为后者提供心理上的帮助。再次,心理咨询是在一定理论和方法指导下的活动,咨询师必须接受严格的心理咨询理

① Williamson E G. How to counsel students. New York:McGraw-Hill Book Conpany,Inc. ,1939:36

② Rogers C R. Counseling and psychotherapy. Boston,MA:Houghton Mifflin,1942:3

③ Patterson C H. The counselor in the School:Selected readings. New York:McGraw-Hill Book Conpany,Inc. ,1967:223.

④ Edgerton J E,Campbell R J. American psychiatric glossary. 7th ed. Washington,DC:American Psychiatric Press,1994.

⑤ 《心理学百科全书》编辑委员会. 心理学百科全书. 杭州:浙江教育出版社,1995:1445-1446.

⑥ 中国心理学会. 中国心理学会临床与咨询心理学工作伦理守则(第二版). 心理学报,2018,50(11):1314-1322.

论学习和实践训练,在咨询中有意识地应用理论和方法帮助来访者,必要时也要让来访者及其亲属以及其他相关人员了解所用的理论和方法,以便取得他们的理解与合作。

## 二、什么是心理治疗

心理治疗(pychotherapy)也没有一个公认的概念。美国的斯特鲁特(Strupp,1980)认为,心理治疗是一个人际互动过程,它反映来访者早年的人际关系,早年人际关系好坏会影响建立良好的治疗关系,从而影响治疗效果①。英国《精神病学词典》(1985)将"心理咨询"解释为"是一种在求治者和治疗者间针对来访者的精神和情绪问题以语言交谈进行治疗的技术"②。美国《美国精神病学词汇表》(1994)将"心理治疗"解释为"在这一过程中,一个人希望解决症状,或解决生活中出现的问题,或因寻求个人发展而进入一种含蓄的或明确的契约关系,以一种规定的方式与心理治疗家相互作用"③。《心理学百科全书》(1995)关于"心理治疗"的定义是:"心理治疗是治疗者有目的地运用相应的心理学原理及其技术,借助一定的符号或药理因素去影响治疗对象,借此克服心理障碍,矫正行为问题,增强治疗对象的心理健康。"④中国心理学会(2018)的定义是:"在良好的治疗关系基础上,由经过专业训练的心理师运用临床心理学的有关理论和技术,对有心理障碍患者进行帮助与矫治的过程,以消除或缓解患者的心理障碍或问题,促进其人格向健康、协调的方向发展;心理治疗更侧重心理疾患的治疗和心理评估。"⑤

这些定义虽说法不一,但不外乎把"心理治疗"看作一种方法、技术或人际交互过程,其主旨都是运用心理学的方法帮助来访者克服心理障碍,以达到心理健康的目的。

## 三、心理咨询和心理治疗的异同

心理咨询与心理治疗有许多相似之处,尤其在实践中往往难以区分。在我国,许多心理咨询门诊或心身科实际上把两者等同起来使用。在国外,虽然心理咨询师(psychological counselor)和心理治疗师(psychotherapist)所持执照不同,但无论在理论上还是在实践中,两者的区别都不十分明确,心理咨询在治疗师看来是心理治疗,心理治疗在咨询师看来是心理咨询。

两者的相似性主要表现在四个方面。首先,理论方法基本一致,如精神分析的理论和方法、格式塔理论和方法、行为改造技术等都是心理咨询师和心理治疗师必须掌握的基础理论。其次,处理的现实生活问题往往一样,如来访者的婚姻问题、学习问题、人际关系问题、工作压力问题等。再次,工作目标是相似的,都希望通过专业人员和服务对象的互动,促使被服务者的心理朝着积极有利的方向发生变化。此外,它们的基本原则是相似的,都注重通过尊重、理解等态度和沟通技术与服务对象建立良好的关系,并认为这是产生变化的必要条件。

但两者之间也存在差异。首先,心理咨询的工作对象主要是正常人,处理的是发展性问

① Strupp H H. Success and failure in time limited psychotherapy: further evidence (comparison 4). Archives of General Psychiatry,1980,37(8):947-954.
② Walton H. Dictionary of psychiatry. London: Blackwell Scientific Publications,1985:140.
③ Edgerton J E,Campbell R J. American psychiatric glossary. 7th ed. Washington,DC: American Psychiatric Press,1994.
④ 《心理学百科全书》编辑委员会. 心理学百科全书. 杭州:浙江教育出版社,1995:1463.
⑤ 中国心理学会. 中国心理学会临床与咨询心理学工作伦理守则(第二版).心理学报,2018,50(11):1314-1322.

题。这类问题主要包含两大类型:一是随着年龄增长自然会遇到的一些问题,如小学学习压力、中考压力、青春期烦恼等;二是与年龄关系不大的生活事件引起的一些问题,如家庭矛盾、他人误解、意外事故等引起的苦恼。这些心理问题刚发生时往往是表层的,经过一次或几次咨询便可以解决,预后比较好。而心理治疗的主要对象是有心理障碍的人,处理的是障碍性问题,如焦虑症、抑郁症、恐怖症等。这些问题往往是长期形成或是重大心理创伤引起的,是深层的,治疗所需时间长,由几次到几十次不等,甚至需几年才能完成。不少心理障碍如重度抑郁症等必须以接受药物和(或)物理治疗为主,心理治疗为辅。其次,心理咨询在意识层次进行,更重视工作的教育性、支持性和指导性,其重点在于找出已经存在于来访者身上的内在因素,使之得到发展;或在分析现存条件的基础上探讨改进意见。心理治疗的某些学派,主要针对无意识领域进行工作,并且其工作具有对峙性,重点在于重建来访者的人格。再次,心理咨询师与治疗师所接受的专业训练不尽相同,往往属于不同的学术团体,有各自的活动范围。心理咨询多数是在非医疗情境中开展,应用多种方式介入来访者的生活环境之中,而心理治疗多在医疗情境中进行。此外,两者的历史渊源也不相同。心理咨询的起源与职业指导运动、心理测验运动和心理卫生运动有关;心理治疗的起源与弗洛伊德创立的精神分析及产生于 19 世纪中叶的催眠术有关。但罗杰斯倡导的非医学、非精神分析的心理咨询与心理治疗对现代心理咨询和心理治疗都有深远的影响。

表 1.1 从更广泛的层面描述了心理咨询与心理治疗的联系与区别。我们把心理咨询、心理治疗和精神病学作为既有联系又有区别的学科领域,则其相应的服务人员、服务对象和期望解决的问题就可以做比较明确的区分。

表 1.1　心理咨询和心理治疗的联系与区别

| 学科领域 | 心理咨询学 | 心理咨询学和心理治疗学 | 心理治疗学 | 精神病学 |
|---|---|---|---|---|
| 服务人员 | 心理咨询师 | 心理咨询师或心理治疗师 | 心理治疗师 | 精神科医生 |
| 服务对象 | 来访者 | 来访者或患者 | 患者 | 患者 |
| 问题 | 发展性问题 | 神经症、性变态等心理症状 | 人格障碍 | 精神病 |
| 问题的本质 | 不成熟、缺乏知识和适应技能 | 非人格化心理症状 | 人格化心理症状,怪而不分裂 | 思维混乱、脱离现实 |
| 问题意识 | 能意识到自己的问题 | 能意识到自己的问题 | 不能意识到自己的问题 | 不能意识到自己的问题 |
| 体验 | 烦恼、苦闷、焦虑、紧张 | 痛苦 | 不痛苦 | 不痛苦 |
| 自控能力 | 能控制 | 想控制,但不能控制 | 不想控制,也不能控制 | 没有控制意识,也不能控制 |
| 服务时间 | 1 次或几次,不用住院 | 几次、几十次或更长,可以住院 | 几次、几十次或更长,可以住院 | 必须住院 |
| 预后 | 最好 | 比较好 | 比较差 | 最差 |

### 四、心理咨询和心理辅导的异同

我国台湾和香港地区心理学界一般把"psychological counseling"翻译为"心理辅导"或"心理咨商",大陆心理学界则翻译为"心理咨询"。故从这一角度看,台湾和香港地区的"心理辅导"和"心理咨商"与大陆的"心理咨询"是同一个概念。但台湾和香港地区也有人提出心理辅导和心理咨询是不同的概念,如吴武典在其《辅导原理》中从6个方面区分了4种助人方式:教育、辅导、咨询和心理治疗(图1.1)。我国大陆从20世纪80年代开始在中小学开展心理辅导活动,尤其是心理辅导活动课倍受广大师生欢迎,但对心理辅导和心理咨询的异同存在不同的理解。汤宜朗和许又新认为:"在现代汉语中,counseling有两种叫法:一种叫咨询,一种叫辅导。按照我国大陆的惯例,对于学生往往叫辅导,而对于一般人则称为咨询。"张声远则认为,心理咨询是针对各种困惑者经过澄清、诊断和补救等手段,达到为来访者解决问题的目的,心理辅导则面向全体学生,经教师在和谐的气氛、良好的关系中认识自己、调节自己,达到更好适应和发展的目的。心理咨询中的来访者必须主动来咨询,而心理辅导人员可以走出辅导室,请学生来接受辅导。刘华山认同吴武典的观点,认为心理辅导与心理咨询是有区别的平行概念,而吴增强等则认为,心理辅导是种概念,它包含心理教育和心理咨询两个属概念。

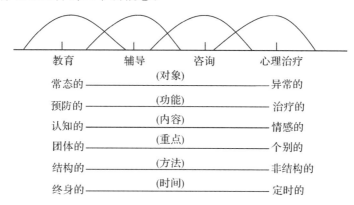

图1.1 几种助人活动的关系

我们以为,心理辅导和心理咨询概念的界定存在两个问题。一是语意理解问题,"辅导"一词在教育领域出现较多,各种辅导班常常与学校教育有关,所以对辅导的理解与"教师帮助学生"紧密联系。咨询更多地使人联想到各种专家帮助他人的情形,可以在任何领域出现,如商业咨询、健康咨询、家教咨询等。因此,"心理辅导"一词的校园色彩比较浓,心理咨询的社会色彩比较浓。从这一角度讲,学校系统用心理辅导,其他机构用心理咨询更符合人们的语意理解。二是与国外的交流问题,国外虽然也有一些相关的概念,如"guidance"(指导)、"psychological services"(心理服务)、"counseling services"(咨询服务)等,但通用的概念还是"psychological counseling"。由于我国港台地区的心理辅导和大陆的心理咨询都是对"psychological counseling"的翻译,两者等同视之似乎更符合概念的由来和学术交流的要求。三是概念与具体方法的联系问题,一些学者倾向于区分心理辅导与心理咨询,理由是两者的方式方法有所不同,尤其是中小学里,辅导老师可以主动找问题学生进行辅导,而其他部门尤其是医院里的心理咨询一般是等有问题的人来咨询。这些问题看似简单,但涉及一系列的理论和实践问题,一方面需要学界的研究,另一方面有赖于实践的检验。

# 第二节　心理咨询的发展历史

如果把心理咨询理解为帮助解决心理问题,那么可以说它从人类出现起就已经存在了,如果作为一种专业的助人工作,那么它是心理科学诞生后产生的。因此,从某种意义上说,心理咨询与整个心理学科一样,有一个漫长的过去和短暂的历史。

## 一、古代心理咨询思想

### (一)我国古代心理咨询思想

我国古代医学家十分重视心理因素的作用,讲究"外御六淫,内疗七情",七情即喜、怒、忧、思、悲、恐、惊。"七情所伤,非'心治'难医也。"中医"心治"方法主要有以下几种。

1. 以情制情法

以情制情法,又叫情志制约法,创始于《黄帝内经》。《黄帝内经·素问·阴阳应象大论》指出:"怒伤肝,悲胜怒";"喜伤心,恐胜喜";"思伤脾,怒胜思";"忧伤肺,喜胜忧";"恐伤肾,思胜恐"。《儒门事亲》记载了一个具体案例:有一位庄姓医师遇一"喜乐之极而病者",他切脉时故意装出大惊失色的样子,并以回去拿药为借口离开病人多天。于是,病人渐渐由怀疑不安而产生恐惧,又由恐惧产生悲哀,认为医生不再来是因自己患了重病。"病者悲泣,辞其亲友曰:吾不久矣!庄知其将愈,慰之。"此例为"恐胜喜"。

2. 移情法

移情法又称转移法,即通过一定的方法和措施分散患者对疾病的注意力,使其思想焦点从病转移到他处;或改变周围环境,使患者不与不良刺激因素接触,从而改变其不良情绪,摆脱苦痛。《续名医类案》中说:"失志不遂之病,非排遣性情不可","虑投其所好以移之,则病自愈。"移情法的具体方法很多,如琴棋书画移情法、运动移情法、升华超脱法等。西汉司马迁因替李陵辩解,得罪下狱,惨受腐刑。司马迁为转移其不幸遭遇所带来的苦痛心境而以坚韧不屈的精神,全力投入《史记》的撰写之中,以舒志解愁,调整和缓解心理矛盾,把心身创伤等不良刺激变为奋发努力的动力,使自己得以升华和超脱。

3. 暗示法

暗示作用不仅影响人的心理与行为,而且能影响人体的生理功能。《黄帝内经》记载了运用暗示疗法的范例,如《素问·调经论》里说:"按摩勿释,出针视之曰:我将深之,适人必革,精气自伏,邪气散乱。"意思是,医生要先在患者针刺的地方不停地进行按摩,并拿出针来给患者看,口里说我将把针扎得很深,这样,患者必然会集中注意力,使精气深伏于内,邪气散乱而外泄,从而提高针刺的疗效。明代著名医学家张景岳曾采用说要给患者服吐泻药,或针灸数十百处的暗示法而治疗"诈病"。李瞻曾用语言暗示,使患者不忧目而着意于股,从而导火下行使目疾愈。

#### 4. 说理开导法

《黄帝内经》里说:"人之情,莫不恶死而乐生,告之以其败,语之以其善,导之以其所便,开之以其所苦,虽有无道之人,恶有不听者乎。"此为说理开导法的起源。其主要内容是:第一,"告之以其败",就是向患者指出疾病的性质、原因、危害和病情的轻重缓急,以引起患者对疾病的注意,使患者对疾病具有认真对待的态度,既不轻视忽略,也不畏惧恐慌。第二,"语之以其善",指出只要与医务人员配合,治疗及时,措施得当,是可以恢复健康的,以增强患者战胜疾病的信心。第三,"导之以其所便",告诉患者如何调养和治疗的具体措施。第四,"开之以其所苦",指要帮助患者解除紧张、恐惧和其他消极的心理状态。以上四点,是讲如何使用说理开导法。所谓"说理开导",是指正确地运用"语言"这一工具,对患者采取启发诱导的方法,宣传疾病知识,分析疾病的原因与机制,解除患者的思想顾虑,提高其战胜疾病的信心,使之主动地配合治疗,从而促进健康的恢复。心理开导最常用的方法是:解释、鼓励、安慰、保证。解释是说理开导法的基础,它是向患者讲明疾病的前因后果,解除其思想顾虑,拉近医患关系,从而达到康复的目的。而鼓励和安慰则是在患者心理受到挫伤而情绪低落之时实行的康复方法。保证则是在患者出现疑心、忧愁不解之时,医者以充足的信心做出许诺,担负责任,以消除患者的紧张与焦虑。

#### 5. 节制法

《吕氏春秋》说:"欲有情,情有节,圣人修节以止欲,故不过行其情也。"这里讲的就是节制法,即节制、调和情感,防止七情过激,从而达到心理平衡。《医学心悟》归纳了"保生四要","戒嗔怒"即为一要。《泰定养生主论》强调养生要做到"五不","喜怒不妄发"就名列第二。《寿亲养老新术》总结了"七养",其中就有"莫嗔怒养肝气,少思虑养心气"。《养性延命录》概括的养生"十二少",主要讲的就是节制七情,诸如少愁、少怒等。现代研究表明,只有善于避免忧郁、悲伤等不愉快的消极情绪,使心理处于怡然自得的乐观状态,才会对人体的生理起到十分良好的作用,如能提高大脑及整个神经系统的功能,使各个系统的功能协调一致,不仅焦虑、失眠、头痛、神经衰弱等轻度的心理疾病可避免,即使是像精神分裂症等严重的心理疾病,也会减少发病频率。

#### 6. 疏泄法

古人曾说:"不如人意常八九,如人之意一二分。"一般来说,人的一生中处于逆境的时间是大大多于处于顺境的时间。那么,心情不愉快时,又该怎么办呢?事实证明,疏泄法可使人从苦恼、郁结的消极心理中得以解脱,尽快地恢复心理平衡。祖国医学认为,"郁则发之"。郁,即郁结,主要指忧郁、悲伤,使人不快的消极情绪;发即疏发、发泄。当情绪不佳时,千万不要自寻苦恼,把痛苦、忧伤闷在心里,一定要使之发泄出来,如可痛痛快快地大哭一场让眼泪尽情地流出来,就一定觉得舒服些。现代研究发现,因感情变化流出的眼泪中含有两种神经传导物质,这两种传导物质随眼泪排出体外后,可缓和悲伤者的紧张情绪,减轻痛苦和消除忧虑。

#### (二)西方古代心理咨询思想

古希腊医生希波克拉底(Hippocrates)认为心理异常并不是什么神秘的现象,而是体内四种体液(血液汁、黏液汁、黄胆汁、黑胆汁)失衡导致大脑变化引起的,必须进行医学治疗。他还把心理异常现象分为躁狂、忧郁和谵妄三大类。后来,另一位古希腊医生阿斯克莘皮斯

(Asclepiades,)首先使用了"心理障碍"和"心理缺损"等术语,并把急性心理疾病和慢性心理疾病区分开来。这说明,古希腊医生对心理异常和行为异常已有初步认识,已提出了心理异常与人脑关系的问题。

西方古代对于正常人的心理调节也有不少优秀的思想。如古希腊人在德尔斐(Delphi)神庙上刻有"人啊,认识你自己"和"凡事不要过分"的箴言,告诫世人要反省自我,不要有过分的心理和行为,这与老子强调自知之明和孔子推崇中庸之道不谋而合。又如哲学家爱比克泰德(Epictetus,约55—135年)认为"人的烦恼不是起于事,而是起于他对事的看法",莎士比亚在《哈姆雷特》中写道:"世事无好坏,思想使之然。"这些人生哲理和我国古语"天下本无事,庸人自扰之"如出一辙。

## 二、现代心理咨询的起源

心理咨询作为一门以心理学理论为基础的学科,发源于20世纪初的美国,它是在四种力量推动下产生的。

### (一)职业指导运动

20世纪初,由于工业革命改变了人们的生活方式,就业的选择性大大增加,人们迫切需要了解自己适合怎样的工作,职业指导运动便应运而生。该运动以帕森斯(Parsons)于1908年在美国波士顿创立第一家职业指导中心为发端,并迅速波及全美。1909年,帕森斯出版了《选择职业》(*Choosing a Vocation*)一书,系统地提出了他的职业指导思想。他认为帮助他人选择职业分三步:第一步是帮助他了解自己的能力、兴趣、资源、限制和其他品质;第二步是提供关于不同工作所需要的条件、有利与不利因素、机会情况和发展前景等;第三步是对个人条件和工作要求之间关系的合理推论。这一思想反映了对人自身的尊重,对教育界产生了很大的影响。他的职业指导包括职业方向定位、个人分析及咨询服务三方面内容,并在中小学推广心理咨询活动。1909年,波士顿的中小学都配备了心理咨询人员,帮助学生了解自己,发展自己,使自己的兴趣、能力、个性特点和客观要求相结合。帕森斯将心理咨询理解为一种学习过程,制订了咨询人员培养计划,沟通了学校教育、咨询服务和社会发展的关系,为心理咨询的社会性服务功能打下基础,也奠定了现代心理咨询的理论基础。

### (二)心理测验运动

在帕森斯推动职业指导运动的同时,法国教育部组织了一个委员会,专门研究公立学校中低能班的管理方法。心理学家比奈(Binet)是委员会成员,他极力主张用测验法去辨别有心理缺陷的儿童,并得到了教育部的认可。1905年,他与助手西蒙(Simon)发表了《诊断异常儿童智力的新方法》,介绍了世界上第一个智力测验——比奈-西蒙量表。该量表有30个由易到难排列的项目,可用来测量判断、理解、推理,即比奈认为的智力的基本成分。这个量表是按照正常儿童的不同年龄组编制的,测验的结果用"心理年龄"来表示,通过心理年龄与生理年龄的比较来确定儿童智力发展情况。该量表既可以用来鉴别弱智儿童,又可用于正常儿童的智力评估。

比奈-西蒙量表问世后,迅速引起了世界各国的关注,不少国家引进了该量表。1916年,美国斯坦福大学心理学家推孟(Terman)教授对该量表进行了修订,并命名为斯坦福-比奈量表。他首次提出了"智商"的概念,使智力的评价更方便、科学。由于比奈奠定了心理测验的基本原理和方法,各种心理测验纷纷出现,由此导致了心理测验运动。该运动在 20 世纪 20 年代进入狂热,40 年代达到顶峰,50 年代后转向稳步发展。在此期间主要编制的测验有:①适用于文盲和有言语障碍的操作测验;②团体智力测验;③多重能力倾向测验;④教育测验;⑤人格测验;⑥60 年代后的信息加工测验。

**(三)心理卫生运动**

心理卫生运动可以追溯到法国医生比奈尔(Pinel)对精神病患者的"解放"工作。比奈尔在"自由与和平"信念的鼓励下,坚决反对虐待精神病患者,给他们卸下了锁链,且努力提供清洁的房间、良好的食物和仁慈的护理。这一创举引起了社会的巨大反响,法国政府对此十分重视,并予以支持,使精神病患者的治疗环境得到改善。比奈尔也因此蜚声欧洲。但现代心理卫生运动的创始人是美国的比尔斯(Beers)。比尔斯生于 1876 年,18 岁就读于耶鲁大学商科,毕业后到一家保险公司工作。由于他的哥哥患有癫痫病,病情发作时出现昏倒、抽搐、口吐泡沫等可怕情景,由此担忧自己也会得同样的病,以致惶惶不可终日。最终,在24 岁时因精神失常从四楼跳下,所幸自杀未遂,但被送入精神病院。在精神病院的三年中,比尔斯亲身体验到了非人的待遇,目睹了一系列不人道的事件。出院后,他立志为改善精神病患者的待遇而努力。1908 年,他出版了自传体著作——《一颗找回自我的心》(A Mind That Found Itself)。在此书中,他客观地描述了自己的病情、治疗和康复经过,记录了精神治疗中的种种问题,并且强烈呼吁改善精神病患者的待遇。心理学大师詹姆斯(James)和著名精神病学家迈耶(Meyer)十分赞同他的观点。在得到各方面的支持后,比尔斯于同年 5 月成立了世界上第一个心理卫生组织——康涅狄格州心理卫生协会。此协会工作的目标有 5 个:①保持心理健康;②防止心理疾病;③提高精神病患者的待遇;④普及对于心理疾病的正确认识;⑤与心理卫生的有关机构合作。1909 年 2 月,在比尔斯和同行的努力下,纽约成立了美国全国心理卫生委员会,比尔斯任顾问。1917 年,美国全国心理卫生委员会创办了《心理卫生》杂志。在他的推动下,心理卫生知识日益普及,心理卫生运动逐步在美国展开。

在美国的影响下,其他国家纷纷成立心理卫生组织。1918 年至 1926 年的 8 年间,加拿大、法国、比利时、英国、巴西、匈牙利、德国、日本、意大利等国先后建立起心理卫生组织。1930 年 5 月 5 日,第一届国际心理卫生大会在华盛顿召开,包括中国在内的 53 个国家和地区的 3042 名代表出席了会议,会议产生了一个永久性的国际心理卫生委员会,标志着心理卫生运动已推向全球。

**(四)心理咨询运动**

20 世纪 40 年代,"二战"的创伤和经济文化的快速变化使不少人产生了各种各样的心理问题,其中有些问题必须通过医学模式的药物治疗、物理治疗和心理治疗得以解决,如恐怖症、抑郁症、精神分裂症等;但有些问题则需要通过非医学模式的心理咨询来解决,如适应问题、人际关系烦恼、一般的抑郁焦虑情绪等。不少人开始认识到心理咨询的重要性,心理咨询开始走出教育和职业领域,更多地为民众的心理适应、情绪调节和人际和谐服务。1942 年,罗杰斯出版《咨询和心理治疗》(Counseling and Psychotherapy),主张心理咨询工作者不需要医学学位,并得到社会的认可,由此拓展了心理咨询的工作范围,使更多的人加入到心理咨询的行列,推动了心理咨询的发展。最重要的是他提出了"非指导性心理咨询"(non-

directive counseling），对心理咨询的方法产生了革命性的影响。

## 三、现代心理咨询的发展

### （一）美国心理咨询的发展

上述四种运动在美国发轫，直接导致了美国心理咨询的发展，并进而带动了其他国家心理咨询的发展。美国最早的心理咨询理论是20世纪30年代由威廉森（Williamson，1939）创立的"指导性心理咨询"（directive counseling）或"以咨询师为中心"（counselor-centered counseling）的心理咨询。该咨询理论孕育于他在明尼苏达大学的学生人事服务工作（students' personnel service），发表在《如何咨询学生》（How to Counsel Students）一书中。其主要思想是，咨询师分析来访者的问题，并告诉他如何处理问题。一开始这一模式应用于职业指导，后来推广到学生其他问题的咨询，并在三四十年代占主导地位。40年代以后，由于罗杰斯的理论和第二次世界大战期间及战后美国政府对心理咨询的推动，心理咨询这门学科迅猛发展，它不仅运用心理学的其他领域（如学习、动机、情绪、测量、人格和社会心理学等）的研究成果，而且借鉴教育学、社会学、心理卫生学和语言学等领域研究成果。罗杰斯理论的贡献在于把心理咨询的重点转移到当事人身上，充分相信当事人成长的能力和责任感，促使其自由发展。这一思想和方法是心理咨询发展史上的一个里程碑。

1946年，美国心理学会把"人事和指导心理学家"（personnel and guidance psychologists）定为第17分支，旨在把心理咨询工作扩大到大众，促进个人和团体在教育和职业环境中的适应性。1951年该分支更名为"咨询和指导"（counseling and guidance），依然强调指导性；1953年又更名为"咨询心理学"（counseling psychology），放弃了"指导"一词，因为咨询心理学比临床心理学更加关注正常人的成长和发展问题，而且咨询心理学所运用的方法受到了职业咨询和人道主义心理治疗两个专业领域的影响。在20世纪五六十年代，各种新的心理咨询方法大量出现，如系统脱敏法、理性情绪疗法、交互作用分析法和人本主义心理咨询理论等，极大地丰富了心理咨询理论和实践。2003年，第17分支再次更名为咨询心理学会（Society of Counseling Psychology）。

1963年，美国颁布了"社区心理健康中心法案"（Community Mental Health Centers Act），使社区有权力建立心理健康中心，招聘心理咨询工作者，这推动了心理咨询的社会化。自1969年开始，咨询心理学会有了专业刊物《咨询心理学家》（The Counseling Psychologist），这极大地促进了心理咨询的学术研究。自20世纪70年代开始，心理咨询人员的专业资格审查问题提上议事日程，1976年，美国咨询师教育与督导学会（Association for Counselor Education and Supervision）通过一份文件，主张无论其工作场所为何，对于咨询师参与职业咨询活动，在职业发展与辅导中都需在以下领域中具备充分的认知与能力：①能将职业生涯与人的发展理论与研究知识转用在发展性职业咨询与教育方案之中；②协助教师、行政人员、社区机构人员、准专业人员与同事，将职业生涯信息整合于教学咨询过程中；③帮助个体在决策过程中使用生涯评估策略；④在个别与团体咨询中协助个人做职业生涯规划；⑤在教育与社区机构中执行生涯决策的过程，促进求助者职业生涯方案的形成；⑥协助求助者寻找、取得并保留工作；⑦协助特殊求助团体（妇女、少数族群、残障人士与老人）独有的需求及发展；⑧消除性别与种族歧视的差别待遇，帮助更多的人获得职业生涯的机会等。1976年，弗吉尼亚州第一个通过立法,实行心理咨询执照制度。1983 年,美国国家心理咨询师资格认定委员会(National Board of Certified Counselor,NBCC)成立,制定了一个标准化测验,确定了心理咨询师应该了解和掌握的 8 个主要的知识领域:①人类成长与发展;②社会与文化基础;③如何建立助人的关系;④小组活动;⑤生活型态和职业发展;⑥鉴定;⑦研究与评价;⑧职业适应。若要成为一名国家级资格认定的心理咨询者,必须通过标准化测验,以及在经验、知识与能力方面具备相应条件。1984 年,NBCC 建立了国家职业心理咨询者的资格标准。

20 世纪 80 年代,心理咨询除了在教育系统继续发展外,婚姻与家庭、个体成长和商业等领域的心理咨询工作者逐年增多。由于美国种族矛盾日益突出,尊重少数民族权利、价值、观念和信仰的呼声日益高涨,心理学家也发现基于白人的心理咨询理论和方法并不适应少数民族,因此,多元文化心理咨询开始产生,并迅速发展。1983 年,多元文化咨询和发展学会(Association for Multicultural Counseling and Development,AMCD)成立,到 90 年代,多元文化心理咨询已成为许多大学心理学基础课程中的内容。近几年,由于信息技术的发展,心理咨询中如何应用信息技术成了新的话题,如网络心理咨询已合法化并有了相应的职业道德规范,虚拟技术已经在行为训练中得到了有效的应用,等等。可以预计,在不久的将来,信息技术将对心理咨询产生更大的影响。

### (二)我国心理咨询的发展

我国的心理咨询和心理治疗工作起步较晚,其发展可以分为 6 个阶段。

#### 1. 启动阶段(1949 年至 1965 年)

在这一阶段只有少部分专业人员进行了零散的心理治疗工作。如 20 世纪 50 年代初黄嘉音采用行为治疗原理和支持性方法,对儿童心理障碍进行了治疗,并出版了《儿童心理病态防治案例》和《儿童行为反常精神治疗》。从 1955 年到 1964 年,李心天、王景和、李崇培等开展了对神经衰弱患者的快速综合治疗。这种疗法综合了医学治疗、体育锻炼、专题讲座和小组讨论等形式,取得了良好的疗效,唤起了人们对心理治疗的关注。李心天于 20 世纪 80 年代末 90 年代初再将此法做了总结和提炼,称之为"悟践疗法"。

#### 2. 空白阶段(1966 年至 1977 年)

由于"文化大革命"的影响,心理学被斥为伪科学,心理咨询与心理治疗被批判,这期间没有一篇心理学文章发表或一种心理学书籍出版,故称为空白阶段。

#### 3. 准备阶段(1978 年至 1986 年)

这一时期翻译出版了一批国外著名心理治疗家的著作,如弗洛伊德(Freud)、荣格(Jung)、弗洛姆(Fromm)等人的著作,同时开始在专业刊物上发表心理咨询和心理治疗论文。1979 年成立了医学心理专业委员会。从 80 年代初开始,一些精神病院和综合医院及北京、上海的一些高校相继开展了心理咨询和心理治疗工作。1982 年 4 月初,陈佩璋在当时西安医学院附属第一医院开设了全国第一个公开对外挂号的综合医院心理治疗门诊。1983 年 3 月,赵耕源在广州中山医科大学附属第三医院开设了全国第二个公开对外挂号的综合医院心理治疗门诊。北京师范大学于 1982 年建立心理测量与咨询服务中心;北京大学心理系于 1984 年建立心理健康咨询室;上海交通大学于 1985 年建立益友咨询服务中心;华东师范大学于 1986 年建立学生问题咨询所;中国心理卫生协会与北京市妇联联办心理咨询服务中心;等等。

**4. 初步发展阶段(1987 年至 2000 年)**

1987 年以后,心理咨询与心理治疗事业在我国有了长足的发展。大的综合性医院普遍设立了心理咨询门诊。1987 年,在正式刊物上发表的有关心理咨询与心理治疗的论文首次超过了 10 篇,钟友彬(1988)的《中国心理分析——认识领悟疗法》和鲁龙光(1989)的《疏导心理疗法》相继出版,在建立适合我国心理咨询与心理治疗的模式方面起到了开创性作用。1985 年 4 月,中国心理卫生协会成立,两个分支机构——心理咨询与心理治疗专业委员会和大学生心理咨询专业委员会分别于 1990 年 11 月和 1991 年初成立。1988 年,武汉中德心理医院建成,推动了我国心理咨询机构与国外有关机构的合作。

1996 年后的发展更为迅速,主要表现为一批具有影响的心理咨询培训中心成立。1998 年中国科学院心理研究所咨询心理研究培训中心成立。该中心的主要研究方向包括编制心理评估和诊断测量工具,培养高级心理研究者和心理健康咨询工作者,并探讨个体和群体心理健康干预模式,探索早期发现、及时干预人们的心理行为问题的心理服务模式,以利于预防各种身心疾病。1997 年,中德高级心理治疗师连续培训项目启动,在行为治疗、催眠治疗、精神分析和系统家庭治疗等方面,开展了具有国际水准的连续培训,参加培训的百余名学员均具有博士、硕士学位或副高以上职称,时间 3 年,要进行 6 次集训。1998 年,上海市心理咨询中心建成国内第一幢专业心理咨询与心理治疗门诊大楼,开展全方位的心理咨询,率先在国内进行心理测验电脑化处理。在心理治疗方面,保持了认知行为治疗、危机干预、人际心理治疗在国内的领先地位。该中心每年举办"心理治疗与心理咨询讲习班""心理治疗高级培训班"。

**5. 初步正规化阶段(2001 年至 2017 年)**

2001 年 8 月 3 日,劳动与社会保障部颁发了《心理咨询师国家职业标准》,2002 年,心理咨询师被列入《国家职业大典》,标志着我国心理咨询业进入了初步正规化阶段。该标准把心理咨询职业定义为运用心理学以及相关学科的专业知识,遵循心理学原则,通过心理咨询技术与方法,帮助求助者解除心理问题。它把从业者区分为三个等级:心理咨询师(国家职业资格三级)、心理咨询师(国家职业资格二级)、高级心理咨询师(国家职业资格一级),并比较详细地规定了心理咨询师的专业要求,使得心理咨询业有法可依。该标准颁布后,劳动与社会保障部在全国指定了心理咨询师培训机构,心理咨询师资格培训和考试工作全面展开。

2003 年,中国心理学会临床与咨询心理学专业委员会(筹)成立[1]。2007 年,中国心理学会临床与咨询心理学专业机构和专业人员注册标准(第一版)发表,于 2018 年发表第二版[2]。这有利于我国心理咨询业的正规化发展。

**6. 整顿阶段(2017 年至今)**

2017 年 9 月 12 日,经国务院同意,人力资源和社会保障部取消了心理咨询师资格认定,

---

① 《心理学报》编辑部.中国心理学会临床与咨询心理学专业委员会(筹)第一届学术会议纪要.心理学报,2003,35(11):752.

② 中国心理学会.中国心理学会临床与咨询心理学专业机构和专业人员注册标准(第二版).心理学报,2018,50(11):1303-1313.

主要原因如下：

（1）报考门槛太低。按照人力资源和社会保障部规定,心理学、医学、教育学及相关专业毕业生均可报考心理咨询师。但"相关专业"的范围在实际工作中被无限扩大,且只要求大专学历,无法保证专业水平。

（2）课程门类不全,培训机构混杂。我国心理咨询师培训的基础知识仅包括普通心理学、社会心理学、发展心理学、心理健康与障碍、心理测量学、咨询心理学、与心理咨询相关的法律知识等 7 门课程,培训时间仅为 320~720 课时。而培训大多在非学历教育机构进行,受利益驱动,缩减课时现象比较严重,加之教师大多没有受过正规训练,培训质量低下。

（3）缺少实习、督导和继续教育环节。许多培训只是理论知识的讲解,没有严格的实习和督导,导致受训者没有足够的咨询经验。人力资源和社会保障部也没有规定获得证书后间隔多少年必须接受继续教育以便更新证书。

今后我国的咨询师培养必然走学历教育道路。2018 年 11 月,全国临床与咨询心理学学历教育联盟成立,并讨论通过了《中国心理学会临床与咨询心理学专业委员会学历教育联盟工作条例》。清华大学、北京大学、浙江大学等 50 余所高校的心理系加入该联盟。2019 年,该联盟组织专家经过反复讨论,制订了《应用心理专业学位硕士研究生(临床与咨询心理学方向)培养方案(试行)》和《应用心理专业学位硕士研究生(心理健康方向)培养方案(试行)》,并于 10 月 11 日在中国心理学会网站发布。两个方案的内容包括培养目标、招生对象、师资、学制、培养方式、课程、学习评价、学位论文、学位授予等方面,其中课程包括公共课、专业基础课和专业选修课,实践环节包括见习、实习和社会实践。这两个方案的制订和实施必将促进我国心理咨询业的发展。

# 第三节 有效心理咨询的基本条件

有效的心理咨询需要咨询师有扎实的专业基础和合适的心理特征,也需要来访者有合适的心理特征。

## 一、基础知识和基本技能

### （一）基础知识

美国心理学界要求心理咨询专业人员获得硕士或者博士学位。学位课程有两种类型：以研究为导向的课程（research-oriented programme）和以实践为导向的课程（practice-oriented programme）,前者侧重研究方面的训练,后者侧重实践方面的训练,但两者都包含基础知识技能课程,如个别心理咨询、团体心理咨询、人格心理学、发展心理学、心理咨询伦理、心理学研究方法等。

我国全国临床与咨询心理学学历教育联盟于 2019 年 10 月出台的《应用心理专业学位硕士研究生(临床与咨询心理学方向)培养方案(试行)》和《应用心理专业学位硕士研究生(心理健康方向)培养方案(试行)》中提出的两个方向专业必修课相同(表 1.2),专业选修课不同(表 1.3 和表 1.4)。

**表 1.2　两个方向的专业必修课**

| 课程 | 学分 |
|---|---|
| 1.心理学研究新进展 | 2 |
| 2.心理学研究方法:基础与应用 | 2 |
| 3.心理统计:基础与应用 | 2 |
| 4.心理测量:基础与应用 | 2 |
| 5.心理咨询与治疗理论 | 2 |
| 6.心理咨询与治疗过程与方法 | 2 |
| 7.临床与咨询心理学专业伦理 | 2 |
| 8.心理评估与诊断 | 2 |
| 9.异常心理专题 | 2 |
| 10.团体心理咨询与治疗理论 | 2 |

**表 1.3　临床与咨询心理学方向的专业选修课**

| 课程 | 学分 | 课程 | 学分 |
|---|---|---|---|
| 1.家庭心理治疗 | 2 | 9.学校心理学 | 2 |
| 2.团体咨询与治疗实务 | 2 | 10.社区心理学 | 2 |
| 3.心理危机干预 | 2 | 11.性心理咨询与治疗 | 2 |
| 4.创伤治疗 | 2 | 12.儿童青少年心理咨询与治疗 | 2 |
| 5.健康心理学 | 2 | 13.多元文化心理咨询 | 2 |
| 6.行为矫正与治疗 | 2 | 14.特定障碍的循证心理治疗 | 2 |
| 7.学习辅导 | 2 | 15.心理学论文写作 | 2 |
| 8.生涯规划与辅导 | 2 | 16.其他 | |

**表 1.4　心理健康方向的专业选修课**

| 学校服务<br>模块课程 | 学分 | 社区心理健康<br>服务模块课程 | 学分 | 企事业单位<br>心理健康服务模块 | |
|---|---|---|---|---|---|
| 1.心理健康教育课程设计 | 2 | 1.社区心理服务理论与实务 | 2 | 1.组织文化与员工心理健康 | 2 |
| 2.心理危机干预 | 2 | 2.健康心理学 | 2 | 2.企事业单位心理健康服务项目设计与管理 | 2 |
| 3.班级辅导实务 | 2 | 3.残障人士心理服务专题 | 2 | 3.健康心理学 | 2 |
| 4.生涯辅导理论与实务 | 2 | 4.老年人心理服务专题 | 2 | 4.压力管理 | 2 |
| 5.学校心理健康服务项目设计与管理 | 2 | 5.婚姻家庭与亲子关系辅导 | 2 | 5.婚姻家庭与亲子关系辅导 | 2 |
| 6.个案管理 | 2 | 6.社区心理健康服务项目设计与管理 | 2 | 6.个案管理 | 2 |
| 7.会商(consultation)的理论与实务 | 2 | 7.心理学论文写作 | 2 | 7.心理学论文写作 | 2 |
| 8.心理学论文写作 | 2 | 8.其他 | 2 | 8.其他 | 2 |
| 9.其他 | | | | | |

须指出的是,随着积极心理学的兴起,咨询师必须掌握积极心理学知识(见第十四章)。

(二)基本技能

在美国,无论是研究导向还是实践导向的研究生课程,都要通过实践课(practicum)学习心理咨询的基本技能。至于基本技能的内容和分类,不同学者看法不同,但大同小异。有研究者把咨询过程分为卷入(involvement)、探索(exploring)、理解(understanding)、行动(acting)和反馈(feedbacking)5个环节。依据每个环节的要求,咨询技能可以分为4类。卷入阶段需要关注(attending)技能,包括准备关注(preparing for attending)、全身心关注(attending personally)、观察(observing)、倾听(listening)等;探索阶段需要反应(responding)技能,包括对内容(content)、情感(feeling)和意义(meaning)的反应;理解阶段需要个人化(personalizing)技能,包括建立交流基础(interchangeable base),对意义(meaning)、问题(problem)、目标(goal)和决策(decision making)的个人化;行动和反馈阶段需要创导(initiating)技能,包括界定目标(defining goals)、拟订计划(developing programs)、确定日程(developing schedules)、建立强化物(developing reinforcements)、准备补充步骤(preparing to implement steps)和计划检查步骤(planning check steps)[①]。

我国全国临床与咨询心理学学历教育联盟于2019年10月出台的《应用心理专业学位硕士研究生(临床与咨询心理学方向)培养方案(试行)》和《应用心理专业学位硕士研究生(心理健康方向)培养方案(试行)》中提出的两个方向的专业实践课见表1.5,这些课程必然包括以下基本技能的学习和运用:

(1)心理诊断技能,包括初诊接待、初步诊断、鉴别诊断、识别病因。

(2)心理咨询技能,包括建立咨询关系、个别咨询方案的制订和实施、团体咨询方案的制订和实施。

(3)心理测验技能,包括智力测验、人格测验、心理和行为问题评估、应激和相关问题评估、特殊心理评估的实施、测验结果的解释。

表1.5 两个专业方向的专业实践课

| 课程 | 学时 | 学分 |
|---|---|---|
| 1.心理障碍诊断评估见习(精神病学见习) | 临床和咨询心理学方向不少于60小时,心理健康方向不少于40小时 | 1 |
| 2.心理咨询/治疗见习 | 临床和咨询心理学方向不少于40小时,心理健康方向不少于60小时 | 1 |
| 3.心理咨询/治疗实习(个体和团体咨询/治疗) | 两个方向相同:实习总时数不少于200小时,其中受督导的实习不少于100小时(其中个体督导不少于30小时) | 1 |
| 4.学术活动 | | 1 |
| 5.社会实践活动 | | 1 |

① Carkhuff R R. The Art of Helping in the 21th Century. 9th ed. Amherst,MA:Possibilities Publishing,Inc,2008:13-199.

## 二、有效咨询师的心理特征

掌握心理咨询的基本理论和方法对于有效开展心理咨询是必要的,但咨询师的个性特征对咨询效果也有很大的影响,甚至超过方法本身。那么,有效的咨询师应该具备怎样的个性特征呢? 在国内外研究中,以下几个特征出现的次数比较多:

(1)善于共情。共情指站在来访者的角度看问题,体验来访者的情感,考察来访者的行为。然后,又能跳出来访者的角度,用恰当的语言表达自己的理解。通俗地说,善于共情就是善解人意。

(2)善于内省。内省指能探究自己的认知、情感、行为和性格特点,分析它们对心理咨询的影响,了解自己的长处和局限,在咨询中扬长避短,以便有效地帮助来访者。

(3)真诚。真诚,认知上指表达自己的真实想法,情感上指真心实意地接纳来访者,行为上指遵守伦理规范。

(4)平和。平和指能保持稳定的情绪,不为环境所左右。对来访者的问题,无论是熟悉的还是不熟悉的,都不会产生大惊、大悲等情绪。

(5)宽容。宽容指能认识、理解和接纳自己的不足和来访者的不足。因为人无完人,且有些缺点无法改变和/或没有必要改变。同时,宽容指能认识、理解和接纳不同的、矛盾的、模糊的事物,没有绝对化信念。

上述个性特征概括程度较高,所以也有学者从具体工作的角度研究有效咨询师(和治疗师)的能力和性格特征,以便咨询师学习,但这方面的研究并不多,有研究者总结后列出了以下特征[①]:

(1)有良好的人际沟通技巧,能通过这些技巧表达接纳、热情和同理性。

(2)能建立信任关系,使来访者感到"此人理解我,能帮助我"。

(3)能与来访者建立工作同盟,为实现咨询目标达成协议。

(4)理解来访者的情况,能解释产生问题的可能原因。

(5)能理解与来访者问题有关的文化、社会、经济、政治等背景因素。

(6)能灵活使用咨询方法和执行咨询计划,并清楚地告诉来访者。

(7)在不牺牲来访者自主性和尊严的前提下,保证自己是可信赖、有说服力的人。

(8)能建立正式和非正式的反馈系统。

(9)能依据来访者问题的变化、反馈和阻抗调整咨询。

(10)能帮助来访者在困难面前产生有机会、有希望和乐观的心理。

(11)不回避与来访者问题或咨访关系有关的困难,并妥善应对。

(12)了解自我,自我投入与来访者对话的程度恰好能帮助来访者又不使之分心。

(13)了解与来访者问题有关的最好的研究。

(14)努力提高专业水平,懂得咨询业的最佳服务方式,并提供给来访者。

(15)扎实掌握决定咨询能否成功的关键因素,通过与来访者合作,把这些因素合理调配,用于实现咨询目标。

---

① Wampold B E, Baldwin S A, Holtforth M G, et al. How and why are some therapists better than others? Understanding therapist effects. Washington,DC:American Psychological Association,2017:xv,37-53,356.

### 三、有效来访者的心理特征

心理咨询是一个相互作用的过程,来访者自身的心理特征肯定会对这一过程产生重要影响。20世纪70年代初,咨询师们就开始意识到来访者是影响心理咨询效果的最重要因素。随后,有不少研究致力于探讨有效来访者的特征,但由于来访者和咨询师的相互作用太复杂,后来(20世纪90年代后)研究者对来访者特征的研究热情下降,而对来访者的合作(alliance)研究增多。

#### (一)来访者的人口统计学特征

早期研究集中于来访者的人口统计学特征与咨询效果的关系,但多数研究没有证明人口统计学指标与良好的咨询效果有关,如社会阶层、种族匹配、年龄、性别等与效果无关。但来访者的困扰水平与咨询效果有稳定的关系,表现为困扰水平越高,咨询效果越差,比较典型的是抑郁症来访者的心理治疗,症状越严重的人效果越差[1]。

#### (二)来访者的期望

关于来访者期望与咨询效果的关系,早期研究结果比较一致,即一般说来,期望越高,咨询效果越好[2]。但后来的研究表明这两者并不一定相关。对此有两种解释,第一种解释是,不同的研究对期望有不同的界定,使用量表也不同,如有的人把期望界定为自我效能感,有的人把它界定为咨询技术或咨询师的信任等。第二种解释是,期望的测量时间对于研究结果是至关重要的,如有的研究表明,开始几次的期望对于咨询效果的预测性好于咨询开始前的期望。还有人把期望分为两种:一是初试期望(initial expectancy),是咨询开始前的期望,来访者会把它带到咨询中来;二是后发期望(developed expectancy),是在咨询过程中产生的期望。初试期望可能有助于来访者卷入咨询活动,而后发期望可能对最后的效果有较好的预测性。须指出的是,符合实际的期望有利于提高咨询效果,不切实际的期望则起反作用[3]。

#### (三)来访者的合作性

对来访者的合作的研究表明,来访者越是合作,咨询效果越好。有研究表明,来访者自己对合作的评价最能预测心理治疗结果,治疗师的评价次之,观察者的评价最差[4]。有关抑郁症的研究表明,来访者对治疗效果的期望是通过来访者合作对效果产生影响的,即来访者的合作起了中介作用[5]。也有研究发现,抑郁症来访者中的完美主义者因为不能和咨询师

① Sexton T L, Whiston S C, Bleuer J C. Integrating outcome research into counseling practice and training. Alexandria, VA: American Counseling Association, 1997: 65.

② Dew S E, Bickman L. Client expectancies about therapy. Mental Health Seivices Research, 2005, 7(1): 21-33.

③ 张瑞星, 王娟, 李丽, 等. 临床心理干预中咨询效果与咨询期望的相关性研究及其启示. 医学与哲学, 2015: 36(2), 72-74.

④ Horvath A O, Symonds B D. Relation between working alliance and outcome in psychotherapy: A meta-analysis. Journal of Counseling Psychology, 1991: 38(2), 139-149.

⑤ Meyer B, Pilkonis P A, Krupnick J L. Treatment expectancies, patient alliance, and outcome: Further analyses from the National Institute of Mental Health Treatment of Depression Collaborative Research Program. Journal of Consulting and Clinical Psychology, 2002, 70(4): 1051-1055.

建立良好的合作关系而使治疗起了负面作用①。此外,国内外都有研究表明,工作同盟水平影响咨询效果②,而来访者的合作性是影响工作同盟水平的主要因素之一。

### (四)来访者的动机

有研究认为,自愿求助的来访者比他人介绍的来访者有更强烈的求咨动机,咨询效果要好一些③。有人用动机干预(motivational intervention)法提高大学生吸烟者的戒烟动机后,对戒烟效果产生明显的促进作用④。所以,在一定程度内,来访者的动机越强烈,咨询的效果就越好。目前,咨询早期开展动机干预已被广泛接受,动机干预也成为跨越流派的咨询技术之一⑤。

## 📖 思考题

1. 什么是心理咨询? 它与心理治疗有什么异同?
2. 心理咨询师需要哪些基础知识和技能?
3. 你的哪些心理特征符合心理咨询师的要求?

## 📖 小组活动

小组由 5～6 人组成(下同)。
1. 分享自己有过的心理症状及其克服方法,讨论这种方法与中医"心治"法中哪种吻合。
2. 分享目前想克服的心理症状,讨论可用哪种或哪几种方法解决。
3. 积极心理学主张发展积极心理是克服心理症状,防治心理障碍的最佳途径。请分享自己最想发展的积极心理,讨论发展的方法。

---

① Zuroff D C,Blatt S J,Sotsky S M. Relation of therapeutic alliance and perfectionism to outcome in brief outpatient treatment of depression. Journal of Consulting and Clinical Psychology,2015,68(1):114-124.

② 朱旭,胡岳,江光荣. 心理咨询中工作同盟的发展模式与咨询效果. 心理学报,2015,47(10):1279-1287.

③ 郑希付. 心理咨询原理. 广州:广东高等教育出版社,2003:42.

④ Fahnlander B A. Motivational intervention to reduce cigarette smoking among college students:Overview and exploratory investigation. Journal of College Counseling, 2003,6(1):3-22.

⑤ 刘陈陵,王芸. 来访者动机:心理咨询与治疗理论与实践的整合. 心理科学进展,2016,24(2):261-269.

# 第二章 心理咨询的伦理

## 学习要点

> 了解咨询师伦理决策动机和决策过程,掌握基本的伦理规范,如保密、知情同意、双重和多重关系的处理及对伦理违规行为的反应。

心理咨询伦理是咨询师必须遵守的道德规范和行为准则,咨询师面对伦理问题时,需要用相关的理论知识和伦理规范进行处理,并定期对伦理观和伦理行为进行反思和讨论,以保证咨询工作符合伦理要求。

## 第一节 咨询师的伦理决策

### 一、伦理决策动机

心理咨询是为来访者谋利益的服务工作,一切咨询行为都建立在对来访者"趋利避害"的基础上。在实际工作中,咨询师不仅要遵守伦理规范,守住道德底线,而且要致力于让来访者的利益最大化。来访者获得最大利益也是咨询效果的体现,这在一般情况下也符合咨询师和咨询机构的利益,自然能激发咨询师为之奋斗的动机。但是,在实际工作中咨询师会遇到一些利益冲突情况,需要咨询师进行伦理决策,这时,咨询师为了保持把来访者利益放在首位的动机,需要处理好以下问题。

第一,了解自己的需要和问题,如潜在的内心冲突和防御心理。关键是这些需要和问题是否会妨碍来访者的利益。因此,咨询师时常要问自己这样的问题:"在咨询关系中需要满足谁的需要,来访者的还是我的?""两者是否有矛盾,是否符合伦理规范?"须指出的是,咨询师满足自己的需要不一定伤害来访者的需要,也不一定违反伦理,如咨询师想检验某种方法或技巧的效果,或为了完成一个研究项目,或希望得到来访者和社会的认可,只要处理得当就不会有问题。一旦出现矛盾,咨询师要把来访者利益放在首位。

第二,处理法律和咨询伦理的矛盾。有时,有关部门工作人员依据法律要求来访者提供某个事件(受暴力侵害或发生意外事故)的详细信息,但直接询问可能给来访者带来二次伤害,甚至诱发精神疾病。这时,咨询师应该在不违法的前提下保护来访者利益,等来访者的心理状况好转后再由咨询师间接了解情况,或由有关部门工作人员直接了解情况。如果咨询师为了自己的利益而不出面交涉,这虽然行为上没有违法,但动机上没有把来访者利益放在首位,有违咨询伦理规范。

第三,处理管理制度与咨询伦理的矛盾。有时,一些单位把咨询机构当作管理工作的一种工具,要求咨询师提供来访者的详细情况。若管理工作对来访者有利或无伤害,则在征得来访者同意的情况下,可以提供有关信息。如学生本人要求休学,咨询师告诉学校有关信息符合学生利益。如果管理工作对来访者不利(如影响升学、升职等),而问题本身并不会影响学习和工作,则咨询师就应该拒绝提供信息,即使对自己不利也要坚持。

第四,尽量用操作简单、耗时短的技术解决来访者的问题。咨询技术很多,同样的问题可以用简单的技术解决,也可以用复杂的技术解决。这时,咨询师用简单技术符合来访者利益,为了经济利益用复杂技术则违反咨询伦理。有时,来访者问题已经解决,但咨询师故意拖延时间以获得经济利益,也违反伦理规范。

第五,克服面子心理,承认自己的局限。适度的面子心理是一种积极的动力,促使咨询师努力学习,遵守伦理规范。但当来访者的问题超出自己的能力时,咨询师应该立刻告诉来访者,并转介给合适的咨询师或咨询机构。如果咨询师为了面子不承认自己的局限,继续咨询,则没有把来访者的利益放在首位,其动机不符合伦理规范。

## 二、伦理决策过程

关于咨询师伦理决策的过程有许多研究,其中影响较大的是考雷等(Corey et al.)提出的决策步骤[①]。

(1)增强伦理敏感性,即熟悉并会考虑专业伦理因素。如赵老师是某高校咨询中心主任,接到通知,教育行政管理部门要检查各高校咨询中心工作,检查时要出示心理咨询档案。但赵老师不十分肯定把档案给检查组看是否违反保密原则。对此,赵老师需要再次阅读相关伦理规则,提高敏感性。

(2)界定问题。收集与问题有关的信息,确定这个问题的性质是否涉及伦理、法律、专业、诊断等因素。对于赵老师来说,可以了解检查组对心理档案的具体检查方法,查阅相关资料,确认这样做是否违反伦理和相关法律。

(3)认清受影响的人员,评估所有人的权力、责任和利益,分析潜在问题。对于赵老师来说,要评估来访者、评估组、咨询中心工作人员的权力、责任和利益,如评估组是否有权查看咨询档案,咨询中心是否有权力拒绝出示咨询档案等。这里的潜在问题是:出示咨询档案会造成怎样的后果?评估工作应该如何开展?等等。

(4)分析有关人员可能采取的行动以及潜在的利益和风险。这不仅要考虑相关的伦理规范,也要考虑咨询师自己的价值和伦理是否与咨询伦理有冲突。对于赵老师来说,要考虑评估组可能泄露来访者隐私,来访者可能投诉甚至起诉;同时要考虑服从领导安排的工作伦

---

① Corey G,Corey M S,Corey C, et al. Issues and ethics in the helping professions. 9th ed. Pacific Grove,CA: Brooks/Cole,2015:20-23.

理和争取评优秀的个人价值与咨询保密原则的矛盾。

（5）基于对各种因素的考虑，评估各行动方案的利益和风险。这需要考虑能应用的法律与规则，并确定困境会带来怎样的负担。对于赵老师来说，要应用保护公民隐私权的法律和咨询保密原则，考虑服从和不服从检查组安排会带来的压力。

（6）与同事和专家商讨，从不同来源获得对问题的不同观点。对于赵老师来说，可以召开咨询中心会议讨论这个问题，或联络其他高校咨询中心一起讨论。

（7）确定最可行的备选方案，记录决策过程。可以同其他咨询师讨论，用头脑风暴法提出不同的行动方案，并记录。对于赵老师来说，可行方案可能有多种，如自己直接与检查组沟通，通过学校领导与检查组沟通，联络不同高校咨询中心与检查组沟通。沟通的内容有取消查阅咨询档案，或只查阅档案数量、咨询次数，不看个人信息和具体问题等。

（8）实施和评估，并做记录。分析上述不同方案的可能结果，包括对来访者的影响、最后决定实施的方案。一旦开始行动，就要对相应的结果进行评估，并决定是否有必要采取进一步的行动。对于赵老师来说，如果决定自己直接与评估组沟通，要求取消查阅咨询档案环节，就开始实施。如果不成功，就要考虑其他方案。这些行动本身是为了保护来访者的隐私权。

须指出的是，在伦理决策过程中，不同的咨询师会做出不同的决定，伦理问题越敏感，做出决定越困难。咨询师要善于提出伦理问题并愿意与同事讨论遇到的困难，不断地澄清自己的价值，反省自己的动机，以便做出合适的伦理决策。

# 第二节　心理咨询的伦理规范

心理咨询的伦理规范涉及咨询工作的所有方面，这里介绍其中的 4 个方面。

## 一、保密

保密是建立相互信任的咨访关系的重要条件，而来访者对咨询师的信任是取得疗效的前提条件。咨询师有责任与来访者讨论保密的性质和目的，并确定保密的程度。在大多数情况下，咨询师需要告诉来访者保密是指不把信息泄露给咨询中心的无关人员和外界，但咨询师会与有关同事特别是督导讨论问题，以得到监督和指导。但有时候信息不得不泄露，或不清楚是否属于保密范围，咨询师要根据具体情况与来访者讨论保密程度。

保密问题所涉及的重要的伦理规范是自主性原则和诚信原则，其次是无伤害原则和善行原则。尊重自主性，即赋予每个人以权力，使他们可以决定哪些私人信息可以被公布，哪些不能。这也是独立人格或成熟人格的表现。对保密性的破坏是无视人的尊严和对隐私权的侵犯。保密问题还以诚信为基础，因为咨询师和咨询机构会以口头和书面的方式向来访者承诺不会泄露信息。

保密问题还涉及善行和无伤害原则，因为违背保密承诺会让来访者感到被欺骗，从而导致他们不愿再来咨询。破坏保密性还可能将来访者置于身心危险之中。例如，咨询师将来访者的一个隐私泄露，来访者发现人们在传播自己的隐私，会觉得无地自容，从而停止咨询，而且还可能退出可帮助其解决心理问题的重要朋友圈。同时,破坏保密原则还可能导致公众失去对咨询行业的信赖感,使那些本来可以得到帮助的人不愿接受咨询。从道德角度看,咨询师的保密行为是正直、诚信和值得尊重的体现。保护隐私还意味着对来访者寻求帮助的勇气的支持,也是对泄密造成的痛苦的理解。严格保密要求咨询师必须正直和自律,因为咨询师与他人一样会有分享经历的愿望,渴望探讨工作中遇到的重要的或困难的问题。

但是,在以下情况下,咨询师应依法报告咨询信息:①小于16岁的来访者是乱伦、强奸、儿童虐待和其他犯罪的受害者;②来访者患有危及生命的传染病(如HIV病毒感染),且其行为会导致他人感染;③当信息需要上呈法庭时;④来访者要求看咨询记录时,或要求给第三人看咨询记录时;⑤针对咨询师的伦理投诉或法律诉讼;⑥在未来有犯罪倾向的来访者;⑦处于生命尽头的采访者希望加速自身的死亡。

总之,作为咨访关系的关键部分,保密是咨询师的基本职责,当咨询师告知来访者咨询内容将会被保密时,也应告知他们保密的程度。

## 二、知情同意

不论咨询师的理论框架如何,告知来访者并取得其同意既是法律和咨询伦理的要求,也是完整咨询过程的一个重要组成部分。知情同意的法律依据是:咨访关系的信托本质和自我决定权。把来访者的权利和责任告知他们,提供他们需要的信息让其选择,既是授权给他们,也是与他们建立信任关系,从而能提高其积极性。自我决定意味着来访者有权决定是否接受咨询,而知情同意就是为了保障来访者选择的权利。所以知情同意的基本要素是:提供信息、理解信息、能做决定、自愿决定①。对此,咨询师需要用来访者能理解的语言告知以下几方面的内容:

(1)关于咨询方法的信息,包括咨询方法的理论导向、咨询目标和具体操作步骤,以及该方法的优缺点、可能的好处和风险等。

(2)关于咨询师的信息,包括专业背景、工作经历、擅长解决的问题和解决方法等。如果是实习生,应该告知督导的有关信息。

(3)关于来访者权利的信息,包括选择咨询师和咨询方法、终止咨询的权利,以及保密界限和例外等。

(4)关于心理测量的信息,包括测量的原因、内容、时间、结果解释和费用等。但如果是政府委托,或学校、公司等单位的学生、员工心理健康筛查,则不需要签署知情同意书。

(5)关于研究的信息,包括研究的目的、方法和步骤,来访者有权不参与或中途退出研究,不参与和中途退出的结果,是否可以接受其他服务,参与的好处和风险。如果是干预研究,并设置对照组的话,还需要说明两个组的区别和分配原则,以及参与研究是否涉及费用补偿等。如果需要研究音像资料,要得到来访者同意。

但正常的心理健康课堂教学研究、匿名问卷调查、自然观察等不需要签署知情同意书,这是因为研究结果报告不导致研究对象的痛苦,不会伤害他们的财产和生命安全,不妨碍正常的学习和工作以及名誉,且可以做到不泄露个人信息。

---

① 赵静波,季建林.心理咨询和治疗的知情同意原则及其影响因素.医学与哲学(人文社科医学版),2007,28(4):45-47.

关于知情同意过程,依据传统的观点,知情同意有一个书面文件即知情同意书,来访者阅读后询问相关问题,然后签字。但现在的观点是,知情同意贯穿咨询始终,是咨访关系的一个核心成分。这意味着,咨询师要与来访者阶段性地讨论咨询的本质、有效性、未来的计划和目标,反思咨询对来访者的影响和意义。具体地说,这个过程包含以下3个方面:

(1)讨论。咨访双方必须讨论问题和解决方法,以便确保双方都理解并能参与即将进行的咨询。为此,咨询师需要了解来访者求助的原因、期望及担忧,同时,让来访者充分理解咨询师将应用的评估和咨询方法,以及预期的效果,纠正对咨询的不正确认识和期望。

(2)决策。来访者了解情况后必须决定是否接受心理咨询,是立即开始还是考虑以后再定,是否想改变咨询方法或更换咨询师等。这时,咨询师需要判断来访者是否有决策能力(如年幼的小孩不可能自己决策),是否需要立刻干预(如危机干预,不一定要来访者完全知情同意),并且要考虑来访者是否有能力提供自己的情况和理解咨询,以及是否自愿接受咨询等。

(3)调整。知情同意作为一个动态变化的循环过程,需要咨访双方依据情况的变化及时调整方案。如咨询师学了一种新的方法,就可以讨论是否可以使用该方法等;或来访者问题很快解决了或变得严重了,都需要讨论下一步的咨询计划。也就是说,当情况发生变化时,知情同意的内容也要调整,重新征得来访者的同意和理解,且让来访者自愿决定是否继续咨询。

但知情同意也存在一定的局限。首先,如果咨询师的行为违法,即使知情同意也会受到法律制裁。如使用厌恶疗法时,如果客观刺激导致来访者很大的痛苦,即使来访者同意,也有违法嫌疑。所以咨询师必须在法律的指导下应用知情同意对自己的保护作用。其次,有些信息让来访者知道可能有副作用,如告诉来访者以往研究表明,某种方法的效果比另一种好,本研究的目的是检验这一结果是否可靠,那么对于分配到效果差的方法的来访者可能会有先入之见,影响其积极性。同理,安慰剂组如果知道自己属于安慰剂组,则不会有安慰剂效应,对研究者和来访者都不利。此外,在团体咨询中,如果有人认为咨询效果不好而中途退出,咨询师告诉真相可能会影响来访者的咨询效果。总之,咨询师在坚持知情同意原则的前提下,也需要灵活提供相关信息。有的信息(如安慰剂)可以事后提供,但必须保证没有伤害且提供与实验组同样的咨询供其选择。

## 三、处理双重和多重关系

双重和多重关系,是指咨访关系除了职业性的关系外,还具有其他社会关系。由于咨访关系决定双方的角色及其行为规范,会影响来访者的权利和咨询效果,所以咨访关系是咨询师需要重视的问题。对这一问题存在两种相反的观点。分类界限观(categorical boundaries view)认为,咨访关系的界限是不变的,不必公开讨论,也不能因任何理由越界,因为越界是危险的。维度界限观(dimensional boundaries view)认为,虽然咨访关系存在界限是必要的、有用的,但是咨访双方可以对此公开讨论,如果越界恰当,也许还可促进咨询关系和治疗效果。这两种观点都有大量研究成果的支持,使得实际应用遇到很多问题①②。

---

① Fay A. The case against boundaries in psychotherapy//Lazarus A,Zur O. Dual relationships and psychotherapy. New York:Springer,2002:98-114.

② 罗维,柏松杉,刘朋. 高校心理咨询中双重关系的伦理探究. 齐齐哈尔大学学报(哲学社会科学版),2018(2):154-156.

我国伦理守则1.7条原则上不鼓励发展双重和多重关系,但在无可避免时必须采取必要的措施以避免其消极作用。美国伦理守则对这一问题的态度略有不同,如美国心理学会(American Psychological Association,APA,2002)伦理守则3.05条规定:如果没有理由认为多重关系会造成损害、潜在剥削和伤害,那么多重关系并非不道德[①]。美国心理咨询学协会(American Counseling Association,2002)没有规定应当避免双重关系,而是指出发生双重关系的合适时间、处理要求与规范[②]。康复心理咨询师认证委员会(Commission on Rehabilitation Counselor Certification,CRCC,2010)伦理守则A.5.d条规定:如果非专业关系对来访者来说有利或潜在有利,则允许发生这类关系[③]。可见,美国心理学界比较支持有利的双重和多重关系。

简单地说,双重和多重关系对来访者的影响从有利到不利是一个连续体,明显不利的必须避免。首先是性关系,这是不道德、不合法的。即便咨询已经结束,咨询师同此前的来访者有性的关系也是不明智和被认为不道德的。而另一端的典型例子是师生关系和咨访关系的重叠,许多学生因为听了老师的课,对老师有熟悉感和信任感,然后到老师这里咨询;也有的学生到老师这里咨询后,因为对老师有熟悉感和好感,就选修老师的课,且学习比较认真。后两种情况一般说来对来访者是有利的。

因此,处理双重和多重关系时,咨询师要权衡利弊。为此,咨询师需要在咨询开始时建立合理的分界,当发生双重关系时要与同事讨论,一旦双重关系可能产生不利影响,需要在同事监督帮助下采取措施。而关键在于,咨询师要自我监控分析这种关系满足了谁的什么需要,以明确自己的动机。

值得一提的是,双重和多重关系带有文化性,我国文化中的和谐心理、面子心理、人情心理都会提高咨询师对双重关系的接纳度[④]。什么样的双重和多重关系对来访者有利或不利,也应该有文化差异。由于我国存在重人情、轻规则的文化传统,在没有扎实的研究厘清双重和多重关系的利弊之前,盲目鼓励发展有利的双重和多重关系是不合适的。在处理这类关系时可以借鉴国外的经验,更要考虑我国的文化心理特征,扬长避短,以保护来访者的利益。

## 四、对违规行为的伦理反应

咨询师需要认同并内化专业伦理,对自己的行为负责,能够自律,承诺自己的行为都以咨询行业的最大利益为先。但在实际工作中,心理咨询师难免会有意无意地违反伦理规范,只是程度不同而已。因此,评价咨询师是否认同伦理,主要看其在违反伦理而没有被发现的情况下的反应。如果咨询师在没有外部批评的情况下,敢于承认自己的错误并积极减轻其

① American Psychological Association. Ethical principles of psychologists and code of conduct. American Psychologists,2002,57(12):1060-1073.

② American Counseling Association. Code of Ethics and Standards of Practice[EB/OL].(2005-07-08)[2012-10-17].http://www.counseling.org/Resources/CodeOfEthics/TP/Home/CT2.aspx.

③ Cottone R R. Roles and relationships with clients in rehabilitation counseling:beyond the concept of dual relationships. Rehabilitation Counseling Bullitin,2010,53(4):226-231.

④ 邓晶,钱铭怡.心理咨询师和治疗师人际关系性人格对双重关系伦理行为的影响.中国心理卫生杂志,2017,31(1):19-24.

负面影响,是认同伦理的表现。为此,面对自己的错误,咨询师需要问自己三个问题:我是否真的意识到自己违反了伦理规范? 我所做的行为造成了什么样的伤害,我如何消除或是减少这些伤害? 我应该怎么做才能避免犯同样的错误?

　　违规的咨询师能正确面对错误,找出原因,以防再犯,是重新开始的第一步。咨询师可以根据违反守则的严重程度采取不同的措施恢复自己的声誉。对于轻微的违规行为,咨询师只需重新学习伦理守则,向同行讨教,以确保理解的正确性。而对于严重违规行为,就需要有补偿计划。该计划包括以下内容:①如果咨询师的个人问题或性格缺陷导致了违规行为,就需要接受咨询或治疗;②如果违规行为与某类来访者有关,则可以缩小咨询范围或改变咨询对象类型,以降低风险;③暂停咨询工作,直到问题解决;④安排一位咨询师给自己作督导,一旦问题出现,督导及时指出并制止;⑤再次接受伦理培训,提高对伦理的认识,增强伦理认同感;⑥接受继续教育,提高自己的专业水平。当然,恢复声誉的计划的内容不止这些,具体实施时要及时调整。恢复的时间也各不相同,多次违规的人要比初次违规的人接受更重的处罚,恢复所需要的时间也更长。当然,初次违规也不能轻视,要引以为戒,避免再犯。必须指出的是,受罚的咨询师重新回到工作岗位后仍要定期接受督导,以避免重涛覆辙。

 附　录

## 临床与咨询心理学工作伦理守则(第二版)①
中国心理学会

　　《中国心理学会临床与咨询心理学工作伦理守则(第二版)》(以下简称《守则》)和《中国心理学会临床与咨询心理学专业机构和专业人员注册标准》(第二版)由中国心理学会授权临床心理学注册工作委员会在《中国心理学会临床与咨询心理学工作伦理守则》(第一版,2007)和《中国心理学会临床与咨询心理学专业机构和专业人员注册标准》(第一版,2007)的基础上修订。制定本《守则》旨在揭示临床与咨询心理学服务工作具有教育性、科学性与专业性,促使心理师、寻求专业服务者以及广大民众了解本领域专业伦理的核心理念和专业责任,以保证和提升专业服务的水准,保障寻求专业服务者和心理师的权益,提升民众心理健康水平,促进和谐社会发展。本《守则》亦作为本学会临床与咨询心理学注册心理师的专业伦理规范以及本学会处理有关临床与咨询心理学专业伦理投诉的主要依据和工作基础。

## 总　则

　　**善行:**心理师的工作目的是使寻求专业服务者从其提供的专业服务中获益。心理师应保障寻求专业服务者的权利,努力使其得到适当的服务并避免伤害。

　　**责任:**心理师应保持其服务工作的专业水准,认清自己的专业、伦理及法律责任,维护专

———————————
　　① 中国心理学会.临床与咨询心理学工作伦理守则(第二版).心理学报,2018,50(11):1314-1322.

业信誉,并承担相应的社会责任。

**诚信:**心理师在工作中应做到诚实守信,在临床实践、研究及发表、教学工作以及各类媒体的宣传推广中保持真实性。

**公正:**心理师应公平、公正地对待专业相关的工作及人员,采取谨慎的态度防止自己潜在的偏见、能力局限、技术限制等导致的不适当行为。

**尊重:**心理师应尊重每位寻求专业服务者,尊重其隐私权、保密性和自我决定的权利。

# 1　专业关系

心理师应按照专业的伦理规范与寻求专业服务者建立良好的专业工作关系。这种工作关系应以促进寻求专业服务者成长和发展、从而增进其利益和福祉为目的。

1.1 心理师应公正对待寻求专业服务者,不得因年龄、性别、种族、性取向、宗教信仰和政治立场、文化水平、身体状况、社会经济状况等因素歧视对方。

1.2 心理师应充分尊重和维护寻求专业服务者的权利,促进其福祉;应当避免伤害寻求专业服务者、学生或研究被试。如果伤害可预见,心理师应在对方知情同意的前提下尽可能避免,或将伤害最小化;如果伤害不可避免或无法预见,心理师应尽力使伤害程度降至最低,或在事后设法补救。

1.3 心理师应依照当地政府要求或本单位规定恰当收取专业服务费用。心理师在进入专业工作关系之前,要向寻求专业服务者清楚地介绍和解释其服务收费情况。

1.4 心理师不得以收受实物、获得劳务服务或其他方式作为其专业服务的回报,以防止引发冲突、剥削、破坏专业关系等潜在危险。

1.5 心理师须尊重寻求专业服务者的文化多元性。心理师应充分觉察自己的价值观,及其对寻求专业服务者的可能影响,并尊重寻求专业服务者的价值观,避免将自己的价值观强加给寻求专业服务者或替其做重要决定。

1.6 心理师应清楚认识自身所处位置对寻求专业服务者的潜在影响,不得利用其对自己的信任或依赖剥削对方、为自己或第三方谋取利益。

1.7 心理师要清楚了解多重关系(例如与寻求专业服务者发展家庭、社交、经济、商业或其他密切的个人关系)对专业判断可能造成的不利影响及损害寻求专业服务者福祉的潜在危险,尽可能避免与后者发生多重关系。在多重关系不可避免时,应采取专业措施预防可能的不利影响,例如签署知情同意书、告知多重关系可能的风险、寻求专业督导、做好相关记录,以确保多重关系不会影响自己的专业判断,并且不会危害寻求专业服务者。

1.8 心理师不得与当前寻求专业服务者或其家庭成员发生任何形式的性或亲密关系,包括当面和通过电子媒介进行的性或亲密沟通与交往。心理师不得给与自己有过性或亲密关系者做心理咨询或心理治疗。一旦关系超越了专业界限(例如开始性和亲密关系),应立即采取适当措施(例如寻求督导或同行建议),并终止专业关系。

1.9 心理师在与寻求专业服务者结束心理咨询或治疗关系后至少三年内,不得与其或其家庭成员发生任何形式的性或亲密关系,包括当面和通过电子媒介进行的性或亲密的沟通与交往。三年后如果发展此类关系,要仔细考察该关系的性质,确保此关系不存在任何剥削、控制和利用的可能性,同时要有可查证的书面记录。

1.10 心理师和寻求专业服务者存在除性或亲密关系以外的其他非专业关系,如可能伤害后者,应当避免与其建立专业关系。与朋友及亲人间无法保持客观、中立,心理师不得与他们建立专业关系。

1.11 心理师不得随意中断心理咨询与治疗工作。心理师出差、休假或临时离开工作地点外出时,要尽早向寻求专业服务者说明,并适当安排已经开始的心理咨询或治疗工作。

1.12 心理师认为自己的专业能力不能胜任为寻求专业服务者提供专业服务,或不适合与后者维持专业关系时,应与督导或同行讨论后,向寻求专业服务者明确说明,并本着负责的态度将其转介给合适的专业人士或机构,同时书面记录转介情况。

1.13 寻求专业服务者在心理咨询与治疗中无法获益,心理师应终止该专业关系。若受到寻求专业服务者或相关人士的威胁或伤害,或其拒绝按协议支付专业服务费用,心理师可终止专业服务关系。

1.14 本专业领域内,不同理论学派的心理师应相互了解、相互尊重。心理师开始服务时,如知晓寻求专业服务者已经与其他同行建立了专业服务关系,而且目前没有终止或者转介时,应建议寻求专业服务者继续在同行处寻求帮助。

1.15 心理师与心理健康服务领域同行(包括精神科医师/护士、社会工作者等)的交流和合作会影响对寻求专业服务者的服务质量。心理师应与相关同行建立积极的工作关系和沟通渠道,以保障寻求专业服务者的福祉。

1.16 在机构中从事心理咨询与治疗的心理师未经机构允许,不得将自己在该机构中的寻求专业服务者转介为个人接诊的来访者。

1.17 心理师将寻求专业服务者转介至其他专业人士或机构时,不得收取任何费用,也不得向第三方支付与转介相关的任何费用。

1.18 心理师应清楚了解寻求专业服务者赠送礼物对专业关系的影响。心理师在决定是否收取寻求专业服务者的礼物时需考虑以下因素:专业关系、文化习俗、礼物的金钱价值、赠送礼物的动机以及自己接受或拒绝礼物的动机。

## 2 知情同意

寻求专业服务者可以自由选择是否开始或维持一段专业关系,且有权充分了解关于专业工作的过程和心理师的专业资质及理论取向。

2.1 心理师应确保寻求专业服务者了解自己与寻求专业服务者双方的权利、责任,明确介绍收费设置,告知寻求专业服务者享有的保密权利、保密例外情况以及保密界限。心理师应认真记录评估、咨询或治疗过程中有关知情同意的讨论过程。

2.2 心理师应知晓,寻求专业服务者有权了解下列事项:(1)心理师的资质、所获认证、工作经验以及专业工作理论取向;(2)专业服务的作用;(3)专业服务的目标;(4)专业服务所采用的理论和技术;(5)专业服务的过程和局限;(6)专业服务可能带来的好处和风险;(7)心理测量与评估的意义,以及测验和结果报告的用途。

2.3 与被强制要求接受专业服务人员工作时,心理师应当在专业工作开始时与其讨论保密原则的强制界限及相关依据。

2.4 寻求专业服务者同时接受其他心理健康服务领域专业工作者的服务时，心理师可以根据工作需要，在征得其同意后，联系其他心理健康服务领域专业工作者并与他们沟通，以更好地为其服务。

2.5 只有在得到寻求专业服务者书面同意的情况下，心理师才能对心理咨询或治疗过程录音、录像或进行教学演示。

## 3 隐私权和保密性

心理师有责任保护寻求专业服务者的隐私权，同时明确认识到隐私权在内容和范围上受国家法律和专业伦理规范的保护和约束。

3.1 专业服务开始时，心理师有责任向寻求专业服务者说明工作的保密原则及其应用的限度、保密例外情况并签署知情同意书。

3.2 心理师应清楚地了解保密原则的应用有其限度，下列情况为保密原则的例外。(1)心理师发现寻求专业服务者有伤害自身或他人的严重危险；(2)不具备完全民事行为能力的未成年人等受到性侵犯或虐待；(3)法律规定需要披露的其他情况。

3.3 遇到3.2(1)和(2)的情况，心理师有责任向寻求专业服务者的合法监护人、可确认的潜在受害者或相关部门预警；遇到3.2(3)的情况，心理师有义务遵守法律法规，并按照最低限度原则披露有关信息，但须要求法庭及相关人员出示合法的正式文书，并要求他们注意专业服务相关信息的披露范围。

3.4 心理师应按照法律法规和专业伦理规范在严格保密的前提下创建、使用、保存、传递和处理专业工作相关信息(如个案记录、测验资料、信件、录音、录像等)。心理师可告知寻求专业服务者个案记录的保存方式，相关人员(例如同事、督导、个案管理者、信息技术员)有无权限接触这些记录等。

3.5 心理师因专业工作需要在案例讨论或教学、科研、写作中采用心理咨询或治疗案例，应隐去可能辨认出寻求专业服务者的相关信息。

3.6 心理师在教学培训、科普宣传中，应避免使用完整案例，如果有可辨识身份的个人信息(如姓名、家庭背景、特殊成长或创伤经历、体貌特征等)，须采取必要措施保护当事人隐私。

3.7 如果由团队为寻求专业服务者服务，应在团队内部确立保密原则，只有确保寻求专业服务者隐私受到保护时才能讨论其相关信息。

## 4 专业胜任力和专业责任

心理师应遵守法律法规和专业伦理规范，以科学研究为依据，在专业界限和个人能力范围内以负责任的态度开展评估、咨询、治疗、转介、同行督导、实习生指导以及研究工作。心理师应不断更新专业知识，提升专业胜任力，促进个人身心健康水平，以更好地满足专业工作的需要。

4.1 心理师应在专业能力范围内，根据自己所接受的教育、培训和督导的经历和工作经验,为适宜人群提供科学有效的专业服务。

4.2 心理师应规范执业,遵守执业场所、机构、行业的制度。

4.3 心理师应关注保持自身专业胜任力,充分认识继续教育的意义,参加专业培训,了解专业工作领域的新知识及新进展,必要时寻求专业督导。缺乏专业督导时,应尽量寻求同行的专业帮助。

4.4 心理师应关注自我保健,警惕因自己身心健康问题伤害服务对象的可能性,必要时寻求督导或其他专业人员的帮助,或者限制、中断、终止临床专业服务。

4.5 心理师在工作中介绍和宣传自己时,应实事求是地说明专业资历、学历、学位、专业资格证书、专业工作等。心理师不得贬低其他专业人员,不得以虚假、误导、欺瞒的方式宣传自己或所在机构、部门。

4.6 心理师应承担必要的社会责任,鼓励心理师为社会提供部分专业工作时间做低经济回报、公益性质的专业服务。

## 5  心理测量与评估

心理测量与评估是咨询与治疗工作的组成部分。心理师应正确理解心理测量与评估手段在临床服务中的意义和作用,考虑被测量者或被评估者的个人特征和文化背景,恰当使用测量与评估工具来促进寻求专业服务者的福祉。

5.1 心理测量与评估旨在促进寻求专业服务者的福祉,其使用不应超越服务目的和适用范围。心理师不得滥用心理测量或评估。

5.2 心理师应在接受相关培训并具备适当专业知识和技能后,实施相关测量或评估工作。

5.3 心理师应根据测量目的与对象,采用自己熟悉、已在国内建立并证实信度、效度的测量工具。若无可靠信度、效度数据,需要说明测验结果及解释的说服力和局限性。

5.4 心理师应尊重寻求专业服务者了解和获得测量与评估结果的权利,在测量或评估后对结果给予准确、客观、对方能理解的解释,避免后者误解。

5.5 未经寻求专业服务者授权,心理师不得向非专业人员或机构泄露其测验和评估的内容与结果。

5.6 心理师有责任维护心理测验材料(测验手册、测量工具和测验项目等)和其他评估工具的公正、完整和安全,不得以任何形式向非专业人员泄露或提供不应公开的内容。

## 6  教学、培训和督导

从事教学、培训和督导工作的心理师应努力发展有意义、值得尊重的专业关系,对教学、培训和督导持真诚、认真、负责的态度。

6.1 心理师从事教学、培训和督导工作旨在促进学生、被培训者或被督导者的个人及专业成长和发展,教学、培训和督导工作应有科学依据。

6.2 心理师从事教学、培训和督导工作时应持多元的理论立场,让学生、被培训者或被督导者有机会比较,并发展自己的理论立场。督导者不得把自己的理论取向强加于被督导者。

6.3 从事教学、培训和督导工作的心理师应基于其教育训练、被督导经验、专业认证及适当的专业经验,在胜任力范围内开展相关工作,且有义务不断加强自己的专业能力和伦理意识。督导者在督导过程中遇到困难,也应主动寻求专业督导。

6.4 从事教学、培训和督导工作的心理师应熟练掌握专业伦理规范,并提醒学生、被培训者或被督导者遵守伦理规范和承担专业伦理责任。

6.5 从事教学、培训工作的心理师应采取适当措施设置和计划课程,确保教学及培训能够提供适当的知识和实践训练,达到教学或培训目标。

6.6 承担教学任务的心理师应向学生明确说明自己与实习场所督导者各自的角色与责任。

6.7 担任培训任务的心理师在进行相关宣传时应实事求是,不得夸大或欺瞒。心理师应有足够的伦理敏感性,有责任采取必要措施保护被培训者个人隐私和福祉。心理师作为培训项目负责人时,应为该项目提供足够的专业支持和保证,并承担相应责任。

6.8 担任督导任务的心理师应向被督导者说明督导目的、过程、评估方式及标准,告知督导过程中可能出现的紧急情况,中断、终止督导关系的处理方法。心理师应定期评估被督导者的专业表现,并在训练方案中提供反馈,以保障专业服务水准。考评时,心理师应实事求是,诚实、公平、公正地给出评估意见。

6.9 从事教学、培训和督导工作的心理师应审慎评估其学生、被培训者或被督导者的个体差异、发展潜能及能力限度,适当关注其不足,必要时给予发展或补救机会。对不适合从事心理咨询或治疗工作的专业人员,应建议其重新考虑职业发展方向。

6.10 承担教学、培训和督导任务的心理师有责任设定清楚、适当、具文化敏感度的关系界限;不得与学生、被培训者或被督导者发生亲密关系或性关系;不得与有亲属关系或亲密关系的专业人员建立督导关系;不得与被督导者卷入心理咨询或治疗关系。

6.11 从事教学、培训或督导工作的心理师应清楚认识自己在与学生、被培训者或被督导者关系中的优势,不得以工作之便利用对方为自己或第三方谋取私利。

6.12 承担教学、培训或督导任务的心理师应明确告知学生、被培训者或被督导者,寻求专业服务者有权了解提供心理咨询或治疗者的资质;他们若在教学、培训和督导过程中使用后者的信息,应事先征得其同意。

6.13 承担教学、培训或督导任务的心理师对学生、被培训者或被督导者在心理咨询或治疗中违反伦理的情形应保持敏感,若发现此类情形应与他们认真讨论,并为保护寻求专业服务者的福祉及时处理;对情节严重者,心理师有责任向本学会临床心理学注册工作委员会伦理工作组或其他适合的权威机构举报。

## 7 研究和发表

心理师应以科学的态度研究并增进对专业领域相关现象的了解,为改善专业领域做贡献。以人类为被试的科学研究应遵守相应的研究规范和伦理准则。

7.1 心理师的研究工作若以人类作为研究对象,应尊重人的基本权益,遵守相关法律法规、伦理准则以及人类科学研究的标准。心理师应负责被试的安全,采取措施防范损害其权益,避免对其造成躯体、情感或社会性伤害。若研究需得到相关机构审批,心理师应提前呈交具体研究方案以供伦理审查。

7.2 心理师的研究应征求被试知情同意;若被试没有能力做出知情同意,应获得其法定监护人知情同意;应向被试(或其监护人)说明研究性质、目的、过程、方法、技术、保密原则及局限性,被试可能体验到的身体或情绪痛苦及干预措施,预期获益、补偿;研究者和被试各自的权利和义务,研究结果的传播形式及其可能的受众群体等。

7.3 免知情同意仅限于以下情况:(1)有理由认为不会给被试造成痛苦或伤害的研究,包括①正常教学实践研究、课程研究或在教学背景下进行的课堂管理方法研究;②仅用匿名问卷、以自然观察方式进行的研究或文献研究,其答案未使被试触犯法律,未损害其财务状况、职业或声誉,且隐私得到保护;③在机构背景下进行的工作相关因素研究,不会危及被试的职业,且其隐私得到保护。(2)法律、法规或机构管理规定允许的研究。

7.4 被试参与研究,有随时撤回同意和不再继续参与的权利,并且不会因此受到任何惩罚,而且在适当情况下应获得替代咨询、治疗干预或处置。心理师不得以任何方式强制被试参与研究。干预或实验研究需要对照组时,需适当考虑对照组成员的福祉。

7.5 心理师不得用隐瞒或欺骗手段对待被试,除非这种方法对预期研究结果必要、且无其他方法代替。研究结束后,必须向被试适当说明。

7.6 禁止心理师和当前被试通过面对面或任何媒介发展涉及性或亲密关系的沟通和交往。

7.7 撰写研究报告时,心理师应客观地说明和讨论研究设计、过程、结果及局限性,不得采用或编造虚假不实的信息或资料,不得隐瞒与研究预期、理论观点、机构、项目、服务、主流意见或既得利益相悖的结果,并声明利益冲突;如果发现已发表研究有重大错误,应更正、撤销、勘误或以其他合适的方式公开纠正。

7.8 心理师撰写研究报告时应注意对被试的身份保密(除非得到其书面授权),妥善保管相关资料。

7.9 心理师在发表论著时不得剽窃他人成果,引用其他研究者或作者的言论或资料应按照学术规范或国家标准注明原著者及资料来源。

7.10 心理师科研、写作若采用心理咨询或心理治疗案例,应确保隐匿可辨认出寻求专业服务者的信息。涉及寻求专业服务者的案例报告,应与其签署知情同意书。

7.11 全文或文中重要部分已登载于某期刊或已出版著作,心理师不得在未获原出版单位许可情况下再次投稿;同一篇稿件或主要数据相同的稿件不得同时向多家期刊投稿。

7.12 研究工作由心理师与同行一起完成时,著述应以适当方式注明全部作者、有特殊贡献者,心理师不得以个人名义发表或出版。论著主要内容源于学生的研究报告或论文,应取得学生许可并将其列为主要作者之一。

7.13 心理师审阅学术报告、文稿、基金申请或研究计划时应尊重其保密性和知识产权。心理师应审阅在自己能力范围内的材料,并避免审查工作受个人偏见影响。

## 8　远程专业工作(网络/电话咨询)

心理师有责任告知寻求专业服务者远程专业工作的局限性,使其了解远程专业工作与面对面专业工作的差异。寻求专业服务者有权选择是否在接受专业服务时使用网络/电话咨询。远程工作的心理师有责任考虑相关议题,并遵守相应的伦理规范。

8.1 心理师通过网络/电话提供专业服务时,除了常规知情同意外,还需要帮助寻求专业服务者了解并同意下列信息:(1)远程服务所在的地理位置、时差和联系信息;(2)远程专业工作的益处、局限和潜在风险;(3)发生技术故障的可能性及处理方案;(4)无法联系到心理师时的应急程序。

8.2 心理师应告知寻求专业服务者电子记录和远程服务过程在网络传输中保密的局限性,告知寻求专业服务者相关人员(同事、督导、个案管理者、信息技术员)有无权限接触这些记录和咨询过程。心理师应采取合理预防措施(例如设置用户开机密码、网站密码、咨询记录文档密码等)以保证信息传递和保存过程中的安全性。

8.3 心理师远程工作时须确认寻求专业服务者真实身份及联系信息,也需确认双方具体地理位置和紧急联系人信息,以确保后者出现危机状况时可有效采取保护措施。

8.4 心理师通过网络/电话与寻求专业服务者互动并提供专业服务时,应全程验证后者真实身份,确保对方是与自己达成协议的对象。心理师应提供专业资质和专业认证机构的电子链接,并确认电子链接的有效性以保障寻求专业服务者的权利。

8.5 心理师应明白与寻求专业服务者保持专业关系的必要性。心理师应与后者讨论并建立专业界限。寻求专业服务者或心理师认为远程专业工作无效时,心理师应考虑采用面对面服务形式。如果心理师无法提供面对面服务,应帮助对方转介。

## 9　媒体沟通与合作

心理师通过(电台、电视、报纸、网络等)公众媒体和自媒体从事专业活动,或以专业身份开展(讲座、演示、访谈、问答等)心理服务,与媒体相关人员合作与沟通需要遵守下列伦理规范。

9.1 心理师及其所在机构应与媒体充分沟通,确认合作方了解心理咨询与治疗的专业性质与专业伦理,提醒其自觉遵守伦理规范,承担社会责任。

9.2 心理师应在专业胜任力范围内,根据自己的教育、培训和督导经历、工作经验与媒体合作,为不同人群提供适宜而有效的专业服务。

9.3 心理师如与媒体长期合作,应特别考虑可能产生的影响,并与合作方签署包含伦理款项的合作协议,包括合作目的、双方权利与义务、违约责任及协议解除等。

9.4 心理师应与拟合作媒体就如何保护寻求专业服务者个人隐私商讨保密事宜,包括保密限制条件以及对寻求专业服务者信息的备案、利用、销毁等,并将有关设置告知寻求专业服务者,并告知其媒体传播后可能带来的影响,由其决定是否同意在媒体上自我暴露、是否签署相关协议。

9.5 心理师通过(电台、电视、出版物、网络等)公众媒体从事课程、讲座、演示等专业活动或以专业身份提供解释、分析、评论、干预时,应尊重事实,基于专业文献和实践发表言论。其言行皆应遵循专业伦理规范,避免伤害寻求专业服务者、误导大众。

9.6 心理师接受采访时应要求媒体如实报道。文章发表前应经心理师本人审核确认。如发现媒体发布与自己个人或单位相关的错误、虚假、欺诈和欺骗的信息,或其报道断章取义,心理师应依据有关法律法规和伦理准则要求媒体予以澄清、纠正、致歉,以维护专业声誉、保障受众利益。

# 10　伦理问题处理

心理师应在日常专业工作中践行专业伦理规范,并遵守有关法律法规。心理师应努力解决伦理困境,与相关人员直接而开放地沟通,必要时向督导及同行寻求建议或帮助。本学会临床心理学注册工作委员会设有伦理工作组,提供与本伦理守则有关的解释,接受伦理投诉,并处理违反伦理守则的案例。

10.1 心理师应当认真学习并遵守伦理守则,缺乏相关知识、误解伦理条款都不能成为违反伦理规范的理由。

10.2 心理师一旦觉察自己工作中有失职行为或对职责有误解,应尽快采取措施改正。

10.3 若本学会专业伦理规范与法律法规冲突,心理师必须让他人了解自己的行为符合专业伦理,并努力解决冲突。如这种冲突无法解决,心理师应以法律和法规作为其行动指南。

10.4 如果心理师所在机构的要求与本学会伦理规范有矛盾之处,心理师需澄清矛盾的实质,表明自己有按专业伦理规范行事的责任。心理师应坚持伦理规范并合理解决伦理规范与机构要求的冲突。

10.5 心理师若发现同行或同事违反了伦理规范,应规劝;规劝无效则通过适当渠道反映问题。如其违反伦理行为非常明显,且已造成严重危害,或违反伦理的行为无合适的非正式解决途径,心理师应当向临床心理学注册工作委员会伦理工作组或其他适合的权威机构举报,以保护寻求专业服务者的权益,维护行业声誉。心理师如不能确定某种情形或行为是否违反伦理规范,可向临床心理学注册工作委员会伦理工作组或其他适合的权威机构寻求建议。

10.6 心理师有责任配合临床心理学注册工作委员会伦理工作组调查可能违反伦理规范的行为并采取行动。心理师应了解对违反伦理规范的处理申诉程序和规定。

10.7 伦理投诉案件的处理必须以事实为根据,以伦理守则相关条文为依据。

10.8 违反伦理守则者将按情节轻重给予以下处罚:(1)警告;(2)严重警告,被投诉者必须在指定期限内完成不少于16学时的专业伦理培训或/和临床心理学注册工作委员会伦理工作组指定的惩戒性任务;(3)暂停注册资格,暂停期间被投诉者不能使用注册督导师、注册心理师或注册助理心理师身份工作,同时暂停其相关权利(选举权、被选举权、推荐权、专业晋升申请等),必须在指定期限内完成不少于24学时的专业伦理培训或/和临床心理学注册工作委员会伦理工作组指定的惩戒性任务,如果不当行为得以改正则由临床心理学注册工作委员会评估讨论后,取消暂停使用注册资格的决定,恢复其注册资格;(4)永久除名,取消注册资格后,临床心理学注册工作委员会不再受理其重新注册申请,并保留向相关部门通报的权利。

10.9 反对以不公正态度或报复方式提出有关伦理问题的投诉。

## 附:《守则》包含的专业名词定义

**临床心理学(clinical psychology)**:心理学分支学科之一。它既提供相关心理学知识,也运用这些知识理解和促进个体或群体心理健康、身体健康和社会适应。

**临床心理学**:注重个体和群体心理问题研究,并治疗严重心理障碍(包括人格障碍)。

**咨询心理学(counseling psychology)**:心理学分支学科之一。它运用心理学知识理解和促进个体或群体心理健康、身体健康和社会适应。咨询心理学关注个体日常生活的一般性问题,以增进其良好的心理适应能力。

**心理咨询(counseling)**:基于良好的咨询关系,经训练的临床与咨询专业人员运用咨询心理学理论和技术,消除或缓解求助者心理困扰,促进其心理健康与自我发展。心理咨询侧重一般人群的发展性咨询。

**心理治疗(psychotherapy)**:基于良好的治疗关系,经训练的临床与咨询专业人员运用临床心理学有关理论和技术,矫治、消除或缓解患者心理障碍或问题,促进其人格向健康、协调的方向发展。心理治疗侧重心理疾患的治疗和心理评估。

**心理师(clinical and counseling psychologist)**:系统学习过临床与咨询心理学专业知识、接受过系统的心理治疗与咨询专业技能培训和实践督导,正从事心理咨询和心理治疗工作,并在中国心理学会有效注册的督导师、心理师、助理心理师。心理师包括临床心理师(clinical psychologist)和咨询心理师(counseling psychologist)。两者界定依赖于申请者学位培养方案中的名称。

**督导师(supervisor)**:从事临床与咨询心理学相关教学、培训、督导等心理师培养工作、达到中国心理学会督导师注册条件并有效注册的资深心理师。

**寻求专业服务者(professional service seeker)**:来访者(client)、精神障碍患者(patient)或其他需要接受心理咨询或心理治疗专业服务的求助者。

**剥削(exploitation)**:个人或团体违背他人意愿或在其不知情时,无偿占有其劳动成果,或不当利用其所拥有的物质、经济和心理资源,谋取利益或得到心理满足。

**福祉(welfare)**:个体、团体或公众的健康、利益、心理成长和幸福。

**多重关系(multiple relationships)**:心理师与寻求专业服务者间除心理咨询或治疗关系

外,存在其他社会关系。除专业关系外,还有一种社会关系为双重关系(dual relationships),还有两种以上社会关系为多重关系。

**亲密关系(romantic relationship)**:人与人之间所产生的紧密情感联系,如恋人、同居和婚姻关系。

**远程专业工作(remote counseling)**:通过网络、电话等电子媒介进行、非面对面心理健康服务方式。

中国心理学会临床心理学注册工作委员会
伦理修订工作组、标准制定工作组

## 📖 思考题

1.心理咨询师的伦理决策动机有哪些?

2.伦理决策的基本步骤如何?

3.阅读本章附录的《中国心理学会临床与咨询心理学工作伦理守则(第二版)》,你认为哪些伦理规则最重要,为什么?

## 📖 小组活动

1.查阅心理咨询伦理困境相关文献资料,选择一个具体的伦理困境,在小组里讨论解决的方法。

2.你认为哪些双重和多重关系是可以避免的,哪些是无法避免的,如何让这些关系发挥积极作用?

**第三章** 心理咨询的内容、形式和原则

## ■学习要点

> 了解心理咨询基本内容的分类,熟悉心理咨询的常见形式,掌握心理咨询的基本原则。

心理咨询的内容不外乎情感、行为、认知和个性心理这几个方面,但涉及具体生活时就显得十分丰富复杂。咨询师一方面要尽可能了解各种内容,另一方面要依据自己的工作领域、专业方向、理论偏好和个人生活经验等选择某些内容作为工作重点。同理,心理咨询有不同的形式,但面对面个别咨询是该专业的起点,是咨询师必备的技能。在这一基础上,咨询师可以依据具体情况选择某种或某些形式作为工作重点,但不管选择怎样的内容和形式开展工作,都必须遵守一定的原则。

## 第一节　心理咨询的内容

心理咨询的内容依据不同标准可以划分为不同类别。如根据年龄段可以分为幼儿心理咨询、青少年心理咨询、中年人心理咨询和老年人心理咨询等;根据性别不同可以分为男性心理咨询和女性心理咨询;根据行业不同可以分为学校心理咨询、婚姻心理咨询、军人心理咨询和员工心理咨询等。可以说,要明确区分心理咨询的内容是比较困难的,自然也没有必要使用某种统一的标准加以区分,关键看咨询师的专长、兴趣和服务的主要人群。

从我国目前心理咨询的现状看,可以从三个层面加以区分,如表 3.1 所示,第一个层面根据范围分为学校心理咨询和社会心理咨询两大类,前者指各级各类学校内的心理咨询,后者指学校以外的心理咨询。第二个层面依据人群类型分,学校心理咨询可以分为幼儿心理咨询、小学生心理咨询、初中生心理咨询、高中生心理咨询、大学生心理咨询、教师心理咨询、家长心理咨询等。社会心理咨询可以分为青年人心理咨询、中年人心理咨询和老年人心理咨询。第三个层次依据问题分,每个群体都会有不同的代表性问题。

下面主要对学生心理咨询的内容做一简介。

学校心理咨询在中小学和幼儿园称为心理辅导，在大学称为心理咨询。它是运用心理学原理对学生提供帮助，通过提高心理健康水平促进其成长发展的过程。从幼儿园到大学都有一些共同心理现象需要咨询，如新生适应问题、人际关系问题、自我意识问题、学习问题、人际关系问题、看电视和上网等休闲娱乐问题等。但每个阶段的重点问题、具体内容和表现形式存在差异。

表 3.1　心理咨询的内容

| 范围 | 人群 | 问题(举例) | | | | | | | | |
|---|---|---|---|---|---|---|---|---|---|---|
| | | 适应环境 | 学习/智能 | 情绪情感 | 自我/个性 | 人际关系 | 生涯 | 休闲 | 性/恋爱 | 婚姻 |
| 学校 | 幼儿 | √ | √ | √ | √ | √ | | √ | | |
| | 小学生 | √ | √ | √ | √ | √ | √ | √ | | |
| | 初中生 | √ | √ | √ | √ | √ | √ | √ | √ | |
| | 高中生 | √ | √ | √ | √ | √ | √ | √ | √ | |
| | 大学生 | √ | √ | √ | √ | √ | √ | √ | √ | |
| | 教师 | | | √ | √ | √ | | | √ | √ |
| | 家长 | | | √ | | √ | | | | √ |
| 社会 | 青年 | | | √ | √ | √ | √ | √ | √ | |
| | 中年 | | | √ | | √ | | √ | | √ |
| | 老年 | | | | | √ | | | | |

## 一、幼儿心理辅导

幼儿心理辅导主要有四个方面的内容。第一，情绪辅导。新生入园的第一个情绪问题是分离焦虑，几乎每个孩子都有这一问题，因为他们第一次离开了自己的家，到新的环境里生活。有的小朋友适应得快，有的适应得慢。它需要家园配合，使幼儿愉快地接受新环境。在整个幼儿阶段，情绪从随意发泄、表达朝有意识调控方向发展。学习情绪的自我调控，培养良好的情绪情感，成了这一阶段心理辅导的主题。为此，需要通过集体活动、游戏等方式帮助他们认识自己的情绪情感，引导他们合理表达自己的情绪，培养愉快、高兴、满意、同情、欣赏等积极情绪，为今后的情绪发展打下基础。

第二，社交辅导。幼儿园提供了一个很好的交往机会，交往能力和习惯的培养对于他们是非常重要的。为此，要促进他们心理理论的发展，逐渐让他们能够通过他人的外在言行推断其内心思想感情，初步学习理解人、尊重人的技能。同时，通过各种活动学习合作、分享、互相帮助等行为习惯，懂得遵守基本规则，培养热情、友好的心理品质。

第三，生活习惯辅导。具体内容有：培养科学的日常生活习惯，如良好的睡眠、饮食、排便习惯；培养生活自理能力，如独立吃饭、穿衣等；学习基本的人身安全知识和技能；培养良好的卫生习惯,如理发、洗手、洗脚、刷牙、洗澡、剪指甲、用自己的毛巾和手帕、不挖耳朵和鼻子等;开展室外体育活动,增强体质,提高动作的协调性、灵活性和环境适应能力。

第四,个性辅导。培养良好的个性心理,如乐观、开朗、合群、诚实、合作、乐于助人、坚强、勇敢等,是整个幼儿阶段的核心任务。要在尊重个性的基础上进行辅导以发展这些积极的心理品质。

此外,幼儿心理辅导的一个比较突出的任务是给家长和老人进行心理咨询,多数家长和老人缺乏必要的心理学基础知识,不了解自己的心理问题,导致许多教育上的问题。如把三岁孩子的自我意识飞跃误解为"难弄、任性",采用呵斥、打骂等方式进行教育;认为幼儿没有性心理问题,不注意幼儿性心理卫生;不了解自己对孩子的依恋心理,导致客观为孩子、主观为自己的教育行为等。

## 二、小学生心理辅导

小学生开始接受正规的知识教学,主导活动由游戏变为有目的地完成学习任务,其心理辅导的内容主要有以下几个方面。

第一,新生适应性辅导。刚入学的小学生面对其生活经历中的一个重大转折,其心理和行为上必然存在一个适应过程,需要进行心理辅导。首先,在自我意识上,通过小学与幼儿园的比较,了解周围人对自己的看法和要求,认识小学的生活环境和学习任务,触发其"我是小学生"这个自我概念的发展,体会"长大"的自豪感和责任感。老师,尤其是班主任要热情地接纳每个学生,通过组织班级集体活动,促进同学之间相互了解和接纳,使其形成"我是某老师的学生,我是某某班的学生"的概念,并以此为荣。其次,在学习上,着重兴趣的培养和责任感、义务感的激发。兴趣是最好的老师,在幼儿园,各种活动本身的趣味性很能吸引孩子,使他们保持良好的兴趣。因此,对小学新生的教学应尽量设计一些有趣的活动,使他们从心理上有一个过渡。创造成功的机会,使他们从学习中得到乐趣。同时,要培养他们的理想,把学习活动与理想结合起来,认识到学习的重要性和必要性,克服学习压力,接纳新的学习任务。再次,在遵守校纪校规方面,着重培养小学生的纪律观。通过讲解、示范、提醒、表扬等方法,帮助其养成良好的纪律习惯,以适应学校的规章制度。

第二,学习辅导。学习是小学生心理生活的主题,使小学生乐于学习是辅导的目标。小学生在学习过程中会有成功的喜悦,也会有压力带来的烦恼,以及失败的痛苦。一般说来,小学阶段学习的成功能为自信自尊的性格特征打下基础,而失败往往会导致自卑的性格特征。学习心理辅导包括学习动机、学习态度、学习方法、学习习惯和考试心理辅导,目的在于引导小学生通过积极主动的探讨,进而明确学习目的,端正学习态度,树立正确的学习动机,掌握科学有效的学习方法,养成良好的学习习惯,正确对待学习中的困难和挫折,帮助小学生获得成功,体验成功的喜悦,从而形成坚定的学习信念和旺盛的进取精神。

第三,智能辅导。良好的认知能力是成功学习的基本前提,也是心理健康的重要标志。小学生智力发展的核心标志是具体形象思维向抽象逻辑思维发展,围绕这一核心,其观察力、记忆力、想象力、注意力、创造力和元认知能力也在不断发展,可塑性比较大,这是认知能力辅导的心理基础。心理辅导可以帮助学生了解自己的认知能力水平和特征,有意识地发展自己的优势,弥补自己的不足。如在观察力方面,有的学生可能是分析性的,注意细节,有的则是综合性的,注意整体。那么,辅导的目标是让学生了解自己的观察特征,在发展自身优势的同时,注意加强薄弱面的培养。

第四,情绪情感和意志辅导。小学生的情感发展中,社会性情感如责任感、义务感、友谊感、集体感、同情心和正义感等日益丰富,情绪的稳定性和控制力逐渐增强。小学生的高级情感也在发展,如道德感随着认知水平由前习俗水平向习俗水平的发展而日益增强;理智感的发展表现为学习兴趣、好奇心、学习热情等越来越深刻稳定;美感表现为能欣赏艺术作品的具体内容和形象,到高年级开始出现对作品内在品质的关注。小学生的意志发展主要表现为能逐渐建立长远目标,并为之奋斗,冲动性和受暗示性大大减弱,但盲目性和依赖性依旧较强。根据这些发展特征,小学生的情感和意志辅导的内容主要是,帮助他们在已有的水平上发展社会性情感和高级情感,提高识别情绪、体察情绪和沟通情绪的能力,引导他们设身处地,将心比心,体验他人的欢乐和痛苦。帮助他们强化舒畅、喜悦、乐观、自信等积极情绪,调节悲观、怯懦、抑郁、紧张等消极情绪。帮助他们调整目标,把大目标和小目标结合起来,发展目的性和耐挫性,减少盲目性和依赖性,激发自觉的意志行动。

第五,个性心理辅导。个性心理是一个人相对独特的、稳定的心理结构系统。小学生的能力在课堂教学和课外活动的训练下得到了发展,气质特征也向社会化方向转变,积极的性格特征有所发展,如组织性、纪律性、诚信、合作、勤奋、勇敢等。小学生个性心理辅导的主要内容是,帮助他们在认识自己的基础上发展良好的个性心理,包括发展兴趣、能力、性格和自我意识等方面。同时也要培养他们接纳自己的局限与不足,把攀比心理控制在一定范围内,使之能激发自己而不是挫伤自己。

第六,休闲辅导。现代化生活的一个主要特征是,休闲成了决定生活质量的关键因素。如何从小培养良好的休闲意识和休闲习惯,对于心理健康具有非常重要的意义。随着年级的提高,小学生需要在紧张的学习生活之余,有充实的业余生活,如郊游、参加非补课类的兴趣班等,同时对零用钱和自主权的追求也日益增强。根据这一情况,休闲辅导的主要内容是帮助小学生正确选择休闲方式,发展有益于身心健康的兴趣爱好,树立正确的消费观,合理计划消费水平和消费行为,提高生活自理能力。

### 三、中学生心理辅导

初中生进入了人生的一个关键期——青春期,生理和心理上的巨大变化是这一阶段的特征。这一阶段被心理学家称为半幼稚半成熟的暴风骤雨期,或"心理断乳"期,也是父母最容易担心受怕的阶段,被有的老师称为"软硬不吃,刀枪不入"的"反抗"阶段。可以认为,这一阶段的心理辅导难度大。与初中生相比,高中生处于青春期中期,他们已基本结束了两个重大生活事件,一是青春发育,二是中考带来的等级身份分类,但面临人生第三个重大生活事件:高考或就业。

第一,性心理和恋爱心理辅导。青春发育带来许多困惑与烦恼,有针对性地开展性心理辅导对于整个青春期的心理健康是非常重要的。性心理辅导的主要内容有:正确认识性生理发育现象,如第二性征、男生遗精和女生月经的出现等;妥善处理青春期的三大烦恼:白日梦、单相思和手淫;掌握性道德,把握男女交往的度,拒绝黄色信息,应付性骚扰,妥善对待自己和他人的恋爱心理,认识友谊和爱情的界限,分析自己恋爱的条件和影响等。

高中生需要性知识、性道德、性法律、性安全方面的辅导,更重要的是进行恋爱心理辅导。高中生的恋爱自主性强、重感情、易冲动,不受传统习俗的局限。他们的恋爱动机简单,只是因为需要爱和被爱。他们的自控力与耐挫力较弱,恋爱心理不成熟、不稳定。在择偶标准上,往往重外表,轻内涵。在恋爱方式上,往往重形式,轻内容。在恋爱行为中,往往重过程,轻结果;重享乐,轻责任。他们经常产生的心理问题有:单相思、恋爱动机不正、感情纠葛、理想化、虚荣心、失恋等。所以,要帮助他们了解自己的爱情心理,认识爱情的本质,处理学习与恋爱的关系,培养良好的恋爱行为,学习恰当地拒绝爱情,避免性骚扰(如强奸)等。

第二,自我意识辅导。青春期是自我意识的第二个飞跃期,主要表现为自我认同的发展,辅导内容可分以下几个方面:

(1)学校自我的心理辅导。初中生结束了小学阶段的童年生活,开始进入"小大人"的行列,自我概念发生重大变化,所以要帮助他们形成良好的"我是中学生"的自我概念。随着学习生活的进行,学习成绩又会影响学校自我,心理辅导要帮助他们正确对待自己在班里和年级里的排名和地位,恰当应付排名以及分班带来的压力等。

(2)体像心理的辅导。帮助他们接纳自己的外表,树立正确的审美观,避免追求外表美带来的不良心态,如对外表的歪曲认知、体像自卑等,引导他们根据自己的身份恰当地打扮,避免在穿着打扮和照镜子上花过多的时间。

(3)家庭自我的心理辅导。帮助他们正确对待自己的家庭,尊重父母,热爱家庭,调整家庭攀比心理,以及由于家庭地位低而带来的自卑等消极心理。如城市弱势群体子女可能在主流学校里存在比较差的自我概念,是心理辅导要注意的一个问题。

(4)民族自我的心理辅导。如帮助汉族学生处理民族优越感问题,帮助少数民族学生处理民族自卑感问题,培养尊重其他民族等。

(5)心理自我的心理辅导。如认识自己的气质、性格和能力,分析理想自我和现实自我的差距,处理好接纳自我与发展自我的辩证关系等。

第三,人际关系辅导。中学生自我意识的发展使他们产生了前所未有的孤独感,他们从感情上摆脱对父母依恋的同时迫切需要从别的途径得到情感依恋的补偿,而同伴友谊成了最好的依恋补偿物。因此,同伴关系辅导是人际关系辅导的重点,包括处理不同层次的朋友(如圈内朋友、圈外朋友、普通同学和校友)的关系,如何处理人际冲突,调整自己的人际敏感心理,提高人际交往能力等。人际关系辅导还包括如何处理亲子关系、师生关系、亲戚关系、邻居关系、公共关系等。在我国文化中,尤其要注意处理人际关系中的面子问题、人情往来问题等。此外,应付帮派和校园暴力也与人际关系辅导有关。

第四,学习心理辅导。初中生将面对第一次残酷的升学压力。有的学校分实验班和普通班,可能对部分普通班学生产生压力甚至伤害。快班学生也会有压力,如担心成绩差被调到普通班。个别优秀生因担心被他人追上而"亚历山大"。如何辅导他们面对各种压力,化压力为动力,成了十分艰巨的辅导任务。为此,必须从具体的学习生活中着手,如学习动机、学习方法、功课平衡、学习挫折、学习倦怠、成绩波动等方面进行辅导。同时进行考试心理或应试心理辅导,认识应试的合法性、必要性和合理性,消除对应试本身的抱怨、敌视等不良心态,调节紧张焦虑心情,以便正常发挥自己的水平。需强调的是,要帮助他们确立一个健康的观念:不容许自己不努力,但容许自己不优秀和他人比自己优秀。

与初中生相比,高中生把眼前的学习与升学和就业联系得更加密切,学习的独立性和自觉性更强。但也有不少人缺乏合理的学习计划,学习很少感到快乐,多数人遇到考试过分紧张,所以在学习动机、学习方法、学习乐趣、考试心理方面需要辅导。在学习动机方面,主要是加强内在动机培养,充分尊重和肯定他们为个人获得社会地位而学习的动机,同时不能忽视其他动机(如为国家强盛而学习)的积极意义。在学习方法上,主要是培养他们的自学能力,加强学习的计划性。在考试心理方面,要帮助其确立合理的目标,懂得考前心理准备,考试时保持心理稳定,考试后进行心理调整。

　　第五,情绪情感和意志辅导。中学生的情绪和情感分化水平明显提高,情绪情感体验日益丰富和细致。情绪的两极性表现得极为强烈,且转化迅速,表现出强烈、不稳定、不容易控制的特点;但高中生与初中生比较,情绪稳定性大大提高,爆发情绪的概率明显下降。中学生道德认知由习俗水平向后习俗水平发展,积极的道德感(如愉快、自豪、满意等)逐渐占主导地位,理智感(如求知、喜悦和坚信感等)也不断增强,能确立学习目标,下苦功;审美能力有所提高,不仅能欣赏形象美,且开始能理解艺术品内在的美。从初中生到高中生,近景性动机向远大、现实的动机发展,初中生的决心大于行动,内部调节能力低下,行动上的冲动性强,而高中生在执行决定的毅力方面有了较大的发展。心理辅导的内容有,正确认识情绪情感的心理意义,如了解自卑、自豪、自爱、自重、自尊等对自我发展的影响;调控自己的情绪情感活动,如分析自己的情绪情感特点,学习在日常生活情景中调节自己的情绪情感的具体方法;预防学习中的焦虑现象;培养高尚的情操等,培养自觉性、果断性、坚韧性、自制力等意志品质。

　　第六,升学择业心理辅导。中考和高考后,中学生面临升学或走向社会的选择。因此,在初中阶段就要慢慢明确自己的未来趋向,做好心理准备。对于中考、高考顺利的学生要帮助其为上学做好准备,尤其那些上一流学校的学生,做好在新环境里可能比不上别人的心理准备;对于中考或高考失利的学生,要辅导其调整心态,争取在今后的学习中发挥水平,继续为考取好的学校而努力。对于上职业高中的学生,预防产生自暴自弃、不思进取的消极心理,帮助其根据专业特点发展自我。初中毕业生择业具有年龄小、能力不定型、理想化倾向较强等特点,高中毕业生虽然已成年,但由于刚走向社会,对自己的潜力也不是太明确,因此,辅导的重点是帮助他们做好择业心理准备,如求职技巧培训、职业观念的培养、提供社会职业发展现状和趋势方面的信息、了解自己的职业兴趣等。更重要的是帮助他们从发展的角度看问题的习惯,在工作中继续学习,提高自己的知识技能水平,发展良好的个性,为争取更好的求职机会打好基础。

　　第七,休闲辅导。目前,中学生休闲生活中比较突出的两个现象是:上网和穿名牌。网络成瘾问题正日益严重,已成为国际性的难题,目前尚未有有效的矫正方法,所以辅导要以防范为主。穿名牌与他们的自我发展有密切的联系,涉及自尊、面子、赶时髦、攀比等青春期心理,辅导工作需要从他们的心理入手,引导他们根据自己的身份、家庭经济状况来计划穿着问题,培养良好的消费心理。总的说来,中学生休闲辅导包括休闲观、休闲动机、休闲行为、休闲情趣方面的辅导,目的是培养他们根据自己的身体状况、家庭经济条件、情趣爱好等情况,发展良好的休闲习惯。

### 四、大学生的心理咨询

大学生处于青春期晚期,他们摆脱了高考的压力,"放松"的时代来临,他们有充分的自由和较多的时间去做学习以外的事,甚至可以不去上课。自由度和生活空间的突然增大使他们的心理世界产生很大的变化,心理咨询的内容也随之发生变化。

第一,自我意识心理咨询。①学校自我心理咨询。由于高等教育的普及,高等院校的办学层次分五类,这种分类对大学生的自我概念有很大的影响。影响学生自我概念的其他因素有专业、班级、学生成绩或综合成绩排名等。新生咨询的一个重要内容是建立良好的大学生自我概念,如何摆正在未来大学生活中自己的位置。在一些重点大学里,要帮助新生做好"不能出人头地"的思想准备,避免过高的期望。而对那些因高考失利或填志愿失误导致进入不理想大学的学生,也要做好心理疏导工作。②体像心理咨询。大学生依然关注自己的外表,且对外表的看重程度可能比在中学时强,这是因为在中学里学习好就是一切,而大学里评价一个人除了学习外,其他因素的重要性上升了,因此,体像心理咨询依旧是一个非常重要的内容,尤其是那些一直为外表自卑而依靠成绩支撑自尊心的人,要及时帮助其调整心态。③家庭自我心理咨询。家庭经济社会地位对大学生的自我影响也不容忽视,比较突出的是贫困生的自我问题,如自卑等,也要帮助家庭经济社会地位高的学生,培养尊重他人、关心他人的心理。④民族自我心理咨询。大学里常常有不同民族的学生,也有外国留学生,培养民族自尊心,尊重其他民族也是自我辅导的内容。⑤心理自我心理咨询。大学生的气质、性格、能力基本定型,但可塑性依旧存在。心理自我辅导的主要内容是帮助他们认识自我和接纳自我,改变理想自我,适应现实自我,适当地考虑改造自我。

第二,情绪心理咨询。造成大学生身心不健康的原因是多方面的,但与大学生的情绪关系最为密切,特别是一些强烈而持久的情绪问题,对大学生的危害更大。大学生的情绪问题,一般是指大学生消极情绪,指因生活事件引起的悲伤、痛苦长时间持续不能消除的状态,包括焦虑、抑郁、社交恐怖、愤怒、嫉妒、多疑、自卑等。情绪问题一方面导致大学生的大脑神经活动功能紊乱,使情绪中枢部位的控制减弱,使其认识范围缩小,自制力、学习效率降低,不能正确评价自我,甚至会产生某些失去理智的行为,造成心理障碍和心理疾病;另一方面,情绪问题又会降低大学生的免疫功能,导致其正常生理平衡失调,引起心血管、消化、泌尿、呼吸、内分泌等系统的各种疾病。情绪咨询的主要内容是调节消极情绪,把它控制在不影响正常学习生活的范围内,同时引导其培养积极的情绪。

第三,人际关系心理咨询。虽然许多大学生认为大学生之间的关系应是"互相帮助、共同进步",应该重视真挚友谊,渴望携手并进,但面对激烈的竞争,有些学生感受到了同学之间实际上是"互为对手、平等竞争"的关系,或者是"互不相干、各人自顾"甚至"互相提防、暗中拆台"的关系。理想与现实的矛盾,加上性格、观念、兴趣、家庭经济和生活习惯的不同,容易产生人际关系中的紧张和压抑。也有不少学生或多或少地有封闭心理,担心自己在社交场合不善言谈,担心自己缺少社交风度和气质,不被人重视接纳。有些同学很想正常地与人交往,却因生性内向,过于腼腆,存在思想顾虑,从而游离于校园交际圈之外。一旦在心理上与人群格格不入,就不可避免地陷入紧张、焦虑情绪之中。人际关系心理咨询的主要内容有:①不合理观念的调整,如"说错话会受到别人的嘲笑""人家不会理睬我的""同学之间应该坦诚相见"等;②不良情绪的调控,如自卑、害怕、抑郁苦闷等;③社交行为的训练,如说话时看别人眼睛、大声说话、演讲等行为训练。

第四,学习心理咨询。在大学生的学习动机中,成才需要占首要地位,追求现实利益也占重要地位,大部分学生能自觉学习,积极参加各种专业训练活动,努力提升自身素质。也有部分学生上大学后失去了目标,经常无故旷课,即使到了课堂上也是看小说或聊天。有的则相反,目标太多,不知道怎么办好。在学习方法方面,多数大学生比较重视学习方法、学习策略,如能认真记课堂笔记、读相关文献资料、总结归纳知识要点,与同学老师讨论,充分利用图书馆和互联网学习,同时他们也通过参加各种学生社团活动丰富自己的知识面,提高自己的能力。但也有一些同学不预习、不复习、不做笔记等。学习心理咨询的主要内容有帮助他们寻找能激励自己的学习动机,掌握科学的学习方法,正确对待考试成绩,处理好学习和发展个人专长的关系,积极参与科研活动,培养创新能力,避免过分的焦虑情绪等。

第五,恋爱和婚姻心理咨询。大学生已经可以结婚,其恋爱和婚姻心理与以往有所区别。大学生们通常反映出的恋爱心理特征是:重过程轻结果、爱情压倒学业、热情浪漫、观念开放、失恋多、在读期间有同居但结婚几乎没有等。大学生恋爱婚姻心理咨询的主要内容有:①恋爱动机咨询。②恋爱行为咨询。③恋爱理想与现实的矛盾。④恋爱中的心理困扰,如自认为没有吸引力、美化异性或敌视异性、失恋后的苦恼等。⑤结婚心理咨询,如结婚的心理准备、对婚姻的期望、处理婚姻与学业的关系等。

第六,休闲心理咨询。大学生的业余生活中,最经常做的事情是上网、自习、读消遣杂志、读文学作品等,这些活动都具有较强的独立性;而诸如参加课题、集体活动、打牌下棋、与人聊天等需要集体参与的交往性活动,却较少参加。他们的消费除了必需的学费和生活费开支外,还有旅游消费、娱乐消费(如进卡拉 OK 厅、打台球、溜旱冰、开舞会、追星等)、人情消费(如过生日、考托福考 GRE 得高分、获得奖学金、当学生干部、入党、比赛获奖请客等)、恋爱消费等。这方面的心理咨询内容有:①休闲和消费动机咨询。大学生的休闲和消费动机是多方面的,如陶冶心情、发展自我、丰富生活、摆脱孤独、赶时髦、迫于压力、出于面子等,心理咨询的内容是帮助他们澄清动机,调控自己的动机,以积极引导自己的休闲和消费活动。②休闲和消费行为咨询,如帮助他们学习制订计划以进行合理休闲和消费,妥善处理各种不必要和不合理的休闲和消费心理。

第七,生涯咨询。大学生由于学习的专业化,未来就业目标比较明确。但激烈的竞争使就业形势日趋恶劣,甚至有毕业即失业的危险。而更多的问题是,不少大学生在职业选择过程中的盲目性(如先就业后择业)导致了错位就业现象。因此,通过生涯咨询帮助学生在了解自己的基础上,确定自己的职业生涯发展道路和发展目标,科学、合理地做出职业生涯决策就显得非常重要。生涯咨询服务的内容有:①进行职业需要、职业价值观、职业兴趣、职业能力、职业性格等方面的一系列心理测试,并且提供报告测试结果,帮助大学生了解自己的职业发展最佳领域;②根据测验结果进行职业生涯规划咨询,协助制定职业生涯规划方案,做出职业生涯决策,从最适合自己的地方做起,逐渐累积,以最终实现职业生涯发展蓝图;③进行就业心理训练,调整就业心态,如焦虑、紧张等,掌握就业面谈的技巧等。

# 第二节 心理咨询的形式

心理咨询作为一种服务于人的工作,其运作方式首先涉及提供服务的方式问题,然后才是具体的咨询形式。

## 一、提供服务的方式

提供心理咨询服务的方式,按不同的标准可分为不同的类型。

### (一)直接服务-间接服务(direct-indirect service)

1.直接服务

这种服务方式是指一个咨询工作者面对面地为来访者提供服务,服务项目有心理测验、会谈和一些认知或行为治疗。这是一种医学模式的服务,如图 3.1 所示。

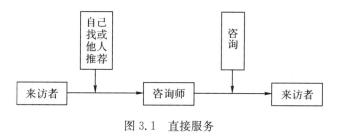

图 3.1 直接服务

2.间接服务

如图 3.2 所示,咨询师把有关理论和方法传授给第三者,如学校班主任、辅导员、家长、亲友、领导等,通过他们为来访者提供心理咨询服务。

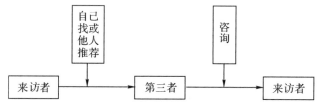

图 3.2 间接服务

间接服务的其他方式有:在职培训教学和行政人员、培训家长、广告宣传等。

这两种服务各有千秋:直接服务易于随机应变、深入来访者内心世界;间接服务易于提高服务效率,扩大服务范围。

直接服务和间接服务是相对划分的,事实上它们是一个连续体,如图 3.3 所示,只是有的方法更适合于直接服务,而有的方法更适合于间接服务而已。并且,从广义上讲,间接服务中的中间人物,实际上是咨询师的代言人,他们一旦掌握了有关理论和方法,也就成为咨询师了。一般在实践中两者常结合起来运用,如图 3.3 所示。

直接服务
（1）一般的咨询：咨询师与来访者直接交往。

（2）心理评估：咨询师收集有关来访者心理问题的资料，以决定需要哪种咨询。

（3）培训：对教学人员、非教学人员或家长进行培训。

（4）为教育者提供服务：给教师等进行经常性的心理咨询和心理治疗。

间接服务
（5）科研活动：系统地收集资料以解决某一心理问题

图 3.3　服务方式连续体

### （二）集中性服务-分散性服务（centralied-decentralized service）

这两者组成了第二种服务系列，它们也是各有利弊。

1. 集中性服务

集中性服务指有统一的、严格的领导、管理系统和集中的服务机构的服务方式。例如，大学的心理咨询中心可以由办公室、档案室、等候室和若干咨询室组成，由学工部直接管理，接受校党委领导(图 3.4)。

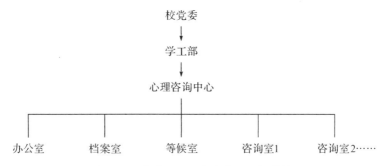

图 3.4　大学生心理咨询中心组织结构

集中性服务有以下优点：①可当面交谈，来访者一般能找到咨询者，咨询者也可追踪观察来访者；②能较好地保存系统性的来访者档案资料；③咨询人员利用率高，协调性好。集中性服务的主要不足是咨询人员与来访者较疏远，平时不接触。

2. 分散性服务

分散性服务指没有统一的领导、管理系统和服务机构的服务方式。例如，有的学校附属医院设有心理门诊，有的院系又有咨询服务，德育室也开展这项工作，但他们之间没有联系，各自为政。分散性服务有以下优点：①咨询人员分散在各处，增加了接受来访者的机会；②易于向特殊人群提供服务，如对残疾人员、犯罪分子提供服务。但分散性服务中，咨询人员间协调性不够，如果是兼职从事此项工作，来访者不一定能找到。

在实际工作中，集中性和分散性服务往往结合起来使用比较好。

### (三)先行服务—后行服务(proactive-reactive service)

当人们预知到某种心理卫生问题要出现时,心理咨询者提供的帮助称为先行服务;而当问题出现以后提供的心理咨询和心理治疗称为后行服务。这种区分也是相对的。一般说来,大部分日常心理咨询和心理治疗工作(如测验、访谈、干预等)都是针对已存在的心理卫生问题进行的,故属于后行服务。

科文(Cowen,1977)提出了心理卫生的三级预防模型[①],其中初级预防指降低人群中的情绪、行为和学习障碍的比率,提高心理健康水平,服务对象是正常学生。二级预防的对象是刚开始出现问题的高危人群,服务工作包括早期诊断与干预,目的在于当问题严重到社会性的或情绪性的无能之前,把它们解决掉。三级预防的服务对象是那些已充分暴露心理问题的学生,其目的在于治疗已在心理上有损伤的个体,使他们能恢复正常生活。一般说来,服务工作从初级预防向三级预防的发展过程,也是先行服务向后行服务的变化过程。

## 二、心理咨询的形式

心理咨询可采用多种多样的形式。

### (一)按咨询对象数量的不同

按咨询对象数量的不同,可分为以下两种形式。

1. 个别咨询

个别咨询指一个咨询师与一个来访者单独进行的心理咨询方式,它可以通过心理咨询中心、门诊、住院、书信、电话、网络等途径进行。其优点是来访者顾虑较少,可以毫无保留地坦露内心的秘密,也有利于咨询师耐心细致地深入了解对方。

2. 团体咨询

咨询师将来访者依其问题分成小组进行商讨、引导,解决他们共同的心理问题。小组也可以是来访者自愿组合的。团体的人数一般以十人左右为宜,也可以扩大到二三十人。团体咨询的步骤是:①根据问题、年龄、性别、文化等特征分小组;②咨询师对问题进行分析或讲解,或通过放录像、参观等形式,使来访者对自己的问题有一个总体上的认识;③咨询师和来访者一起开展讨论,或通过角色扮演等活动,找出解决问题的途径或方法。团体形式较个别形式具有一些优越性:首先,团体中易创造一种互相支持的良好气氛,来访者之间能产生相互影响,促进问题的解决。其次,团体咨询和治疗的效率较高,有利于解决咨询师不够的问题。再次,团体咨询和治疗特别适用于社交有困难的来访者。但团体中难以暴露隐私,不利于对个别来访者进行深入细致的工作,这是团体形式的局限。

### (二)按咨询途径不同

按咨询途径的不同,可分为以下六种形式。

1. 面对面咨询

面对面咨询简称面询,是最经典的咨询形式,通常由心理咨询中心、医院和其他社会心

---

① Cowen E L. Baby steps toward primary prevention. American Journal of Community Psychology,1977,5(1):1-22.

理服务机构提供。面询对咨询师要求较高,否则难以收到良好的效果。面询的优点是方便咨访双方互相了解,尤其方便咨询师从来访者的言谈举止全方位了解情况,有利于把握来访者的真实心理;缺点是完全受时空约束。

2. 书信咨询

书信咨询以书信方式帮助来访者解决心理问题。这种方法的优点是,咨询师可以对问题进行反复研究,然后给予较完整的答复,并且,书信往来简单易行,从咨访双方可以自由选择时间写信这点上说,也不受时间约束。其缺点是,由于咨询师与来访者不见面,不能深入细致地询问详情。有时来信提供的情况又文不对题,使咨询师很难把握,所以必要时应约来访者上门面对面交谈。另外,书信在运送途中费时较多,受时间约束较强,

3. 电话咨询

电话咨询也称热线电话,用打电话方式帮助来访者解决心理问题。它保留了面询中直接对话的优点,且速度快,服务及时,不受空间约束。热线电话也是有效的危机干预途径。例如,在容易发生自杀事件的地方(如宿舍楼顶上、大桥上)安装电话,使自杀者在徘徊时可以打电话给专业机构,得到及时的帮助,因而,热线电话也被喻为"生命线""希望线"。但它依然存在信息有限的缺点,并且,在危机干预中,一旦来访者关闭手机,咨询师只能通过报警等方式处理。

4. 网络咨询

网络咨询以网络为媒介帮助来访者解决其心理问题,具体媒介包括电子邮件、微信、QQ、论坛、视频等。网络心理咨询中的电子邮件、微信、QQ等克服了传统书信的时间约束,视频比传统电话更多保留了面询的优点,所以较好地摆脱了时空约束。其缺点是咨访双方的信任关系难以建立,因为咨询网站对咨询师的学历信息呈现不足,对来访者信息要求模糊,知情同意的内容不够充分,保密和安全工作缺乏[①]。

5. 专栏咨询

专栏咨询是指在报纸、期刊、电台、电视、网络上开设专栏,对来访者提出的有典型意义、适合公开的心理问题给予答复。目前,不少科普报刊开辟了心理咨询专栏,如心理医生手记、心理信箱、心理讲座、心理花絮、知心姐姐等。有的电视台有心理咨询栏目,如"心理访谈"。专栏咨询的最大优点是服务面广,可以吸引千百万读者、听众、观众。这对于普及心理卫生知识有积极作用。严格地说,这种形式大多是普及和宣传相关的知识,而非真正的心理咨询。

6. 现场咨询

现场咨询是指心理咨询工作者深入学校、家庭、机关、企业、社区等,现场接待来访者。这种方式由于方便他人,很受欢迎。现场咨询发展最深入的是家庭心理咨询,已经逐渐发展为一种独立的咨询形式。家庭咨询的重点放在家庭各成员之间的人际关系上,通过组织结构、角色扮演、联盟与关系等方式了解这个小群体,以整个家庭系统为对象,发现和解决问

---

① 赖丽足,陶嵘,任志洪,等. 我国大陆地区网络心理咨询现状和伦理议题:"大数据"视角及伦理评估. 心理科学,2018,41(5):1214-1220.

题。现场咨询的另一种方式就是对突发事件的及时干预,咨询人员在第一时间赶到现场,对有关人员(如死难者家属、受伤者本人)进行及时咨询,缓解他们的情绪,使他们尽快从消极事件中解脱出来。现场咨询的优点是,给人以非常好的印象,能了解生活背景情况,为一些特殊人群(如行动不便的人)提供方便等。但有时候,在大庭广众前咨询,来访者的顾虑比较多,而专业人员的缺乏更影响了常规性地进行这样的活动。

# 第三节　心理咨询的原则

心理咨询的原则是心理咨询师在工作中需要遵守的一些基本要求,是心理咨询工作规律的概括和经验总结,它对心理咨询工作具有指导意义。不少学者探讨过心理咨询的原则,如张人骏等(1987)提出了10个原则:①交友性原则;②教育性原则;③启发性原则;④尊重信任与细心询问相结合的原则;⑤明确与委婉相结合的原则;⑥整体性原则;⑦一般与特殊相结合的原则;⑧保密原则;⑨咨询与治疗相结合的原则;⑩预防性原则[1]。

唐柏林(1999)从三个方面提出了心理咨询的原则。一是职业要求的原则,包括:①保密原则;②情感中性原则;③对来访者负责的原则。二是咨询活动中遵循的原则,包括:①开发潜能原则;②建立良好关系原则。三是运用咨询方法应遵守的原则:①综合性原则;②矫正与发展相结合的原则;③灵活性原则[2]。

参考前人的研究,我们从工作态度、行为、方法三方面提出心理咨询的以下原则。

## 一、尊重原则

这是工作态度原则。首先要尊重来访者的人格,真诚接纳来访者。这种态度应当不受种族、性别、年龄、社会地位、外表等的影响。因此,只要是来访者,咨询师都应该主动、热情、得体地接待,创造平静和谐的交往气氛,给人以信任感,使来访者打消可能出现的拘谨、观望、犹豫、不信任等心态,愿意袒露自己的心理问题。其次要尊重不同的思想观念、价值信仰等,即使是错误的,咨询师也尊重其表达的权利。但与尊重人格不同的是,咨询师可以不接纳甚至反对这些内容。这时,对于合法的、符合道德规范的内容,咨询师只关注其心理健康功能,不发表对内容本身的批判性意见。对于不合法的、不符合道德规范的内容,咨询师在尊重人格和关系融洽的前提下,应表明自己的看法,并给予正确的引导。

## 二、保密原则

这是工作行为原则。保密是保护公民隐私权的法律要求,也是伦理规范,已在第二章论述。须强调的是,心理咨询师因专业需要进行案例讨论,或采用案例进行教学、科研、写作等工作时,应隐去那些可能会据以辨认出来访者的有关信息。特别是教师讲课使用案例时,尽量使用他人公开报道的案例,不使用本校学生(尤其是在读学生)的案例,或在保证问题性质

---

① 张人骏,朱永新,袁振国. 咨询心理学. 北京:知识出版社,1987:18.
② 唐柏林. 心理咨询学. 成都:四川教育出版社,1999:31-39.

不变的情况下对人物、时间、地点和过程等进行适当的加工改造。

### 三、指导与非指导相结合原则

这是工作方法原则。指导与非指导是一对矛盾,指导意味着咨询师从外部对来访者进行引导,可以对来访者的价值观进行判断,可以通过讨论甚至争论改变来访者的思想、情感和行为,从而达到改变来访者的目的。非指导强调价值中立,避免直接出谋划策,启发来访者独立思考,激发其自助能力,促进其成长。两者结合的原则意味着咨询师不偏执一端,根据来访者的情况,以及咨访互动情况,以最有利于来访者发展为指导思想,灵活使用指导和非指导的咨询方法,达到心理咨询的目的。

### 四、预防与发展相结合原则

这也是工作行为原则。心理咨询的基本功能是解决发展性问题,其中有些问题不及时解决可能会演变为心理障碍或心理危机,而及时解决就可避免这种现象的产生。从这一意义上说,心理咨询具有预防性功能。有些问题并不会演变成心理障碍或心理危机,但得到解决能促进来访者的发展,这是心理咨询发展性功能的体现。简单地说,预防的重点在于消除心理症状,发展的重点在于培养和增强积极心理。当然,这两者是密切联系、相辅相成的,预防并不排斥发展,发展本身是一种积极的预防,尤其是积极心理学,主张发展积极心理是防治心理障碍的最佳途径。因此,心理咨询的重点是发展积极心理。从这一意义上说,心理咨询的发展性功能包含了预防性功能。因此,心理咨询可围绕发展积极心理展开。当然,一旦发现来访者已是心理障碍(尤其是抑郁症)患者,则立刻转介去医院治疗。必要时要亲自护送去医院住院,以防止严重后果(如自杀)的发生。

### 思考题

1.你认为大、中、小学生心理咨询的内容中哪些比较重要?
2.你喜欢哪种心理咨询形式?
3.心理咨询有哪些基本原则? 你认为哪些原则比较重要? 除了这里介绍的原则外,你认为还可以提出什么原则?

### 小组活动

1.每个同学谈谈自己曾经有过的心理问题和目前面临的心理问题,然后总结一下所有问题,讨论如何分类比较合适。
2.小组建一个群,课后选择一个或几个大家面临的心理问题进行讨论,目的是解决问题。讨论可以预定一个时间大家同时参与,也可以不预订时间每人有空时参与,然后回到课堂面对面讨论心理问题,最后分享群里讨论和面对面讨论优缺点的体会和看法。

**第四章**

# 心理咨询的目标与过程

## ■学习要点

掌握咨询师、来访者及咨访关系的目标系统,了解咨询目标的基本特征和咨询过程的基本阶段。

制定合适的目标对心理咨询非常重要,有了目标才能确定咨询方向、方法与步骤,了解已完成的任务和将要做的事情。咨询师需要了解不同理论流派的咨询目标,但更要掌握跨越流派的具有普遍指导意义的目标体系。制定目标是心理咨询的一个环节或阶段,整个心理咨询还包含其他过程。

## 第一节  心理咨询的目标

### 一、心理维度和心理咨询导向

人类心理的基本维度如图 4.1 所示,其中,情感、行为、认知的相互作用组成了人类的基本经验,这种经验受意识和潜意识的影响。情感体验指情绪、情感、感受等,是人对自身存在的一种经验,这一维度是人本主义心理咨询研究的内容。行为指人所做的事情,即行动,是行为主义心理咨询研究的内容。认知指思想和信念,包括思考过程、思维方式和决策过程等,它是认知主义心理咨询研究的内容。而潜意识指人无法通过有意识的努力回忆起来的经验,是精神分析研究的内容。

这 4 种心理咨询理论导向的侧重点不一样,如表 4.1 所示。但由于它们都与整个"人"打交道,处理的是整个"人"的问题,因此,其咨询效果从总体上来说不会有差异。此外,不同导向的心理咨询也有一些共同特征,如共同的目的、总体目标、核心成分、技巧和良好的咨询师等。

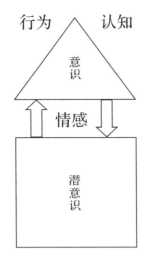

图 4.1　人类心理的基本维度

表 4.1　不同心理咨询理论的主要差异

| 心理维度 | 理论导向 | 观　　点 | 咨询师作用 | 咨询目标 |
|---|---|---|---|---|
| 情感 | 人本主义 | 重视人的自由与责任,强调成长和自我实现的趋势 | 通过真诚的关系让来访者体验基本需要 | 认识自我理解自我实现自我 |
| 行为 | 行为主义 | 认为人的行为是通过强化或观察学习的,可以消退,也可以再学 | 鉴别问题行为,通过创造学习的条件和发展策略帮助获得新行为 | 适应性的行为变化,减少问题行为,获得和巩固所期望的行为 |
| 认知 | 认知主义 | 认为人的思想和思想过程决定情感和行为,所以认知的改变能改变情感和行为 | 帮助来访者探讨、检查和改变有问题的思想和思想过程 | 促进来访者思想和思想方法的变化 |
| 潜意识 | 精神分析 | 认为心理问题是潜意识动机冲突的结果 | 帮助来访者认识潜意识中的问题,通过自由联想、梦的分析及移情和反移情解决动机冲突 | 解决潜意识的冲突,整合人格的潜意识部分 |

## 二、心理咨询的目标系统

由于在大量的咨询实践中,咨询师处理的主要是情感、行为和认知问题,这里讨论的目标也限于这些方面。从某种意义上说,潜意识中的问题也通过这些方面表现出来,并通过这些方面的变化(尤其是认知方面的领悟)得以解决,从而促进人的成长发展。

如表 4.2 所示,心理咨询的效果目标系统由两个维度组成:①心理维度,包括情感目标、认知目标和行为目标三个因素;②效果维度,包括来访者目标、咨询师目标和咨访关系目标三个因素。

表 4.2　心理咨询的效果目标系统

| 心理维度 | 效果维度 | | |
| --- | --- | --- | --- |
| | 来访者目标：<br>积极自我概念 | 咨询师目标：<br>有效的咨询师 | 咨访关系目标：<br>催化关系 |
| 情感目标 | 自我接纳<br>自尊<br>自我实现 | 角色榜样<br>催化者<br>促进者 | 信任<br>理解<br>理智 |
| 行为目标 | 内外一致<br>能干<br>内控 | 真诚<br>积极关怀<br>聚焦 | 密切关系<br>坦言问题<br>明确方向 |
| 认知目标 | 内在的信念目标：<br>权利意识<br>能力意识<br>责任意识 | 态度目标：<br>权利意识<br>能力意识<br>责任意识 | 知识目标：<br>权利意识<br>能力意识<br>责任意识 |

**(一)来访者的目标系统**

来访者的目标是个人的成长发展。来访者的成长主要是自我的成熟,通常用自我概念表示。自我概念指自己对自己的看法或自我形象,它是在与他人交往中通过他人的评价发展起来的,并受到文化、种族、家庭、性别、民族、信仰和个人价值观的影响。积极的自我概念意味着从总体上说,个人对自己感到满意,其目标可分为情感、行为和认知目标。

积极自我概念的情感目标包括自我接纳、自尊和自我实现。

1. 自我接纳

自我接纳指认识自己的本来面目并接受它,包括缺点和不足。这是对生命的无条件接纳。自我接纳不同于有价值感、喜欢或被动性。有价值感是被给予的,如"你的学历有价值因为它有用",是有条件的,而接纳是无条件的;一个人可以接纳自己的生理缺陷,但不是说一定要喜欢它;可以接纳自己体弱多病的现实,但不意味着消极被动地承受,可以且应该通过积极锻炼改进它。阻碍自我接纳的因素有:不了解自己、强调做事忽视做人、信仰和行为不一致。不了解自己就谈不上接纳自己,强调做事忽视做人会导致有条件的接纳,即因为做了某事所以接纳自己,否则就不接纳自己。如果相信真实的自己是不可接纳的,则会带上面具以获得外在的认可,从而否定真实的自己。

2.自尊

自尊指认为自己有价值并尊重自己,其前提是认识到自己的优点、长处、有价值的品质和行动,并认为这些是值得尊重的。这是对自己的积极关怀,是有条件的,必须通过自己的行动来获得。行动不等同于成功或者成绩,一个人可以不成功或成绩不好,但对自己所做的努力感到自豪,这就是自尊。过分关注外在的认可是自尊发展的障碍,因为一旦失去外在的认可,自尊就垮了。这种不健康的心理常常有这样的特征:把自尊建立在他人的缺点上,喜欢谴责他人而不是发展自己,炫耀自己的成就以证明自己、获得称赞。如有的孩子在中小学是尖子生,生活在一片赞美声中,也喜欢表现自己的成绩,但上大学后成绩一般,无人赞美,就开始出现难过、抑郁等情绪问题,同时希望他人失败,比自己差,开始讽刺挖苦他人,拆他人的台等。这些都是缺乏真正意义上的自尊造成的,因为原来的自尊是建立在外在结果基础上的,而不是建立在内在的自我肯定、对行动本身的价值感的基础上的。

3．自我实现

自我实现指成为真正的自己,是一个自我发现和真我展现的过程,包括发现自己的特征,实现自己的内在潜力,协调思想、情感和行为,整合人格的现实方面和理想方面等。自我实现的前提条件是:认识自己和对自己负责。阻碍自我实现的因素有:生理、安全、爱和归属、自尊等需要得不到满足,过度寻求外在的认可,以及认为他人对自己的价值和幸福有责任。像上述缺乏真正自尊的人,最终会因为过度寻找外在认可而不得而自暴自弃,放弃实现自我。

积极自我概念的行为目标包括内外一致、能干、内控。

1．内外一致

内外一致指言行和内在的思想观念信仰一致,反映在真诚地对待自己,相信自己有权利成为自己。行动违背自己的意愿说明是为了取悦他人。阻碍一致的因素有:害怕会发生什么,害怕被拒绝等。如不想与同学去看电影,但又怕失去同学的好感,就是不一致的表现。

2．能干

能干指个人有能力照顾自己和发展自己,而不用依赖他人。它意味着一个人能合理应用自己的情感、行为和认知,能在生活中获得良好的自我感觉,能发展和弥补自己的知识和技能,它包含实际行动——有能力地、有责任地和整合地行动。阻碍能干的因素有:害怕发现自己不行,害怕失败。如平时有能力演讲的人因为害怕失败而过分紧张,结果导致演讲失败;平时成绩好的人也可能因为害怕失败而过分紧张,从而导致考试失利。

3．内控

内控指调节和控制自我,包括对情感、行为和认知的控制等。内控意味着一个人认识到自己有自由、权利和责任选择,并能掌握好这种自由、权利和责任。阻碍内控的因素有:害怕未知的事情发生,害怕失去什么。如一个有潜力做更难工作的人,因为害怕新工作可能带来失败,害怕离开自己熟悉的环境而不愿意离开,结果造成不能很好地控制自我,阻碍自我潜力的发挥,表面看是守住了自己,实际上是失去了自己。

积极自我概念的认知目标有:权利、能力和责任意识。

1．权利意识

权利意识指相信自己有认识自我、表现自我的权利,只要这种表现不侵犯他人的人生权利。阻碍权利意识的因素有:担心会伤害别人,担心会给自己带来坏处等。如因为害怕得罪人而不敢拒绝自己不愿意的约会,因为好朋友在竞选班干部而放弃竞选(怕得罪朋友)。

2．能力意识

能力意识指相信自己有能力完成某些事情,并且应该表现自己的能力。阻碍能力意识的因素有:害怕表现自己,害怕失败。如稍微有点口吃的人因为害怕自己说不好话而非常紧张,导致表现不佳,抑或拒绝发言。

3.责任意识

责任意识指相信自己有责任把自己的思想愿望表达出来,去做合理的事情。阻碍责任意识的因素有:认为他人有责任替我表达思想愿望,他人有责任替我做事等。如长期被父母包办代替的孩子,到了成年也会有这种"无责任意识"的心理现象。

上述来访者成长目标系统也可以用图4.2来表示。

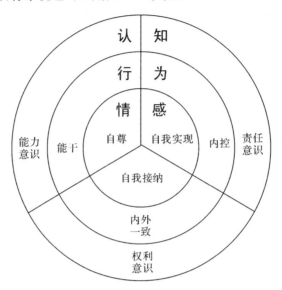

图4.2 来访者的目标系统

(二)咨询师的目标系统

咨询师在咨询工作中追求的目标就是熟练地运用咨询技巧,成为一名有效的咨询师。由于咨询师的心理层面与来访者相同,所以可用与来访者同样的框架结构分析咨询师的目标系统。如图4.3所示,咨询师的目标系统由情感、行为、认知目标组成。

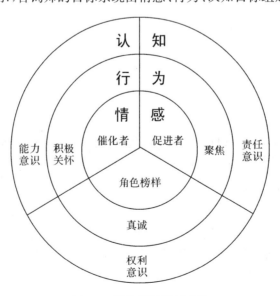

图4.3 咨询师的目标系统

有效咨询师的情感目标是作好角色榜样、催化者和促进者。

1. 角色榜样

观察和模仿榜样是最重要的学习过程之一,咨询师的地位决定了他是一个强有力的角色榜样,来访者将在他身上发现他们寻求的东西,如满意地生活、自我感觉良好、发挥自己的作用等。他们会不自觉地仿效咨询师的态度、价值观、信仰和行为。如咨询师承认自己也会犯错误、对名声不感兴趣、能自我解嘲、关心他人、乐观开朗,来访者也会认为自己也可以变成这样。当咨询师不带批判性地倾听来访者时,来访者也会不带批判性地倾听自己内心的声音。尤其是孩子,他们更倾向于模仿咨询师。因此,咨询师有某方面心理问题时,不合适帮来访者解决该问题,如一个抽烟的咨询师不太适合咨询想戒烟的人,除非自己已经成功戒除。

2. 催化者

催化者给来访者施加影响,引起他的变化,但自己保持不变。咨询师积极关怀和尊重的态度是很好的催化剂,它会使来访者解放自己的心灵,接纳和探讨自我,从而发展自我。但一些著名心理学家如巴根托尔(Bugental)、罗杰斯(Rogers)和耶洛姆(Yalom)等认为,在心理咨询中,内在的变化是双方的,咨询师要在自己保持不变的情况下,引起来访者的变化,是不可能的,所以咨询师不可能做一个催化者。诚然,从绝对意义上讲,这无疑是对的,因为在一个系统里,任何一个子系统的变化必然导致另外子系统的变化,一个来访者或其新行为的出现,本身就会引起咨询师心理活动的变化。但相对而言,咨询师可以在原则上保持稳定的前提下,催化来访者的变化。如在团体咨询中,咨询师故意忽视那些哗众取宠的行为,结果会使其他成员也忽视它,使行为者觉得没趣而不再如此这般。这里咨询师的忽视是催化剂,咨询师就是一个催化者,它引起了团体行为的变化。

3. 促进者

催化者的功能是引起变化,主要通过咨询师的态度起作用,而促进者的功能是使变化加快,主要通过咨询师积极主动的干预来发挥作用。为此,咨询师需要用同理性的(empathetic)交谈,唤醒来访者的责任意识。如在团体咨询中,某个人比较沉默,只有问他时或轮到他时才讲话,咨询师和其他成员都关怀和尊重他,他发言的心理已经在变化,变得不那么紧张。这时,咨询师可以对他说:"与以前相比,你感到发言不那么紧张了,看得出,你还想更进一步,有想法时想主动表达,但还是有顾虑。"这样一来,该成员很可能会加快主动开口的步伐。更典型的例子在孩子身上容易发现,如老师说:"大家看,小明今天开始举手发言了,有很大的进步。"接着,小明举手发言的频率会大大提高,老师就扮演了促进者的角色。

有效咨询师的行为目标是:真诚、积极关怀和聚焦。

1. 真诚

咨询师的思想、情感和行为吻合是"内外一致"的表现,这是对自己而言的,如果在来访者面前表现出这种内外一致,就是真诚。换句话说,内外一致是表现给自己看的,真诚是表现给别人看的。如咨询师心情不好时不想去上班就请假,这是内外一致,过些天上班了,向来访者说明情况:"那天不上班是自己心情不好,按照咨询规律,不能接待来访者。"这是真诚。真诚意味着,咨询师在与他人的关系中不伪装自己,带着面具生活,在咨访关系中也不给人以这样的印象:他在带着咨询师的面具应付我。

2. 积极关怀

咨询师相信来访者的生命价值,相信其有自我实现的潜力和责任,必然会积极关怀来访者。积极关怀意味着,咨询师承认来访者在不伤害别人的前提下有选择的权利,接纳他们的看法、感受和经验而不对其人进行判断。也只有这样,咨询师才能理解来访者。但积极关怀与同意、宽容和鼓励是不一样的,咨询师不需要通过这些行为来表示积极关怀,尽管来访者有时很需要咨询师的同意和支持。这也是咨询师不同于父母、朋友、领导的地方。如一个青年人要创业,其父母的积极关怀是支持他,鼓励他,但咨询师的积极关怀是倾听他的计划和烦恼,探讨计划的合理性以及来访者的心理素质等。

3. 聚焦

咨询师在咨询过程中需要把双方的注意力引导到具体的问题上去,这就是聚焦。就像摄影一样,要帮助来访者看清存在的问题、努力的方向和追求的目标。聚焦的方式有两种,一种是共感式聚焦,通过阐释来访者的思想感情和行为来点明问题;二是表达式聚焦,咨询师通过表达自己的想法来点明问题。如来访者很想从三角恋中解脱出来,咨询师可以采用共感式聚焦:"看来三角恋使你感到痛苦,所以想摆脱。"也可以用表达式聚焦:"我觉得,三角恋必须有一个人退出,现在你想退出。"

有效咨询师的认知目标是:权利、能力和责任意识。

1. 权利意识

相信任何人有权利成为自己,并要把这种信念传达给来访者,让来访者也相信他有权利成为自己。有一位小学老师问一个学生:"你长大了想成为怎样的人?"学生"调皮"地回答:"老师,我只能成为我自己。我曾经努力成为别的东西,但我失败了。"学生的回答反映了一个重要的人生信念:每个人都是独一无二的,人只能成为自己。也许有的人会"成功地"扮演他人所期许的"理想角色",但付出的代价是"失去自我"带来的孤独和痛苦。咨询师在咨询活动中要贯彻这样的权利意识。

2. 能力意识

相信来访者有能力为自己的人生和行动作出选择。这种能力可能已经表达出来,也许尚未表达出来。心理咨询师的一个任务是帮助来访者认识到自己的能力,或开发自己的潜在能力,作出合理的选择。所以,心理咨询原则上是不为来访者的人生作出选择,咨询的焦点在于决策能力而不在于决策结果。如对青少年的生涯辅导,目的不是告诉他他将来可以从事什么工作,而是让他懂得如何设计自己的未来生涯。

3. 责任意识

认为人有责任为自己的人生问题做选择,并对自己的选择负责。这是人的自由和光荣,也是人的一个烦恼和压力。心理咨询的目的是让来访者享受选择的自由和光荣的同时,应付选择的烦恼和压力。如一个大三学生无法决定是否考研,问题在于他从小到大都是他人(父母或老师)决策的,他不自由但也没有责任带来的烦恼,现在他自由了也烦恼了,因为要自己负责。心理咨询在帮助开发他的能力以外,还要引导他认识到自己的责任及责任的烦恼。为此,咨询师自己必须有这样的主观意识。

(三)咨访关系的目标系统

咨访关系的目标是提供成长发展的环境。心理咨询是咨询师与来访者相互作用的过程,这种相互作用也发生在情感、行为和认知三个层面,所以也可以从这三个层面来阐释咨访关系的效果目标系统。如图 4.4 所示,咨访关系的目标系统由情感、行为、认知目标组成。

咨访关系的情感目标是信任感、理解感和理智感。

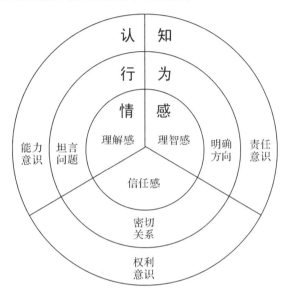

图 4.4　咨访关系的目标系统

1.信任感

信任是一种人际互动现象,肯定涉及他人。在人际互动中,信任就是一方放心地把自己的问题交给对方,感到这样做是对自己有利的。它有三个基本成分:①冒险性,即有可能是有利的,但也可能是不利的;②结果至少部分地依赖另一方;③相对而言,相信利大于弊。信任是咨询关系得以建立的前提条件,咨询师必须在第一次咨询中给来访者一个值得信任的印象,即获得信任感。信任是不能强迫的,只能建立在自愿的基础上。为此,咨询师必须通过这样的活动成为一个值得信赖的人:澄清保密原则,接纳和尊重来访者,传达权利意识、能力意识和责任意识。咨询师也需要有自信心,相信自己能处理好自己的生活问题,能胜任咨询工作。同时需要表现恰如其分的信任,过分的信任他人与过分不信任一样是不利的。

2.理解感

咨询师悉心理解来访者及其问题,会给对方一种良好的内心体验——被理解的感受。这种理解和被理解的关系能促进来访者坦诚地对待自己,毫无保留地探讨自己的问题,从而面对自己的真实体验,理解自己的情绪情感。理解本身是一种咨询力量,是促进对方成长发展的环境因素,因为有些问题一旦被理解,心灵就释然了。这种效果尤其表现在那些被误解的人身上,他们被误解,觉得冤枉,心情十分压抑苦闷,无处诉说,在心理咨询中痛快地倾诉后,情绪就好转了。在这种情景中,咨询师需要做的最重要的事情就是表示理解。

3. 理智感

心理咨询虽然要求咨访双方坦诚相待,毫无保留地表达自己的思想感情,但也需要有理、有利、有节。这就是理智感。咨询师的理智感表现为,言行始终围绕来访者的问题展开,不随意乱侃,并始终保持咨询师的职业角色。来访者的理智感表现为,始终明确自己来咨询的目的,保持自己的来访者身份。在这种理智的关系中,双方都能理解对方,但也清楚心理空间的界限,且尊重对方的心理空间。

咨访关系的行为目标有:密切关系、坦言问题和明确方向。

1. 密切关系

有效的心理咨询必须以一定程度的密切关系为基础,为了建立这种密切关系,咨询师可以采取一定的措施:①使对方感受到热情和关怀,降低其人际焦虑,取得信任;②使对方感到安全和被接纳,感到不会有"坏事"发生;③使对方感受到值得信赖。密切关系是一种工作关系,不是私人关系。这种密切关系是不能强迫的,而是自然形成的。对此,双方都应有共识,并感到愉快。

2. 坦言问题

坦言问题指咨、访双方自由谈论来访者的问题和对问题的看法,毫无保留。咨询师的观点不一定合适,但毫无保留地表达会促进来访者的自由表达,在这样的基础上,才有可能进一步探讨问题,理解问题,寻找新的角度。这需要一个过程,因为有的来访者的防范心理不是一下子能消除的,随着咨询的深入,双方密切关系的建立,坦言问题就顺理成章了。咨询师需要注意的是,控制自己的表达欲,咨询师坦言看法不等于可以滔滔不绝地讲,而是有利、有理、有节地表达。如果发现来访者不着边际地侃,也要提醒并引导到正题上来。

3. 明确方向

心理咨询是探讨来访者的问题,而非咨询师的问题,这个大方向必须把握好。虽然,随着咨询的深入,来访者也会主动了解咨询师的一些情况,这时,咨询师既要适度地自我开放,又不能"喧宾夺主"(咨询师是主人,来访者是宾客,咨询应围绕宾客展开)。同时,在具体问题的探讨中,又要把握咨询发展的方向,抓住问题的本质或者主要问题,而不能在表面问题或细枝末节上大做文章,以致本末倒置,达不到咨询的目的。

咨访关系的认知目标有:权利、能力和责任意识。

1. 权利意识

咨询师和来访者都认识到有成为自己的权利,在这样的共识下,双方都不会把自己的权利扩张到对方范围,这是民主平等关系的本质,双方都清楚自己权利的界限。相反,如果一方或双方缺乏这种意识,其咨询关系就会走样,变成一方领导另一方,甚至"统治"另一方的关系。典型的例子便是把自己的价值观或信仰强加给对方,否定对方的价值或者信仰,尽管双方的价值和信仰都是合法的。

2. 能力意识

咨询师和来访者都承认人有做决定的能力,因此,咨访关系就围绕挖掘和发展来访者的能力展开。咨询师不会为来访者决策,来访者也不会要求咨询师为自己决策,更不可能因为咨询师不为自己决策而产生不满情绪。在咨询中常常遇到的情况是,来访者问咨询师如此这般好不好,这是咨询师提高能力意识的一个很好的机会,咨询师可以立刻反应:"其实,对这个问题你自己已经十分清楚该怎么办,只是希望得到我的支持。说明你是有分析问题、作出决定的能力的。"

3.责任意识

咨询师和来访者都承认人有做决定的责任,并必须对自己的决定负责。这样,双方就不会互相推诿责任,相互谴责,使平等的咨询关系恶化。在我国,由于心理咨询尚未充分被大众了解,不少初次来访者认为解决问题是咨询师的责任,有的人有理想化的要求——"郁闷进来,开心离开"。其实,对于正常人的心理问题来说,解决问题的责任在于来访者,咨询师有提供帮助的责任,但代替不了来访者的责任。

寻求答案是我国常见的求咨心理,咨询师需要抓住这个问题提高问题的权利、能力和责任意识,使咨询关系朝着正常的方向发展。这本身有利于来访者和咨询师的成长发展。

上述三个目标系统是一个理论框架,抽象和概括程度比较高,对心理咨询实践起指导作用,如咨询师可以从情感、行为和认知三方面来分析问题,解决问题,但每个问题的侧重点可以不同,且需要把这些目标(如自我实现)具体化、细化。对于初学心理咨询的人来说,督导可以要求制定三个系统的目标。而对于比较成熟的咨询师来说,重点在于制定来访者的目标。

# 第二节　心理咨询的过程

心理咨询从开始到结束可以分为不同的阶段,每个阶段都有不同的任务。学者们对阶段区分有不同观点,江光荣(2012)认为这些不同观点都包含 5 个基本阶段:进入与定向、问题—个人探索、目标与方案探讨、行动/转变、评估/结束[1]。伊根和利丝(Egan,Reese,2018)认为咨询过程可分三个阶段:第一阶段为目前图景(current picture):我的问题、我在乎的东西、我没有使用的机会是什么? 第二阶段为喜欢的图景(preferred picture):更好的未来是什么样的? 第三阶段为前进的道路(way forward):我做什么,怎么做才能实现目标? 我们参考前人研究,认为咨询过程可以分为四个阶段:分析问题、制定目标、实现目标和结束咨询[2]。

## 一、分析问题

多数来访者会开门见山,直言问题。但也有来访者有所顾虑,尤其是他人推荐或迫于他人压力来咨询的被动来访者,往往不太肯直言问题。这时,咨询师为了消除其顾虑,一般可采用"耐心等待"的策略,先谈一些表面问题,给一定的时间,让其对咨询师及工作环境产生一定的熟悉感和安全感。同时,可以通过更细致地介绍心理咨询的原则,表示对来访者的接纳和尊重,让来访者感受到咨询师值得信赖。对于中小学生,咨询师(心理老师)可以安排一

① 江光荣. 心理咨询与治疗. 2 版. 合肥:安徽人民出版社,2012:167-180.
② Egan G, Reese R. The Skilled Helper: A Problem-Management and Opportunity-Development Approach to Helping. 11th ed. Boston,MA:Cole Cengage,2018:45-46.

定的"热身"活动,如一起玩个游戏,或一起搬动一下花盆、桌子、椅子,挂一副对联或画等等,让学生自然产生亲近感。对于成年人,有时友好地挑明可能更好:"我看你对我还是有点不放心,所以不肯把问题告诉我。"多数情况下,对方会接纳咨询师的意见,开始谈问题。

来访者对自己的问题认识一般有三种情况,一是认识比较清楚,二是对问题有误解,三是不知道问题在哪里。无论哪种情况,分析问题的基本思路是一致的。

首先,要收集相关信息,包括客观信息和主观信息。前者包括发生事情、时间、地点、人物及其他环境因素;后者包括认知、情感和行为。为此,咨询师需要倾听,扮演对问题无知的"学生",把来访者看作掌握问题信息的"老师"。为此,咨询师要学习使用下列技巧:非语言技巧、复述、解述、澄清、情感反映、具体化等(见下一章)。需要注意的是,所有信息都来自来访者的主观阐述,带有主观性,可能存在二次加工现象。所以,咨询师需要问一些客观问题,如"对方的原话是什么",以便提高信息的客观性。咨询师在这一阶段的主要工作是引导和鼓励来访者敞开心扉,提供信息。

其次,要依据收集的信息对问题的性质和类型做分析。问题的性质指问题是发展性的还是障碍性的。心理咨询处理的是前者,遇到后者需要依据《中国精神障碍分类与诊断标准(第三版)》[①]诊断类型,但无论咨询师是否有能力诊断,都转介给专科医院。心理问题类型可以依据不同的维度区分:从心理现象维度分析,可以分为认知、行为、情感问题和个性心理问题;从心理活动内容分析,可以分为学习问题、人际关系问题、婚恋问题;等等。此外,不同的理论流派对同一心理问题的分析存在差异。咨询师对流派的偏好也影响分析问题。

再次,要分析问题的原因。这时,咨询师要了解自己使用的思维方式。分析思维使人关注来访者自身的原因和责任,整体思维则使人关注环境因素的影响,而辩证思维使人关注因果关系的相对性、可变性。咨询师在分析问题时要灵活使用不同的思维方式。考虑到心理咨询主要是通过改变来访者自己来适应环境,或通过改变自己来改变环境,咨询师使用分析思维的机会多一些。

换言之,无论问题源自哪里,只要能有效解决,用改变自己或改变环境抑或同时改变两者都是可取之道。更重要的是,分析原因和解决问题的关系也是辩证的,有时分析原因能促进解决问题,有时则没有帮助甚至有副作用,有时根本分析不出原因。遇到后面几种情况,咨询师应该停止分析原因,只关注如何解决问题。须指出的是,心理咨询的灵活性是有限度的,咨询师在一般情况下不能主动去联系与来访者问题有关的他人,也不能去做社会调查核实来访者提供的信息。所以,原则上以分析来访者自身原因和改变自身为主,改变环境也由来访者自己实施。当然,学校心理健康教育工作有其特殊性,辅导老师必要时可以主动找学生、家长和老师。危机事件处理也可以有例外。

当咨询师已看清问题,但来访者依旧不明白时,咨询师需要扮演"教师"角色,给来访者解释,或与来访者辩论。有时,分析问题并不容易,来访者倾盆大雨般地泼下大量信息,使咨询师听得如坠云雾,不知所措。这时,咨询师可以实事求是地告诉来访者:"非常感谢你毫无保留地告诉我这一切,但你的事情太复杂,我听了脑子都晕了,不知道问题在哪儿。能否今天就到这里,等我好好想一想,理一理思路,下次再一起分析。"

值得一提的是,咨询师对问题的分析受自己思维方式的影响。此外,咨询师的知识经验

---

① 中华医学会精神科分会. 中国精神障碍分类与诊断标准(第三版). 济南:山东科学技术出版社,2001.

等都会影响分析问题,所以分析过程和结果难免具有主观性。因此,咨询师要考虑怎样定性问题更有利于来访者发展。如一个学习压力很大的学生,自我要求很高、害怕失败、与同学比较、家长期望高等可能都是原因,且难分主次。这时,咨询师可以引导学生认为害怕失败是主要原因,必须加以改变。当然,这样的引导应该有研究依据,如完美主义研究表明,追求高标准是积极完美主义,在乎缺点(包括害怕失败)是消极完美主义,消极完美主义是导致心理问题的主要原因之一①。

一旦咨访双方对问题有了共识,就可以进入下一阶段。

## 二、制定目标

制定目标时,咨询师起主导作用,因为咨询师是制定咨询目标的专家,但目标必须得到来访者的同意。

### (一)咨询目标的特征

咨询目标的本质特征是心理性和现实性。心理性指咨询目标本质上属于心理现象,是通过纯粹的心理学方法能实现的。如接纳自己的外表是心理目标,把单眼皮做成双眼皮是生理目标;提高社交能力是心理目标,争取当班长是社会目标;坦然面对家庭贫困是心理目标,赚钱是经济目标;等等。需要通过非心理学的方法解决的问题,不属于心理咨询的范畴。

同时,咨询目标必须是现实可行的。首先,它必须符合心理现象发生发展的规律,这主要体现在两个方面。第一,以来访者已有的心理发展水平为基础,在它可发展的范围内制定目标。这与维果斯基提出的"跳一跳,摘桃子"的教学目标制定原理相吻合。如自卑的学生通过优异的成绩来获得老师和同学的好评,从而提高自信心,对某些潜力好的同学来说比较现实,但对于潜力一般的同学不太现实,咨询目标应聚焦于肯定自己的努力上:不容许自己不努力,但容许自己不优秀。第二,承认有些心理问题可以彻底消除,有些则不可能。如日常琐事引起的不愉快情绪一般可以彻底消除,但长期生活中形成的性格特征(如自卑、敏感等),以及重大事件(如童年时父母突然去世、被强暴等)造成的心理阴影等一般不能彻底消除。对这些问题,咨询目标是把它们控制在不影响或不严重影响正常生活的范围内。至于自卑、敏感等问题也可以把开发利用其积极面为目标,如阿德勒(Adler,1932)在《自卑与超越》中描述的那样,把自卑作为人格发展的动力②。

其次,现实性也指咨询师个人能力所及的范围,如果一个咨询师觉得限于自身条件而难以达到目标的话,要向来访者讲清楚,或重新确定目标,或中止咨询,或转介给其他合适的咨询师。这种情况主要出现在方法和能力(包括经验)两个方面,如一个擅长行为训练的咨询师也许没有受过催眠训练,那么,当来访者需要尝试催眠来了解和解决其问题时,就必须转介。而一个长期从事中学生心理咨询的老师,可能没有能力帮助一个大学生解决心理问题,此时也需要转介。

此外,从操作的角度看,咨询目标必须符合以下要求:

① 杨宏飞,沈模卫.积极完美主义的调节作用研究.应用心理学,2008,14(3):244-248.
② 阿尔弗雷德·阿德勒.自卑与超越.马晓娜,译.长春:吉林出版集团有限责任公司,2015

### 1. 具体

一般说来,目标越具体越好,因为越具体越容易操作。如"提高人际交往能力"是一个笼统目标,"具备与大多数同学一样的交往能力"略微具体了一点,而每天给1位同学打个招呼是很具体的小目标,可以操作。所以,提高可操作性的方法之一是把大目标分解为小目标,建立目标系统。

### 2. 系统性

系统性可以从两个角度分析:一是纵向角度,指大目标和小目标的有机统一。如提高交往能力的大目标是"具备与大多数同学一样的交往能力",子目标可以是与同学打招呼、与同学聊天、约同学去食堂等。二是横向角度,指大目标可以分解为几个方面,如自我概念比较差的问题,可能包含三个方面(外表自我差、人际自我差和家庭自我差),那么改善自我概念的子目标也分三个:接纳外表、提高交往能力、积极面对家庭贫困。而这些子目标又可以分解为更小的目标,也就是纵向和横向维度整合起来形成目标体系。此外,几乎所有目标都可以从认知、情感、行为的角度去分析。

### 3. 可评估

目标可以用心理测量的方法衡量其大小,或者可以口头报告和书面说明其变化的多寡。如通过一个月的咨询,社交焦虑量表得分降低了,人际交往效能感量表得分提高了,能与同学很自然地打招呼,但聊天还是有些紧张。评估提供的反馈信息,可以帮助双方了解咨询效果,发现存在的问题,调整目标和方法,也有利于增强双方的信心。

值得一提的是,分析问题与制定目标并非简单的对应关系,通过分析思维看到问题源自自身,既可以通过改变自身加以解决,也可以通过改变环境加以解决,或双管齐下。通过整体思维看到问题源自环境,也可以用同样思路解决。换言之,无论怎样分析问题原因,只要能有效解决,三种解决思维都可取。更重要的是,有时分析原因能促进解决问题,有时则没有帮助甚至有副作用,有时根本分析不出原因。遇到后面几种情况,咨询师应该停止分析原因,直接进入目标制定阶段,只关注如何解决问题即可。

### (二)确定咨询目标的步骤

#### 1. 确定基线

这往往是初次面谈的主要任务。为此,咨询师和来访者必须澄清问题的具体情况,了解已有的发展水平。假如有个来访者希望提高交往能力,他非常内向敏感,害怕同学不理他,感到自卑,连给同寝室的同学都不敢打招呼。他的情感基线是自卑感强,害怕同学不理他;行为基线是不会与熟人打招呼;认知底线是认为自己无能。

#### 2. 确定终点目标

来访者求咨时一般有一个终点目标,即希望自己是个怎样的人,在这方面达到怎样的水平。咨询师了解这一期望,与来访者商议后再确定终点目标。如上述同学的终点目标可能是希望能像多数同学那样生活,能与同学随便聊天,有两三个要好的朋友。其情感终点目标是自我感觉较好,自卑感减轻,不再害怕;行为终点目标是在需要时能与陌生人随意聊天;认知终点目标是相信自己有正常的交往能力。

**3. 制定目标系统,确定小目标**

有了底线和终点目标后,就可以建立目标系统,确定小目标了。如该同学的第一个情感目标可以是:体会向同学问好时的成功感;第一个行为目标可以是:每天向一个同学问一次好,坚持一周;第一个认知目标是:问同学好不会引起同学笑话,相反,同学会觉得我友好。

## 三、实现目标

制定目标后,需要进一步研究实现目标的方案,并付诸实施。

### (一)制订方案

同一个问题有不同的解决方法,一般说来,选择方式方法的依据有以下几点:

**1. 依据问题的心理维度**

如果问题主要发生在情感维度,则以人本主义方法为主;如果问题出在行为维度,则用行为主义方法;如果问题出在认知维度,则用认知改变的方法。如果问题是整体性的,则采用综合性方法。有时候,对于综合性问题,只采用一种方法也行,因为从系统论的观点看,只要问题的某一个方面被突破,发生变化,那么整个心理系统就会改变。这也是各种方法的效果没有显著差异的一个根本原因。

**2. 依据咨询师的特长**

不同咨询师对方法有不同偏好,有的擅长人本主义方法,有的喜欢认知改变方法,有的则精于行为改造……这样,咨询师在向来访者说明情况后,可以用自己最擅长的方法进行。

**3. 依据来访者的情况**

来访者的情况比较复杂,有性别、年龄、文化程度、生活背景、性格特征、信仰等方面的差异。如,对于幼儿和小学生,用游戏方法可能比较有效,因为这符合他们的年龄特点。对于大学生,可以用精神分析方法。对于擅长绘画的人,可以用绘画分析方法。对于喜欢音乐的人可以采用音乐疗法。

选择方案时,咨询师和来访者一般要有"科学试验"的态度,即不能保证绝对有效,万一无效,就要放弃,换一种方法。方案最好能用书面的形式写下来,尤其是行为训练方案,必须写清楚训练的时间、地点、人物、工具等。但对于一些一两次咨询就可以解决的问题,不一定需要书面计划,咨询师做一些记录就行。对于未成年人的咨询计划,需要得到父母或监护人的同意。

### (二)实施方案

任何方案的实施都由两个部分组成,一是在咨询中心进行实施,二是离开咨询中心后实施。这两者相辅相成,缺一不可,而更重要的是咨询中心以外的实践,因为心理咨询的根本目的是让来访者在生活中改变自己,发展自己。实施阶段非常重要的任务是及时调整目标。每次咨询后,咨询师和来访者都要反省目标是否合理,如果不合理,就要做及时的调整,特别是当来访者出现新情况时,必须重新制定目标。

不同方法(如行为疗法等)的具体操作将在本书后面讨论,这里介绍一下实施方案中的"情境调节法"。

心理咨询中常常遇到的情况是,来访者在咨询中心这个特殊的环境中感觉很好,一切正常,但一回到现实生活中,就"一如既往"了。我们在实践中强调用"情境调节法"来帮助来访者,特别用于下面这样的来访者:他非常清楚自己的问题,也知道如何改变,尽管自己都成了"心理学家"了,但就是改不了。如在人际交往中,别人说一句不中听的话心理就会难过好长时间,尽管自己非常清楚这根本没有必要,明白人家说的话也很平常,知道是自己多心、敏感。应该说,这样的来访者"思想觉悟"已经很高,没有认知问题,也没有行为问题,因为他能正常地与人交往,可遇到这样的情境就是不能自已,"难过很长时间"。所谓情境调节法,是指在听到他人说了不中听的话时,开始用个性化的语言自我调整,如喜欢自我解嘲的来访者可以这样对自己说:"你看,多心、敏感同志又开始努力工作了,让我感到难过。我不想消灭你,因为你是我性格的一部分,现在开始与你共舞。我知道你工作一天后会休息的,我等你休息再说。"喜欢严肃对待自己的来访者可以告诉自己:"其实不是他人的话有问题,而是我的性格有问题。我需要时间慢慢调整。"这种方法的指导思想是,性格的形成如"冰冻三尺,非一日之寒",那么对它的调整也只能采用"滴水穿石"的方式慢慢改造。改造的目标不是"彻底推翻其统治,建立全新的自我",而是让其有立足之地,与其和平共处,相安无事。也就是说,让来访者接纳自己的"多心、敏感"特质,学习在生活中调控自己,在降低其消极面的同时,发扬其积极面(敏感有利于看到他人看不到的问题)。情境调节法的另一个心理学原理是,当来访者遇到"问题情境"时,一旦开始自我调节,其注意力就转移了,大脑的兴奋点就改变了,自然会降低难过程度。这样,由本来被动的随波逐流承受难过变为主动的导航,让难过早点"抛锚"。

情境调节法可以避免无效的空谈和空想,因为既然道理和方法已经十分清楚,最好的方式自然是"眼不见,心不想""不遇敌人不开枪"。当然,需要总结和评估,给咨询师反馈,探讨一下进展情况。一旦形成了情境调节习惯,咨询也就成功了,因为真正的咨询是在咨询师的咨询结束后开始的,既然来访者已经能够"独立作战",咨询师的使命也就完成了。

### (三)评价效果

评价效果的方法有多种,一是咨询师或受过专业训练的观察者评价,二是来访者评价,三是知情者评价。评价的内容可以是消极心理的减少,或积极心理的增强,或两者同时进行。评价的时间可以是每次咨询结束时,或全部咨询结束时,或者结束后跟踪。

一般说来,心理咨询的效果评价活动贯穿于整个咨询过程,每次咨询结束后,咨访双方及有关人员都会有意无意地问一个问题:"咨询后情况怎么样?"且双方都期望有效。在效果评价时,咨询师要注意一个"虚假报告问题",如有的来访者碍于面子,当着咨询师的面说非常有效,有的咨询师出于面子也会夸大效果。所以,在评价效果时,咨询师应该对双方的评价心理有所了解,要诚心诚意地询问来访者,以便取得关于效果的实际信息。

一旦发现咨询无效,甚至情况越来越差,则要及时调整目标和方法,或者转介。

## 四、结束咨询

在比较理想的情况下,通过心理咨询,来访者心理问题已经解决,咨询目标已经实现,也就可以宣告心理咨询结束了。但有时候,咨询目标并未实现,由于咨询师觉得自己已尽力而为,再下去也不会有起色,所以提出结束咨询,建议到其他咨询师那里去咨询。有时候,来访者觉得没有效果或效果不理想,主动要求结束咨询,这时可能存在来访者对问题的依赖(害怕解决问题后带来不利),或者存在阻抗。

不管遇到什么情况,咨询师在结束咨询时必须注意处理以下几个问题:

### 1.双方都同意结束

一般情况下,这是没有问题的,但如果一方不想结束时,就需要协商了。如对于有危险倾向的来访者,在没有消除危险念头的情况下要求结束咨询,咨询师应该向来访者和家人说明情况,并建议到别的咨询师那里继续咨询,并且明确来访者和家人的责任。当咨询师要求结束咨询,而来访者不想结束时,咨询师须耐心解释,直到对方同意为止。

### 2.处理分离焦虑

分离焦虑是接受长期心理咨询的来访者身上产生的,由于咨询师从某种意义上是来访者值得信赖的朋友和人生导师,一下子离开会有失落感。对于这样的来访者,咨询师在咨询结束前要有一个准备过程,如慢慢减少咨询频率和咨询时间,与来访者讨论结束咨询将产生的情绪问题及其解决方法。鼓励来访者树立独立的信心,并欢迎通过其他合理的方式保持联系,有问题可以继续来咨询等。

### 3.告别性会谈

双方约定一个时间举行简短的告别仪式,这时可以随意谈一些熟悉的事情,如对咨询中心的看法,提提意见,来访者将来的打算等,咨询师可以向来访者赠送中心准备的小礼品。如果咨询师需要跟踪来访者,以研究长期效果,则可以在这次会谈中提出,说明理由和跟踪方式,取得同意后进行。这是一个社交性的会谈,在轻松愉快中结束。

 附　录

## 心理咨询记录表1
### (用于第一次记录)

姓名:_____ 年龄:___ 性别:___ 年级:____ 班级:____ 电话:_____

日期:_____ 时间:_____

介绍人:_____ 电话:_____

咨询师:_____ 电话:_____

1.介绍理由(如果是转介的话)

2.出现的问题/主诉

3.问题/主诉的表现和频率

4.对日常功能的损害或干扰程度

5.家庭成员和生活史

6.重要的病史

7. 教育背景或历史

8. 以前的咨询史(如有的话)

9. 来访者情况描述(外表、姿势、步态、衣着、表情、声调、与咨询师的关系、动机、热情、距离、被动性、语言/判断/抽象/思想内容等的水平)。别遗忘了解自杀和杀人的念头和行为。

10. 对来访者的初步看法(他或她的需要、优点、弱点是什么)和咨询目标。

11. 来访者会再来您处咨询吗?(如果不来,请说明为什么一次咨询就够了)。

## 心理咨询记录表 2
### (用于第二次记录及以后)

姓名:＿＿＿＿＿＿＿＿

日期:＿＿＿＿＿＿＿＿ 时间:＿＿＿＿＿＿＿

咨询师:＿＿＿＿＿＿＿＿＿＿＿＿＿＿

咨询次数:＿＿＿＿＿＿＿＿＿＿＿＿＿

1. 这次咨询的主题(内容或过程)是什么?

2. 这次咨询的目标是什么?

3. 咨询开始时您对来访者和自己感觉如何?

4. 来访者哪些方面有吸引力或令人激动? 哪些方面令人讨厌或不令人激动?

5. 在咨询过程中您对来访者和自己感觉如何?

6. 在咨询过程中有否发生什么事使您重新考虑您的目标? 如是,是什么事? 您做了什么?

7. 目前您是如何看待来访者的问题的? 这与以前的看法有何不同?

8. 根据第 7 条,下次咨询的目标是什么?

9. 咨询结束时您对来访者和自己的感觉如何?

## 心理咨询记录表 3
### (用于结束时)

姓名:＿＿＿＿＿＿＿＿

日期:＿＿＿＿＿＿＿＿ 时间:＿＿＿＿＿＿＿

咨询师:＿＿＿＿＿＿＿＿＿＿＿＿＿＿

咨询次数:＿＿＿＿＿＿＿＿＿＿＿＿＿

1. 这次咨询的主题(内容或过程)是什么?

2. 这次咨询的目标是什么?

3. 咨询开始时您对来访者和自己感觉如何?

4. 来访者哪些方面有吸引力或令人激动? 哪些方面令人讨厌或不令人激动?

5. 在咨询过程中您对来访者和自己感觉如何?

6. 在咨询过程中有否发生什么事使您重新考虑您的目标? 如有,是什么事?

7. 是谁提出结束咨询的？来访者同意吗？

8. 问题解决了吗？

9. 您预计结束后的情况如何？来访者还会来找您吗？为什么？

## 思考题

1. 分析自己的自我概念，包括生理自我（性别、外表、健康等）、心理自我（性格、气质、能力等）和社会自我（家庭、民族、学校、专业等）。你觉得哪些方面需要改进？请制定相应的目标。

2. 对照咨询师的目标系统，你觉得自己哪些方面比较接近目标，哪些方面与目标差距较远，如何改进？

3. 对照咨访关系目标系统，依据自己的人际交往经验，分析自己在人际交往中哪些方面接近目标，哪些方面与目标差距较远，如何改进？

4. 简述咨询过程的四个阶段。

## 小组活动

1. 每个同学写下一个自己想解决的心理问题及其目标体系，然后小组分享和讨论。

2. 依据表 4.2，如果你是来访者或咨询师，哪些目标比较容易实现，哪些目标比较难实现，有什么方法解决？

第五章　心理咨询的谈话技巧

## 学习要点

> 掌握谈话技巧,并能在心理咨询练习和日常生活中有意识地使用。同时了解自己已有的谈话风格,努力扬长避短,发展适合心理咨询的谈话风格。

　　心理咨询最基本的活动就是面对面谈话。谈话需要有一定的技巧,谈话看似简单,但比理论难学,因为理论学习不太受个人生活经验的影响,而谈话技巧学习则不然,从小到大慢慢形成的谈话习惯与心理咨询要求的谈话技巧有许多不一致的地方,两者最本质的差别在于,个人谈话习惯往往是以自我为中心的,而谈话技巧则是以来访者为中心的。所以,学习谈话技巧意味着用来访者中心的谈话方式替换自我中心的谈话方式。但除此之外的一些积极个人风格可以在心理咨询中继续使用,如风趣幽默或严肃认真,不紧不慢或慢条斯理等都可以作为心理咨询中的个人谈话风格,因为学习谈话技巧的目标是发展个性化的以来访者为中心的谈话风格。

# 第一节　关　注

5.1 关注、情感
反应和内容反应

　　现代生活的一个主要特征是"忙",人们常常可以听到这样的言论:"自己的事情都忙不过来,哪还有空去管别人的事?"有时,不仅他人的事没空去管,连自己的事、亲人的事都没有空去管。有这么一个小故事,一个孩子高高兴兴地要求爸爸讲个故事,爸爸说"我没空"。有一天,爸爸老了,要求孩子来看看,孩子说我比你那时候忙多了,实在没有空。这里的"管"有许多含义,如感兴趣、过问、了解、关心、帮助、干涉等,但共同的特征是:关注。由于不关注,我们传递给别人的信息是,你们对我无足轻重,由此得到的反馈是,我在他人眼里无足轻重。结果是,许多人很忙,但感到"无足轻重",而这恰恰违背了人性的基本需求——我们需要被关注,因为这是价值感的基础。现代人似乎在这一简单的"关注"上被挫败了。

　　而心理咨询能在咨询环境中使这种被压抑的人性得到一定程度的解放。这对整个社会也许是杯水车薪,但对于某个个人可能是雪中送炭。为此,咨询师必须学习关注,学会关注,敏于关注。美国曾有位心理咨询教授建议,让学习心理咨询的学生先花一年时间抚养一个动物或培育一种植物,存活后再学习心理咨询,理由是让他学习关注一种生命。建议虽然有些滑稽,但也不无道理,因为他强调"学会关注"是学习心理咨询的第一步。

## 一、准备关注

准备关注包括准备来访者、准备情境和准备咨询师。如果来访者缺乏准备,他是不会来的;如果没有准备咨询情境,他是不会再来的;如果咨询师缺乏准备,来访者不可能投入咨询过程。来访者是否愿意来咨询有赖于咨询中心与他们的良好接洽,如表示欢迎,告诉他们谁将接待他们、接待的目的、接待的时间和地点,以及来的具体线路;还要说明让来访者前来咨询的理由。

准备情境指为来访者布置环境,如椅子中间不放桌子,如果有多个来访者则排成一圈。咨询室的装饰是来访者熟悉的、感到舒服的,如他们熟悉的鲜花、喜欢的色彩格调等。整个房间布置得简明干净,使来访者感到他是被关注的中心。

准备咨询师自己指:①浏览来访者的资料,包括以往的交谈记录、来访者个人资料,以及非正式的印象;②浏览咨询目标,如在第一次交谈时来访者能积极探讨其问题;③放松自我,包括心理放松和身体放松,为此,咨询师可以回忆一些愉快的事情,或者做一些放松练习。

## 二、关注的姿态

关注的姿态能告诉来访者咨询师正在全神贯注地帮助他,表示咨询师对来访者的兴趣。这一姿态包括面对面、开放的姿势、前倾、目光接触和放松。当咨询一个人时,咨询师与来访者的左右肩膀可以成矩形,这是完全的面对面。有时,这样做可能使双方感到紧张,就可以采用交叉 120°角的坐法,即咨询师和来访者的肩膀直线交叉 120°,正面最好是窗口,双方既可以望外面又可以看对方,有利于放松。如果是小组会谈,则围成一圈,咨询师不要坐在中心位置,应坐在与来访者同等的位置上。如果是两个来访者,则三个人组成三角形,三角形的角在会谈室里的位置有同样的重要性,但不一定是等边三角形。来访者之间可以接近一些,咨询师与他们的距离一样,组成等腰三角形。

咨询师要用开放的姿势,双脚自然分开,双手自然放在腿上。封闭的姿势是翘二郎腿,双手怀抱在胸前。咨询师要向来访者前倾 20°,双手可以微微支撑在腿上。如果是站着,则一只脚向前跨半步,使身体往前倾 10°。关注最关键的一点是使用咨询师的感觉,特别是视觉,保持眼睛接触,最能使对方感到咨询师在关注其内心世界。咨询师要放松,不能紧张焦虑,避免给人以不成熟老练、不自信、不称职的感觉。

关注的姿态有程度上的差异,一般说来自然地表现上述 5 个方面的姿势就表示完全关注,缺少某个或某些要素意味着关注不到位。表 5.1 象征性地表示了不同的关注程度。当然,关注的本质是心理上的,而不是外在姿势上的,形式只有与内容密切联系才有意义。如果咨询师确实非常关注来访者,不一定要刻板地摆这些姿势,尤其当咨访双方比较熟悉,关系已经巩固的情况下。

表 5.1　不同程度的关注姿态

| 姿态 | 坐 | 站 |
|---|---|---|
| 高关注姿态 | 面对面、开放的姿势、前倾 20°、目光接触、放松 | 面对面、开放的姿势、前倾 10°、目光接触、放松 |
| 中上关注姿态 | 面对面、开放的姿势、前倾 20°、目光接触 | 面对面、开放的姿势、前倾 10°、目光接触 |
| 中等关注姿态 | 面对面、开放的姿势、前倾 20° | 面对面、开放的姿势、前倾 10° |
| 中下关注姿态 | 面对面、开放的姿势 | 面对面、开放的姿势 |
| 低关注姿态 | 面对面 | 面对面 |
| 不关注姿态 | 不面对,懒散 | 不面对,懒散 |

此外,咨询师的所有行为方式和表情都在表达关注的情况,如坐立不安表示不想坐在那里,精神集中且放松说明专心致志,始终集中注意说明感兴趣……咨询师可以自己练习关注的姿态,可以对着镜子练习,也可以在日常生活中与别人讲话时练习。一开始可能有些不自然,但习惯了也就自然了,且会发现别人对自己的关注也增加了。

## 三、观察

观察是非常重要的咨询技巧,它是获得来访者信息的重要渠道。首先,咨询师要观察来访者的非语言行为,如表情、穿着打扮和举止行为等,判断其身体能量水平、情绪状态和接受咨询的心理准备。这些信息是咨询师初步理解来访者的基础。能量是完成人生任务的前提条件,如果一个人投入的能量水平低,就是最容易的任务也无法完成。来访者面对咨询师,前倾和注视咨询师意味着渴望得到咨询,其能量水平高,准备状态自然是不错的。来访者显得无精打采,懒懒散散,说明投入的能量水平低,接受咨询的准备状态差。

能量投入与身体健康有一定关系,如肥胖或过分消瘦或体弱多病的人精力就比较差。能量水平也可以通过外表分析,一个整洁的人能量水平比较高,一个邋遢的人能量水平低,因为打扮也需要能量投入。还有,一个人行动迟缓也可能是能量水平低的表现。

面部表情是内心感受的信息来源,如抑郁、消沉、焦虑等都会在面部表现出来,如目光阴郁、愁眉苦脸等。行动迟缓可能是心情不悦的表现,多余动作太多可能是紧张不安的表现。不修边幅可能是情绪低落的表现。

通过对来访者能量水平、外表、行为的观察,咨询师基本上能够判断来访者接受咨询的准备状态。能量水平低、情绪低落的人往往准备状态不佳,而能量水平高、态度积极的来访者其准备状态也好。通过观察也能发现来访者自相矛盾的地方,如一个垂头丧气的人说自己很好,说明所言不实。咨询师必须让其认识到这种矛盾的地方,让其面对自己,从而才有可能发展自己。

咨询师也可用同样方法观察自己,分析自己的能量水平、情绪状态和准备状态。如果发现自己的能量水平低、情绪不佳、准备不良的话,就应该调整,或暂时不接待来访者。

### 四、倾听

倾听是获取来访者信息的最有效的方法。通过倾听，咨询师了解来访者遇到的事情，他们对事情的看法，以及对周围的人和事的看法，从而为走进来访者的内心世界提供基础。当咨询师关注来访者时，实际上就表示自己愿意倾听来访者讲述他们的故事和问题。咨询师倾听的信息越丰富，对来访者内心世界的了解也越多。咨询师可以自我训练倾听的技巧，如寻找倾听的理由，停止判断，注意力集中在来访者及其讲述的内容上，回忆来访者讲过的话和出现过的表情。

首先，咨询师作为倾听者，应该知道为什么要倾听。这个问题的答案是明确的：因为咨询师要获取信息，了解有关问题和目标的信息，以便提供最有效的帮助。倾听与观察一样，要通过外部表现出来的信息，推断内部心理活动。所以，不仅要注意词语本身，而且要注意语气和语调。如一个说话有气无力、语无伦次的人很可能有抑郁症。

其次，倾听时必须保持不判断的心态，从自我对话的角度看，就是咨询师要停止内部的自我对话，进入"非语言交流"状态，克制住任何想法，让来访者的信息畅通无阻地进入咨询师的脑袋。例如，也许咨询师不同意甚至反感来访者的一些观点和做法，但这时不能表现出来，应该"不露声色"地认真倾听。因为每个来访者都是独特的，咨询师的一个任务就是让其充分展示独特性。在倾听过程中，咨询师可以用点头、"嗯""啊""噢"等回应，表示自己在认真倾听，鼓励其继续说下去。

再次，最重要的或许是咨询师集中注意于来访者，不分心。为此，咨询师要做一些排除干扰的准备，如安静的环境、关闭手机、不接电话等。集中注意于来访者，要求咨询师对其讲的内容十分留心，注意每个细节，包括 5WH：谁（who）、什么（what）、为什么（why）、哪里（where）、怎样（how）。

最后，咨询师要能回忆来访者的话和表情动作，至少在结束后能做到这一点，以便能在头脑里找到所需要的信息。一般说来，咨询师倾听得越认真，这种回忆就越容易。当然，咨询师也要在平时加强练习，如经常回忆他人说的话和表情，或听一段对话，然后背诵或默写出来。一般说来，咨询师事后的分析往往比即时的分析更为重要，有了回忆的本领，事后分析就有了保障。当然，有的来访者会同意录音或录像，对事后分析帮助更大，但听录音、看录像比较花时间，直接回忆效率高。

### 五、沉默

来访者在讲述其问题时，有时会突然停顿下来。这时，咨询师清楚地认识到，来访者在迅速地进行思考，因此，容许他沉默（silence），让谈话暂时停止。同时，咨询师也保持沉默。来访者沉默的原因有以下几个方面：

（1）犹豫不决，对咨询师不是很信任，担心坦诚相见会对自己不利。此时，如果咨询师按捺不住，催促来访者讲，会引起来访者的反感。咨询师如果主动提问，往往会压制来访者想表达的内容，刚到嘴边的话又会咽下去。有时，来访者正要说出来，但又不想说，咨询师的提问会促使他顺利掩盖自己的真实情况，转移话题。

（2）思路不清，正在思考如何表达才能将问题说清楚。如果咨询师着急，催促来访者讲，来访者只好快刀斩乱麻,在没有充分想清楚的情况下讲述问题,结果会造成信息丢失或信息混乱现象。有时,由于咨询师的提问与他在思考的内容不相干,他只好停止思考原来的问题,应付咨询师的新问题,使谈话的方向发生转变,这种转变往往是不必要的和不利的。

(3)来访者不理解咨询师的提问,不知道如何回答。有时,来访者会主动问咨询师是什么意思,有时来访者有顾虑,说自己听不懂,会不会被咨询师笑自己笨,或者担心咨询师认为自己表达能力不好。或者,来访者对咨询师的问题没有把握,怕说错。这时,咨询师保持沉默,是给来访者一个决策的时间。如果咨询师发现来访者的顾虑,则要鼓励他:"说出来,说错了也不要紧。"

不管发生哪种情况,咨询师都要保持沉默一段时间,以便让来访者有充分的时间考虑。在沉默时,咨询师依旧要仔细观察来访者的非语言行为的变化。咨询师要克服沉默给自己带来的压力,如担心来访者会感到咨询师没有用,感到尴尬等。如果沉默时间过长,咨询师可以主动问:"刚才我们沉默了一段时间,你在想什么?"

**例 1**

(来访者是 23 岁的大三学生,经过电话预约来到咨询中心。咨询师准时在咨询中心接待处等待。来访者进来时满脸怒气,咨询师吃了一惊,有点紧张。)

咨询师:(提醒自己要放松)你好,是×××同学吗?

来访者:是的。

咨询师:(主动伸出手与来访者握手)我是×××老师,欢迎你来,请到我的办公室来。请坐在靠窗口的位置上,很舒服的。要喝水吗?

来访者:不用了。

咨询师:(坐下,面对来访者,开放式姿势,前倾20°)你来咨询中心肯定是遇到了什么问题,讲来给我听听。

来访者:我同学一本新书被人弄破了,硬说是我干的……

(来访者说着就激动地站起来,在房间里来回走。咨询师面对来访者,注视他来回走动。来访者意识到后,不好意思地笑,回到座位坐下,看着咨询师。)

咨询师:你觉得非常冤枉,很生气。

来访者:是啊,如果是你,你会怎么办?

咨询师:(平静地看着来访者)你希望我告诉你怎么办,我能理解你的心情。我们可以一起讨论,但我想你既然遇到了这一问题,肯定有自己的想法和打算,先听听你的意见。

来访者:(愣了几秒钟,然后笑了)我知道你们咨询师是不会轻易给我们答案的,我知道。

咨询师:(自然地作出笑的反应)你对心理咨询比较了解,那我们交谈就方便多了。

来访者:对,其实我也不是来找答案的,只是心里憋着一股气,没有地方发泄。

咨询师:(点头)你憋着一股气,很想找个地方倾诉一下。

该咨询师在咨询前做了充分的准备,包括布置环境,保持良好的心态等。面对满脸怒容的来访者能控制自己的紧张情绪。交谈时用关注的姿态,能用注视提醒来访者正在不由自主地来回走动,用自然的微笑和点头对来访者的行为作出合适的反应。咨询师的观察与反应帮助来访者控制自己的情绪,与咨询师合作,慢慢平息自己的怒气。

# 第二节　内容反应技巧

有了关注的心态和姿态后,就需要用合适的语言对来访者的问题进行反应。从某种角度来说,非语言的关注主要使来访者感受到"我"的存在,语言反应的目的是将咨询师和来访者进一步联系起来,使双方都感受到"我们"的存在,"我们"在共同探讨来访者"我"的问题。这就需要掌握一些基本的语言技巧,包括内容反应(responding to content)技巧、情感反应(responding to feeling)技巧、意义反应(responding to meaning)技巧和问题解决(problem-solving)技巧。

本节阐述内容反应技巧。所谓内容反应,指咨询师为了澄清问题,掌握来访者的情况,对其提供的信息本身进行核实、探究的过程。如果说来访者是在讲述他的故事的话,则咨询师首先需要了解故事本身的基本成分和情节。为此,可以用以下技巧。

1. 复述(restatement)

就是重复来访者说的话,如果对方只说一句话,就可以重复整个句子,如果说了一大堆话,则选择重要的部分复述,如果咨询师当时不知道什么是重点,则可以只复述最后一句话。复述的功能在于让对方知道咨询师在关注什么信息,鼓励其做进一步说明,或沿着这一点深入谈下去。同时,帮助咨询师更好地了解来访者,也帮助来访者更好地了解自己。

**例 2**

来访者:我觉得如果考不上重点大学太没有面子了。

咨询师:你觉得考不上重点大学太没有面子了。(复述的焦点在于"什么"。)

**例 3**

来访者:我想自己已经快 32 了,加上学历很高,找对象不容易。我朋友介绍一个 35 岁的先生给我,他是我家附近的一个人。我考虑一下,觉得不合适,万一不成功,大家都知道,多没有面子。后来,又有朋友介绍一个 37 岁的先生,他矮矮胖胖的,是个中层干部,见面不久就向我求婚。我想已经这么大了,就答应了。婚后,我意外地遇到了前一位先生,他也已经结婚,我突然发现他才是我要找的人,可是一切都晚了。我恨当初太爱面子,才会错失良机,后悔一辈子。

咨询师:你恨自己当初太要面子,才会错失良机,后悔一辈子。(复述的焦点在于"为什么"。)

复述的焦点不同,谈话发展的方向也会不同。

**例 4**

来访者:我既要考虑家庭经济负担,又要考虑个人前途,矛盾得很,想不好。

咨询师 1:你要考虑家庭经济负担。

来访者:是啊,我父母在农村种地,完全靠卖点粮食赚几个钱。为了我读书,他们已经借了好多钱了。我真过意不去。(复述的焦点在家庭经济,谈话的方向指向家庭经济问题。)

咨询师2:你要考虑个人前途。

来访者:是啊,如果这次不考研,这辈子是否还有机会读研就难说了,对前途的影响是很大的。(复述的焦点在个人前途,谈话的方向指向个人前途。)

咨询师3:矛盾得很,想不好。

来访者:是啊,一方面很想毕业找工作,有了经济收入,父母就不要为我发愁了。另一方面,真想继续深造,提高自己的竞争水平。(复述的焦点在内心矛盾,谈话的方向指向内心的矛盾。)

复述能加深咨询师对来访者的了解和来访者的自我了解。

**例 5**

来访者:其实失恋也没有什么了不起,只是她当着我的面说,她新的男朋友比我强多了,我受不了。

咨询师:她说新的男朋友比你强,你受不了。(复述)

来访者:真太过分了,你离开我也就算了,这是你的权力,何必再损我呢?人都是有自尊心的嘛!

咨询师:人都是有自尊心的。(复述)

来访者:离开我已经让我自卑了,还要在我伤口上撒一把盐。

咨询师:在你的伤口上撒一把盐。(复述)

来访者:她这样做太绝了,把我最后一点男人的自尊都毁了。(通过复述,双方都对来访者的自尊心理有了比较深入的了解。)

**2. 解述(paraphrase)**

解述就是用自己的语言将当事人表达的内容重新说一遍,也就是"换句话说"。如果对方只说一句话,就可以用换同义词或同义语的方式进行;如果说了一大堆话,则选择重要的部分进行解述,或者用概括中心思想的方法进行。如果咨询师当时不知道对方到底说了什么,就要用其他技巧,或让其再说一遍。解述的功能与复述类似,即引导谈话方向,让对方知道咨询师不仅在关注什么信息,而且试图原封不动地理解它,从而鼓励其做深入的探讨。同时,解述能帮助咨询师更好地了解来访者,也帮助来访者更好地了解自己。下面用解述技巧对上面的例句重新进行反应。

**例 6**

来访者:我觉得如果考不上重点大学太没有面子了。

咨询师:换句话说,考不上第一批会把脸面都丢尽。(解述的焦点在于"什么"。)

**例 7**

来访者:我想自己已经快 32 了,加上学历很高,找对象不容易。我朋友介绍一个 35 岁的先生给我,他是我家附近的一个人。我考虑一下,觉得不合适,万一不成功,大家都知道,多没有面子。后来,又有朋友介绍一个 37 岁的先生,他矮矮胖胖的,是个中层干部,见面不久就向我求婚。我想已经这么大了,就答应了。婚后,我意外地遇到了前一位先生,他也已经结婚,我突然发现他才是我要找的人,可是一切都晚了。我恨当初太爱面子,才会错失良机,后悔一辈子。

咨询师:你很后悔,因为当初你怕万一不成功让人见笑,从而失去了一次很好的机会。(解述的焦点在于"为什么"。)

解述的焦点不同,谈话发展的方向也会不同。

**例 8**

来访者:我既要考虑家庭经济负担,又要考虑个人前途,矛盾得很,想不好。

咨询师 1:你父母的经济状况不太好。

来访者:是啊,我父母在农村种地,完全靠卖点粮食赚几个钱。为了我读书,他们已经借了好多钱了。我真过意不去。(解述的焦点在家庭经济,谈话的方向指向家庭经济问题。)

咨询师 2:个人前途你是不得不考虑的。

来访者:是啊,如果这次不考研,这辈子是否还有机会读研就难说了,对前途的影响是很大的。(解述的焦点在个人前途,谈话的方向指向个人前途。)

咨询师 3:你觉得内心很矛盾,想不清楚到底该怎么办。

来访者:是啊,一方面很想毕业找工作,有了经济收入,父母就不要为我发愁了。另一方面,真想继续深造,提高自己的竞争水平。(解述的焦点在内心矛盾,谈话的方向指向内心的矛盾。)

解述能加深咨询师对来访者的了解和来访者的自我了解。

**例 9**

来访者:其实失恋也没有什么了不起,只是她当着我的面说,她新的男朋友比我强多了,我受不了。

咨询师:她当面说你不如她新的男朋友。

来访者:真太过分了,你离开我也就算了,这是你的权力,何必再损我呢? 人都是有自尊心的嘛!

咨询师:每个人都需要自尊。

来访者:离开我已经让我自卑了,还要在我伤口上撒一把盐。

咨询师:雪上加霜。

来访者:她这样做太绝了,把我最后一点男人的自尊都毁了。(通过解述,双方都对来访者的自尊心理有了比较深入的了解。)

但复述和解述还是有差别的,表现为复述的自由度小,局限于来访者的具体字句,解述可以自由措辞。所以在实际谈话中,来访者的反应也会有差异,但大方向是一致的。

3. 澄清(clarification)

来访者在讲述过程中,咨询师觉得有的地方不太清楚时,可以具体询问。询问的内容主要是5WH。澄清可以用陈述的语气进行核对,如:"你说你失眠一周了。"也可以用开放式问题,如:"谈一下你的睡眠情况吧?",或用封闭式的问题:"你失眠有一周吗?"或"你失眠几天了?"澄清具有复述和解述的功能外,主要在于能帮助咨询师掌握具体的情况。澄清有个程度的问题,一般情况下,咨询师询问的是与问题有关的情况,但过细的询问没有必要,避免过多的询问给来访者一种被审问的感觉。下面对上述例子用澄清技巧进行反应。

**例 10**

来访者:我觉得如果考不上重点大学太没有面子了。

咨询师:你是说太丢面子。(用陈述语气核对信息,澄清的焦点在于"什么"。)

**例 11**

来访者:我想自己已经快 32 了,加上学历很高,找对象不容易。我朋友介绍一个 35 岁的先生给我,他是我家附近的一个人。我考虑一下,觉得不合适,万一不成功,大家都知道,多没有面子。后来,又有朋友介绍一个 37 岁的先生,他矮矮胖胖的,是个中层干部,见面不久就向我求婚。我想已经这么大了,就答应了。婚后,我意外地遇到了前一位先生,他也已经结婚,我突然发现他才是我要找的人,可是一切都晚了。我恨当初太爱面子,才会错失良机,后悔一辈子。

咨询师:说说看,他是一个怎样的人。(开放式问题,澄清的焦点在于"什么"。)

澄清的焦点不同,谈话发展的方向也会不同。

**例 12**

来访者:我既要考虑家庭经济负担,又要考虑个人前途,矛盾得很,想不好。

咨询师 1:你父母一年有多少收入?

来访者:大概 3 千到 5 千吧。(封闭式问题,澄清的焦点在家庭经济,谈话的方向指向家庭经济问题。)

咨询师 2:你说的个人前途指考研吗?

来访者:是啊,如果这次不考研,这辈子是否还有机会读研就难说了,对前途的影响是很大的。(封闭式问题,澄清的焦点在个人前途,谈话的方向指向个人前途。)

咨询师 3:非常矛盾吗?

来访者:是啊,一方面很想毕业找工作,有了经济收入,父母就不要为我发愁了。另一方面,真想继续深造,提高自己的竞争水平。(封闭式问题,澄清的焦点在内心矛盾,谈话的方向指向内心的矛盾。)

澄清能加深咨询师对来访者的了解和来访者的自我了解。

**例 13**

来访者:其实失恋也没有什么了不起,只是她当着我的面说,她新的男朋友比我强多了,我受不了。

咨询师:你当时的心情是怎么样的呢?

来访者:我觉得自尊心荡然无存,头脑一片空白。(封闭式问题,澄清的焦点在于"什么",即内心的感受。通过澄清,双方都对来访者的自尊心理有了比较深入的了解。)

4. 面质(confrontation)

面质是咨询师觉察到来访者有自相矛盾的情感、行为和认知时,把这种不一致反映给来访者的一种技巧。在用于对内容的反应时,面质的功能是帮助咨询师和来访者澄清一些事实,帮助来访者面对自相矛盾的情况。来访者的这种不一致往往是无意的,因为他们来咨询的前提是愿意讲真话的。但使用面质有一个前提,就是咨访关系必须是良好的,不会产生误解和敌意。这完全不同于法庭上律师的面质,那是对立的,为了否定被面质的人的利益;而这里是合作的,是为了更好地帮助来访者。

**例 14**

来访者:我觉得如果考不上重点大学太没有面子了。

咨询师:你觉得如果考不上重点大学太没有面子。(复述)

来访者:因为我是重点高中的尖子生,论实力应该没有问题,但我平时考试发挥不好,担心最后也发挥不好,这种人在我们学校是不少的,有水平,但考不过比自己差的同学,到时候比自己差的同学都拿到了重点大学录取通知书,而自己没有,那真叫无地自容。唉——其实我倒觉得无所谓,主要是我爸爸妈妈觉得很丢面子。

咨询师:你先说自己觉得会丢面子,后又说无所谓,是爸爸妈妈会觉得丢面子。(面质,帮助来访者认识自相矛盾的观点。)

**例 15**

来访者:我想自己已经快 32 了,加上学历很高,找对象不容易。我朋友介绍一个 35 岁的先生给我,他是我家附近的一个人。我考虑一下,觉得不合适,万一不成功,大家都知道,多没有面子。后来,又有朋友介绍一个 37 岁的先生,他矮矮胖胖的,是个中层干部,见面不久就向我求婚。我想已经这么大了,就答应了。婚后,我意外地遇到了前一位先生,他也已经结婚,我突然发现他才是我要找的人,可是一切都晚了。我恨当初太爱面子,才会错失良机,后悔一辈子。

咨询师:你恨自己当初太要面子,才会错失良机,后悔一辈子。(复述)

来访者:我真不明白当初怎么会如此钻牛角尖,这大概是我从小养成的性格吧。我就是这样,遇到事情就往坏处想,走不出来。所以我当初拒绝了。这件事要是能重新来一次就好了,那我绝对不会拒绝了。

咨询师:你说这是你从小养成的性格,那么能回头走一遍的话,怎么能保证不会拒绝呢?(面质技巧,帮助来访者认识现实的"拒绝"行为和理想的"不拒绝"行为之间的差异。)

### 5. 总结(summarization)

总结是在咨询进行了一个阶段后,对已经交谈的内容要点进行归纳。其内容主要是来访者的情感、行为和认知,也可以包括咨询师的反应情况。总结一般由咨询师做,也可以让来访者来做。总结的功能是承上启下,结束一个阶段,开始另一个阶段。有时,个别来访者非常健谈,并且有重复内容的习惯,这时用总结也就提醒对方不要反反复复地讲,可以作深入探讨或探讨其他问题了。

### 例 16

来访者:我觉得如果考不上重点大学太没有面子了。

咨询师:你觉得如果考不上重点大学太没有面子。(复述)

来访者:因为我是重点高中的尖子生,论实力应该没有问题,但我平时考试发挥不好,担心最后也发挥不好,这种人在我们学校是不少的,有水平,但考不过比自己差的同学,到时候比自己差的同学都拿到了重点大学录取通知书,而自己没有,那真叫无地自容。唉——其实我倒觉得无所谓,主要是我爸爸妈妈觉得很丢面子。

咨询师:你先说自己觉得会丢面子,后又说无所谓,是爸爸妈妈会觉得丢面子。(面质)

来访者:应该说我们双方都有这种心理,但他们也许比我更为强烈。他们就是我们学校的老师,领导和同事经常对他们说,"等你们孩子考上重点,别忘记了请客。"虽然他们不说,但我看得出来,他们的压力很大。其他老师的孩子考上重点大学的不少。如果我考试失败了,他们会想,把别人孩子培养成了重点大学学生,自己孩子反而培养不出。多伤心啊。

咨询师:你是说你父母的压力很大。(解述)

来访者:对,我从小他们就教育我要考上重点大学,给爸爸妈妈争口气。我考试好,他们就给我许多奖励,考试失败,他们虽然安慰我,但我知道他们比我还着急。因为,他们的哥哥姐姐的孩子都已经上了重点大学,现在就看我的了。我考不上,他们会在家人面前抬不起头来。他们之间什么都要比,以前比工作待遇,后来比房子车子,现在主要比孩子考大学。他们的孩子已经成功了,就眼巴巴望着我。我考上了,皆大欢喜,考不上,他们肯定会感到自己胜利了。真没劲。

咨询师:看来,问题还与你们家的亲戚有关。(解述)

来访者:还与邻居有关呢,邻居大多是有文化或有钱的人,他们的子女有的上大学,有的留学,都在攀比。尤其在同一个高中里读书的邻居,父母也越来越熟悉了,谈论我们的前途问题。

咨询师:你刚才讲了你父母很希望你考上重点大学,为他们争口气。父母的面子心理与同事、亲戚、邻居之间的攀比心理有关。但你还没有讲,你自己是如何看待高考成败的。(总结,对已经讲的要点进行归纳,同时引导出新的话题,承上启下。)

## 第三节　情感反应技巧

在心理咨询中,情感常常被视为一个重要因素,尤其是人本主义心理学,十分强调对情感体验的觉察和接纳,使来访者产生领悟,从而解决问题。在进行情感反应时,咨询师首先要识别来访者的情感。从自我对话的角度看,咨询师要常问自己:"假如我是他,心里会产生怎样的情绪情感?"情感包括非语言的和语言中的情感,前者通过咨询师观察来访者的动作、姿势、表情和眼神等判断,后者通过来访者的语言判断。咨询师要反映确切的情感,须有丰富的情感词汇(表5.2)。情感反应的功能主要是理解来访者的情绪情感,让其把情绪情感表达出来,并认识到自己的情绪情感,但也有引导谈话方向等功能。

表5.2　不同程度的情感词汇举例

|  | 喜 | 怒 | 哀 | 恐 |
| --- | --- | --- | --- | --- |
| 强 | 兴高采烈 | 怒不可遏 | 沉痛 | 胆战心惊 |
| 中 | 高兴 | 恼火 | 伤心 | 害怕 |
| 弱 | 满意 | 不悦 | 伤感 | 心有余悸 |

咨询中的情感反应技巧有三种。

1. 情感反映(reflection of feeling) *

这是最主要的技巧,指咨询师通过确切的语言把来访者的情绪情感说出来,反馈给来访者,帮助其继续表达,认识自己,接纳自己。下面用情感反映技巧对上面的例句重新进行表述。

**例 17**

来访者:我觉得如果考不上重点大学太没有面子了。

咨询师:你有些担忧,害怕自己考不上。(情感反映,帮助对方认识自己的情绪。)

**例 18**

来访者:我想自己已经快 32 了,加上学历很高,找对象不容易。我朋友介绍一个 35 岁的先生给我,他是我家附近的一个人。我考虑一下,觉得不合适,万一不成功,大家都知道,多没有面子。后来,又有朋友介绍一个 37 岁的先生,他矮矮胖胖的,是个中层干部,见面不久就向我求婚。我想已经这么大了,就答应了。婚后,我意外地遇到了前一位先生,他也已经结婚,我突然发现他才是我要找的人。可是一切都晚了。我恨当初太爱面子,才会错失良机,后悔一辈子。

咨询师:你现在是悔恨交加,为自己难过。(情感反映,帮助对方认识自己的情绪。)

情感反映的焦点不同,谈话发展的方向也会不同。

---

\* 情感反应是与内容反应和意义反应平行的概念,情感反映属于情感反应的一种。

**例 19**

来访者：我既要考虑家庭经济负担，又要考虑个人前途，矛盾得很，想不好。

咨询师1：你对父母感到深深的歉疚。

来访者：是啊，我父母在农村种地，完全靠卖点粮食赚几个钱。为了我读书，他们已经借了好多钱了。我真过意不去。（情感反映的焦点在家庭亲情，谈话的方向指向家庭。）

咨询师2：你对考研很感兴趣。

来访者：是啊，如果这次不考研，这辈子是否还有机会读研就难说了，对前途的影响是很大的。（情感反映的焦点在个人前途，谈话的方向指向个人前途。）

咨询师3：你觉得很烦，一团乱麻。

来访者：是啊，一方面很想毕业找工作，有了经济收入，父母就不要为我发愁了。另一方面，真想继续深造，提高自己的竞争水平。（情感反映的焦点在内心矛盾，谈话的方向指向内心的矛盾。）

情感反映能加深咨询师对来访者的了解和来访者的自我了解。

**例 20**

来访者：其实失恋也没有什么了不起，只是她当着我的面说，她新的男朋友比我强多了，我受不了。

咨询师：你有一种被侮辱的感觉。

来访者：真太过分了，你离开我也就算了，这是你的权力，何必再损我呢？人都是有自尊心的嘛！

咨询师：你感到自尊心被深深地伤害了。

来访者：离开我已经让我自卑了，还要在我伤口上撒一把盐。

咨询师：这件事情把你的心打到了十八层地狱。

来访者：她这样做太绝了，把我最后一点做人的自尊都毁了。（通过情感反映，双方都对来访者的自尊心理有了比较深入的了解。）

**2. 即时反应(immediacy)**

即时反应是咨询师觉察到来访者对自己的情感产生变化时的情感反映，也包括咨询师发现自己对来访者的感情发生变化时的一种自我表达，尤其是产生移情时，咨询师要立即反应，以便及时处理好双方的感情关系。它能促进相互信任的关系，使咨询在正常的感情氛围中进行。

即时反应可以用于反映咨询师对来访者产生积极和消极感情。

**例 21**

来访者：上次来咨询时，担心考不上重点大学，丢面子。今天，高考分数下来了，我已经考上了第一批。

咨询师：听到你的消息，我真为你感到高兴。（即时反应，帮助来访者认识咨询师的积极情绪。)

**例 22**

来访者:(经常打断咨询师的话。)

咨询师:我发现,你今天经常打断我的话,不让我说完,我觉得很不舒服。这与你以前几次咨询时的情况不一样,是否有什么新的情况发生了。(即时反应,帮助来访者认识咨询师的消极情绪。)

即时反应可用来反映来访者对咨询师产生积极或消极感情。

**例 23**

来访者:我听说你是大地震的幸存者,你看着亲人去世,你有过心灵创伤,但已经走出来了。我也是那次地震的幸存者,已经多年了,心情越来越压抑,有好几次想自杀。

咨询师:因为我与你有类似的经历,所以你对我特别信任,相信我能帮助你走出困境。(即时反应,帮助对方认识自己的积极情绪。)

**例 24**

来访者:我想知道你是否也有闹离婚的经历。

咨询师:你是觉得如果我没有这样的经历,就不能帮助你。看来,你对我的工作没有信心。(即时反映,帮助对方认识自己的消极情绪。)

即时反应可用于反映来访者对咨询师产生的移情。

**例 25**

(来访者开始接受咨询时比较自然,大胆地诉说自己的事情,但随着咨询次数的增加,来访者变得拘谨起来。)

来访者:我已经来这里咨询多次了,总是谈论这些烦人的事情,你是否觉得我这个人令人很讨厌。

咨询师:我觉得你越来越有顾虑了,担心我讨厌你。你可能把我当作你的父亲了,因为你父亲一直对你只有批评,没有表扬鼓励。你从小就在他面前战战兢兢,担心他讨厌你。(即时反应,让对方认识自己的移情。)

即时反应可用于反映咨询师对来访者产生的移情。

**例 26**

(来访者是一个中年人,谈到自己讨厌老人。咨询师是个老年人,在家里有被孩子嫌弃的感受。)

咨询师:我听了你的情况,就联想到了自己的孩子有时候也这样对待我,就特别生气,所以讲话就不客气了。我把你从一定程度上当作自己的孩子看了,不知道这样的态度是否会造成不良影响?

来访者:我也觉得奇怪,一向和气的你怎么一下子严厉起来。总觉得你在批评我是个不孝之子。其实,我不是不孝,而是老人有些地方确实使人觉得烦。

咨询师:请讲下去,现在我不会生气了。

3.面质(confrontation)

面质也可用于反映来访者的情绪情感矛盾,这种矛盾有时表现为情绪与姿态所表示的表情不一致,有时表现为前后语言描述的情绪情感不一致。

**例 27**

……

咨询师:你刚才讲了你父母很希望你考上重点大学,为他们争口气。父母的面子心理与同事、亲戚、邻居之间的攀比心理有关。但你还没有讲,你自己是如何看待高考成败的。(总结,对已经讲的要点进行归纳,同时引导出新的话题,承上启下。)

来访者:其实,我是觉得无所谓的,他们死要面子是他们的事,管我什么事。这么多年来,我已经受够了,我不想再为他们考虑了。我觉得自己考不上也无所谓,做个普通工人也可以。

咨询师:看来,你一方面是很孝敬你爸爸妈妈的,在乎他们的面子,但同时对他们有怨恨情绪。(面质技巧,帮助来访者认识自相矛盾的情绪。)

**例 28**

……

咨询师:你现在是悔恨交加,为自己难过。(情感反映)

来访者:开始几天确实难过。但我现在没有事了,因为想想也没有必要,年纪一大把了,已经有了家庭、孩子,还去想这些干吗呢? 再说,即使与他结婚,也不一定日子就很好,有些事情是无法预料的。人家也不一定看得上我。

咨询师:你常常这样劝自己,也觉得不怎么难过了,但从你的表情和语气里看得出,心里还是很不甘心的。(面质技巧,帮助来访者认识言语与非言语中的情绪矛盾。)

# 第四节　意义反应技巧

5.2 意义反应
和问题解决

在心理咨询中,对行为、认知和情感进行单独的反应是不够的,咨询师需常常把它们结合起来,以便获得意义。所谓意义,有两方面的含义,一是指现象背后的本质属性,或来访者的言下之意,弦外之音;二是指来访者的行为、情感和认知以及潜意识4个方面的因果关系。这种技巧就是解释(interpretation)。

**例29**

......

来访者:其实,我是觉得无所谓的,他们死要面子是他们的事,管我什么事。这么多年来,我已经受够了,我不想再为他们考虑了。我觉得自己考不上也无所谓,做个普通工人也可以。

咨询师:看来,你一方面是很孝敬你爸爸妈妈的,在乎他们的面子,但同时对他们有怨恨情绪。(面质)

来访者:我觉得爸爸妈妈不够超脱,比来比去,还拿孩子比。我很反感。

咨询师:你是说你爸爸妈妈有些虚荣心。(解释,说出来访者的言下之意。)

**例30**

......

咨询师:你常常这样劝自己,也觉得不怎么难过了,但从你的表情和语气里看得出,心里还是很不甘心的。(面质,帮助来访者认识言语与非言语中的情绪矛盾。)

来访者:大概是人之常情吧,失去的总是最好的。我现在的丈夫,也过得去,但总是缺少点什么的。我觉得女人是为感情而活的,一辈子没有得到真情,不就白活了吗?

咨询师:你认为自己应该得到一分真情,所以就更加后悔了。(解释,帮助来访者认识因果关系:"认为自己应该得到一分真情"是认知原因,"更加后悔"的情绪是果。)

对因果意义的反应常常可以用一些固定的语言模式。

1. 当情绪情感是结果时,可以用以下语言模式。

(1)你对……感到……(你对自己考不上重点大学感到丢面子。)

(2)你因为……所以感到……(你因为考不上重点大学,所以感到丢面子。)

(3)你感到……是因为……(你感到丢面子,是因为考不上重点大学。)

(4)……使你感到……(考不上重点大学使你感到丢面子。)

(5)当/如果/万一发生……你感到……(当考不上重点大学时,你会感到丢面子。)

(6)即使……你会(即使你考上了第二批,你也会感到丢面子。)

2. 当行为是结果时,可以用以下语言模式。

(1)你这么做是因为……(你不去考试是因为害怕成绩不如别人。)

(2)因为……你才这么做(因为害怕成绩不如别人,所以你不去考试。)

(3)……使你这么做(害怕成绩不如别人使你不敢去考试。)

(4)要不是……你是不会这么做的(要不是害怕成绩不如别人,你是不会不去考试的。)

(5)当/如果/万一发生……你才这么做(当害怕成绩不如别人时,你才不敢去考试。)

(6)即使……你也会这么做(即使有把握,你也会不去参加考试。)

3. 当认知是结果时,可以用以下语言模式。

(1)你这么认为是因为……(你认为出国留学没有意思是因为留在国内读书也不错。)

(2)因为……你才这么认为(因为留在国内读书也不错,所以你认为出国留学没有意思。)

(3)……使你这么认为(留在国内读书也不错使你认为出国留学没有意思。)

(4)要不是……你是不会这么做的(要不是留在国内读书也不错,你是不会认为出国留学没有意思的。)

(5)当/如果/万一发生……你才这么做(当留在国内读书也不错时,你才认为出国留学没有意思。)

(6)即使……你也会这么做(即使你有机会出国,你也认为出国留学没有意思。)

上面的"解释"是就事论事的解释,即停留在来访者叙述的现象上进行的,属于面上价值(face value)的处理方式。有时,咨询师根据来访者的叙述,要进行深度心理学的探讨,分析其深度价值(deep value),这是精神分析法和认知疗法中常用的技术。

如一个来访者因为竞选班干部失败而感到自己一无是处,情绪低落。在这种情况下,"因为竞选班干部失败,所以感到自己一无是处",可能是一个表面现象,真正的原因在于其潜意识中的自卑情结或深层次的认知结构,而这种情结是由童年的不良教育环境引起的。在这样的情况下,咨询师的解释就比较复杂。

一般说来,咨询师主要解释面上价值,因为这是每个人都能理解和接受的,且多数情况下也是有效的。而深度价值的解释,除了与咨询师的水平有关外,还与来访者的领悟能力有关。如果来访者无法领悟的话,就不要使用深度价值的解释。表面价值是非人格化的心理现象,容易改变,深度价值是人格化的心理现象,往往难以在短时间内改变。表面价值的探讨容易做到以来访者为中心,摆脱咨询师的先入之见,而深度价值的探讨容易造成以咨询师为中心的局面,且或多或少存在削足适履的现象。因为,在面对一个具体的人的时候,任何一种理论都不可能完美地解释其问题,咨询师越想用理论去解释,就越想把来访者往既定的理论框架里塞。更重要的是,塞进去以后很可能对问题的解决毫无效果,充其量是给来访者上一次心理学课。

所以,一个有效的咨询师肯定掌握了一些理论知识,但这种知识只是作为一种个人素养存在,当他面对一个活生生的人时,他不会绞尽脑汁用理论的"望远镜和显微镜"去洞察一切,更不会对着一个不懂心理学的人用专业词汇和理论去交谈。咨询师是理论的主人,而不是理论的奴隶。

**例31**

来访者:我很自卑,看到别人谈笑风生就怀疑是否在笑话我,说我的坏话。我明知这是不可能的,但还是要这么想,且越想越伤心。

咨询师1:根据精神分析理论,你这种心理与童年的心理创伤有关,童年的心理创伤导致了你潜意识中的自卑情结,它会使你情不自禁地产生这种情绪……(这种理论化太强的解释一般情况下是不可取的,除非对方已经掌握了这些概念。)

咨询师2:你这种心理存在有多长时间了?(澄清)

来访者:从小就有,具体时间说不上来,但初中开始非常明显。

咨询师2:你小时候是否有一些不愉快的经历?(开放式问题,澄清。)

来访者:我爸爸妈妈经常吵架,爸爸经常喝酒,喝多了就打我和我妈妈,还骂我是杂种……

咨询师2:当你爸爸这样打骂你的时候,你的心里一定很痛苦。(情感反映)

来访者:是的,我真羡慕同学,他们都有一个幸福的家。

咨询师2：童年不幸福的家庭生活可能是造成自卑的主要原因。（解释,这样的解释语言上比较生活化,容易被理解,而咨询师头脑里可以有一个精神分析理论在指导。）

# 第五节　问题解决技巧

心理咨询的目的是为了解决问题,前面讨论的技巧的根本目的是帮助来访者解决问题。一般来说,在咨询开始时主要是了解情况,等到情况了解了,就要考虑如何解决问题。有时,来访者急于解决问题,寻找答案,开始就会问怎么办,咨询师就要先告诉他先把情况讲清楚了再探讨解决方法。问题解决技巧常常有以下一些。

## 一、反问

当来访者觉得已经把问题说清楚时,往往会问:"你说我该怎么办?"这时咨询师可以用反问的技巧,反问来访者以下问题:

1."你自己为了解决这个问题尝试过哪些方法?"

一般说来,来访者来咨询前肯定会自己尝试一些方法去解决问题,不奏效后才会来咨询。因此,了解他们已有的解决经验是非常必要的。咨询师切忌来访者一提问,就立刻提出建议,否则容易出现这样的局面,咨询师提出一个建议,来访者就说我已经试过了,没有用,咨询师再提一个,他又说试过了,没有用……几个回合下来,咨询师会给来访者一种"没有用"的感觉,咨询师也会产生自我挫败感。所以,反问一方面为了了解来访者的情况,另一方面也是为了自我保护。

2."这些方法中哪些是有效的?"

一般情况下,来访者来咨询前所用的方法都是以无效而告终的,但也不乏这样的来访者,他们自己是有"土"办法解决的,只是想看看咨询师有没有"专业水准的方法"。这时,反问就有效了,一旦发现来访者已经有方法,只要这种方法确实有效,咨询师就不必庸人自扰,非表现"高人一筹"不可,承认他的方法就行了。当然,能为他们的"土"办法做个专业的解释,做点科普工作是必要的。如果确实感到有别的更有效的方法,告诉他试试也无妨。

3."你具体是怎么操作这些方法的?"

有时,来访者会从书上或网络上寻找一些心理调整方法,自己学习,但由于操作不到位而无效。这时,咨询师就要花时间纠正他的操作方法,让其回去再继续努力。

**例32**

来访者：我近来睡眠不好,常常到深夜2点左右。医院检查没有什么病,让我来做心理咨询。

咨询师：你自己试过什么方法来改善睡眠?

来访者：数数、喝牛奶、白天多活动、深呼吸等都试过。

咨询师：有没有哪种方法比较好的?

来访者：就是白天去爬山,太累了,晚上就睡着了。

咨询师：那你就用这个方法吧,有空就去参加体育锻炼,疲劳为止。

来访者:还有一个问题,我做放松练习怎么放松不下来?

咨询师:你怎么做的呢?

来访者:我就坐在床上深呼吸 10 下,一点效果都没有。

咨询师:你的方法可能太简单了,现在我马上教你做放松练习……

## 二、回顾

让来访者回顾一下过去,"什么时候这个问题减轻了或者消失了?"如果确实有这样的情况发生,那么再回顾当初的情景,并试图分析原因。一旦找到了原因,有效的方法也许就找到了。反过来,也可以问什么时候问题最严重,其原因是什么。那么,只要按照相反的方向去找,也许能找到解决的方法。

### 例 33

来访者:我孩子不肯吃饭,我奖励、惩罚、骗都没有效果。我也看过心理学书,说把饭准备好以后,就叫他一次。我们试过了,他不吃这一套。我们全家人都感到束手无策。

咨询师:那有没有这样的情况发生,有一次,他自己吃饭吃得很好?

来访者:是有一次,我实在没有办法,刚好站在电话机旁,就拿起来说:"你再不吃,我打电话给你们幼儿园张老师了!"结果他连忙说:"爸爸不要打,我吃。"

咨询师:看来这个方法很有效,那就与张老师沟通一下,让张老师给他说,家里也要好好吃饭。如果你吃好了,爸爸会跟张老师报告,张老师就表扬你。

## 三、假设

咨询师可以通过假设的方法与来访者探讨解决问题的答案。如问来访者:"假如这个问题解决了,你会如何呢?"来访者就会说:"如果问题解决了我会……"这时,咨询师要求来访者在问题没有解决前先把这些行为表现出来,从而促进问题的解决,这是因为人的心理和行为是互为因果的,而不是单向的线性关系。来访者往往把问题看作因,把自己的反应看作果,且抓住不放。心理咨询师要通过假设把这一关系颠倒过来处理,把来访者的反应看作因,把问题看作果,问题就会迎刃而解。

### 例 34

来访者:与同寝室同学关系不太融洽,虽然没有撕破脸皮,但心里不愉快。不知道如何改善。

咨询师:如果你们关系好的话,你会怎么做呢?

来访者:我会主动打开水、扫地啊。

咨询师:那你从现在开始,主动打开水、扫地。

## 四、建议

心理咨询一般不主张提建议（suggestion），其理论依据是：①心理咨询的目的是让来访者发展独立探讨和解决自己问题的能力，提建议容易使来访者产生依赖心理，不利于潜力的发挥；②来访者有权利和责任做自我探索，并对自己的问题负责，提建议不利于来访者权利意识和责任意识的培养；③咨询师不可能对任何问题提供有效的方法，应当承认自己作为专家的局限性；④有效的方法掌握在来访者手里，即使咨询师提供了方法，也必须由来访者去做才会见效。

因此，提建议要考虑是否对来访者的成长发展造成消极的影响。一旦提了建议，要了解来访者会如何去做，可能会产生怎样的结果，如何预防不良结果的产生等。例如，对于有恐高症的人建议用系统脱敏法，就要问清楚，到哪里去做，是否有掉下来的危险等。

**例35**

来访者：我们学校有个同学患了白血病，班干部在组织募捐。我想去募捐，因为很同情，也考虑大家都在捐，我不捐，人家要说闲话。但自己家庭经济情况也不好，父母都早就下岗了。你说我是否应该去募捐？

咨询师：是否去应该由你自己决定，不过我可以先与你讨论一下你的具体情况和想法。然后建议你与父母再商量一下，看看他们的态度如何。

## 五、鼓励

鼓励（encourage）就是鼓励来访者去从事某种活动。一般说来，对于咨—访双方通过商议决定的行动方案，咨询师要积极鼓励来访者实施，以便取得良好的咨询效果。如对于参加社交训练的学生，咨询师要鼓励他们在日常生活中积极完成社交任务，如打招呼、主动聊天、请教问题等。但对于咨询方案以外的活动，咨询师原则上不鼓励。其理论依据与不建议的理论依据类似，因为心理咨询的目的是让来访者自觉地去从事有意义的活动，而不是依赖外在的鼓励。所以，当来访者询问："我是否应该去……"咨询师在回答时要注意鼓励的原则，一般说来，咨询师要表示："这件事由你自己决定，无论你做何选择，我都尊重你。"有时，来访者自己已经决定了，只是想得到咨询师的鼓励和支持，这时要用"即时反应"，如下面的例子所示。

**例36**

来访者：我打算跨专业考研究生，因为我对那个专业确实非常感兴趣，并且毕业后工作好找，待遇也不错。可是竞争激烈，要与那些科班出生的竞争实在没有把握。不过，我还是想拼一下。

咨询师：看来你基本上已经确定跨专业考研，只是专业之间的差距，使你有些顾虑。你想通过咨询得到我的鼓励和支持，然后下决定去考。

来访者：是的，如果周围有人支持的话，我就下定决心了。

咨询师:你希望得到周围人的支持,说明有一定的依赖性。能不能先把考研的问题放一放,先谈谈你的性格问题。

……

咨询师:刚才探讨了你的性格问题,你的依赖性还是比较强的。这次考研是你第一次自己做人生的选择,你认识到了是一个成长机会。所以,我只能鼓励和支持你独立做决定,而不能鼓励和支持你是否跨专业考研。

## 六、自我开放

自我开放(self-disclosure)就是咨询师把自己的类似经历讲给来访者听,希望来访者能抓住关键问题,从中得到鼓励和启迪,从而促进其成长发展。自我开放的理论依据是模仿学习,即咨询师是来访者的榜样,来访者会从咨询师身上看到希望,从而进行模仿学习。但自我开发要掌握好分寸,首先必须是为来访者开发自己,对来访者有利;否则就容易角色倒置,咨询师变成倾诉者。其次,要根据双方的关系来决定是否自我开放及开放的程度,一般说来,双方的关系越密切,自我开放就显得越自然,开放的程度也可以比较深。

**例 37**

……

来访者:我在班里是属于前 12 名左右的学生,快班就取了 12 个学生去,没有我。我很难过,觉得自己被判刑了一样,成了二等品。对我打击太大了。

咨询师:我以前读中学时也有类似的经历,初二就开始分班。一开始我的名字在快班里,但临时又把我换下来了,班主任说是搞错了。我心里别说多难过,本来觉得自己很不错的,这下变成二类。

来访者:对,就是这样,心里很难过。

咨询师:我有一个星期情绪不好,影响学习。后来,在爸爸妈妈的鼓励下,我憋着一股劲,比以前更努力。中考上了重点。不知道我的经历对你是否有启发?

来访者:我爸爸妈妈也是这么说的,我自己也希望能像你这样。

## 七、提供信息

有时候,来访者需要某种信息来解决问题,尤其是生涯咨询,信息提供(information giving)是非常重要的一环。这时,咨询师可以直接提供,或者让当事人去某些地方获得信息。例如在高考填写志愿时,需要一些高校招生方面的信息,维权方面涉及法律问题,身体疾病涉及医学问题,咨询师一般不可能样样都知道,推荐来访者到合适的地方去获得信息比较妥当。有时候,来访者的问题本身是由于缺乏某种知识引起的,咨询师可以直接传授知识或者请来访者到有关机构或人员那里获取。

**例38**

来访者:我上个月发高烧挂了盐水,最近觉得自己乏力。做了肝功能等检查没有问题,我看了关于艾滋病的报道,有些症状很像,所以我就怀疑自己是否得了艾滋病。

咨询师:艾滋病病毒离开人体是马上会死亡的,它只能通过血液、母婴感染、性等途径传播,不会通过握手、共用电话机等途径传播。目前用的针头都是一次性的,绝对保证不会有艾滋病病毒。我们咨询中心有些预防艾滋病的资料,你可以拿去看看。(提供信息,咨询师直接提供和通过资料间接提供关于艾滋病的信息。)

## 附 录

### 咨询行为和技巧评价量表

1—很差　2—较差　3——一般　4—较好　5—很好

1. 反应的运用能创造一种接纳来访者的气氛。　　　　　　　　　　　　（　　）
2. 非语言关注技巧的运用能促进咨—访互动。　　　　　　　　　　　　（　　）
3. 能传递积极关怀的情感。　　　　　　　　　　　　　　　　　　　　（　　）
4. 表现出个人感受与交流的一致。　　　　　　　　　　　　　　　　　（　　）
5. 表现出对来访者有同感性理解。　　　　　　　　　　　　　　　　　（　　）
6. 在咨询时能保留自己的价值观念。　　　　　　　　　　　　　　　　（　　）
7. 表现出有评价来访者的能力。　　　　　　　　　　　　　　　　　　（　　）
8. 能组织安排咨询,使来访者理解咨询中的角色、目标和评估过程。　　（　　）
9. 能通过使用情感反映和复述等技巧使来访者产生领悟。　　　　　　　（　　）

## 思考题

1. 分析你自己日常谈话中的特点,哪些有利于咨询技巧的学习,哪些不利于咨询技巧的学习,如何扬长避短?

2. 当你有烦恼想找别人倾诉时,你最希望别人怎么反应? 这种反应与咨询技巧有什么异同?

3. 回忆一下,是否有人向你倾诉过烦恼,你当初的反应如何? 你的反应是否符合咨询技巧?

## 小组活动

1. 每位同学找一个搭档,老师每讲解一个技巧,同学进行练习:一位讲问题,一位用所学技巧进行反应,然后互换角色。问题可以是同一个也可以不同。复杂的问题可以分开讲,其至一句一句讲,讲完第一部分或第一句,搭档反应,然后互换角色。等练习第二种技巧时再讲第二部分或第二句。

2.小组同学围成一圈坐好,一位同学讲一个自己的问题,每位同学按照顺时针方向轮流用一个咨询技巧反应,不能重复他人已经使用的技巧,如第一位同学用"复述",第二位同学不能再用"复述",但可以用"情感反映"。结束后,大家分析所用技巧的合理性。然后按顺时针方向轮流,第二位同学讲问题,依此类推。

第六章　**精神分析**

6.1 弗洛伊德与
精神分析

## 学习要点

了解精神分析的产生背景,掌握三个决定论,理解精神分析对心理障碍的解释和解决方法,了解认识领悟疗法。

精神分析(psychoanalysis)是现代心理学的主要理论之一,由奥地利心理学家弗洛伊德(Freud)始创。由于它强调潜意识对人类心理和行为的动力作用,故也称"心理动力学"(psychodynamics)或"深度心理学"(depth psychology)。精神分析理论的产生使人类的自我认识有了巨大的变化,其思想被广泛应用到文史哲、教育、社会学等人文社科领域,其影响之大非其他心理学说可比,以致有人这样认为,20世纪人类科学有两大突破,阿波罗登月计划的成功标志着人类在认识外部世界上有了重大突破,弗洛伊德的精神分析意味着人类对内部世界的认识有了重大突破。精神分析理论对心理咨询的贡献是不可磨灭的。

弗洛伊德(Freud S,1856—1939)
和他的姐姐

# 第一节　精神分析的产生

## 一、精神分析产生的社会背景

任何一种思想的产生总有其社会历史背景。弗洛伊德生活的时代是一个充满战争的时代,他 3 岁时,意大利和法国对奥地利的战争爆发,弗洛伊德的父亲和两个伯伯都面临服兵役的灾难。为了逃避兵役,他们逃往德意志的萨克森。他 8 岁时,普鲁士和奥地利结盟对丹麦作战,次年丹麦战败。他 10 岁时,普鲁士翻脸对奥地利开战,奥地利战败。他 14 岁时,普鲁士又对法国作战,打败法国,俘虏了拿破仑。这些战争并没有引起弗洛伊德多少痛苦和悲哀,相反,他对战争兴趣盎然,希望长大成为一名驰骋疆场、八面威风的将军,拿破仑是他崇拜的偶像。

但成年后,尤其是 23 岁时的 1 年兵役,刺激了他对人性特有的敏感,使他的兴趣由当兵打仗变成思考人为什么会如此前赴后继地以战争的名义疯狂残杀。后来的美西战争(1898年)、日俄战争(1904 和 1905 年),以及第一次世界大战(1914 年至 1918 年),进一步刺激了他对战争的人性基础的思考,使他得出了人有死亡本能的结论。

弗洛伊德生活的时代的另一个文化特征是"谈性色变"。性在当时是一个禁止谈论的话题,性知识的普及无从谈起,自然也没有人研究性心理与心理疾病之间的关系。因此,性心理冲突常常会受到严重的压抑并转换成其他形式表现出来。弗洛伊德的导师沙可(Sharcot)依据临床观察断言:某些精神疾病有其性的基础,因为这些来访者总是涉及与生殖器有关的问题。弗洛伊德很受启发,并进行了大胆的探索,有了重大的发现,同时其理论也带上了浓重的泛性论主义色彩。

## 二、精神分析产生的思想背景

弗洛伊德思想最具时代烙印的恐怕不是对人类凶残本性和性变态的探微,而是其对进化论和机械唯物论思想的认可。

进化论对弗洛伊德的影响主要有两个方面,一是达尔文探索人类本质的勇气和谨慎,二是进化论本身。达尔文根据有限的物种资料,用大胆的想象把它们联系起来,提出了一个前无古人的假设,同时十分谨慎地进行论证,在其《物种的起源》中只用"可能"来表达其推理,不用肯定的语气,因为进化链中缺环(broken links)太多,证据不足。这种科学精神对弗洛伊德有一定的影响,使弗洛伊德在进行大胆假设的同时,十分注重通过各种临床现象进行观察验证,试图把自己的思想建立在证据的基础上,与自然科学取得同等的地位。也许进化论本身对弗洛伊德思想的影响更大。众所周知,人的进化意味着人具有动物性的本能,这种本能对人的心理发展具有很大的影响。在这种思想的指导下,弗洛伊德探讨了性本能对个体心理发展的影响,提出了一些很有价值的观点。不仅如此,弗洛伊德还试图用其"恋母情结"等概念来解释人类的进化和文明的产生,并称自己为继哥白尼和达尔文之后第三个打击人类自恋心理的人,可见其对进化论的认同。

19世纪自然科学的发展使机械唯物论思想被人们广泛接受,因果决定论成了科学家的灵魂。弗洛伊德自然也不例外,其整个理论体系充满唯物论和决定论思想,具体表现为潜意识决定论、性欲决定论和早期经验决定论。弗洛伊德完全把人的精神现象视为一种自然界生物进化的产物,与基督教教义相悖。他还应用物理学中的能量守衡和转换定律来分析人类的心理活动,认为人格是一个能量系统,能量在系统内部不同成分(本我、自我、超我)之间的转移构成了人格发展的过程。人格的成熟也就是这种转移方式的日趋稳定,使不同成分之间的关系变得协调统一。

此外,弗洛伊德的思想受到布伦塔诺、莱布尼兹、赫尔巴特、叔本华和尼采的影响。弗洛伊德曾经听过布伦塔诺的课,对他的意动心理学比较了解,对他的动力观有一定影响。莱布尼兹提出了无意识和意识的等差观念,赫尔巴特认为人有一个意识阈,意识阈以下的观念是无意识的,这直接影响了弗洛伊德的潜意识观。无意识在叔本华的哲学里也占重要地位,这个概念通过尼采对弗洛伊德产生了影响。弗洛伊德在谈到对无意识认识时曾经这样说:"精神分析并不是首先迈出这一步的。要指出我们的前辈,可以指出一些著名的哲学家,尤其要首推伟大的思想家叔本华,他的无意识'意志'相当于精神分析中的精神欲望。"①

### 三、弗洛伊德的家庭生活背景

弗洛伊德的父亲雅可布·弗洛伊德(Jacob Freud)是个小商人,结婚三次,与最后的妻子阿美丽·娜丹森(Amalia Nathansohn)生下弗洛伊德。弗洛伊德的父亲是个心地善良、助人为乐的犹太人,在弗洛伊德眼里是个乐天派,为人诚实、单纯。这一性格对弗洛伊德有很大影响,弗洛伊德的女儿安娜·弗洛伊德(Anna Freud)在回答弗洛伊德传记作家钟斯(Jones)关于弗洛伊德性格的问题时,毫不犹豫地回答说他最大的性格特征就是"单纯"。弗洛伊德的单纯性格在很大程度上决定了其经典科学家的思维方式,即把复杂的现象还原为简单的基本元素。牛顿、爱因斯坦、麦克斯威尔等都是这种思维的代表。所以弗洛伊德的心理学理论的基本框架十分简单:意识、前意识、潜意识3个层次和本我、自我、超我3种成分。

弗洛伊德的妈妈是个美丽开朗的人,与弗洛伊德关系很好。弗洛伊德自己承认母亲的爱使他自信和乐观。也正是对母亲的感情的反省,使他认识到了男性潜意识中的"恋母情结"。

弗洛伊德从小就是个有理想抱负的人,他小时候崇拜汉拔尼和拿破仑,因为他们打败了压迫犹太人的罗马帝国和天主教会。即使到晚年,他还把自己比拟为摩西,上帝把潜意识的秘密告诉了他,他告诉世人,这说明他有很高的人生目标。弗洛伊德智慧过人,兴趣广泛,在学校一直是个德才兼备的优秀学生,17岁进入维也纳大学医学院学习。在学习期间,他就通过研究得出了从低等动物到高等动物的神经系统是一个连续性发育过程的结论,论文发表在《生理学学报》上。1881年,他25岁,以优异成绩获得医学博士学位。1882年他在维也纳综合医院工作,继续研究脑解剖学和病理学。1885到巴黎师从沙可,开展对癔症的研究。沙可的主要观点对弗洛伊德有很大的影响。首先,沙可认为精神病症状大半是功能性的,而不是器质性的;其次,沙可断言,某些来访者的障碍都有其性的基础,因为在这种病例中,总

---

① 高觉敷.西方心理学史.北京:人民教育出版社,1982:370.

是涉及生殖器方面的问题。这对弗洛伊德有很大启发。另一个影响者是让内(Janet),让内是沙可的继承者,他认为精神是一个系统,当协调时就正常,当分裂且不协调时就不正常。如走路观念被分裂后,并不与其他观念协调时,就会出现梦游。这对弗洛伊德关于心理系统中各成分之间关系的分析有很大的影响。1893 年,弗洛伊德回国,与布洛伊尔(Breuer)合作发表《癔症研究》(*Studies on Hysteria*),认为神经症是自我和原欲冲突的结果。

6.2 安娜案例

　　1896 年 3 月,弗洛伊德首次提出了精神分析的概念,4 年后,《释梦》(*The Interpretation of Dreams*)出版,精神分析学宣告问世。

# 第二节　精神分析理论

　　在精神分析学的基本理论中,与心理咨询和心理治疗有关的部分主要有:潜意识决定论、早期经验决定论和性欲决定论。

6.3 心理层次

## 一、潜意识决定论

　　弗洛伊德把人的心理世界划分为三个基本层次。

　　(1)潜意识(unconsciousness),也译作无意识,其内容主要是原始本能及与本能有关的欲望,即"力必多"(libido)或性欲。它们往往为道德、法律所不容而受压抑。但它们并不是安分守己地呆在那儿的,而是积极活动着寻找机会,追求满足。

　　(2)前意识 (preconsciousness),介于潜意识与意识之间,其内容是指可召回到意识中去的,是可回忆起来的经验。

　　(3)意识(consciousness),是心理的表面部分,是直接感知到的稍纵即逝的心理现象。弗洛伊德认为,潜意识是行为最强大的动力,意识在决定人的行为中并不重要。他曾作过这么一个比喻:意识好比冰山露在海洋面上的小小山尖,而潜意识则是沉在海洋面下边看不见的那巨大的部分。

　　潜意识的最大特征是其思维的"原始性"和"幼稚性",表现为:①"非逻辑"(illogic)思维,只要两种现象之间有相似之处,或者有点关系,就可以把它们画等号,视为同一物,或者完全相关;②意念与真实的混淆,在潜意识中,虚幻的意念与现实中的真实具有同样的心理价值。

例 1

　　意识的逻辑:我们的语文老师 50 出头,我的父亲也 50 出头,但语文老师是语文老师,父亲是父亲,他们不是同一个人。

　　潜意识的非逻辑:我们的语文老师 50 出头,我的父亲也 50 出头,语文老师就是我父亲。

例 2

　　意识的逻辑:我以前的女友漂亮,我恨她,其他女孩也很漂亮,但不是我以前的女友,我不恨她们。

潜意识的非逻辑：我以前的女友漂亮，我恨她，其他女孩也很漂亮，漂亮的女孩是我以前的女友，我恨她们。

**例3**

意识中的意念与真实：我昨天钓上一条大鱼，可把我高兴坏了。（真实的鱼令人高兴。）

潜意识中的意念与真实：我做梦时钓上一条大鱼，可把我高兴坏了。（梦中的鱼是虚幻的意念，但其心理价值与真实的鱼一样——使人高兴。）

**例4**

意识中的意念与真实：我爬到塔顶向外一看，这么高，吓死我了。（真实的高令人害怕。）

潜意识中的意念与真实：我梦到自己从塔上掉下来，我惊恐万状，结果醒了，还心有余悸。（梦中掉下来是虚幻的意念，其心理价值与真的一样——令人害怕。）

潜意识对行为的作用可用典型的催眠案例来说明。

**例5**

催眠师对处于催眠状态的人说：你醒来后把窗户打开。催眠师引导对方醒来，对方就去把窗户打开了。催眠师问他：你为什么要把窗户打开。他回答说：因为房间里空气不好，透透气。

显然，真正的原因是他执行了催眠师的命令，但他却回答是因为想透气，这说明他并没有意识到真正的原因。这种没有意识到的原因必然存在于一个不能意识到的心理领域，这就是潜意识。

那么，潜意识是怎样控制或影响人的心理和行为的呢？

为了说明这一问题，需要了解弗洛伊德的人格结构理论。他把人格结构分为三个部分。

(1)本我(id)，又译作伊特、伊底、它我、原我。本我是人格中最原始、最模糊和最不易把握的部分，是由一切与生俱来的本能冲动所组成的。弗洛伊德视本我为贮藏心理能量的场所，它混沌弥漫，仿佛是一口沸腾的大锅。这些本能和欲望强烈地冲动着，不懂得逻辑、道德和价值观念。它按"快乐原则"行事，寻求无条件的、即刻的满足。婴儿的人格就停留在这一层次。

6.4 人格结构

由于本我不能直接同外界接触，所以总是在急切地寻找着自己的出路，而其唯一的出路是通过自我。

(2)自我(ego)。自我是现实化了的本能，是在现实的反复教训之下，从本我中分化出来的一部分。它经过现实的陶冶变得渐识时务、富有理性。它不再受"快乐原则"的支配去盲目地追求满足，而是在现实原则指导下力争既免遭惩罚，又获得满足。它对外正确认识和适应现实环境，对内调节和满足本我之欲望。它在同外界环境的相互作用中不断成长、发展。

(3)超我(superego)，也称理想自我，是从自我中发展起来的一部分，是道德化了的自我。超我是人格最后形成的而且也是最文明的一部分，是一切道德准则的代表，按"良心原则"行动。

超我是外在权威(社会中的道德要求和行为准则)内化的结果。这种外在权威最初由双亲(尤其是父亲)扮演,故超我主要是父母权威的内化,它执行早年父母所行使的职权。父母施行惩罚的职权,变成了超我中的"良心",施行奖励的职权,则变成超我中的"理想自我"。理想自我确定道德行为的准则。"良心"则负责对违反道德标准的行为进行惩罚。

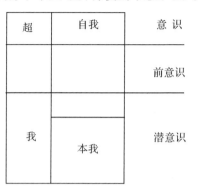

　　本我、自我、超我与意识、前意识、潜意识的关系如图 6.1 所示。

　　本我完全是潜意识的,是非理性的;自我与超我有一部分是潜意识的,一部分是前意识的,一部分是意识的,意识中的自我和超我具有很强的理性,但它们在潜意识中也是非理性的。

图 6.1　人格的三个部分
和心理的三个层次

　　在催眠状态下,非理性的自我接受了催眠师的指令:醒来后把窗户打开。他醒来后真正在行动的是潜意识中的自我。意识中的自我只是观察到了这一行动,并为这一行动做了符合客观环境要求的解释。所以,打开窗户的行为本质上是受制于潜意识的非理性活动。

　　正因为潜意识的自我也是非理性的,所以梦中钓上来的"鱼"在自我看来是"真实的",值得庆贺的。

　　本我、自我和超我的关系可以比作马、骑马人和道路。马代表本我,它提供活动的原动力;道路代表超我,它规定活动准则,越轨要受到惩罚;骑马人代表自我,他要驾驭马沿既定的道路奔跑。

　　这三个部分始终处于对立统一的矛盾运动中,它们保持着一种动态的平衡。其中自我既要受到超我的监督,又要遭受本我的冲击,并要经受现实环境的制约;它常三面受敌,负荷很大,从而产生焦虑。为了摆脱焦虑,自我会采用一定的方式协调各方面的关系,使超我能够接受,而本我又能满足,同时又能适应现实环境。如图 6.2 所示,这种行为方式就是心理防御机制(defense mechanism),主要有以下几方面表现。

　　(1)压抑(repression),指一些为社会道德所不容的、不被意识接受的、超我所不允许的冲动和欲望,在不知不觉中被抑制到无意识之中,使人自己不能意识到其存在。这是最基本的心理防御机制。例如,有的学生在考试前常会生病(如感冒发烧),这种病的原因并不来自外部,而是来自潜意识中逃避考试的欲望,因为生病可以请假缺考,又可免受批评,还可博取他人的同情。而这种动机,学生并未意识到。

　　(2)压制(suppression),指一个人的欲望、冲动或本能无法满足时,有意识(或半潜意识)地压住、控制、想办法延期满足。例如,青年人看到中意的异性会产生莫明其妙的冲动、想入非非,但理智和修养会使他克制自己,或通过合理的途径追求。它与压抑的区别在于,压抑是潜意识中进行的,人不知道被压抑的动机;而压制是有意识的,人自知被克制的欲望。

　　(3)投射(projection),指把不被超我接受的动机、意念、情绪等归于他人,断言他人有此动机、愿望。例如,关系紧张的同学,彼此常会把敌意归咎于对方,认为"我对他确实不错,是

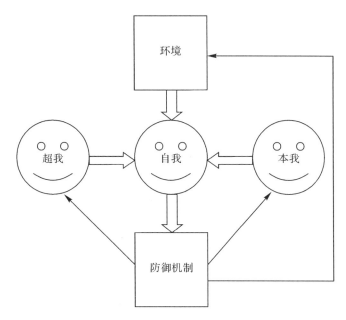

图 6.2　心理防御机制

他对我不怀好意"。

（4）内投（introjection），指把外界的东西吸收到自己的内心里，变成自己人格的一部分。它与投射相反，投射好比放电影，内投好比照相。"近朱者赤，近墨者黑"便是内投作用。所以有的学生交结了社会上的不良朋友会不知不觉地堕落。内投的目的是使个体与环境一致，以免遭环境的攻击。内投往往是毫无选择地吸收外界事物，它既吸收自己爱慕的事物，也吸收自己反感甚至害怕的事物。

6.5 防御机制

（5）升华（sublimation），指把不为社会、超我接受的受压抑的欲望、冲动转化为有建设性的活动能量。例如，体育竞赛、辩论赛、演讲赛能把青年大学生的进攻性转化为奋力拼搏的精神。

（6）置换（displacement），指因某事物引起的强烈情绪和冲动不能直接发泄到这个对象上去，就转向发泄到另外的对象上去，即找"替罪羊"。例如，有的人看到中国足球队输给其他队时，满肚子的委曲、恼火情绪不能向足球队发泄，就拿酒瓶出气，狠狠地砸一通。

（7）抵消（undoing）。以从事某种象征性的活动来抵消、抵制一个人的真实感情。例如，有的学生考试不理想就背后骂教师，以抵消做不出题目引起的不愉快。

（8）反向形成（reaction formation），指把潜意识中不能被接受的欲望和冲动转化为意识之中的相反行为。例如，有的学生对某位异性同学有好感，但却在他或她面前表现得若无其事、非常冷漠。

（9）补偿（compensation），指一个真正的或幻想的躯体或心理缺陷可通过补偿而得到超乎寻常的纠正；或一方面的缺陷通过发展其他方面的优势而得到心理上的安慰。例如，体质虚弱的学生通过顽强的锻炼而成为运动健将，或身有残疾的学生在学习上狠下苦功，成为学习上的尖子。

（10）幽默（humor），指用一种带有诙谐的幽默方式对付困境，既保护自尊，又不伤和气。

例如,当同学无意中数落矮个子时,矮个子学生风趣地说一声"矮有矮福",便可一笑了之。

(11)自居(identification),指模仿或取他人(一般是自己敬爱和尊崇的人)之长归为己有,当作自己的优点,从而排解焦虑。例如,有的学生各方面平平,但其父亲是名人或干部,他便常会在人前夸耀其父,以抬高自己。

(12)合理化(rationalization),又称文饰作用,指用一种通过似乎有理的解释或实际上站不住脚的理由来为其难以接受的情感、行为或动机辩护,以使其可接受。它有两种表现:一是酸葡萄心理,即把得不到的东西说成是不好的。例如,有学生评不上三好生,就说三好生没意思。二是甜柠檬心理,即把已经接受了的不好的东西说成是好的。例如,有的学生成绩差就推崇"60分万岁"。这两者均是掩盖其错误或失败,以保持内心的安宁。

(13)歪曲(distortion),指把外界事实加以曲解变化,以符合内心的需要。例如,有的人写了文章几次投稿不成,明明是水平低,但却不承认,坚持认为自己的文章是高质量的,是编辑不识货,因而继续无效地投寄。

(14)否认(denial),指拒绝承认那些使人感到焦虑痛苦的事件,似乎从未发生过一样。例如,有的学生从不承认己不如人的事实,坚持认为他人不如自己。

(15)退行(regression),指当遇到挫折和应激时,心理活动退回到早期水平,以原始、幼稚的方式应付当前的情景。例如,有学生考试或竞赛失败后,便卧床不起,不思茶饭。这时,其潜意识便退回到了婴幼儿时期,因为那时对自己的行为结果不用负任何责任。学生败北卧床是一种婴幼儿行为,目的是逃避现实,解除痛苦。

(16)幻想(fantasy),指一个人遇到现实困难时,因无法解决而借助于幻想使自己脱离现实。在幻想中任意解决心理上的困难,以得到内心之满足。这种现象也可称为"白日梦"。例如,有的女学生因为没有追求者而自卑,她可能会想象有一天碰到了一位英俊潇洒的"白马王子",他爱上了她。这是"灰姑娘"式的幻想。又如,有的男生才貌均在人下,便常常独自幻想将来有一天成为知名人士,追求的女孩子络绎不绝。这种幻想的思维方式是违背"现实原则"的,是原始和幼稚的,所以在一定程度上也是一种退行。

(17)固着(fixation),指心理发展未达到应有成熟程度,依然停留在以前的某一心理发展阶段。例如,有的大学生仍对父母具有强烈的依赖性,挂蚊帐、洗衣服、削苹果、梳头发都离不开母亲,没有青年人应有的独立性,从而不能很好地适应大学集体生活。

(18)隔离(isolation),指把事实中的一部分从意识领域分离出去或把它遮掩起来,不让自己意识到,以免引起不快。通常被隔离的是与事实有关的感觉部分。例如,学生常用"去WC"来替代说"上厕所",就是为了掩盖由厕所直接联想到肮脏而产生的不愉快感。又如,人们常用"我爸爸不在了"代替直接说"我爸爸死了",目的也是为了避免词语"死了"引起的不愉快,有时甚至用"去见马克思了""谢世""升天"等愉快的情绪来掩饰和取代亲人死亡时的忧伤。

防御机制有以下几个特征:

(1)防御机制是潜意识中形成并发挥作用的,尽管有时也会有意识地使用,但真正的防御机制是潜意识的。

(2)防御机制的目的是通过自我美化而保护自尊心。

(3)防御机制带有自我欺骗、逃避现实的性质。

(4)防御机制本身不是病理的,它在一定范围内是维持心理健康所必需的,但超出了一定的范围便会引起心理病态。

(5)防御机制可以单独表现,也可以重叠地表现。例如,有的学生失恋后说:"我不喜欢她,"同时又说:"天涯何处无芳草",但却又卧床不起,就是反向形成、合理化、退行的同时表现。

防御机制的具体作用有以下几个方面:

(1)在生活危机发生时,可以把情绪控制在可承受的限度内,降低对自我的打击。

(2)当本能冲突突然增强时,可推迟或疏导,以恢复平静。

(3)帮助当事人争取时间,以适应自我形象的变化,如社会地位的突然改变,事故后外表的改变。

(4)处理一些与人、与事、与生、与死的矛盾。

(5)在与良心发生冲突时,为自我开脱责任,如在战争中杀敌,把父母送进老人院等。

## 二、早期经验决定论和性欲决定论

6.6 心理发展
阶段

弗洛伊德的心理发展理论基于两个前提:第一,成人的人格是由各种幼年经验所形成的;第二,人天生具有"力必多",即性欲,这种性欲经由一系列的性心理发展阶段而渐次演进。弗洛伊德把人的性心理发展从婴儿期到青春期区分为五个阶段,各阶段的性欲对象是不同的。每一阶段的性活动都可影响人的人格特征,甚至成为日后发生心理疾病的根源。

(1)口腔期(oral stage,0～1岁)。此期婴儿的主要活动为口腔活动,快感来源为唇、口、吸吮、吃、吸手指,长牙后快感来自咬牙、咬东西,成人的口部行为(饮食、吸烟、接吻、喝酒等)是婴儿口腔活动的延续。断乳象征着口腔期的结束。这一时期给予婴儿口部刺激过多或不足,均可能导致日后的口腔被动人格(oral-passive personality),其特征为乐观、信任、依赖、被动、幼稚及易于受骗。婴儿长牙后如口欲得不到及时满足,则可能导致口腔侵犯人格(oral-aggressive personality),表现为悲观、好辩、喜讽刺、不信任、常利用及支配他人。

(2)肛门期(anal stage,2～3岁)。此期幼儿要接受大小便训练,其性欲的焦点由口腔移至肛门,快感来自肛门活动,即控制肛部肌肉,忍受和排便。这一时期对人格的发展具有特殊的影响,因为幼儿通过大小便训练而开始学习自我控制,是往后自我控制能力和自我管理能力的基础。两种不正确的训练方式会对人格发展产生不良影响。一是严厉与阻抑的方式,可能使幼儿遏止其粪便而致便秘。这种遏止行动如属过分而漫延至其他行为,则将造成肛门紧持人格(anal-retentive personality),其特征为固执、吝啬、有条理、守时、极端整洁或极端脏乱。二是要求幼儿定时大小便的方式,可能导致肛门侵犯人格(anal-aggressive personality),表现为残酷、破坏、紊乱、敌意、占有欲强等。

(3)性器期(phallic stage,4～5岁)。此期儿童对自身的性器官发生兴趣,检视与玩弄性器成了快乐的来源。他们能分辨两性,并对异性双亲产生爱恋而对同性双亲产生嫉妒,由此导致男性的"恋母弑父"情结(oedipus complex)和女性的"恋父弑母"情结(electra complex)。这些情结都存在于潜意识之中而不自知。为了解决这种情结所引起的冲突,男孩乃与父亲认同,女孩遂与母亲认同,这样既可避免与同性亲长居于敌对地位,又可与异性亲长在潜意识中处于相恋地位。

该时期的恋母情结如不能安然解决,则男性易养成急躁、自负、浮夸、好胜、有雄心、喜表现男性气慨等人格特征。如恋父问题过于严重,则女性将易流于轻浮、风骚、乱交。本阶段发展不良还可能导致男子性无能及女子性冷漠。

(4)潜隐期(latency period,6~12岁)。该时期儿童性欲受压抑,没有明显的性活动(但非全无),性欲被升华为非性的活动,如学业、体育、交友等,快感主要来自对外部世界的兴趣。

(5)性欲期(genital stage,13~18岁)。随着青春期的到来,性与侵犯本能复苏,性欲期也就开始了。此期性器官成熟,性冲动强烈,对异性之兴趣浓厚。但在异性恋之前有一同性恋期,其目的是为了消除爱恋异性引起的焦虑。本期的人格发展趋于成熟。一方面异性恋能消除性焦虑,另一方面在关心他人或社会中使个人的内心冲突得以减除。幼年时的被动、依赖、任性与自私在此时逐渐为主动、独立、自制和利他行为所取代。但如发展不良,则会出现固着与退行现象。例如,9岁的儿童有吸吮指头的习惯,是口腔固着现象;成人同性恋可能是青春早期的退行行为(由青春早期没有处理好与异性的关系造成)。固着与退行有一定的因果关系,某一时期的问题越没有解决好,固着程度越高,退行的可能性也越大。

### 三、心理障碍的本质

弗洛伊德主要研究神经症。他把神经症分为两类,一类是现实性神经症(actual neurosis),包括神经衰弱、焦虑性神经症和抑郁症;另一类是精神神经症(psychoneurosis),包括歇斯底里、强迫症和恐怖症。这两类神经症都与性本能有关,但其发生机制有所不同。现实性神经症是由于性生活不如意导致性欲不满足引起的,他当初假设性欲没有充分满足会产生一种毒素,引发这些神经症。但是,迄今尚未证明有这种毒素。

精神性神经症则是由另一种心理过程产生的。性本能得不到满足,必然要受到压抑。其中,有的压抑是成功的,不会出现心理病态,而有的压抑则失败了,性本能通过变相的方式表达出来,导致心理病态。

具体地说,心理障碍是由过分防御引起的。因为防御机制在协调本我、超我和环境之间的矛盾时,其所用的手段是象征性的满足,即用一种"假象"或"替代品"去满足本我和超我的要求,本质上属于"脱离现实的"。矛盾越激烈,所需要的"象征性"也就越强,一旦超过某个限度,自我就会"上瘾"而不能自拔,完全被潜意识所控制。这时,心理障碍也就出现了。如图6.3所示,当自我能用适度的"象征"满足本我和超我时,三个成分皆大欢喜,不会有异常心理和行为,没有心理障碍。当自我无法用适度的防御满足本我和超我时,过度的象征就可能出现,自我只能用"病态"的代价换取本我和超我的"欢心",从而导致心理障碍,这种心理障碍主要表现为焦虑性神经症。

但当本我力量过分强大,自我只好偏向本我一边而排斥超我时,象征性的满足就会把社会道德法律置之度外。这就是反社会人格。当超我的力量过分强大,自我偏向超我一边而排斥本我时,强迫性人格障碍就出现了。一旦本我和超我都十分强大,矛盾不可调和,自我被双方的火力击得粉身碎骨,退出历史舞台时,精神分裂就粉墨登场了。

**例6**

电影《老井》中有个小伙子有偷文胸的习惯,属于恋物癖。其心理机制是,本我与超我冲

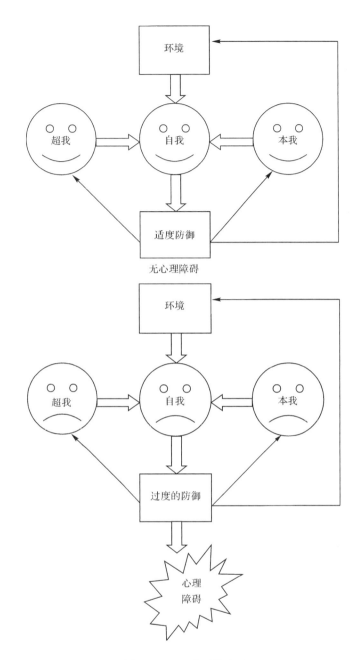

图 6.3　心理障碍的产生

突非常强烈,无法化解。自我只好要求本我和超我双方都作出让步,用接触异性内裤"象征性地"满足本我的同时,要求超我通融一些,不谴责其"偷窃"行为,至少在发作时不谴责。(有的人在偷窃和欣赏时没有罪恶感,但事后有强烈的罪恶感。)

**例 7**

电影《沉默的羔羊》中"野牛"比尔童年时受父母虐待,父母偏爱妹妹,所以他自幼有一种强烈的愿望:如果我变成像妹妹那样的女孩,就能得到父母的爱。长大后他患了易装癖,这是一种象征性的变性满足,后来,他不满足于穿女性的衣服,他要用女人的皮做衣服来象征性地满足自己。而超我既然让步了,他就开始杀人了。

**例 8**

洁癖的心理机制:超我过分强大,自我帮助超我严厉谴责本我的性欲,认为性是肮脏的。本我无处藏身,只好让自我象征性地接受惩罚。如把手当作性欲的象征,就拼命洗手;把头发当作性欲的象征时,就拼命洗头发;有时又会把物体作为性欲的象征,那就拼命清洁物体。其实,他拼命在消灭的东西,恰恰是他最希望得到的东西。

当然,象征性的满足不局限于性和与性有关的领域,其他心理活动领域也存在象征问题。但不管是什么内容,如果象征性的满足有利于社会也有利于个人,问题的性质就发生了变化,一般不能简单地认为是神经症或心理病态。

**例 9**

电影《沉默的羔羊》中女主人公克拉丽斯幼年失去母亲,身为警察的父亲是她的一切,但她亲眼看到父亲被犯罪分子打死。心灵的创伤使她有强烈的复仇与拯救情结。在她的潜意识中,父亲是受害者,将被杀的羔羊是受害者,两者可以等同。她睡意朦胧中在潜意识的情结驱使下,抱住羔羊疯狂地跑,想拯救它,但是失败了。这一失败对她是雪上加霜,加深了她原有的情结,所以,她常常会在梦中听到羔羊的尖叫。后来,她选择了有利于社会也有利于自己的方式进行象征性的满足——当特工抓罪犯。最后,在实习中她杀死了“野牛”比尔,拯救了被绑架的女孩,在潜意识中,被绑架的女孩和父亲、羔羊是等同的,而杀害父亲的犯罪分子和“野牛”比尔是等同的。显然,此时此刻,她潜意识中的情结获得了象征性的满足,梦中的羔羊也就不叫了,这就是电影的主题思想。(原名是“The Silence of the Lamp”,翻译成中文是“羔羊的沉默”或“羔羊沉默了”,“羔羊在叫”表示情结的存在,“羔羊沉默”表示情结已经得到满足。“沉默的羔羊”从文字上看很优美,但含义恰恰相反,因为整个故事是在讲述羔羊从叫到不叫的过程,而不是描写从来不叫的羔羊。)

当象征性的满足虽有利于社会,但不利于个人时,问题就显得复杂了。

**例 10**

如何评价知名艺术家们的心理非常态?

从《红楼梦》作品本身就可以判断作者自身的心灵创伤,曹雪芹用文学创作的方式象征性地表达了他的创伤,为社会做了巨大贡献。但对于他个人的生活呢,影响是消极的,因为他创作时非常痛苦,不能自拔。

华彦钧的《二泉映月》象征性地反映出他个人内心比常人强千百倍的痛苦,其作品成为千古绝唱,但其个人生活质量肯定低下——不幸福,没有快乐的感受。

更值得探讨的也许是海明威、三毛、山岛由纪夫等人,他们的心情是十分抑郁的,这种症状对个人生活质量的影响绝对是负面的,但与其观察和体验生活又密切联系,至少在一定程度上影响其作品的水平。

假设通过心理咨询和心理治疗把上述艺术家的心理痛苦减轻或者消除了,他们会生活得很快乐,但很可能就不会有震撼心灵的作品问世。

所以,对于神经症或变态心理,除了要研究其纯心理本质外,也应该考虑其社会本质。促使象征性的满足既有利于社会也有利于个人,是心理学的目标。如歌德写《少年维特之烦恼》,既为社会提供了优秀的文学作品,也使自己得到了解脱。

# 第三节　精神分析方法

6.7 考古的比喻

精神分析方法是根据精神分析理论提出来的,主要用于神经症的治疗。弗洛伊德认为,神经症起源于早期经验,是早期性心理发展不良的结果。这些早期经验是有关性的或攻击性的冲动,它们被压抑在潜意识之中,它们冲击自我而导致焦虑。自我便求助于防御机制以减轻焦虑,这种情况发展到一定程度便导致神经症。治疗的一个基本原理是,把潜意识中的"病因"找出来,告诉来访者,一旦来访者领悟了,问题也就随之而解,如图 6.4 所示。

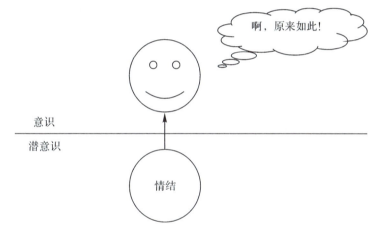

啊,原来如此!

意识
潜意识

情结

图 6.4　精神分析治疗原理

所以,精神分析的关键是要找出来访者潜意识中的情结。为此,精神分析学派采用下列方法。

## 一、自由联想法

自由联想法(free association)是弗洛伊德于 1895 年创造的方法。弗洛伊德认为,在脑海中浮现的任何东西都是具有一定因果关系的,借此可挖掘出潜意识中的症结。借助于自由联想,潜意识的大门自然地被打开,潜意识的心理冲突可以被带入意识领域,通过分析促进当事人领悟心理障碍的"症结",从而达到治疗的目的。

自由联想是精神分析的基本手段,其操作方法是,让当事人进入一个比较安静与光线舒适的房间里,躺在沙发上或坐在椅子上,进行随意联想,报告出现在脑子里的任何思想感情。咨询师事先告诉他,不要有顾虑,不要觉得自己很可笑,凡是说的东西绝对保密,想到什么就讲什么,按原始的想法讲出来,不要因为感到想法微不足道、荒诞不经、有伤大雅而不讲或有意修饰，因为越是荒唐或不好意思讲出来的东西，往往是最有意义的内容。来访者明白后，咨询师坐在其身后，倾听讲话。在进行自由联想时要以来访者为主，咨询师不要随意打断他的话，只有在必要时才给予适当的引导。通常，咨询师要鼓励来访者回忆早期经验，尤其是童年创伤性经历，从中发现与病情有关的心理因素。

自由联想法的最终目的是寻找出来访者压抑在潜意识内的致病情结或矛盾冲突，把它们带到意识领域，使来访者对此有所觉悟，从而消除不健康的心理。自由联想法疗程颇长，一般要进行十几次甚至几十次，须经数月才能完成。因此，事先应向来访者说明，使其耐心合作。在进行过程中，也可能发生反复现象，要鼓励来访者树立信心，以达到治愈的目的。自由联想法适用于各类神经症、心因性心理障碍与心身疾病，也可用于部分早期或好转的精神分裂症来访者，但不适用于发病期精神病患者。

自由联想中有一个现象是咨询师要特别注意的，就是阻抗（resistance），即自由联想受阻的现象。弗洛伊德认为，阻抗是在自由联想过程中对于那些使人产生焦虑的记忆与认识的压抑。它的表现形式是多种多样的：①突然沉默，或转移话题；②说自己内心一无所有，无可奉告；③说自己头脑里有很多想法，不知道讲什么好；④批评某些观念，一忽批判这个，一忽批判那个；⑤说想起了一件事情，但与问题无关；⑥刚刚想到某些事情，但太不重要；⑦想到某件事情，但太羞愧了，不想说；⑧利用偶尔发生的事情分心，转移注意力；⑨移情性抗拒……①

阻抗的表现是意识的，但根源却在潜意识中，当自我要把本我的欲望坦白出来时，超我就要出面干涉，自我要经受超我责备的痛苦，因此就本能地停止坦白，维持原状。阻抗的出现也意味着自我留恋症状，喜欢这种病态，因为它象征性地满足了本我和超我的需要，摆脱了焦虑和痛苦。还可能意味着害怕面对现实，因为现实生活中没有现成的满足途径。不难推断，当来访者出现阻抗时，往往正是触及了心理症结所在。咨询师的任务就是不断辨认并帮助来访者克服各种形式的阻抗，将压抑在潜意识的情感发泄出来。克服阻抗往往需要很多时间。

弗洛伊德当初解释阻抗的思路比较狭窄，认为阻抗所触及的是幼年未处理好的恋母情结②。但后来的心理学家有不同的看法，如罗杰斯认为阻抗是个人对于自我暴露及其情绪体验的抵抗，其目的是不使个体的自我认识与自尊受到威胁③。有些行为主义心理学家把阻抗理解为个体对于其行为矫正的不服从，或者是由于个体对心理咨询心存疑虑，抑或是个体缺乏行为变化的环境条件④。目前大多学者承认，在心理咨询中，阻抗在意识和潜意识中都可能产生，触及的症结可能与性有关，也可能与性无关，只要是敏感的问题，来访者都有可能产生阻抗。一般说来，如果是有意识的阻抗，来访者一般知道动机，如自己不愿意求咨，反对咨询师的某种观点，为了保护自尊心而故意掩盖真相等。有意识的阻抗比较好解决，一旦说明，来访者很容易理解和消除。无意识的阻抗比较难解决，因为来访者难解其意，且引起心理疾病的因素（精神伤疤）被压抑得越深，阻抗越大。咨询师应耐心解释，以消除阻抗。同时，咨询师应树立信心、穷追不舍，而不能因来访者抵触而心烦、泄气。

① 弗洛伊德. 精神分析引论. 高觉敷，译. 北京：商务印书馆，1984：96，226-232.
② 杜·舒尔茨. 现代心理学史. 杨立能，等译. 北京：人民教育出版社，1981：287.
③ 梅清海. 医学心理学. 北京：人民军医出版社，1987：124.
④ 阿德莱德·布赖. 行为心理学入门. 陈维正，龙葵，译. 成都：四川人民出版社，1987：57.

## 二、释梦法

弗洛伊德在使用自由联想法时,发现来访者常谈及梦,因此便对梦进行了深入的研究,结果发现梦能反映压抑在潜意识中的重要内容,由此他提出了释梦理论。

弗洛伊德认为梦的内容有以下三个来源:

(1)睡眠时的躯体刺激。如被子压住脖子会使人梦见被人卡住脖子,等等。

(2)日间活动残迹的作用,即"日有所思,夜有所梦"。例如,有的学生在考试前一天梦见自己考试不及格,是由于白天的担忧所致。

(3)潜意识中的心理活动。这是最重要的原因。弗洛伊德把梦分为表层的"显梦"(manifest dream)和深层的"隐梦"(latent dream),梦的意义也被分成了"显义"(manifest dream-content)和"隐义"(latent dream-content),前者指梦境显示的具体内容,后者指这些内容所代表的潜意识含义,往往是受压抑的欲望。"隐梦"转化为"显梦"的规律称为"梦的工作"原理,它有以下六种:

①象征(symbolization)。压抑在潜意识中的欲望往往不被超我接受,所以它必须乔装打扮,改头换面,骗过超我的检查,才能进入梦中。其中最常用的手段便是象征,即用一种中性的事物来替代一种超我忌讳的事物,以避免使梦中的自我产生痛苦。例如,用棍棒、蛇等象征阴茎,以茶杯、房子等象征阴道,以骑马、跳舞或节奏性活动等象征性交活动,等等。

②置换(displacement),指将对某个对象的感情(爱或恨)转移到另一个对象上去。例如,有一男大学生梦见自己打一位50岁的男教师,而他对这位教师又没有意见。分析后发现,梦中的教师是其父亲的象征,该生从小憎恨放荡的父亲,打教师实际上是在发泄恨父亲的欲望。

③凝缩(condensation),指将内心所爱或所恨的几个对象结合成为一个形象表现出来。例如,贾宝玉梦见警幻仙姑领他与其仙妹成婚时,见仙妹神若黛玉,貌若宝钗,名叫可卿而字"兼美"。这是典型的凝缩作用,这位仙妹是贾宝玉所爱的三个女性的结合体。

④投射(projection),指把某些不良动机投射于他人,以减轻对自我的谴责。例如,一女大学生梦见男朋友抛弃了自己,很伤心。分析后得知,她男朋友在外地,不能常来看她,而周围的男同学对没有男朋友的女同学很热情,对她冷淡,因而她潜意识中有抛弃男朋友另找一个的动机,但这种负性动机受到超我谴责而压抑下来,在梦中就把它投射到对方身上去了。

⑤变形(metamorphosis),变形相当于防御机制里的"反向形成",指潜意识中的欲望或意念用其他甚至相反的形式表现出来。例如,一大学生梦见一位同班的老乡被评为优秀学生干部,于是向他祝贺。但实际上由于分配等利害冲突,他并不希望对方很出色。

⑥二次修饰(secondary elaboration),指在做梦过程中,梦者往往会无意识地对自己的梦进行修饰加工,使它比较有次序或合乎逻辑;或将梦中最有意义的东西反而置于次要的不显著的地位。故在分析时要注意细节,抓住要点,去伪存真,因为越是荒谬、凌乱与离奇的梦境片断,越能反映潜意识的动机,对心理咨询和心理治疗的价值也越大。

梦的形成过程与防御机制的产生过程是一样的,都是自我为了协调本我和超我的矛盾所做的工作,两者的差异是防御机制在清醒的时候表现出来的,而梦是在睡眠状态表现出来的。在睡眠状态下,超我的力量减弱,容易被自我"买通",所以在清醒时不可能的事情,在梦中就成为可能。如一个仇恨父亲的人在清醒时不可能去殴打一个像父亲的语文老师,但在睡梦中,超我尽管不同意打父亲,但会同意殴打一个替身,以满足本我发泄仇恨的需要。如图 6.5 所示,梦是对愿望的象征性满足,它既不违反减弱了的超我,又满足本我。运用这一梦的工作原理,通过显梦挖掘隐梦,澄清受压抑的欲望及其内心冲突,让来访者领悟其病态的根源,得到心灵的释然,从而达到咨询和治疗的目的。

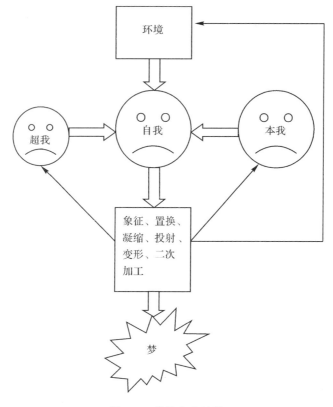

图 6.5　梦的产生过程

**例 11**

有位女性梦见一只小白狗被绞死,弗洛伊德的助手费兰斯对此梦进行了分析。费兰斯认为,这条小白狗实际上是这位太太所讨厌的义妹的形象。情况是这样的,这位女性对烹调很擅长,并且有时还亲手勒死鸽子、小鸟等来烹饪。但她感到这样做是很不愉快的事情,所以很想辞去这份工作。她特别讨厌义妹,并激奋地说义妹对她丈夫"就像训练好了的鸽子一样",使她十分厌恶。费兰斯认为,梦中勒死小白狗的方法同勒死鸽子的方法实际上是一样的,而鸽子、白狗其实都已拟人化了,它很可能就是义妹的形象。通过进一步询问,果然得知,这位太太在做此梦之前曾与义妹大吵了一场,还把义妹从她房间里赶了出来,对义妹骂道:"滚出去,但愿别让狗咬着我的手!"最后女士承认,她确实有过"义妹死了可好"的想法,而她的义妹身材矮小,皮肤细白,就像小白狗一样。

要注意的是,正常人在梦中也会进行象征性的满足,但不影响个人和社会的现实生活。病态的人的问题在于,这种满足方式在清醒后表现出来了,影响了个人和社会生活。所以,从某种意义上讲,一个有神经症的人,是一个"白日做梦"的人,即他在总体上是一个有意识的"清醒人",但在某个领域,他糊涂了,被潜意识控制了——"人在梦中,身不由己"。

**例 12**

弗洛伊德曾经治疗过一个 19 岁的女青年,她患有强迫症。每天睡觉前,她要把大小各种表放在室外,把花盆放在桌上以防止在地上被打破,打开自己卧室和父亲卧室之间的门,并要反复摆放长枕头,不让它与床的栏杆接触。她花很长时间完成这些事情。同时,对母亲特别容易发怒。经过弗洛伊德的长时间分析,她终于明白了行为的含义。原来,她在幼年时对父亲非常依恋。病态行为是对父亲依恋的象征,如花盆象征女性生殖器,钟表的声音代表性兴奋,枕头象征母亲,长栏杆象征父亲,打开自己卧室和父亲卧室的门象征与父亲的亲密性关系……总之,来访者的恋父情结没有得到妥善的处理,依旧在潜意识中控制着她。她领悟了原因后,强迫症就消失了。

从这个典型的例子可以看出,心理咨询和治疗的目标就是让来访者彻底"清醒",领悟"假作真时真亦假,无为有处有还无"的道理。这些症状原来是幼年的一些欲望,这些欲望对于成年人已经毫无意义,既然如此,症状也就没有存在的必要了。当事人紧张的心理因此放松下来,症状也就慢慢消失。但这种由"糊涂"变"清醒"并不那么容易,因为它必须切断象征性的满足途径,代之以正常的满足方式和压抑或压制。这是一种类似"断奶"的心理,成长需要断奶,但对于当事人来说是比较痛苦的。对痛苦的畏惧会使来访者产生阻抗心理,拒绝治疗和康复。因此,需要有一个中间环节来缓冲其痛苦,这个环节就是"移情"。

## 三、移情(transference)分析法

弗洛伊德和同事布洛伊尔在治疗过程中发现了"移情"的作用,即来访者把情欲的目标转移到医生身上。布洛伊尔因感到相当难堪而最终放弃了这一事业,但弗洛伊德却认为这种移情作用具有重大的治疗意义,并进行了深入的研究,揭示了移情的潜意识机制,并用移情作为精神分析的一个重要工具。

弗洛伊德认为,移情是来访者对治疗者产生的一种态度,是早期对父母形象的态度的反映,或者说是来访者过去经验中与周围重要人物的相处关系在治疗情境中的重现。例如,来访者如果觉得治疗者在做笔记是想将来利用他,是对过去他遇到过的某些人、事的态度的再现。在自由联想中,口腔性格的人注意的是他是否喂饱了治疗者,治疗者是否给他以相应的回报;而肛门性格的人注意的是谁在控制治疗情境;性器性格的人可能在意谁在竞争中会赢。这种态度经常是来访者日常生活中潜意识的一部分,而在治疗过程中特别地显示了出来。

移情是所有人际关系和各种治疗法的一部分。但精神分析法把它加以特别的利用,使之成为行为改变的一种动力。为增进移情,可采用各种方式,如让来访者躺在躺椅上,是让其表现依赖性,频繁的交谈加强了治疗关系在来访者日常情绪生活上的重要性。最后,由于来访者和治疗者的关系如此密切,但对治疗者本人来说又几乎一无所知,这意味着来访者的行为完全取决于其神经质之冲突。于是,治疗者形同一面镜子或一片空白的幕布,俾来访者

能将他的欲望和焦虑投射在上面。治疗者自己尽量藏而不露,好让来访者所表现的态度纯粹发自内心,而不是对客观情境的反应。

鼓励移情,会导致神经官能症的发展,即来访者把过去的冲突全部表现出来。此时,来访者的目的不再是恢复健康,而是从治疗者身上获取小时候从外界得到的东西。他不求自己减少依赖性,而是希望治疗者满足他所有的依赖需求。在治疗中发展出这些态度,使得来访者和治疗者都能正视并了解来访者在早期婴儿阶段冲突的本能和防御方面。由于来访者以相当的情绪和感情投注在分析情境中,使得渐增的了解也具有情绪色彩。当来访者有了领悟,在理智和情绪两方面都了解冲突的本质,并且以他对自己和对外界的新知觉,而觉得能够以成熟的、没有冲突的方式来自由地满足他的本能时,人格改变也就发生了。

如图 6.6 所示,当压抑的欲望通过象征性的途径得到满足时,可能出现心理症状。在心理咨询中,移情性的满足能取代象征性的满足,而使心理症状减轻或消退。这时,咨询的目标是把移情性症状进一步转化为有意识的调控。一旦目标实现,心理症状就彻底消除了。

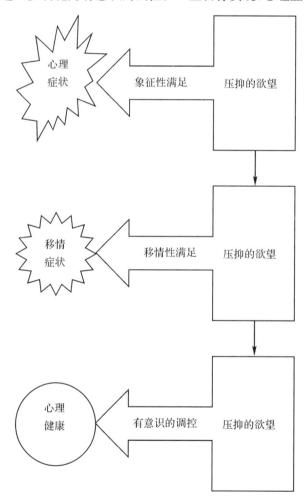

图 6.6　移情的作用

移情有两种,一种是阳性移情,表现为信任、依赖、友好;反之为阴性移情,表现为不信任、疏远。阳性移情有助于治疗(如上所述),阴性移情不利于治疗,但如阳性移情过分强烈,导致不现实的特殊感情，也是危险的。

同时，治疗者也可能对来访者产生移情，称为"反向移情"（countertransference）。这时治疗者的潜意识中把来访者视为父母、亲人等，从而情不自禁地对来访者表现出热情或冷漠。治疗者对此应有充分的认识，并妥善处理，因为适当的医患关系是成功治疗的前提。

来访者在过去由于罪恶感和焦虑阻碍了成长发展，精神分析情境提供了个人重新处理旧冲突的机会。治疗前和治疗情境中的反应之所以不同，是由于三个因素在起作用：第一，在治疗中，冲突不像以往那样厉害；第二，治疗者表现出不同于父母的态度；第三，来访者已是成人，能利用自我中已发展的部分来应付未发展的部分。这三者构成再学习的机会，是形成正确情绪经验的基础。显然，这种人格发展并不表示精神分析是理智而非情绪的经验，也不表示领悟和了解只是由治疗者提出，而不是来访者自己得到，更不否认道德责任和罪的制裁。相反，精神分析认为来访者透过对旧有冲突的领悟，透过对婴儿期需求满足的了解和对成熟的满足方式的了解，透过对旧焦虑的了解，并承认其与当前现实无关，仍然能在现实许可范围内和自己的道德标准下，满足本能的需求。

以上是精神分析最主要的方法，其他方法如解释、澄清和情感反映等在前一章已经阐述。在临床上，弗洛伊德常把自由联想和梦的分析结合起来应用，而其他方法也穿插其中。因为梦是通到潜意识的一条"捷径"，以梦为开始的自由联想，提供了隐藏在做梦过程中的欲望和冲突。通过自由联想，医生和来访者都能把握住隐梦。梦就像症状一样，是一种伪装，是欲望的部分实现。在自由联想中，得以揭开它伪装的面貌，凭借意识控制的放松，潜意识中的冲动、欲望、记忆和幻想都一一冲到意识中来。自由联想中，思想并不完全自由，它也和其他行为一样，决定于个人里面挣扎着要表现出来的一股力量。

起初，弗洛伊德以为只要使潜意识里的想法进入意识，就足以影响行为改变，并得以治愈。这与早期强调压抑的记忆是一切心理疾病的根本，在观念上是一致的。如亨德瑞克（Hendrick）所说，弗洛伊德后来才了解到治疗不仅涉及记忆的恢复，对隐藏的欲望和冲突有情绪上的领悟，也是必需的：

> 他（弗洛伊德）会先了解来访者潜意识中的欲望，然后将此告诉来访者，来访者会同意并了解；这一过程会影响来访者对问题的理智评价，但并不影响其情绪紧张。因此，弗洛伊德在早期研究中已学会一点，是许多套用他的治疗方法的人并未真正了解的，那就是：理智的领悟并不能控制潜意识的力量；压抑不仅是知与不知之间的差异；心理治疗除了使它出现在意识层面，还需依赖其他因素。①

那么，这些其他因素是什么呢？精神分析治疗过程，就是要抓住从前在潜意识中的情绪和欲望，并且在一个安全祥和的环境中，和这些痛苦的经验奋斗。如果患的心理疾病是有关滞留在某一发展阶段的，那么在精神分析中，个人就变得能自由自在继续他正常的心理发展。"我们可以将分析治疗界定为一种过程，就是唤醒在青春期时未能适当解决的冲突，藉着减小压抑的需要而提供另一个更好的解决机会。"②如果来访者患的是有关本能受阻，并

---

①② Hendrick I. The discussion of the "Instinct to Master". Psychoanalitic Quarterly, 1943, 12（2）：191-192, 214, 196-197

将能量用在防御作用上,那么精神分析就是使能量重新分配,以便将更多的能量用在更成熟、无罪恶感、不固执、并更满足的活动上。如果来访者所患的心理疾病是有关冲突和防御作用的,则精神分析就在于减小冲突,使来访者不受防御过程的限制。如果患的心理疾病是被潜意识和本我的霸道所控制,那么精神分析就是使潜意识里的想法出现在意识中,使来访者变成受自我控制的人。

　　我们的治疗计划是以这些看法为基础的,自我因内心的冲突而变弱;我们必须助它一臂之力。这时犹如一场内战,必须借助外来同盟的支援。精神分析医生和来访者的那种变弱了的自我联合起来,以外界的现实世界为根据地,共同抗击敌人——即本我的本能欲望和超我的道德,要求我们彼此达成协议,来访者病态的自我答应以最坦诚的态度毫无保留地提供自我知觉的全部内容,听任我们处理。另一方面,我们也向他保证,以绝对的谨慎将我们分析受潜意识影响的内容的经验为他提供服务。我们的知识足以弥补他的空白,使他的自我能再次驾驭他心理生活中失去的领域。这一协议组成了精神分析的情境。①

# 第四节　认识领悟疗法

　　认识领悟疗法是北京钢铁公司医院精神科专家钟友彬提出来的,亦称"钟氏疗法"。它在国内外有一定影响,是精神分析法在我国的临床实践中创造性地应用的结果。1988年,钟友彬先生编写的《中国心理分析:认识领悟疗法》问世,意味着这一方法已趋成熟。

## 一、认识领悟疗法与精神分析法的异同

　　精神分析法的模式是:回忆往事→分析病因→解决问题,也就是通过对早期经验的追溯,寻找出致病的潜意识中的幼年创伤性经验,把它提升到来访者的自觉意识中来,使他茅塞顿开,从而消除心病。但不论用自由联想还是梦的分析,要取得领悟都需要花很长的时间。钟友彬在其最初的实践中,也曾试图沿袭精神分析的模式,试图寻求症状背后的无意识动机,努力在来访者的幼年生活经历中找出精神创伤的作用。但他发现,这种因果分析往往是牵强附会的,事实上,寻找幼年精神创伤不过是为了说明症状的幼稚可笑而找借口而已。既然如此,他就省略了这一寻找过程,而直接把自己的观点讲给来访者听,使来访者理解和接受关于自己的疾病是"一种幼稚行为,自己完全有能力控制"这一看法。一旦来访者恍然大悟,治愈也就不难了。

　　**例 13**
　　一露阴癖男子来求诊。
　　钟友彬:"一个三岁男孩当众露出'小麻雀',他人会怎么看呢?"

---

①　Hendrick I. The discussion of the "Instinct to Master". Psychoanalitic Quarterly,1943,12(2):191-192,214,196-197

来访者:"这是很正常的现象。"

钟友彬:"那么一个成年男人当众暴露呢?"

来访者:"这当然是不正常的。"

钟友彬:"对了,问题就在这儿。幼儿露阴无可非议,因为他不成熟,但随着他慢慢长大成熟,自然就不会当众露阴了。这说明露阴是一种幼稚行为。成人露阴是因为他在这方面的心理还停留在幼儿水平上,不成熟,而不是道德品质差。所以,只要你认识到了这一点,每当想露阴时就暗示自己这是幼儿心理,应该控制,就会变得成熟起来,从而消除疾病。成人怎能做幼儿心理的奴隶呢?"

通过这样的交谈、鼓励,来访者对问题的幼稚性实质有所领悟,并放下了思想包袱,容易树立信心,矫正不良行为。分析问题的幼稚性,并不排斥回忆童年经历,有时,童年的经历能很好地证明症状的幼稚性。但不要为挖掘此种经验花费过多的精力和时间。

所以,钟友彬认为,来访者所能领悟的内容与治疗者的观点有密切关系,治疗者的解释更为重要,解释是进行心理治疗的有力武器。他采用的模式是:解释但不回忆→认识领悟→解决问题。这里,领悟是最重要的,而领悟的关键在于来访者对解释的信任。而在精神分析法中,成败主要决定于是否能找出幼年的精神创伤。这一差别实际上反映了中西方文化中思维方式的差异。中国人善长直觉领悟,西方人喜欢逻辑实证;东方文化重结论、自上而下演释,西方文化重论证,自下而上归纳,等等。这一切影响着两种方法的效果。

当然,它们也有不少共同之处,主要有:

(1)都承认无意识心理活动的存在。

(2)都承认早期经验的重要性,强调早期创伤性体验对人格发展的影响。

(3)都承认变态的性行为是幼稚的性行为。

## 二、认识领悟疗法的步骤和原则

认识领悟疗法的主要适应证是强迫症、恐怖症和某些类型的性变态(如露阴癖、摸阴癖、窥阴癖等)。

### (一)认识领悟疗法的步骤

(1)初次会面时让来访者和家属叙述病史和病症,并进行精神检查以确定是否适宜心理治疗。如时间许可,则简单向来访者解释其病态是儿童心理的表现。

(2)接下去的会见可询问来访者的生活史,但不要求"深挖"过去。

(3)与来访者共同讨论症状的幼稚性,治疗者主动引导来访者认识症状的本质,解释要结合来访者实际情况进行。

(4)当来访者对上述解释和分析有了初步认识和体会后,进一步解释病的根源在过去,甚至在幼年时期。

这种方法以交谈为主,每次60～90分钟,疗程和间隔不固定。每次会见后要求来访者写出对治疗者解释的意见及自己的体会,并提出问题。

使用这种方法要注意以下几点:

(1)要通过谈话使来访者有成熟的见解。

（2）主要从分析症状的幼稚性入手。

（3）指明病根在幼年。

（4）如来访者不能彻底领悟，可先让他拿个"拐棍"，即每当来访者出现不良冲动时，就想起医生的话："这是幼儿心理，成人不能再这么做"，从而放松自己，逐渐减轻病情，直至最后消失。

**（二）认识领悟疗法应遵循的原则**

认识领悟疗法主要应遵循两个原则。

1. 精神分析原则

钟友彬的精神分析原则强调幼年的影响，但不让来访者反复追忆，深挖过去。其工作重心在意识层次的分析，在于向来访者指出其症状的幼稚性、是用儿童方式解决成人问题，并要求来访者对此达到领悟。

据此，他主要着手解决两个方面的问题，首先是各种来访者都遇到的普遍性问题：为什么说症状是幼稚的儿童行为方式？他通常用"我口袋里有只老虎"这样的例子作为解释的开端。这句话只能唬住三五岁的小孩，其反应可能是躲到桌子底下去。而这句话对成人来说则是极其荒谬可笑的。第一，城里出现老虎的可能性极小；第二，即使出现老虎也绝不可能装进口袋；第三，如果老虎真的来了，躲到桌子底下有何用呢？这一解释对于强迫症及恐怖症来访者极其有效，可指出其恐惧心理、不安全感是毫无根据的，以及回避措施的毫无意义。对于性变态来访者，则侧重指出其行为是用幼稚的猎奇、取乐方式以满足成人的性欲或解除某种紧张感，这是毫无价值的，为成人所鄙视的。另一个普遍性的问题是：幼年的方式中带有成人的痕迹。钟友彬对这一点的解释是：人有四种年龄，即实际年龄、生理年龄、智力年龄和情绪年龄。通常来访者的前三种年龄是基本相符的，但第四种年龄——情绪年龄的发展落后于前三种年龄的发展。在一般情况下，情绪年龄不成熟是不明显的，但当遇到重大挫折之后，恐惧情绪占了上峰，便产生退行，表现出儿童行为。但此时因其智力水平是成人的，所以在幼年的方式中又带有成人的痕迹，即行为方式是儿童的，其内容却可以是成人的，如儿童不懂得癌症的可怕，而成人懂得，所以，成人的恐癌症其情绪是儿童式的，其内容是成人的。其次，要解决来访者的具体问题。有时来访者虽能理解上述解释，但症状仍然出现，这时治疗者需要解决各人的特殊问题。例如，有的露阴癖来访者认为异性对其行为是赞赏的；有的强迫症来访者（如老是受"自己没有把门关好"这强迫观念所困扰）认为自己有时确实没把门关好等。对这些须指出也是儿童思维的产物，前者是"投射"，即认为自己欣赏的行为他人也欣赏；后者是歪曲，即以偶然的失误（有时确实没把门关好）概括所有行为。解释要耐心，直至对方心服口服，放弃幼稚的想法。

2. 森田原则

这一原则可以归纳为一句话："听其自然"，它出自日本的一种心理治疗方法——森田疗法，其使用目的是不让来访者把症状（躯体的、精神的）当作自己身心内的异物，对它不加以排斥和压制。因为控制不住往往是控制过分造成的，如听其自然，随它去，把注意力集中到别的事情上去，反而会放松自己、使症状减轻或消失。这正如拍皮球一样，你想让它不跳，就干脆别去拍它，越拍，它跳得越厉害。这一原则对于治疗强迫症和恐怖症是相当有效的。

## 第五节  精神分析评价

精神分析是一个庞大的体系,弗洛伊德本人的思想在一生中也在变化,而其后来的学者对它的改革和发展就更为复杂,所以要对它做一番全面的评价是比较困难的。从心理咨询的角度看,它的理论和实践意义主要有以下几个方面。

第一,虽然弗洛伊德是个决定论者,但他在分析意识和潜意识的关系,本我、自我和超我相互作用时,不自觉地应用了辩证法的观点。意识和潜意识既对立又统一,它们相互联系,并在一定的条件下可以转化。心理问题是意识中的经验转化为潜意识中的经验的结果,心理咨询就是把潜意识中的经验重新转化为意识中的经验。本我、自我和超我本是同根生,它们既相对独立,又相互联系,在矛盾中保持动态平衡。心理问题是一种不利于社会和个人的平衡,心理咨询就是要打破这种平衡,建立新的有利于社会和个人的平衡。

第二,弗洛伊德理论有许多创新之处。他是系统研究潜意识的第一人,从此潜意识成为正统心理学的一个研究领域。他首先发现人的性欲从出生就存在,只是表现方式不同,由此改变了人类对自身性欲发展过程的看法。他提出成年的性变态是幼年的行为,这已被临床实践证明。他对梦的工作机制的领悟是最大的贡献,他自己也认为,在写《释梦》时灵感最多,这种灵感一辈子最多只能碰到一次。他也是第一个正视性心理问题的心理学家,其揭示的性变态现象和解决方法至今还有现实意义。

第三,精神分析对于后来心理咨询理论的发展有巨大贡献。荣格的分析心理学,阿德勒的个体心理学,弗罗姆、艾利克逊、霍尼、伯恩内等的理论与弗洛伊德的思想渊源关系,或多或少是对弗洛伊德思想的继承和发扬。而奥尔波特、罗杰斯、马斯洛、艾利斯等思想与弗洛伊德思想背道而驰,或多或少是因为看到了精神分析的严重不足而被激发出来的。这间接地导致了心理咨询理论的繁荣。

第四,精神分析是第一个系统的心理咨询理论,弗洛伊德提出的某些方法已经变成心理咨询的一般方法,如解释、澄清、反映等。虽然自由联想已经不常被应用,但梦的分析在心理咨询中依旧被广泛应用。而他提出的阻抗、移情以及防御机制等概念,是目前每个心理咨询师都必须学习的基本知识和技能。

无论如何,弗洛伊德对人类心灵的洞察是无与伦比的,他对心理咨询的贡献是肯定的。

但精神分析的缺陷也是明显的。

第一,尽管弗洛伊德有很好的科学素养,也力图使他的学说依据自然科学的游戏规则构建,但由于心理问题的特殊性,他最后放弃了"自然科学道路",代之以现象学方法进行研究。这一点是他常常受到批评和指责的地方,主要是取样、方法、资料收集都与"正统的自然科学方法"不吻合。(这其实涉及科学的标准问题,如果承认现象学方法也是科学的,科学是多元的话,指责弗洛伊德的方法就显得不太科学了。)

第二,弗洛伊德太钟爱他发现的"恋母情结"等性心理现象了,以致认为至少多数神经症是由性心理冲突引起的,甚至用"恋父情结"来分析人类文明之起源问题,虽然胆识过人,见解独到,但难免牵强附会,有小蛇吞象之谬。其实,即使在他的时代,有些神经症也明显与性无关,如考试焦虑,分离焦虑,"一朝被蛇咬,十年怕井绳",重大创伤后的抑郁症等,都有其他方面的原因。

第三,弗洛伊德致力于发现具有普遍性的规律,但忽视了人类心理的社会文化性。人是生物性和文化性的有机结合体,即使是生物需要,在不同的文化里也有不同的表现。弗洛伊德的单纯性格与经典自然科学的美学原则(简单是美的)使他极力把纷纭复杂的人类心理现象简单化为人格三个成分的矛盾运动。只能说,这种简单原则框架下的学说能解释部分现象,但离揭开人类心理之迷还相距甚远。

第四,精神分析方法的效果不理想。弗洛伊德自己也承认,他一生治疗的病例中,失败的多,成功的少。这不外乎两大方面的原因,一是理论本身只是沧海一粟,无法涵盖心理现象之众多奥妙;二是理论与实践存在较大差距,由于精神分析有一个独特的概念体系,本身不易理解,要来访者领悟心理问题的奥妙更不容易,效果自然会不理想。

### 📚 思考题

1.什么是意识、前意识、潜意识?
2.什么是本我、自我、超我?
3.人格发展可分哪几个阶段?
4.常见防御机制是什么?
5.认识领悟疗法与精神分析法有什么异同?

### 📚 小组活动

1.每个同学轮流分享父母和/或其他监护人对自己性格的积极和消极影响。如何扬长避短?

2.每个同学轮流分享自己与父母和/或监护人的关系模式。这种模式对今天的人际关系有什么积极和消极影响,如何扬长避短?

3.一位同学分享一个梦境,右边的同学报告听后想到了什么,其他同学分析右边同学投射了自己的什么心理? 如此轮流分享、报告和分析。

第七章　沟通分析

掌握沟通分析的基本理论，包括结构分析、沟通分析、游戏分析和脚本分析。学习沟通分析的步骤和技巧。

## 第一节　沟通分析的产生

7.1 交互分析的产生

沟通分析（transactional analysis，TA）也翻译为相互作用分析、交互作用分析、人际沟通分析和交流分析，由伯恩内（Berne）于1957年提出。沟通分析既是一种人格理论，也是一种针对个人成长和改变的系统的心理咨询和治疗方法。由于简单易懂，便于操作，沟通分析已广泛应用于心理咨询和心理治疗、教育和组织管理领域。

### 一、沟通分析的产生背景

精神分析曾一度控制了整个心理咨询和治疗领域，但由于其理论之深奥晦涩、疗程之长、费用之高、效果之不理想，加之不适合团体咨询，驱使不少心理学家努力寻找新的解决心理问题的途径。沟通分析就是在这样的社会背景下产生的。

首先，伯恩内受过精神分析训练，其思想在很大程度上脱胎于精神分析的人格理论，但有重大突破。精神分析把人格区分为本我、自我和超我三个成分，认为它们是对立统一的矛盾体，如果矛盾解决得好，三者和谐相处，就表现为心理健康；否则，一旦矛盾解决不好，三者不能和谐相处，便会表现出种种不健康的心理和行为。沟通分析在理论框架上承袭了这一

伯恩内（Berne E，1910—1970）

三分法,但其创新之处在于,用更具体形象的"父母""成人"和"儿童"取代了高度抽象的超我、自我和本我。弗洛伊德诸多术语(如"本我""自我""超我"等)似乎是心理学家、精神病学家的"专利品",走出学术圈,它们便没有市场。而沟通分析的术语连没有文化的人都能理解,属于"大众产品",雅俗共赏,老少皆宜。沟通分析沿袭精神分析的思路,认为人格的三个成分能和谐相处是心理健康的本质所在,它们之间的混淆、污染和排斥就是心理病态。但精神分析强调本我的源动力性,属于本我心理学,而沟通分析崇尚自我的力量,属于自我心理学。精神分析一般用于个别咨询和治疗,而沟通分析可用于团体咨询和治疗,并用于教育和管理之中。

其次,潘菲尔德(Penfield)关于神经科学的研究成果触发了伯恩内对人格生理基础的思考。潘菲尔德是加拿大神经外科医生及临床神经生理学家,他因对大脑皮层功能定位有重大贡献而闻名于世。20世纪50年代中期,潘菲尔德对高级大脑活动做了研究。他用微弱电流刺激大脑皮层的不同部位,试图减轻像精神运动性癫痫这类疾病的症状。结果发现,被试回忆起了一些往事,如以往闻到的气味、听到的声音、看到的颜色。进一步研究发现,刺激大脑皮层的某些区域时,往事会历历在目,包括事件发生的场景、声音和情绪,仿佛放映电影一样。这说明以往生活中的每一件事,包括我们以为已经淡忘的东西,其实都记录和保存在大脑中。潘菲尔德称这种电刺激引起的往事回忆为"倒叙"(flashback)现象。通过对癫痫来访者的大量研究,潘菲尔德在1954年提出了"中央脑系统学说",认为颞叶和间脑的环路是人类记忆的主要区域,它像一个录音录像装置,把人的全部经历毫无遗漏地记录下来,这种记录虽然在大多数情况下未被人主观意识到,但它的确是客观地实现了。因此,对这一区域施加特殊的刺激时,一些在通常情况下根本无法回忆的往事便被回忆起来了。

据此,伯恩内认为,大脑的这种记录功能是"父母""成人"和"儿童"三种自我状态的生理机制,三种自我状态的表现本质上是记录在大脑中的"父母"信息、"成人"信息和"儿童"信息的再现。

再次,与弗洛伊德一样,伯恩内受能量守恒定律的影响。该定律的基本思想是,能量是不灭的,但存在转移,系统某部分消失的能量,肯定是转移到系统别的地方去了。或者,当能量的一种形式不再存在时,它肯定会以另一种形式表现出来。这一动力学思想被弗洛伊德运用来构建动力心理学,也被伯恩内用来分析人格活动。他们都认为,人的心理活动是心理能量在人格系统中的作用所致。在沟通分析理论中,"父母""成人"和"儿童"都有心理能量,当"父母"能量很多时,它就表现得多,"成人"和"儿童"就表现得少,依此类推;而当"父母"能量减少时,其能量肯定转移到"成人"或"儿童"身上去了。

## 二、沟通分析的发展阶段

1935年,伯恩内移居美国,次年在耶鲁大学专门研究精神医学。1941年,他在纽约接受心理分析师训练,其间,他对精神分析的潜意识理论产生怀疑。1943年到1946年,他担任美国军队的精神科医师,开始使用团体心理咨询。1945年军队解散时,伯恩内有机会做一项有关直觉的试验。当初,他所在部队的军人进行退役前健康检查,伯恩内负责最后一站,他只能用40~90秒的时间做一项精神方面的检查,几个月中他检查了上千名士兵。他问他们:"你觉得紧张吗?""你找过精神科医师吗?"将士兵的答案记录在他们带来的检验报告上。伯恩内试验的方式是:先看一下这名士兵,先在脑子里猜他对问题的答案,再问那两个问题,检验自己猜的正确性。后来,伯恩内扩大了试验范围,考察自己猜中士兵服役前从事何职业的能力。结果发现,当自己在没有太多外在或内在干扰的良好状态下,猜职业的命中率高达50％以上,并且,在试验两周后,自己的猜测能力越来越强了。根据这个及其他类似的试验,伯恩内得到一个结论:直觉是一项值得研究、且能有所进步的事实。后来,在咨询关系中,他已能熟练地运用直觉又快又准地澄清问题。1947 年,他专门出版了关于直觉心理分析的书《行为的心理》(*Mind of Action*)。所以,在他的理论中,直觉是很重要的基础。

1956 年,伯恩内申请精神分析师资格未被批准,此事激发了他长期以来就存在的挑战精神分析的雄心壮志。他觉得应该提出属于自己的新的心理咨询理论。1956 年年底前,他完成了两篇论文的写作——《直觉 5:自我的印象》(*Intuition Ⅴ:The Ego Image*)和《心理治疗中的自我状态》(*Ego States in Psychotherapy*)。在第一篇文章里,伯恩内指出他产生"成人"与"儿童"概念的过程。他的一位来访者西肯多(Segundo)律师在一次咨询中告诉伯恩内一个故事:有个八岁男孩,穿着一身牛仔装到牧场度假。他帮牧场里的工人卸下马鞍,那名工人对他说:"谢谢你,小牛仔!"男孩说:"我不是真的牛仔,我只是个小男孩。"西肯多结束这个故事之后说:"那就是我的感觉,我不是个真正的律师,我只是个小男孩。"伯恩内深表认可,因为在咨询中他较常看到的是小男孩西肯多,而非成年的律师。有时候西肯多会问:"你在跟谁说话——小男孩或是律师?"不久后,他们开始用"成人"和"儿童"来谈论这两种不同的状态。在第二篇文章中,他提出了"父母""成人"和"儿童"三个概念,介绍了用三个圈来分析人格的方法,并称其理论为"结构分析"(structural analysis)理论。几个月后,他完成了第三篇论文——《沟通分析——一种新的有效团体咨询法》(*Transactional Analysis:A New and Effective Method of Group Therapy*),并在 1957 年 11 月美国团体心理咨询学会召开的西部地区会议上宣读了论文,引起了强烈的反响。该论文于 1958 年发表在《美国心理咨询杂志》上,除了 P—A—C、结构分析、自我状态等概念外,增加了游戏和脚本概念。至此,沟通分析理论宣告诞生。1961 年,他出版了《心理治疗中的 TA》(*Transactional Analysis in Pyschotherapy*),1964 年出版了《人们玩的游戏》(*Games People Play*)。《人们玩的游戏》这本书本来是为专业人员写的,但出乎预料的是受到大众的欢迎,再版了许多次,成为畅销书。沟通分析从此名声大震,吸引了许多人研究,到 60 年代末理论已近完善,成为独树一帜的心理咨询流派。70 年代,沟通分析风靡欧美,80 年代开始相继在其他国家推广。

概括地说,沟通分析有三个发展阶段。

（一）自我状态阶段（1955—1962）

在这一阶段,伯恩内提出自我的三种状态:"父母""成人"和"儿童",用它们来解释思维、情感和行为,观察来访者的非语言行为,如面部表情、说话音调、语句结构、举动、姿态等。他认为通过分析来访者的人格状态可推论其过去经历、预测未来行为。在此阶段,伯恩内用三个自我状态的理论进行个别咨询,也用于团体咨询。

（二）心理顿悟阶段（1962—1966）

在这一阶段,伯恩内重要研究沟通分析和心理游戏。他发现,内在自我会以多种不同的方式和他人沟通,有些沟通方式具有明显的动机,如需要安慰、得到鼓励等;但有些沟通方式具有不明显的动机,主要是潜意识中的动机,或没有充分知觉到的动作,如想贬低咨询师,或证明自己是对的等。心理咨询和治疗就是要揭穿这种动机,让来访者顿悟。

### (三)脚本分析阶段(1966—1970)

在这一阶段,伯恩内主要研究生活脚本和脚本分析。他发现,人在社会生活这个舞台上都按照一定的表演脚本在演戏,因此提出要帮助来访者剖析决定其生活过程的脚本。脚本就包括了主角、配角、一个序幕、几个幕、一个主题、连续的事件,以及特定结局等。脚本分析就是尝试与来访者一起勾勒出这个计划,让他们在计划中扮演某个角色,重新体验已经获得的人生经验。

### (四)丰富发展阶段(1970 年迄今)

在这一阶段,伯恩内已经去世,后来的沟通分析专家们把其他咨询技术如完型咨询、会心团体、心理剧的技术等有机地结合到沟通分析中来,并且发展出了自我图(ego gram)作为分析自我状态的工具。在伯恩内去世之后,继之较有名望的著作有詹姆斯(James)和荣瓦特(Jongward)的《强者的诞生》(*Born to Win*),哈利斯(Harris)的《我好,你也好》(*I am OK*,*You are OK*)等。

# 第二节　沟通分析理论

伯恩内(1964)把"沟通"视为一个基本的科学概念,认为它是社会性的交往单位。如果有两个或两个以上的人相遇,迟早总会有人讲话或做出某种表示以显示他对其他人存在的承认。这种现象称为人们沟通的刺激。这时,另一人会以与这种刺激有关的某种方式说点什么或是做点什么,这就叫作沟通的反应。沟通分析是一种考察人们之间沟通过程的方法,也是将在人们的沟通过程中所获得的信息进行系统化和归类的方法,其目的在于解开人类行为之谜。这一理论由四个部分组成。

7.2 交互分析

## 一、结构分析(structural analysis)

结构分析也就是人格结构分析。伯恩内认为,我们每个人的人格中都有三个基本成分:"父母"(P)、"成人"(A)和"儿童"(C)。它们指不同的心理状态或心理现象,而不是指担当某种角色,所以都加引号,如图7-1所示。

### (一)"父母"(相当于"超我")

"父母"是人们头脑中记录下来的外部事件的集合体,这些事件是亲生父母或其替代者的言谈举止、见解、训戒、要求等。"父母"有两种类型,一是控制型(cotrolling parent,CP),提供安全的边界和限制,

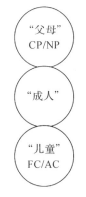

图 7.1　人格结构

表现为控制、批评、强求等。二是照顾型(nurturing parent,NP),提供养育、支持和关注,表现为友善、同情、奉献等。两者都有可能产生负面的影响,表现为过度的控制或者保护。它们大概发生在生命的头五年,所以是未经筛选的事件,如图7-2所示。

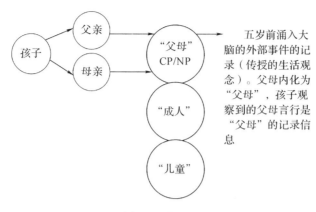

图 7.2 "父母"

由于各人的父母或其替代者是各不相同的,所以"父母"对每个人来说是特定的,唯一的。"父母"中的信息还可来自电视等大众传播工具。最重要的是:无论道德准则、父母的言行、说教是正确还是错误,它们都被一一当作放之四海而皆准的"真理"被保存下来。因为对于小孩来说,顺从大人、讨他们欢心是至关重要的。

这种记录是一种永久性的记忆,不但无法剔除,而且影响终生。例如,在"父母"中有这样的记录:"别碰那把刀子!"声色俱厉,令人生畏。这种记忆将使人一辈子对刀子感到一种威胁,从而保护自己。所以,父母保护人们的孩提时代,而内在的"父母"将保护人们一生。

出自同样的机制,父、母的对立关系和争吵行为则会导致"父母"的削弱,有时会使得"父母"支离破碎。这正如数学中"正数×负数"得负数一样,一个效力甚微的、分崩离析的"父母",其影响也是消极的,尤其是那些还不能够对"父母"进行自由考察和分析的人来说,在生活中会产生矛盾的、混乱的、甚至绝望的心理状态。

(二)"儿童"(相当于"本我")

"儿童"与"父母"不同,它是大脑对五岁前发生的内部事件——对周围的一切所见所闻的反应的记录,如图 7.3 所示。儿童也有两种不同的模式,一是自由型儿童(free child,FC),不受社会规范约束,表现为有个性、有主见、有创造性等,也表现为反抗、叛逆、自我中心等;

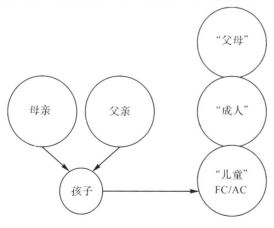

图 7.3 儿童

二是适应型儿童(adaptive child,AC),努力用内化了的社会规范来反应,适应他人的要求,表现为服从、听话、压抑自我等。

五岁的儿童处于不能自助的阶段,他一方面具有强烈的欲望(一种本能)去自由发泄,去识别,去探索,去挤,去撞,去表示他的感觉,去发现和体验一切寓于活动之中的乐趣;另一方面,他又无时无刻不受到环境,特别是父母对他的限制。他必须常常放弃使他心满意足的玩耍,以赢得父母的赞许。因此,儿童有接二连三的挫折感,这种消极情感是文明化过程中的主要副产品,它导致儿童最早期对自我的综合评价——"我不行"。这一评价及其伴随的不愉快经历也在大脑里留下永久的烙印,无法抹去。它在以后的生活中会重现,使人控制不住地产生沮丧、抵触、自弃等压抑感。

当然,"儿童"也有积极的一面,它同时贮存着大量的有积极意义的信息,如创造、好奇、探索、识别的欲望及触摸和感知的强烈要求。"儿童"中还记录了孩子第一次有所发现时的那种自豪而又质朴的情感,它存储了数不清的"原来是这样"的经验:第一次吸吮母亲的乳汁;第一次走路;第一次穿衣服……他们乐此不疲地重复着这些使自己感到愉快的事,其伴随着的兴高采烈的情感也就一起被记录下来,它们与"我不行"形成鲜明的对照。这种童年的幸福感也会在今后的生活中重现出来。但观察表明,无论在孩子,还是大人身上,压抑感远远超过积极美好的感情,所以,"不行的儿童"是普遍存在的。

### (三)"成人"(相当于"自我")

"成人"像一台巨大的电子计算机,是人格中具有推理能力和逻辑功能的一部分,其主要功能是累积资料。因此,它是"思考的生活观念"。感觉和情感不属于"成人"的内容,如图7.4所示。

"成人"约始于10个月时。这时,孩子开始具有了运动的能力,能自行冒险去探索一些外在的事物。这种自我实现是"成人"的开端。当孩子有能力发现"父母"中"传授的生活观念"和"儿童"中"体验的生活观念"与自己在实际生活中发现的不同时,就促成了"成人"的发展。

"成人"与"父母"不同,"父母"是以模仿的方式对事物进行判断,并试图强化那些作为借鉴的模式。"成人"与"儿童"也不同,"儿童"倾向于根据前

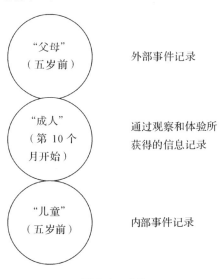

图7.4 成长

逻辑思维,以及分化很差的或失真的知觉做出猝然的反应。通过"成人",孩子能分辨出向他传授和示范的生活("父母"),以及他感受到的、希望的或是幻想的生活("儿童"),与他自己所领悟到的实际生活之间的差别。

"成人"有三个信息源:父母、"儿童"以及"成人"所收集的和正在收集的信息。"成人"的一个重要作用是检验"父母"中的信息是否真实,在今天是否适用,然后再决定对它的取舍;同时"成人"也检验"儿童"中的信息,判定哪些是适宜现实表达的情感,哪些已经过时,哪些只是对陈旧的"父母"信息的一种刻板反应。"成人"的目标并非在于废止"父母"和"儿童",而是不受约束地对这些信息进行检验,合情合理地加以运用、发挥。

上述自我的不同状态及其态度可以用表7.1来表示。结构分析理论把 P、A、C 三者称为结构性自我状态,把 NP、CP、A、FC、AC 称为功能性自我状态。

表7.1 自我的不同状态及其态度

| 自我状态 | | 好的影响 | 不好的影响 | 态度 |
|---|---|---|---|---|
| 父母 (P) | CP 控制型 父母 | 理想、良心、正义感、责任感、权威道德感强烈 | 责备、斥责、强制、权力欲、干涉他人、排他性强、攻击性强 | 轻视他人、专制 |
| | NP 抚育型 父母 | 对人体贴、安慰别人,并能将心比心,同情并保护他人,宽容他人的过错 | 过度保护、娇宠放纵、过于沉默 | 希望照顾别人、让人觉得安心、温柔的态度 |
| 成人(A) | | 知性、理性、重视现实、冷静、感情有节制 | 自我中心、科学、物质万能主义、思想公式化 | 说起话来一定有根据、心思缜密、绝对履行诺言 |
| 儿童 (C) | FC 自由型 儿童 | 天真烂漫、自然不做作、感情表现自由、直觉很准、有创造力 | 太冲动、任性、旁若无人、没责任感、会得意忘形、叛逆 | 常常兴高采烈、天真无邪、未曾考虑对他人造成困扰 |
| | AC 适应型 儿童 | 忍耐力强、情感表现有节制、态度慎重、努力配合他人的期待、是好孩子 | 欠缺主见、态度消极、压抑自我、依赖他人 | 经常战战兢兢、不会反抗他人、不明确表示自己的意见 |

**(四)P、A、C 的动作和语言线索**

1. P 的动作线索

控制型父母的动作线索:皱眉、噘嘴、指指点点、摇头晃脑、怒视、脚打节拍、双手叉腰、双手交叉抱在胸前、搓手、打舌音(发出咯咯声)、叹气等。照顾型父母的动作线索:温暖、软和、安慰、关爱、宽容、保护、轻拍别人的脑袋。当然,不同的"父母"也有一些特殊的动作,例如,小张的父亲打孩子时总是先笑一笑。这很可能成为孩子的习惯,而别的"父母"并非如此。此外,还有文化背景方面的差异,例如,美国人叹气时往外吐气,瑞典人则往里吸气。

2. P 的语言线索

照顾型父母的语言线索:真是太好了! 做得真好! 交给我办吧! 真可怜、你真聪明、慢慢来、你能做好的、你放心去做吧、你好点了吗? 控制型父母的语言线索:白痴! 这样不行啊! 连这也不懂? 你应该……全都给我停下来,我决不能……要永远记住……("决不"和"永远"几乎总是"父母"的口头禅,它的不足是拒绝新信息)、我已经告诉过你多少次了! 我要是你的话……傻瓜蛋、淘气包、可笑、可恶、讨厌、蠢驴、懒骨头、胡说八道、荒唐、可怜虫、你敢? 真逗、得了得了、你又怎么啦? 下次不许! 应该……

3. C 的动作线索

适应型儿童的动作线索:讲次序、讲纪律、认真、负责、耐心、克制自己、不发脾气、讲究礼貌和礼节;自由型儿童的动作线索:哭泣、嘴唇微微抽动、呼嘴、发脾气、尖声哀叫、转眼珠、耸肩膀、眼帘下垂、缠人、兴高采烈、大笑、举手要求发言、咬指、抠鼻子、扭动身体和傻笑等。

**4. C 的语言线索**

适应型儿童的语言线索:反正是我不好、我听不懂、其他人认为如何？遵命、我愿意、可以、好、我听你的、没有问题、我马上就去等。自由型儿童的语言线索:太帅了！哇！真厉害！耶！真的吗？我想要、我才不呢、我要去、我不在乎、我猜、等我长大后、比你的大、我的最大、比你的好、我的最好(往往言过其实),并常用"妈妈,我没功夫"这样的"父母"式的话语来掩饰他的"我不行"的心理状态。

**5. A 的动作线索**

听他人说话时,面部、眼睛、身体都在运动,每三至五秒钟就眨一次眼,否则,就表明他没有用心听。如果听人讲话时头稍倾,则表明他对对方的讲话抱有某种见解。"成人"也允许充满好奇、兴致勃勃的"儿童"来表现自己。

**6. A 的语言线索**

为什么？比较而言、我个人认为、具体而言、在哪儿？是谁？什么时候？怎样才能？多少？以哪种方式？相比较而言是对的、错的、也许是、有可能、不了解、客观的、我认为、我懂、这是我的意见等。

**(五)自我图**

自我的不同成分对人格有什么影响呢？心理能量是如何在不同成分之间转移的呢？杜塞(Dusay J)设计了自我图来分析这一问题。它是从 5 个自我功能状态的角度来分析的,具体作法为:画出一条横柱,分成五等份,分别标明 CP、NP、A、FC、AC,在其上以不同的高度表示其所占时间的多寡。首先画出自己判断占最多者,再画出最少者(用本能判断),如在成人自我状态的时间最多,在自由型儿童上的时间最少,就画出图 7.5 这样的图。如果在方格子上画,效果会更好。画的高度多少并不重要,主要是看其相对高度。如果是在团体中,可以和别人分享自己的想法,凭直觉很快地做。有些人觉得一个自我图可以适用于不同的情形,有些人则在不同的情境有不同的自我图,比如在工作场合和在家里的自我图可能就不一样。试着向某个熟识你的人解释自我图的意义和画法,请他画出你的自我图,比较他画的和你自己画的,说不定可从中学到一些东西。

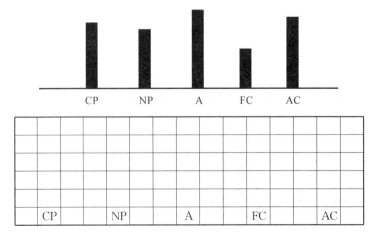

图 7.5　自我图

杜塞假设有一个能量不变的原则：如果某一个自我状态的强度增加，其他自我状态就会呈现代偿性地减少，就好像无论心理能量如何流动，其总量不会改变一样。要改变自我图的最好方法就是去提高想要增加的项目，当这样做的时候，能量自然会从希望减少的项目流出。比如我想增加自己的照顾型父母，减少控制型父母，我就开始练习用更多的照顾型父母的行为，控制型父母的行为自然就会减少。

### （六）人格变态

沟通分析理论认为，人格的理想状态是 P、A、C 的相互独立，"成人"在沟通中始终处于支配地位。由于种种原因，P、A、C 不能相互独立时，变态人格就产生了。

7.3 心理问题

#### 1. 人格变态的产生机制

人格变态是由"污染"和"排斥"这两种机制引起的。

（1）污染。对于大多数人来说，人格的三个部分有不同生活程度的重叠，这便是"污染"。如图 7.6 所示，"a"表示被未经检验的"父母"信息所污染的"成人"。这些外化了的信息往往被视为真理，其实是偏见，如相信"白皮肤优于黑皮肤"等。"b"是被"儿童"污染了的"成人"。它是由不适当地被外化到现实中来的情感和陈旧经历所造成的，如对黑人存在恐惧感。"c"是被"父母"和"儿童"双重污染了的"成人"，如相信"所有的黑人是可怕的"，并以为这是事实。污染最常见的两种症状是：错觉和幻觉。错觉产生于恐惧，恐惧源自父母的恼怒和暴虐。这种人就易产生世界是丑恶恐怖的错觉。幻觉是"儿童"对"成人"的另一种污染形式，它是在极端紧张的情况下产生的一种迷幻现象。在幻觉中，那种曾经历过的诋毁、抛弃、斥责会再度重现。这种人能"耳闻目睹"当年充满呵斥、威胁或暴力的内容。

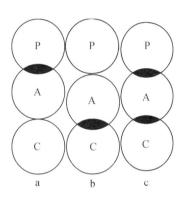

图 7.6　被污染了的人格

（2）排斥。排斥是另一种人格变态的机制，伯恩内认为：排斥表现为带有成见的和先入为主的看法。只要面对威胁，这种看法将始终不变。在各种情况下，互为补充的双方之间的防御性排斥，是产生固执的"父母"、固执的"成人"和"儿童"的主要原因[1]。排斥"父母"可能封闭"儿童"，排斥"儿童"也可能封闭"父母"。

#### 2. 人格变态类型

由"污染"和"排斥"产生的人格变态有以下几种类型：

（1）不会消遣的人。如一个人的"成人"被"父母"污染，"儿童"又被封闭，那么他便是典型的清教徒，如图 7.7 所示。这种人只知工作，不懂娱乐，缺乏生活情趣。他的童年几乎被

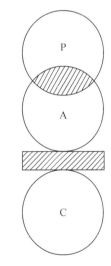

图 7.7　被"父母"污染了的成人和被封闭了的"儿童"

① 托马斯·A.哈里斯.我行　你也行.杨菁,陈梅,张作光 译.北京:文化艺术出版社,1988:102.

父母严格的责任感和事业心所剥夺,童真被淹没在父母的要求之中。他们的童年无幸福可言,以后也决不会表现出幸福的"童趣"。如果他们以己度人,压制家人(如妻儿)的童心,必将导致家庭的不和、婚姻的灾变及子女的人格变态。

(2)没有道德的人。如父母虐待孩子或溺爱孩子,则会导致第二种人格变态:"成人"被"儿童"所污染,而"父母"又被封闭,如图7.8所示。这种人在人生的某一时刻放弃了第一种态度"我不行—你行",而采取一种新的态度"我行—你不行"。孩子的结论是正确的,父母确实不行,所以就将其彻底排斥了,连同那些可取之处。这种人走上极端时,就用杀人来表现其排斥。这种人可以说已损失"父母",没有形成任何行为规范,即丧失了道德感。这种人的行为被"儿童"支配,对自己不负责任,并强迫他人也这么做。虽然有例外,但一般说来,只有得到过爱的人,才能学会去爱别人,如果在人生的最初五年,一个人完全为了肉体和心灵上的生存而拼命挣扎,那么这种挣扎就可能伴随其一生。一个人的"父母"是否存在,可通过羞怯、懊悔、窘促、内疚等情感来判断。这些存在于"儿童"中的情感,常常在"父母"压倒"儿童"时表现出来。如果这些情感不存在,"父母"就可能被排斥了。如果一个人因孩子气而犯错误被抓,除去为被抓而苦恼外,他未有悔悟和内疚,则此人的"父母"机能很可能不正常。

(3)"成人"失效的人。如图7.9所示,当一个人的"成人"被封闭而不再发挥作用时,他便与现实隔绝了。这是一种精神病,其"父母"和"儿童"处在陈旧信息的杂乱混合之中,常肆无忌惮而又毫无意义地重现它们。"成人"之所以消失,是由于"父母"和"儿童"的斗争太激烈、太残酷,它只好逃避,但逃避的结果只能是儿童时期遗留下来的恐惧情感任意发泄。

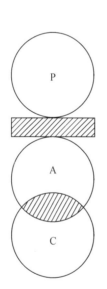

图7-8 被"儿童"污染了的成人和
被封闭了的"父母"

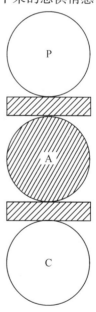

图7.9 失效的"成人"

(4)躁狂—抑郁人格中的周期性封闭。这些来访者一般是在"父母"自身情绪变化无常、充满矛盾的阴影下长大的。两岁以内,孩子刚开始形成因果关系体系,但由于"父母"的信息太矛盾,孩子无法用"成人"预测和判断将发生什么,所以干脆放弃"成人",听天由命,反正"我不行—你行"。

所以,这种人格是建立早期因果关系体系时"成人"被阻塞的结果。他的情绪高涨与低落是记录在"儿童"中的情感。这种情感是对"父母"中陈旧记录的反应。在发病时,内部的对话都是由"父母"—"儿童"进行的。躁狂阶段是"父母"向"儿童"欢呼,喝彩;抑郁阶段是"父母"鞭挞"儿童"。

(5)沉闷乏味的人。如果父母很呆板、木讷、不善言谈、心事重重,很少斥责孩子,也难得赞扬他们,对周围的任何事情都毫无热情,麻木不仁,那么在这种环境中长大的孩子都可能成为平淡乏味的人。他的"父母"和"儿童"中记录的信息非常古板、索然无味,使他的个性极为单调,缺乏丰富多彩的朝气。其行为表现是:浑浑噩噩,神志沮丧(幸福是别人的,与我无缘);有时也可能简单地表现为对生活感到厌倦,或性格孤僻。这种人可能具备一个无拘无束的"成人",但"成人"对与他人相处交往的有益价值却毫无认识。

## 二、沟通分析(transactional analysis)

沟通是人与人之间的信息交流,当一个人向另一个人传达某个信息时,他常常会期待对方有某种反应,而对方接收到信息后会有一定的信息反馈。这种一来一往的过程是最简单的沟通。简单的沟通只涉及双方人格结构中的一个自我状态,复杂的沟通则涉及双方人格中两个以上的自我状态。依据双方人格中什么成分起主导作用,可把沟通区分为以下类型。

7.4 人际交互类型

### (一)互补性沟通(complementary transactions)

在P("父母")—A("成人")—C("儿童")关系的沟通分析图中,如果刺激和反应表现为两条平行线,这种沟通就是互补的,并可无限地持续下去。如图7.10所示,它有六种方式:P—P,A—A,C—C,P—A,P—C,A—C。

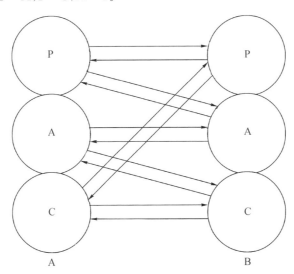

图7.10 互补性沟通

**例 1**

A:真没想到会考得这么糟,我不知道怎么对你说。

B:你可以随便谈,你现在心理很乱,需要时间慢慢讲述你的事情。

(A 因为高考失利而痛苦,希望得到同情和哺育,把咨询师看作是照顾型父母。咨询师也满足了他的要求,作出了照顾型父母的反应。)

**(二)交错的沟通**(crossed transactions)

这种情况下,双方的沟通线是交叉的。图 7.11 是一种方式,其中 A 方给 B 方以"成人"的刺激,而 B 方回以"父母"反应。其他方式可以此类推。

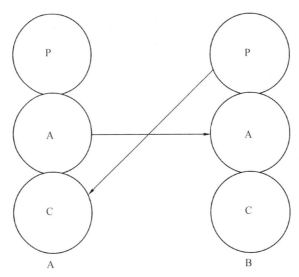

图 7.11  交错的沟通

**例 2**

A:我这次没有考好,算了,下次再来。

B:你也真是的,太没出息了。

(A 高考失利,但理智地对待,希望得到 B 同样理性的反应,把咨询师看作是成人。但咨询师作出了控制型父母的反应。)

交错的沟通常常是人际冲突或不愉快沟通的原因,但不绝对,有时则是积极的。

**例 3**

A:我这次没有考好,算了,下次再来。

B:我相信你会努力的,但要注意劳逸结合,不要累坏了身体。

(A 高考失利,但理智地对待,希望得到 B 同样理性的反应,把咨询师看作是成人。但咨询师作出了照顾型父母的反应。此时,来访者会感到被关怀的温暖。)

（三）隐蔽沟通（ulterior transactions）

隐藏沟通包含两个以上的自我状态，信息同时从一个或两个自我传达到其他两个自我。传达的是一个公开的社会层次的信息，及另一个隐藏的心理层次的信息。它可以是双重型的（四个自我状态，见图 7.12），也可以是角型的（三个自我状态，见图 7.13）。隐藏沟通的结果由心理层次的内容决定，而非口头的社会层次信息。心理层次的信息主要是通过非语言线索获得的，也就是人们常说的"看人看相，听话听音"。这种模式有时会带来不舒服的感觉。

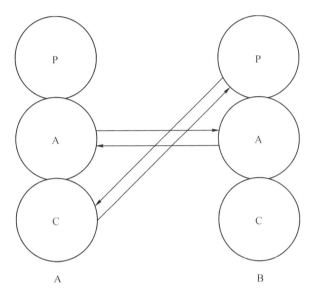

图 7.12　双重型隐蔽沟通

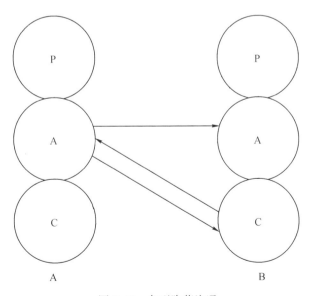

图 7.13　角型隐蔽沟通

**例4**

社会层次的信息：

A：我这次准备不充分，所以没有考好，真不好意思。(成人—成人状态)

B：你运气不好，下次再好好考吧。(成人—成人状态)

心理层次的信息：

A：我不是个好学生，你批评我吧。(儿童—父母状态)

B：是的，我就批评你。(父母—儿童状态)

(可能B会想：明明想批评我，还说得这么好听，虚伪。)

**例5**

社会层次的信息：

A：我想今天提前咨询，明天我要回老家去了。(成人—成人状态)

B：那好吧，我在咨询中心等你。(儿童—成人状态)

心理层次的信息：

A：你必须今天为我咨询，否则我就来不了了。(成人—儿童状态)

B：那好吧，我在咨询中心等你。(儿童—成人状态)

## 三、游戏分析(game analysis)

### (一)四种人生态度

沟通分析理论把人与人之间的态度区分为以下四种：

(1)我不行—你行。

(2)我不行—你也不行。

(3)我行—你不行。

(4)我行—你也行。

"我不行—你行"是儿童在早期生活中普遍存在的一种见解。"我不行"是一种自卑感，是对自己幼弱无能、不能自助的现象的反映。"你行"源于别人的轻轻抚摸。因为婴儿都有被轻轻抚摸的需要，这是一种生存需求，得不到满足就会产生病态。医院育婴室得不到轻轻抚摸的婴儿死亡率较高。当婴儿受到他人抚摸时就觉得"你行"。

一个人怀有"我不行—你行"这种态度时，就容易听任他人的摆布，因为他非常需要得到别人的爱抚或承认。这是婴儿需要他人轻轻抚摸的心理的表现。这种人所常用的行为方式有两种。一种是受"我不行"的"生活脚本"支配的方式。这种人一旦生活在强手如林的环境中而感到太痛苦时，便会产生逃避生活的倾向。有的采用"幻想作用"来寻求心理平衡；有的则可能采取破坏行为或自暴自弃的行为。他们牢骚满腹，对他人充满冷漠和敌意；在消极的抗争中欺骗自己，安抚自己，可怜自己，总觉己不如人，哀叹命苦。这种意识的持续，将可能导致一个人走向绝望，最终的结果，或是自弃，或是自杀。

另一种是受"相反的脚本"——"你行"支配的方式，即求助于"父母"中的信息"倘若……那么你可能行"来处世。采取这种方式的人爱交结朋友，愿意与那些有庞大的"父母"信息体的人交往,因为他需要得到更多的抚爱,而"父母"越强大,他能从中得到的抚爱也就越多。这样的人,往往发自内心,由衷地尊重别人,从而常被称为"老好人",因为他们始终在努力争取获得他人的赞许。尽管他们一直在追求,但每当成功时,却又感到山外有山,风光在前。

"我不行"写下了他们的"生活脚本",而"你行"则写下了"相反的脚本"。但就人生幸福而言,两者都不可取,因为它们在骨子里都没有改变,还是持有"无论我干什么,我都不行"的人生态度。

一旦第一种见解被揭示并得以改变,借助"相反的脚本"所获得的生活成就和待人接物的技巧,使个体通过"成人"可建立起一个崭新的、能清楚意识到的生活计划。

"我不行—你也不行"出现在最初两年,它取决于大人照看孩子的态度。如果母亲对孩子冷漠,在第一年只是出于无奈才不得不去照料他,那么,当第二年孩子开始蹒跚学步时则很可能意味着婴儿期的结束,爱抚也就随之消失。同时,他受到的体罚却越来越多,越来越重,如会因弄破东西而受父母打骂,因摔倒而碰破皮肤等。

此时,往日的舒适、安逸及抚慰已不复存在,孩子处于"被遗弃"(得不到充分照顾)的困境之中。这样,孩子就会断言"我不行—你也不行"。一旦持有这种见解,"成人"的发展就会停滞不前,因为"成人"的一个主要功能是想方设法获得爱抚,损失了爱抚的来源,"成人"的发展就受到破坏。这时,一个人就会自暴自弃,失去希望,由此而变得一蹶不振,最终很可能在一种完全逃避的状态下,与世隔绝地在精神病院中结束自己的生命。他采取的退缩行为反映出潜意识中的一种愿望,即想回到他一岁时所经历过的那种生活中去。那时,作为婴儿的他常常被人抚摸、抱起和喂奶,他在这个过程中感受到了他所需要的爱抚。

这种态度一旦形成,孩子就会一概拒绝他人的爱抚与帮助,因为在他看来,他人真的什么也不行。在心理咨询和心理治疗中,表现为很难恢复"成人",认为医生也不行。事实上,他的"成人"已停止使用。

这种现象典型地反映在性情孤僻的人身上。

"我行—你不行"源自父母的虐待。一个最初认为父母"行"又长期受到父母虐待的孩子,将转入第三种见解"我行—你不行"(亦称为犯罪意识)。

孩子遭受父母毒打后轻轻地抚摸自己的伤口,是这一心理现象的生动表现。在这种自我抚慰中他感受到了亲切和温暖。他似乎在说:哼,等着瞧吧,我会好起来的,我自己"行"。当他残忍的父母露面时,他可能会吓得浑身发抖,害怕再遭毒打。然而,在他的心灵中留下来的却是:你们想伤害我,但是办不到,你们不行——这种结论显然就是"我行—你不行"。许多抱有这种犯罪变态心理的人,在他们早期的生活中都曾受过这种粗暴的肉体凌辱。

幼小的心灵经历残暴后常会产生如此想法。这种残暴的事还有可能发生,这次我活过来了,以后我也要硬挺着活下去。在这种意识支配下,他决不气馁,等他成人后,这种意识会变得更加强烈。他见过凶狠,也知道如何残忍。他的这种要以凶狠、残忍待人的经验,得到了他的"成人"的默认。虽然,他学会隐藏自己的内心世界,装出一副温文尔雅的样子,但是那种强烈的仇恨和报复心理是他情感的精神支柱。正如卡路·切斯曼说的:"没有比报仇雪恨更能使人卧薪尝胆;没有比胆小怕事更让人嗤之以鼻。"

"我行—你不行"是这类孩子生存下来的一根救命稻草。在他们的一生中,他们拒绝正视自己的内心世界,这对自己、对社会都是一个悲剧。他们的一个特性便是把一切过错无条件地归因于他人,而认为自己什么都对。他们缺乏起码的"道德心",拒不接受他人也"行"

的事实。惯犯通常抱这种态度处世。

抱这种态度的人必定不能体验他人的爱,因为既然他认为他人不行,怎能给自己以爱抚呢?他不可能通过积极的情感与外界建立联系,只能通过消极的方式来摆脱孤立状态,如从事破坏性犯罪活动,或让他人屈从自己,奉承自己。

"我行—你也行"与前面三种人生态度有着本质的区别,它孕育着健康与希望。前三种见解是在生命早期的无意识中形成的。

"我不行—你行"伴随着大多数人度过一生,而对那些不幸的孩子,这种态度很快会被第二种或是第三种见解所取代。

"我行—你也行"是一种有意识的、能以语言表达的见解,所以它不仅包含了涉及个体及他人的大量信息,同时也包含了来自哲学和宗教抽象中的那些从未有过的可能事件。前三种见解是基于情感的,而第四种见解则立足于思想、信仰和对行为的判断之上的。前三种见解只提出了"为什么",而后一种见解还涉及了"为什么不……"在这种见解中,人们对"行"的理解并不仅限于个人的经验,而且可以超越它,使其抽象化,从而用于所有的人。

(二)游戏分析

伯恩内认为,无论是成功者还是失败者,最普遍的人生态度是"我不行—你行",而应付这种处境的方法是游戏。伯恩内(1964)对游戏的定义作如下表述:游戏是一系列不断发展的、互补的隐性沟通,它将会引出具有明确含义的预想结果①。可以把游戏描述为一套原地转圈的相互关系,它们经常是重复的,表面上好像很有道理,实际上有着隐匿的动机,或者说得更通俗一点,这是设置圈套或"机关"的一系列活动。

游戏的原因有:想得到抚爱(strokes);确认自身的存在价值;证明和维持自己的心理状态;摆脱精神压力;想引人注目。游戏的典型特征是:

(1)重复性。每一个人都会把自己最拿手的心理游戏重复地玩,人物和背景会变,但游戏的模式不变。因此,若与人相处时经常出现同一种情况,就要注意其中是否有游戏发生。如听到有人说:"我为什么又这样?"就很可能存在游戏。

(2)隐蔽性。虽然游戏反复出现,但它是隐蔽的,来访者浑然不觉,到游戏结束时会十分困惑:"我为什么又这样?"他不知道这种结局原来是自己设计的。因此,一旦发现人际关系中存在这种困惑和负面结果的话,就可能存在游戏。

(3)操纵性。游戏者试图把对方拉到游戏中来,扮演某个角色,一旦成功,就出现预定的不愉快的结果。

(4)双重性。沟通是双重人格状态的,其中一种人格状态被另一种人格状态所掩盖。

最先发现的心理游戏的模式是:"为什么你要这样做,是啊,不得不这样。"

例6

来访者:我没法按时完成我的论文。

咨询师:那你今晚就开始写吧。

来访者:是啊,可是我昨晚一夜未睡。

---

① Berne E. Games people play. New York:Grove Press,1964:48

咨询师:那可以明天开始写。

来访者:明天我必须做化学实验。

咨询师:那就在周末写嘛。

来访者:周末我要回家。

咨询师:你为什么不向教授请求延长交论文的时间呢?

来访者:教授已经说过"不能例外"。

游戏的其他方式有:"这不是毫无办法了吗?""假如不是因为你,我本来……""你和他斗一斗""我已领教过你了,你这坏东西",等等。

游戏的心理本质是"儿童"中"我不行"态度的表现。这种态度使孩子和成人都感到压抑。孩子常用"我的比你的好"(其实言过其实)的游戏来直接缓冲这种压抑感。当他说这句话时,其内心感受却是"我不如你"。这是一种进攻性的防御机制,如果过分发展,结果只能是带来更大的伤害,因为他人往往会轻而易举地反驳其观点。成人的游戏也是如此。

游戏有三种强度,即轻度游戏、中度游戏、重度游戏。

轻度游戏是社会可接受的,通常这是与不太熟悉的人所玩的心理游戏。玩游戏的人会愿意把结果告诉自己熟悉的人。这种游戏占了我们一般人际互动里很大的部分。

**例7**

来访者:我真倒霉,我与寝室同学闹翻了,我不知道该怎么办。

咨询师(紧蹙双眉):真是太糟了,我能帮你什么忙吗?

来访者(没精打采地):我不知道。

咨询师:为什么不坐下来与他们好好谈谈呢?

来访者:这就是问题所在,我没法和他们谈。

咨询师:我想我可以安排你们一起来咨询。

来访者:你真好,可是我不想与他们谈。

咨询师:那你可以找班主任老师谈。

来访者:班主任也没有办法,我们又不是小孩子,说好就好的。

咨询师:那就换一个寝室吧。

来访者:太麻烦了,别人也不一定愿意住我们的寝室。

咨询师:(努力想是否有别的办法,可是脑子一片空白。)

来访者(叹了口气,站起来):"谢谢你了。"就快快不乐地走了。

咨询师(自问):"到底是怎么回事?"(她开始时觉得惊讶,随后觉得无力而沮丧,她想自己实在不是个好的咨询师。)

同时,走在街上的来访者也对咨询师很生气,他说:"心理咨询没有用。"

类似的情形,他们两人过去都发生过很多次,咨询师常想帮助来访者,并提出许多建议,可是来访者却不接受,使她很不舒服;而这位来访者不断地拒绝别人的帮助,并试图对帮助他的人生气。

他们两人的游戏常成对出现,咨询师的游戏叫"你为什么不……"而来访者的游戏叫

"对,可是……"如图 7.14 所示。

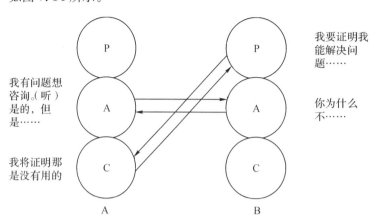

图 7.14　轻度游戏

中度游戏常和亲戚、朋友、家人、同事等较亲近的人玩,结局比较严重,它会导致生活上或生命的重要改变,例如离婚、离职、朋友间不再往来……且不希望让邻居知道这些不好的事。如果上例中的来访者当面质疑咨询师的能力,咨询师可能会陷入更深的沮丧,不太愿意和朋友讨论,甚至难过地辞去咨询师的工作。

玩重度游戏的人,常常有严重的病态心理,会导致严重伤害他人的结果,如药瘾、谋杀、强奸等。如一个其他方面很老实的人,有仇恨妻子的病态心理,他杀死第一个妻子后逃到偏远的地方,有人见到他老实就愿意与他结婚,结果被他杀死;他换一个地方后又出现同样的事件。

游戏总是由某个人发起的,这个人先放出诱饵,等对方上钩,游戏就开始。如在例 6 中,来访者告诉咨询师与寝室同学闹矛盾时,就隐藏了一个诱饵:"看你有什么招,只要我不接受,你肯定无能为力,哈哈哈。"这时,咨询师开始提供建议就上了钩,原因是咨询师人格中的"照顾型父母"开始不遗余力地工作了。而当来访者的非语言信息表示"你是个没有用的人",咨询师的非语言信息是"我要在你身上证明自己有用"时,游戏就进入白热化。结局是两败俱伤:来访者证明了自己的问题是无法解决的,应该继续烦恼和痛苦下去;咨询师觉得自己真的无能,自我挫败感油然而生。

为了分析游戏心理,卡曼(Karpman)设计了戏剧三角形(图 7.15),他认为只要是玩心理游戏,主角必定属于以下三种之一:

迫害者(persecutor,P):贬低别人,把别人看得较低下、不好。

拯救者(rescuer,R):也是把别人看得较低下、不好,但他的方式是从较高的位置提供别人帮助,他相信"我必须帮助别人,因为他们不够好,无法帮助自己。"

受害者(victim,V):则自认自己较

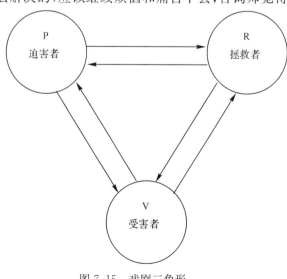

图 7.15　戏剧三角形

低下、不好,有时受害者会寻求迫害者来贬抑自己,或是寻找拯救者提供帮助,而证明自己"我无法靠自己来处理"的观念。

**例8**

爸爸:你怎么还不做作业,看我怎么收拾你。(迫害者)

孩子:(哭着大叫)奶奶,奶奶……(受害者)

奶奶:(跑过来保护孩子,责备爸爸)住手,有你这样打孩子的。(拯救者)

爸爸:(气呼呼地离开了家)(受害者)

孩子:等我长大了要打还。(迫害者)

奶奶:哎!你也太不懂事了,害得我与你爸爸整天吵架。你妈妈还对我有意见。(受害者)

孩子:好的,我听奶奶的话。(拯救者)

奶奶:你讲得好听,就是做不到。(迫害者)

在这种游戏中,角色是可以随时转换的。如故意破坏既定规则,做出冒犯的行为,使自己陷入被惩罚的困境,故意让别人出洋相,然后受到他人谴责等属于迫害者转换为受害者的游戏。抓住别人把柄谴责对方或者攻击对方时,受害者就变成了迫害者。在咨询中,"是的,但是……"就是这种游戏类型。去帮助别人做事情而完不成自己的本职工作,结果由拯救者成了受害者。如果帮助别人的结果是谴责别人做事太不认真,那么拯救者就转化为迫害者了。

不管角色如何转变,游戏的心理本质上是一致的,即存在对他人或自己的漠视,结果是每个人都体验不到真正的自我。迫害者漠视别人的价值和尊严,甚至漠视别人健康生存的权利,拯救者漠视别人为自己思考、行动的能力,受害者漠视自己的权利、能力和责任,如果他寻找的是迫害者,他会视自己不重要、没有价值,如果他寻找的是拯救者,他会依赖别人,不去思考、行动、做决定。

如果游戏的概念与 P—A—C 的理解和运用结合起来,就可成为一种极有效的咨询工具。

## 四、脚本分析(script analysis)

伯恩内认为一个人的命运、所有的尊贵思想、地位或堕落,都是由还不到六岁(通常是三岁左右)时所决定的,这一阶段也是生活脚本形成阶段。生活脚本是"潜意识里的生活计划",它来自父母的言传身教,从某种程度上是家庭文化的一种传承。如一个生活在父严母慈家庭里的男孩,长大成家做了父亲后,也会扮演一个严父的角色,而要求妻子扮演慈母角色。而一个生活在父母整天打架的家庭里的孩子,长大后可能会变得喜欢暴力……脚本有 4 种类型,文化脚本是某种文化中生活的人所共有的,如集体主义文化和个人主义文化中的生活脚本;次文化脚本是特殊团体成员所共有的,如打工族、追星族等;家庭脚本是家庭所特有的,每个家庭都有其独特的生活脚本;个人脚本是每个人自己所独有的生命脚本,即使生活在同一个家庭里面,每个人也会形成自己特色的脚本。

如图 7.16 所示,父母通过三种"教育方式"塑造孩子的脚本。

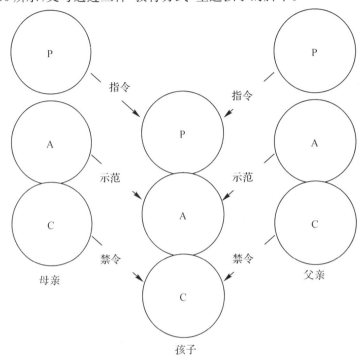

图 7.16　脚本的起源

第一是指令(counterinjunction),用语言传递父母的"父母"状态,告诉孩子应该做什么,如何做等,指导孩子如何生活,如何达成目标,也就是行为的内驱力。它有以下 5 种类型:

(1)要完美(Be perfect);

(2)要快一点(Hurry up);

(3)要努力(Try hard);

(4)取悦他人(Please others);

(5)要坚强(Be strong)。

第二是示范(programme),用语言传递父母的"成人"状态,告诉孩子并用行为做给孩子看,做孩子的榜样。如一个努力工作的父亲告诉孩子应该努力工作,不贪玩,同时也给孩子树立了榜样。

第三是禁令(injunction),用语言和行为传递父母的"儿童状态",告诉孩子什么是不可以做的。而孩子在接受这些禁令的同时,仍然有能力发展自己,这便是"允许"(permission)。这样,生活脚本中有多少禁令,也会有多少允许,每个人的脚本在禁止和允许程度上有所不同。禁令主要有如下 12 种类型:

(1)别活了(Don't exist)。父母通过谋杀、虐待、遗弃或忽视来暗示孩子:"你没有活着的必要。"或者通过有意无意的语言告诉孩子这一信息,如"他是我们的小意外","要不是你,我就不必嫁给你父亲","怀了你之后,我只好放弃升学的计划"。对孩子而言,这些话听来就像是:我是多余的,我是累赘,我没有价值。有时,言者无心,听者有意。但不管父母出于怎样的动机,孩子体会到的是自我生命价值的否定,因此会产生这样的想法:

1)如果你不改变,我就自杀。

2)如果情况太糟糕了,我就自杀。

3)我会做给你看,甚至死不足惜。

4)我会报仇的,死也在所不惜。

5)我会让你杀了我。

6)我会(一再地)让自己差点死掉,好使你爱我。

这些不同选择是某个脚本或生活方式的基础,使得这个孩子成年之后常冒险,例如:企图自杀、发生意外不及时就医或去从事危险的活动。当然,这种禁令也可能导致孩子对人和社会的疏离感和冷漠感。

(2)别做男孩(或女孩)(Don't be you—your sex):这种信息的产生大多有两种情况,一是父母希望生一个男孩而生了女孩,二是父亲偏爱女孩,母亲偏爱男孩。这样的情况下,孩子从父母那里得到的信息是自己的性别不好。为了生存,孩子必须找出一种生活的方式,既能保证自己得到父母保护与关照,又能够自由地去体验作为男孩和女孩的生活,表达自我。

(3)别做小孩(Don't be a child)。当父母由于各种原因希望孩子早日成人时,就传递了这种信息。在老大身上容易产生这种情况,因为他要照顾弟妹,负担起父母的角色。在父母无力担负家庭责任的子女身上,这也是很常见的现象,即"穷人的孩子早当家",他们常被迫扛起与其年龄不相称的责任。这个禁令可能带来的观念是"我会照顾你"(乐意的或怨恨的)、"我是唯一能做这事的人""我不需要任何人"。

(4)别长大(Don't grow up)。这个禁令包含几个不同意义,如"不要度过婴儿期""不要超过某个年龄""不要离开我""不要长大成熟""不要思考"。会接收到这种禁令的像是家中的老幺,或是正在发育的年轻女孩,他们对自己的成长有一种恐惧。

(5)别成功(Don't succeed)。这个禁令来自父母人格中充满嫉妒的"儿童",如母亲会嫉妒女儿的美丽,父亲会嫉妒儿子的才干。这时,父母"儿童"发出的信息是:"如果你比我成功、有才能、美丽或聪明,我就不会爱你"。这些人长大后会"追求失败",如读了三年大学,然后在考试前一个月办休学;自己与他人相处不好;不断提高自己的目标,以至于永远给自己一种挫败感。

(6)别做(Don't do)。如果父母过度保护或担心孩子会出差错,则常常会说:"什么都别做,因为不管你做什么事都会造成不良的后果。"这种禁令可能会以强迫性行为来避免做决定,或拒绝长大,因为这样一来,别人自然会为自己安排一切。

(7)别变得重要(Don't be important)。如果父母认为孩子的意见是无足轻重的,可能提供了这样的信息:"你不要出风头,站一边去""你不用发表意见,反正没有用"。孩子习惯于不提自己的要求和愿望,因为觉得自己不够重要。这种心理也可能是针对某一方面,如在人际关系上或在工作上。

(8)别有归属感(Don't belong)。如果父母或监护人常常告诉孩子:"你与别人不一样""你不属于这个家庭""你不像我们家的人",就可能导致孩子与众不同的感觉。寄养的孩子、孤儿、私生子产生这样的情况比较多。

(9)别亲近(Don't be close)或别信任任何人(Don't trust anyone),或别爱(Don't love)。如果父母因为离婚或感情不和,或者父母受到某种刺激,就可能对孩子传递这样的信息:"我必须照顾我自己""我绝不会信任女人（男人）""关心别人是没有用的""我绝不要结婚"。少数孩子因为受到来自父母的性骚扰，也会产生这种心理。

（10）不正常或不健康（Don't be normal or Don't be healthy）。如果父母因为太忙等因素没有时间照顾孩子，而在孩子生病或者有怪异表现时给予关照，那么孩子就会养成喜欢生病的心理。这些孩子在咨询时会产生阻抗，尤其当快要恢复健康时，他们又会生出新的毛病，使自己能够继续受到咨询师的注意。

（11）不要感受（Don't feel）。如果父母非常自我中心，用自己的感受去替代孩子的感受，就可能传递这样的信息。如父母自己感到饥饿时，就给孩子吃；自己感到冷时，给孩子穿衣服；自己感到高兴时，认为孩子也高兴；自己不高兴时，认为孩子也不应该高兴。简言之，父母把孩子当作自己的一个部分或工具。在这种情况下，孩子就"没有了"（压抑了）自己的感受。

（12）不要思考（Don't think）。如果父母非常自我中心，用自己的思考去代替孩子的思考，结果是孩子"没有了"（压抑了）自己的思考能力。

关于个人在生活脚本形成中的作用，有两种不同的观点。伯恩内认为脚本是别人赋予的，是被动形成的，所以心理咨询师要改变来访者的脚本，必须以强大的"父母"姿态给予指引。高登二氏（Goulding M，Goulding R）则认为个体能编写自己的脚本，并能以强大的"父母"状态重写脚本，不需从咨询师那里借用脚本。高登二氏认为，虽然父母对孩子生活脚本的形成有很大的影响，但孩子不是一只空的容器，被动地接受外来事物；相反，孩子是生活脚本的主动编写者，他们为自己的经验做注解，为自己的生存谋意义，因此脚本有时亦称为"生存策略"。

事实上，生活脚本有点类似于阿德勒（Adler A）的"生活方式"，既然它决定一个人的命运与身份，沟通分析的最终目标应是"脚本分析"！

## 第三节　沟通分析方法

7.5 分析方法

沟通分析的目的在于恢复 P—A—C 的相对独立状态，使"成人"获得充分的发展与自觉，并在沟通中占支配地位；同时建立"我行—你也行"的人生态度，保持自信，从而创造幸福的生活。为此，心理咨询首先要把这些方法教给来访者，让其理解后方能进行人格改造工作。所以，从这一角度讲，沟通分析心理咨询实际上是一种教与学的过程。来访者学会了方法后，还可以进行自我咨询和帮助他人进行咨询，所以，任何人都可成为咨询师。因此，沟通分析方法的核心内容就是上述结构分析、沟通分析、游戏分析和脚本分析，但在具体操作时，它强调签订协议（contracting），也有一定的步骤和技巧。

### 一、心理协议

强调明确的"协议"是沟通分析对心理咨询的重要贡献。这种协议是建立在成人对成人（adult to adult）的沟通方式上的，保证了一种平等的"同盟"关系。协议中有明确的目标及达成的标准，要求来访者承担明确的责任，并主动参与咨询。协议能提醒来访者在咨询中进行诚实理性的沟通，使其认识到目标的达成必须由两人的共同努力。协议虽不保证咨询一定成功,但明确地指出咨询师做什么,来访者要做什么。

**(一)协议关系中的原则**

协议关系中的原则如下:

(1)来访者究竟要得到什么帮助必须清晰、明确。

(2)咨询师不能强迫来访者去做来访者不愿意的选择。

**(二)协议的安排**

协议的安排如下:

(1)我希望改变的生活问题和工作问题是什么? 制定目标的原则越清楚越好,由小目标一步一步达成大目标,进而达成来访者的期待。

(2)自我改变意愿最重要。让来访者明白达到目标,首先必须从自我改变做起。

(3)我该做什么来促使改变发生? 并且清楚不能改变的因素。

**(三)协议的内容**

心理协议是一个人的行动计划,所以协议内容要包括何时、何地、做什么、和谁一起做、以及如何做等细节,以利行动实现。

协议的内容如下:

(1)用"成人"来协调"父母"和"儿童"。

(2)用互补沟通与他人更开放的沟通,而在互补沟通有害时,能适时地运用交错沟通。

(3)在利用时间上,尽量将大部分的时间运用在"活动"和"亲密"上,避免过度的"消遣"和盲目的"仪式",并很快地摆脱"心理游戏"。最后,借着心理协议的制订,咨询者将带领当事人一起走向"我行—你也行"的境界。

## 二、沟通分析的步骤

沟通分析心理咨询的基本步骤如下:

(1)倾听来访者诉说他的问题。来访者叙述他们的故事,咨询师认真倾听,通过评论和引导,让他们把问题讲清楚。同时,这也是建立良好关系的阶段。

(2)讨论"咨询协议"。通过第一阶段的交谈,咨访关系已经建立,问题也已经确定。这时,咨询师和来访者就可以商量协议了。协议包括咨询目标,如能安心学习,能与家人和睦相处,能与同事处理好关系等。沟通分析强调咨询协议,如果没有协议的话,很容易在咨询过程中毫无目的地漫游。

(3)介绍 PAC 理论的基本观点。根据需要介绍结构分析、沟通分析、游戏分析和脚本分析的内容,不一定全部都讲,也不一定讲得很深入,以能帮助来访者为准则。如对于一个非常喜欢玩游戏的人,则重点讲解游戏分析;而对于一个人格结构有问题的人,重点讲解结构分析。这一阶段的目的是帮助来访者掌握 PAC 理论,用理论来分析自己的问题,提高自我意识。在许多情况下,一旦认识了问题,问题就开始减轻。这一过程也包含修通(working through),即来访者会把压抑的情绪情感表露出来,释放过去的伤痛,同时也会产生焦虑和茫然,因为正面临重新评估自己的人生,确定新的生活方式。

(4)向来访者详细解释他所持的人生态度,并指导他建立起更现实、更合理的人生态度;

"我行—你也行"。同时应指出来访者与他人交往受挫时的惯用游戏方式,使他明了这种游戏的心理本质及不良后果。咨询师应帮助来访者发展"成人",使"成人"摆脱"父母"的专断和"儿童"的冲动性行为,但又不排斥"父母"和"儿童"。在进行这些工作时,咨询师可采用"竞赛分析"和"脚本分析"两种技巧。前者指医生和来访者平等对话,互相分析对方的人格结构;后者指分析来访者的早期经验,特别重视父母 P 对 A、C 的强烈影响。

(5)结束。通过咨询达到目标后,咨询师和来访者一起回顾工作,商量结束事宜。

这种咨询一般采用小组咨询法。小组成员可每周碰一次头,通过讨论眼前发生的事(如昨天发生了什么,上周发生了什么)及眼前的相互关系(尤其是小组成员间的相互关系),来学习辨认和了解他们的"父母""成人"和"儿童"。当个体的"成人"开始占据统治地位时,他们自身发生的变化很容易在小组内表现出来。

要注意的是,咨询中不可告诉来访者诊断结果,而只分析其 P、A、C 状态。因为病症不易说清楚,如很难向来访者说清楚躁狂症是怎么回事,即使说清楚了、来访者理解了,也要花很多时间,且对咨询毫无益处。而 P、A、C 很形象,易为来访者理解,并看清问题,有利于咨询。同时,咨询师也不必规定治愈时间,如来访者问:"什么时候才能治好?"就回答:"我们先看看第一次咨询你能学会多少。"此外,应消除小组成员"我比你学得快"的心理,这是"儿童""我不行"的反映,不利于咨询。每次咨询后可要求来访者写心得体会,以巩固学习效果。

"不会消遣的人"通过"成人"进行有意识的努力,可以学会正确处理工作与娱乐之间的关系,重视孩子的童趣,加入家庭生活行列,建立愉快的生活;"没有道德的人"通过理解"成人"的重要性及自己的 P—A—C 关系,可以改变自己的犯罪行为;"成人"失效者,可重建"成人";"躁狂抑郁症来访者"可以让"成人"回到它曾经放弃了的因果关系的位置上去;"沉闷乏味的人"可重新发展"成人"对现实生活价值的认识。所以,沟通心理分析咨询过程是一个解放"成人"的过程。

### 三、沟通分析技巧

#### 1. 强化自我界限

沟通分析中,健康的自我状态是 P—A—C 之界限明确,个人能干净利索地从一个自我转换到另一个自我。然而,如果自我结构太模糊,界限不够明确,则个人就会产生不适应的心理和行为。对此,咨询师要教导来访者人格结构的理论,了解"父母""成人"和"儿童"三种自我状态的含义,熟悉这三者彼此间交互的功能。来访者能够运用上述知识来处理自己的行为时,自我界限就会变得明确起来。

#### 2. 去污染(decontamination)

如前所述,污染是指自我状态间有互相重叠或干扰的现象。污染是个人产生问题或不适当行为的重要原因之一,如"偏见"是父母自我状态污染成人自我状态的结果,"妄想"则是儿童自我状态污染成人自我状态。因此,"去污染"的主要方法是,让来访者了解到自己受污染的状况,包括谁污染了谁,污染的方式和程度如何,以达到去污染的效果。换言之,当来访者的反应、感觉或对事物的看法有偏差、曲解或混淆时,咨询师要指出他的"成人"受到"父母"或"儿童"的污染,让来访者认识到这一问题,从而修正现有状态,以重建和谐的自我结构(图 7.17)。

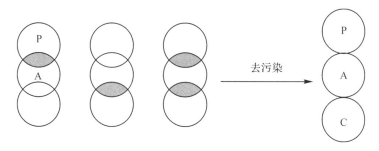

图 7.17 去污染

### 四、再宣泄

沟通分析理论中,宣泄是指一个自我能很顺利地转换到另一个自我。当自我状态发生"排斥"时,这种转换将受到阻碍,产生不适应的心理和行为。所以,再宣泄(recatharsis)指帮助来访者将所排斥的一个或两个自我状态重新激发出来,使来访者的行为反应能与环境相适应,随时转换适宜的自我状态。

### 五、澄清

澄清(clarification)与前面谈论过的概念是一致的,是指咨询师将来访者所说的或想说的相关信息串联起来,或把来访者未明白表达出来的想法说出来。澄清的目的是使来访者对于未来将发生的事情及发生事情的原因,能有深切的洞察与了解,以便在咨询后,来访者可以很自主、自然地回到现实生活中,以适应的方法去处理日常生活。

### 六、重新定向

沟通分析的一个基本假设是,我们目前的决定是建立在童年经验的基础上的。所以,咨询师要让来访者明白童年经验的影响,了解自己在困扰中的责任及主动性,重新以成人的姿态审视自己的决定,改变自己的决定,并把这样的决定付诸实际行动。这就是"重新定向"(reorientation)的含义,其目的是通过咨询师的指导,舍弃不良的生活方式,构建健康的生活方式。

### 七、其他技术

如用完形咨询法的空椅技巧(empty chair)及借用团体咨询常用的角色扮演(role playing)等。

## 第四节　沟通分析评价

沟通分析虽然有其精神分析的渊源,但它吸收了人本主义、存在主义、认知主义、行为主义、格式塔心理学等多种流派的思想,在理论上有更大的开放性和自由度。它把其他流派的方法应用到沟通分析中来,与经典精神分析"排斥异己"形成鲜明的对照。在人性观上,沟通分析原则上推崇人本主义,尊重来访者的能力、权利和责任,认为人有能力超越旧有的习惯模式,选择新的生活方式,人不是被动的受害者,而是主动的创造者;人有一种朝向健康发展的内驱力,心理问题是因为这种力量受到阻碍引起的,咨询师的任务就是帮助来访者清除障碍,释放内驱力,促进心理的健康发展。由此不难理解,沟通分析强调,即使父母给孩子传递许多禁令,但孩子还是会发展相反的"允许",摆脱禁令的藩篱,自由发展。因此从总体上说,沟通分析是一个积极乐观的思想体系,它对心理咨询的具体贡献如下:

第一,它最明显的特征是,试图应用日常生活中家喻户晓的概念来构建理论,增强了其应用性。如父母、成人、儿童、游戏、脚本等都是人们已经具备的知识,为心理咨询师向来访者解释理论奠定良好的沟通基础。

第二,沟通分析倡导的"协议"方法很有意义,目前已广泛应用于心理咨询,尤其是团体心理咨询活动。因为通过协议增强来访者的责任性和参与性是符合心理发展规律的,这与员工参与管理、学生参与教育和教学出自同样的原理:真正的管理是自我管理,真正的教育是自我教育,真正的咨询是自我咨询——人是自己的主人。

第三,游戏分析的提出很有价值,因为它揭露了隐藏在苦恼后面的真实动机。通过游戏分析,咨询师和来访者不会被纷乱的思绪牵着鼻子走,而能清醒地抓住问题的症结。尤其对于来访者,一旦掌握了游戏规律,就能在日常生活中提升自我意识,使自己不再陷入心理游戏中而不自觉,不再玩弄游戏行为,避免"不识庐山真面目,只缘身在此山中"的现象。

第四,沟通分析在处理来访者的早期经验时,更加积极、现实、有效,因为它不依赖领悟,而是直接用具体的方法去改造,改变不适合现实生活情境的早年决定,使其更能自在地生活着。它至少在操作层面上打破了精神分析的神秘性。

但沟通分析也存在一些缺点,主要为:

第一,它对早期经验的强调并不亚于弗洛伊德,认为生活脚本决定于6岁之前甚至2~3岁的生活经验,未免脱离实际。事实上,生活脚本的形成和发展是终身的,如一个当兵10年的军人,其言谈举止、生活风格都会带上军人的特色,自然很难与早期经验挂上钩。这种理论假设上的早期决定论阴影似乎与其实际操作时的"生活风格可变性"理念自相矛盾,暴露出沟通分析在注重通俗、实用、高效的同时,忽视理论上周密思考的弱点。

第二,从研究方法上说,伯恩内的理论建构主题是对精神分析的通俗化翻译,虽然他在从事临床工作中产生了许多领悟,不乏真知灼见,如游戏分析等,但他的观点很难得到实证研究的证明,与精神分析存在同样的困惑。

第三,沟通分析过于强调"人格结构问题",很容易使咨询师有置身事外的感觉。如同精神分析一样,沟通分析使咨询师认为自己是一个心理问题的解剖者,而不是参与者,这样可能忽视自己对来访者的影响。因为,咨询师解剖的问题并不完全是"他的"问题,在一定程度上也是咨询师"我的"问题。

第四,沟通分析总体上强调来访者的认知改变,相对忽视来访者的情感因素,在这方面可以说与认知建构主义非常相似。它脱胎自精神分析,但忽视潜意识问题,包括与咨询师相关的移情现象,也不能不说是一个遗憾。

第五,沟通分析很重视"成人"自我状态,认为成人主导的心理世界是健康的。但问题是,对成人的含义和功能的阐释有些含糊不清,如成人是排除儿童自我与父母自我后所剩余的部分,是适当处理目前问题的能力等说法给人以"理还乱"的感觉。在强调成人主导的同时,有意无意地给人以这样的感觉:儿童和父母似乎更多扮演反面角色,需要"批评教育"。事实上,人格的各个成分都有其积极和消极面,如人的创造性尤其是打破既定规则的胆识,恐怕来自自由儿童的"无拘无束",而对混乱场面的组织管理能力也很难说与父母状态无关。

但无论如何,沟通分析对已有的知识进行取舍整理,并自创一些新理念,融合成一个新的理论,是难能可贵的。

## 思考题

1.用 P、A、C 分析你自己的性格结构,指出优缺点,如何扬长避短?

2.画出你在家里、寝室里和教室里的自我图,分析其合理性和改进方法。

3.你与谁(匿名)合不来或发生过冲突? 当初你的自我心态是什么,对方的自我心态是什么?

4.你和谁(匿名)很合得来或一起合作做某事很愉快? 当初你的自我心态是什么,对方的自我心态是什么?

5.你认为父母或监护人给了你怎样的脚本? 有什么优点和缺点?

## 小组活动

1.在小组里分享上述思考题,其他同学可以提问、评论和提建议。

2.角色扮演:抽签确定每个人的角色,每个同学用抽到的角色想象一个情景,给右边的同学说一句话,右边同学用抽到的角色回应,其他同学评论回应是否符合角色要求。如此轮流。

# 第八章　行为疗法

## ■学习要点

　　掌握行为疗法的理论基础，包括行为主义心理学观、经典条件反射理论、操作条件反射理论和社会学习理论。学习系统脱敏法、冲击疗法、制想法等常用方法。

　　19世纪自然科学的发展对人的知识观产生了巨大的影响，表现为（自然）科学崇拜，信奉只有能纳入"（自然）科学"范畴的知识才是真正的知识，一切不能实证的知识没有资格步入"科学"的殿堂。从这一立场出发，一切研究人类思想意识和情绪感情的心理学知识被轻蔑地排挤在"科学家族"门外，成了科学世界的流浪儿，研究者自然不能被称为"科学家"。在这种时代背景之下，心理学无论愿意与否，必然要寻找自己的合法身份和出路。

## 第一节　行为疗法的产生

### 一、行为疗法的诞生

　　1913年，华生（Watson）发表了《一个行为主义者心目中的心理学》，宣告了符合自然科学家族规范的行为主义心理学的诞生。他认为，心理学研究的对象只能是行为，因为只有行为才是可以观察、测量、预测、可控制的。他在其著述中尽量避免应用"感觉"之类的传统心理学名词，代之以"刺激"和"反应"等名词，把各种感觉改为"视反应""听反应""痛反应"等，还用视反应错误来取代错觉。他强调环境刺激对行为的塑造作用，是典型的环境决定论者。他曾经热血澎湃地说：

华生（Watson J B，1878—1958）

142

给我一打儿童,再给我一些特定的环境。只要满足这两点,不管婴儿的才能、个性、本能及其父母的血统、职业如何,我都能将其中任何一个训练成我所需要的任何一种人,譬如医生、律师、艺术家、巨商、乞丐或小偷。

这一标新立异的思想,乘着时代"科学"精神的东风很快风靡欧美,众多学者趋之若鹜,纷纷投入行为主义研究大军,使行为主义飞速发展,硕果累累,并迅速应用到教育、管理、医学之中,形成了许多专业分支领域,行为疗法就是其中之一。

第一个对行为疗法进行阐释的是心理学家马瑟曼(Masserman),他在其《行为与神经症》(1943)一书中指出,通过条件反射的方法来消除动物的恐惧和变态行为是可行的。

华生与雷纳(Rayner)曾于1920年进行了一项被称为"小艾伯特(Little Albert)"的实验。小艾伯特是日托中心的一个健康、正常的幼儿,年龄是11个月又5天。实验的条件刺激是一只小白鼠,无条件刺激是铁锤敲击一段钢轨发出的声音。小艾伯特看到小白鼠时的反应是好奇,他看着它,似乎想用手去触摸它。突然听到一种令人生厌的声音时,小艾伯特的无条件反射是惊吓、摔倒、哭闹和爬开。在小白鼠与敲击钢轨的声音结合出现3次后,只出现小白鼠就会引起小艾伯特的害怕和防御反应。结合6次后,小艾伯特见到小白鼠时会产生强烈的情绪反应。在小艾伯特1岁又21天时,华生进行了一系列泛化测验,即在小艾伯特面前呈现小白兔、小白狗、圣诞老人面具上的胡子、医用棉球和白色裘皮大衣等。在每一种情况下,小艾伯特都表现出一种很强的情绪反应。因此,华生得出结论:条件化的情绪反应具有扩散或迁移作用,而在适当的条件下,又可分化开来,形成分化的条件情绪反应。通过条件反射学习一些适应行为,例如对毒蛇保持警惕和恐惧,是一个人生存所必需的;通过条件反射学习获得害怕别人不怕的东西,比如小白鼠、小兔等,则会给生活带来不必要的麻烦,这是一种不适应行为。适应行为的获得增强生活能力,是积极学习;不适应行为的获得妨碍正常生活,被称作心理障碍行为。华生的实验表明,人可以习得某些行为。后来,华生也曾经设想要把小艾伯特的恐惧行为消除掉,但小艾伯特被母亲带走了,他没有完成这一设想,但从理论上讲,这种恐惧情绪是可以消除的。后来,另一个行为主义心理学家琼斯(Jones)的实验证明了这一点。

1924年,琼斯用行为心理学的方法成功地治疗了一个男孩的恐惧症。这个小男孩叫彼得,特别害怕兔子、小白鼠等,甚至皮毛和棉绒也非常害怕。琼斯的治疗方案是,首先用一个能使小彼得与其他三个小孩儿一起玩的环境,并给他食物。当他玩得高兴时,琼斯就给他们看一只兔子,天天坚持这样做。开始彼得对兔子仍然害怕,但随着时间的推移,他的恐惧开始减弱,他能渐渐地容忍兔子跟自己靠近,在第45次试验时,他可以将兔子抱在怀里抚摸,并让它轻轻地咬自己的手指头。这就是行为疗法的雏形。

## 二、行为疗法的发展

1958年,南非心理学家沃尔普(Wolpe)首次提出交互抑制(reciprocal inhibition)理论,为行为疗法的发展做出了巨大贡献。在1947年到1948年间,沃尔普用猫进行了一系列行为治疗实验,他将猫关在一个实验笼子里,先给它们一个听觉刺激,然后给予痛苦的电击。猫对电击产生强烈的反应:横冲直撞,又抓又刨,或蜷缩、颤抖、嚎叫、口吐白沫……一旦把它们从笼子里放出来,这些症状便立即减轻。把它们放回笼子时,症状又立刻出现,且关数小时症状丝毫没有减轻,这种神经过敏性反应是不会自动消失的,必须接受治疗。为此,沃尔普用另一种正常的反应去抑制这种不正常的反应,具体做法是,当猫回到实验笼子时,实验员用手喂食物给它们吃。逐渐地,一些猫开始吃食物,症状开始减轻。而那些不吃食的猫,症状没有减轻。他还做了这样一个实验:先让一只猫在跟实验室完全不相同的屋子里吃食物,再过渡到与实验室较相似的房间里吃东西,最后让它在与实验室很像的房间里吃食物,按照这一程序换下去,若干天以后,这只猫就能够在实验室里吃食物了,且再没有表现出任何症状。但是,如果施以原来的刺激时,就会旧病复发。

沃尔普(Wolpe J,1915—1997)

根据这样的实验研究,沃尔普相信,个体不可能同时对一个刺激产生两种对立的情绪反应,如在产生焦虑恐惧的同时产生松弛平静的反应。因此,如果个体已对某个刺激产生了不良反应,那么再让其对同一个刺激形成一个良好的反应的话,就会抑制住不良的反应;相反,对某个刺激已有了良好的反应,再让其形成不良反应,就会抑制良好的反应。也就是说,个体可以有两种反应的竞争,但最后更强烈的反应得以表现,而弱的反应受到抑制。从条件反射的角度讲,交互抑制的实质就是建立优势兴奋中心。除了研究交互抑制,沃尔普还提出了系统脱敏法(systermatic desensitization)。他的研究完成了从行为主义心理学的学习理论到行为治疗的临床技术的飞跃,为行为治疗的进一步发展奠定了基础。

与沃尔普同时代的英国心理学家艾森克(Eysenck)在激烈抨击精神分析的同时,也大力主张用学习理论改造人的行为问题。他把行为问题分为两类,一类是行为表现的过剩,如酗酒、过度吸烟、吸毒、赌博、性变态、强迫思维等,另一类是行为表现不足,如社交焦虑、恐怖等。根据学习理论,心理治疗的本质是消退这些反应,而在条件化行为反应不足的情况下,治疗就只要建立那些缺失的刺激—反应联系。

20世纪60年代,班杜拉(Bandura,1925—)发展出社会学习理论,将经典反射、操作反射和观察学习加以整合,并引进了认知因素,使认知在心理治疗法中有了一席之地,促使认知行为疗法的出现。20世纪70年代,行为疗法已成为心理学界的一大流派,对教育、心理治疗、精神病学,以及社会工作产生了很大的影响。80年代,行为疗法开始寻找突破传统学习理论的新观念与新方法,探讨治疗实践对于当事人与社会的影响,更注意情感因素在治疗中的作用,以及生物因素在心理异常中的作用。90年代,美国行为治疗法促进协会(Association for the Advancement of Behavior Therapy, AABT)正式成立,极大地推动了行为疗法的进一步发展。目前的行为疗法观点和技术种类越来越多,其共同特征是以治疗为导向,强调行为,重视学习的作用,注重严格的诊断与评估。

# 第二节　行为疗法理论

8.1 行为疗法的
理论基础(一)

## 一、巴甫洛夫的经典条件反射理论

经典条件反射理论(classical conditioning theory)是诺贝尔奖获得者巴甫洛夫(Pavlov)提出来的。当初,巴甫洛夫正致力于消化现象的研究,他用狗做研究对象,先对它进行外科手术。如图 8.1 所示,他在狗的颊部开刀,造成一个瘘管。狗的口腔里一共有三个唾腺:腮腺、颌下腺和舌下腺。巴甫洛夫把两个腮腺中的一个造成瘘管,瘘管的开口通往一个仪器,这是一台可以测出十分之一滴唾液分泌的高灵敏度仪器。然后,把狗绑在一个实验桌子上,观察它进食多少与唾液分泌量之间的关系。实验程序是,巴甫洛夫坐在实验室里观察,他的助手送肉给狗吃。巴甫洛夫按一下铃,铃声响了,助手就送肉进来。巴甫洛夫通过实验发现,只要食物落到狗的口中,它就会泌出唾液,如果食物是湿的,分泌的唾液就少些,如果食物是干的,分泌的唾液就多些。唾液的分泌量精确地对应食物的种类、数量和质量。这种反射活动是狗和其他一切动物生来就有的,巴甫洛夫称它为无条件反射(unconditioned reflex,UR),引起无条件反射的刺激称为无条件刺激(unconditioned stimulus,US)。

巴甫洛夫(Pavlov I,1870—1932)

但有一次,巴甫洛夫按了铃,助手不知什么原因没有把肉送进来。就在巴甫洛夫焦急地等待时,善于观察的他发现一个意外的现象:狗已经在分泌唾液了。这意味着,对于这条狗来说,再测量吃肉与唾液分泌之间的关系已经失去意义,因为唾液分泌已不完全由肉引起。为什

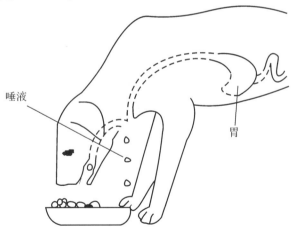

图 8.1　巴甫洛夫实验中的狗

么铃声单独能引起唾液分泌的反射活动呢? 对科学现象的敏感使巴甫洛夫对这一偶然的发现非常感兴趣,他决心弄清背后的原因——高级神经活动的机制。

他继续用狗做实验,发现一开始铃声并不会引起唾液分泌反射,只有当铃声与肉结合一定次数后,铃声才会引起唾液分泌反射。结合的方式可以是铃声在前,或铃声在后,也可以一起出现,也就是说,铃声引起唾液分泌反射是有条件的。据此,他提出了条件反射(conditioned reflex,CR)的概念。铃声开始不能引起唾液分泌反射,属于"无关刺激"或"中

性刺激"(neutral stimulus,NS),当它与无条件刺激结合后,就能引起唾液分泌反射,这时,原来的无关刺激铃声就变成了条件刺激(conditioned stimulus,CS),由它引起的反射就称为条件反射,这一过程叫条件反射的获得(acquisition)(图8.2)。

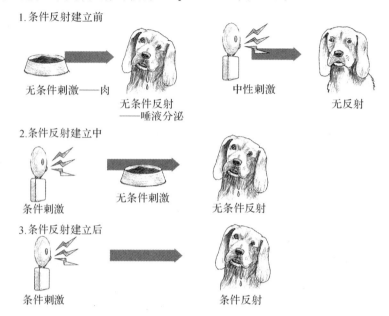

图8.2 条件反射的形成过程

肉与铃声的结合称为强化(reinforcing),强化次数越多,条件反射就越巩固。当铃声的出现不再伴随肉时,即不强化时,唾液分泌反射会逐渐减弱,直到消失,这是条件反射的消退(extinction)。消失后实验停止一段时间,再听铃声时,唾液分泌还会出现,这叫条件反射的自然恢复(natural recovery)。在条件反射建立后,类似的铃声也会引起唾液分泌反射,这叫条件反射的泛化(generalization)。如果只强化原来的铃声,不强化相似的铃声,对相似铃声的反应会消失,这叫条件反射的分化(distinction)。在条件反射建立后,再在铃声出现前给光刺激,结合若干次后,光能单独引起唾液分泌反射,这叫二级条件反射(secondary conditioning),原来的条件反射叫一级条件反射(first conditioning)。还可以进一步形成三级条件反射。在人身上可以建立多级条件反射。

关于条件反射的形成机制,巴甫洛夫提出了"暂时神经联系"或"暂时联系"(temporary connection)学说。他认为,当狗看到肉时,在大脑皮层会出现兴奋灶,这一兴奋灶天生地与唾液分泌中心联系,产生唾液分泌反射。同时,铃声也在大脑皮层产生兴奋灶。一开始,铃声兴奋灶与肉的兴奋灶之间是没有联系的,所以不会引起唾液分泌反射。由于反复结合,最后铃声兴奋灶与肉兴奋灶之间的联系建立了,那么只出现铃声,铃声兴奋灶会把神经冲动通过肉兴奋灶传递给唾液分泌中心,引起唾液分泌反射。这就是条件反射的形成机制。

强化就是增强这种暂时联系,强化次数越多,暂时联系越牢固,条件发射就越不容易消退。但消退并不是暂时联系的中断或消失,而是大脑皮层产生主动的抑制过程,是兴奋向抑制的转化。正因如此,已消退的条件反射在一个时期不做实验后还可以自然恢复,如果重新进行强化,条件反射会很快恢复。

当与条件刺激类似的刺激引起大脑皮层兴奋时,其兴奋灶与条件刺激十分接近而引起条件刺激兴奋灶的兴奋,从而引起条件反射,便是条件反射的泛化。这时,如果只强化条件刺激,不强化类似刺激,则两种兴奋灶之间的界限变得清晰起来,类似刺激不再引起条件刺激兴奋灶的兴奋,便是条件反射的分化。在条件刺激出现之前,先呈现一个刺激(如光),光的兴奋灶经过多次与铃声兴奋灶结合后,就与铃声兴奋灶建立了暂时联系,光就能单独引起条件反射,这就是二级条件反射。依次类推,可以形成条件反射链。

当铃声与电刺激结合时,狗最后会形成对铃声的恐惧反应,巴甫洛夫称这种反应为神经症。其生理机制也是暂时神经联系,是可以通过消退而治好的。巴甫洛夫还用小白鼠做了一个神经症实验,他给小白鼠以缓和的弱电刺激,使其大脑处于兴奋状态,不久即出现易激动状态,继之则变得反应迟钝,行动缓慢,不爱活动,食欲下降等。巴甫洛夫把这些小白鼠分成两组,一组继续给予刺激,结果症状更加严重,而另一组停止刺激,症状很快消失。由此巴甫洛夫得出结论,神经衰弱是由于大脑长时间处于兴奋状态的结果,若经适当休整即可恢复。

巴甫洛夫认为,声、光、电、形象、气味、温度、机械性触感等物理刺激属于第一信号,它们引起的高级神经活动系统叫作第一信号系统,这一系统是以感受、知觉、表象等直觉形式直接反映外界对象为基础的皮层神经联系,更确切地说,是以皮层的各种分析器的相互联系组成的。这是动物和人所共有的。动物的一切条件反射活动,都是第一信号系统的功能活动,它们只能对现实的具体信号发生反应,即使用"跳"这样的口令指挥动物,对动物来说也只是一种声音刺激,属于第一信号。

人类的语言是反映现实世界的一种抽象信号,是第二信号。由第二信号引起的高级神经活动系统称为第二信号系统。这是人类所特有的功能活动,是和人的语言功能以及社会生活分不开的。动物没有语言功能,因此,它们不具有第二信号系统的活动。由于词是高度概括的,包含其概念内的所有具体事物,巴甫洛夫科学地把词叫作"万能的条件反射"。从某种意义上说,人是语言的存在物,其情绪和行为很容易被语言左右。如骆宾王的《讨武檄文》使武则天惊出一身冷汗,曹操的一句假话"前有梅林"使众多干渴将士口中生津。

巴甫洛夫研究的贡献是不可估量的,他提出的条件反射的科学性是无可非议的,因为确实反映了人和动物的某种学习过程,也能解释某些心理障碍如"草木皆兵""杯弓蛇影"的形成机制。

## 二、斯金纳的操作条件反射理论(operant conditioning theory)

操作条件反射实验可以追溯到桑代克(Thorndike),他从1896年开始,对动物的学习心理进行了一系列的实验研究,其中最著名的就是"猫开门"实验。如图8.3所示,他把一只饥饿的猫放入一个特制的笼子里,当猫踏上踏板时,笼子的门可以打开,猫就可以走出笼子并得到食物。一开始,猫并不知道如何打开门,它在笼子里乱闯,靠运气踏上踏板。在反复尝试40余次后,才熟练地掌握踏上踏板迅速逃离笼子的技巧。

8.2 行为疗法的理论基础(二)

桑代克(Thorndike E L,1874—1949)

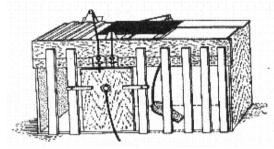

图8.3　猫开门的实验迷笼

斯金纳(Skinner)在桑代克的基础上进行了深入研究。他设计了类似的实验装置,叫斯金纳箱(Skinner box)。如图8.4所示,箱子里有一个开关,若用小白鼠为被试对象,则这

斯金纳(Skinner B F,1904—1990)

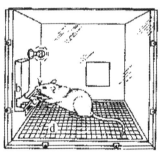

（a）灯　　　　　（b）食物槽
（c）杠杆或木板　（d）电路网

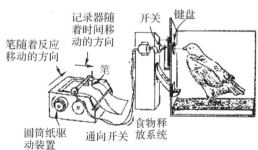

图8.4　斯金纳箱

个开关是一根杠杆或一块木板,若以鸽子为被试对象,则这个开关是一个键盘。开关连接着箱外的一个记录系统,用线条方式准确地记录动物"按"或"啄"的次数与时间。斯金纳早期通常使用小白鼠来做试验,后来大多以鸽子为被试对象。在实验时,实验者控制是否给予食物,所以并非每次正确反应后都给喂食。此外,实验者还可以控制灯光、声音、电击、温度与湿度等。

斯金纳箱的一个特点是,动物是自由的,以反复作出正确反应,有别于桑代克的迷箱,在迷箱里,猫每次只能做一次正确的反应,然后要重新放进箱子。斯金纳称他设计的反应为"自由操作的反应(free-operant responding)"。

通过这样的实验,斯金纳提出了他的学习原理:当一个操作(动作)为一个起强化作用的刺激所跟随时,这个操作的力量和行为就会得到加强和巩固。

斯金纳与巴甫洛夫研究的区别在于:

(1)斯金纳的动物是自由活动的,而巴甫洛夫的狗是绑着的。

(2)斯金纳的实验中强化物是由某一有效动作引出的,而巴甫洛夫的实验中行为是由强化物引起的。

(3)斯金纳的动物的反应是肌肉活动,而巴甫洛夫的狗的反应是唾液腺活动。

(4)斯金纳的目的在于说明行为的变化,而巴甫洛夫的目的在于解释高级神经系统活动规律。

鉴于这些区别,斯金纳把巴甫洛夫实验中动物对刺激的被动反应称为"应答性行为(respondent behavior)",而他的实验中动物自主发出(emitted)的反应称为"操作性行为(operant behavior)"。前者常常是不随意的,后者往往是随意的或有目的的。在他看来,动物主动发出的行为比被动引出的行为更为重要,因为在现实生活中,有机体是主动适应环境的。经典条件反射能解释应答性行为学习,可称为"S(刺激)型条件反射";操作性条件反射能解释操作性行为学习,可称为"R(强化)型条件反射"。人的多数行为是操作性的,即使存在引出这些反应的刺激,在学习中占主要地位的还是操作性条件反射。

斯金纳认为,如果一种强化刺激始终伴随一种操作行为之后,在类似环境里发生这种操作反应的概率就增加。通过控制强化物可以控制操作反应,因此,斯金纳的理论也称为强化理论。

强化类型可分为以下四种:

(1)正强化,或称奖励。在良好行为发生后给予奖赏,以巩固和提高该行为的发生频率。

(2)惩罚。在不良行为发生后给予令人不快的刺激,或撤销本来喜爱的东西,从而减少或消除消极行为。

(3)负强化。不良行为发生后没有给予惩罚,而使该行为的出现频率提高。

(4)消退。当积极行为发生后,撤销本应得到的奖赏,该行为的出现频率就会降低,以致不发生。

强化方式区分为持续强化和间歇强化两种,前者对每一次有效反应都给予强化;后者对部分有效反应给予强化,它有以下四种具体方式:

(1)固定频率。对固定次数的反应给予强化。

(2)可变频率。对一定次数的反应给予强化,但次数多少是可变的。

(3)固定时间。间隔　固定时间给予强化

(4)可变时间。过一定时间间隔给予强化,但时间间隔长短是可变的(图8.5)。

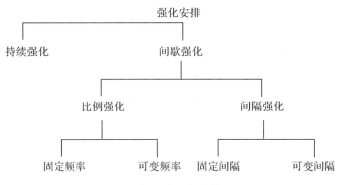

图8.5　斯金纳强化安排图示

斯金纳实验研究的主要目的是要澄清强化安排对学习效果的影响。他用习得速度、反应速度和消退速度来衡量学习效果。这也是斯金纳对心理学的最大贡献。实验结果表明,可变频率和可变间隔是最有效的强化方法。具体的强化方式对学习效果的影响可见图8.6。

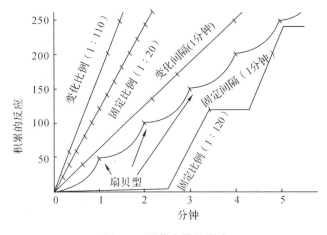

图8.6　强化安排的影响

斯金纳还区分了一级强化物和二级强化物。一级强化物指没有任何学习发生时也起强化作用的刺激,如食物、水、玩具等可以满足人的需要的东西。二级强化物指那些开始时不起强化作用,后来作为与一级强化或其他强化物配对的结果而起强化作用的刺激。对于人来说,社会地位、权力、财富、荣誉等都是二级强化物。

斯金纳认为,所谓教育,就是行为塑造,塑造符合社会要求并能发展自己的行为。塑造的主要方式是"逐步逼近法(method of successive approximations)",就是通过系统的行为强化来实现行为目标。

根据这一理论,人的行为问题是由于受到某种强化而习得的。因此,心理咨询就是通过改变对来访者起作用的强化物来矫正问题行为,同时发展良好行为。

### 三、班杜拉的观察学习理论(observational learning theory)

巴甫洛夫和斯金纳的理论能说明许多行为,但在解释复杂社会行为的学习过程时,就遇到了困难。因为人在社会化过程中能在极短的时间内习得大量的复杂行为，而人不可能在很短的时间内一一经历如此多的刺激和建立相应的刺激—反应联系。人的大量的行为、思想、情感肯定是通过间接经验途径获得的。出于这样的理念，班杜拉（Bandura）通过实验研究提出了观察学习理论。

班杜拉
(Bandura A,1925—)

班杜拉关于攻击性行为的波波玩偶实验最为有名。在实验中，儿童被分为甲、乙两组，让他们分别看一段录像片，甲组片中一个大孩子在打一个玩具娃娃：用棒槌敲它的头部，把它朝下猛摔，坐在它上面，反复地打它的鼻子，把它抛到空中，用球击打它……过一会儿来了一个成人，给大孩子一些糖果作为奖励。乙组片中也是一个大孩子打一个玩具娃娃，但成人惩罚了这个大孩子的不良行为——打了他一顿。看完录像片后，两组儿童被带到一间放着一些玩具娃娃的小屋里，结果发现，甲组儿童都会学着录像片里大孩子的样子打玩具娃娃，而乙组儿童却很少有人敢去打一下玩具娃娃。这一阶段的实验说明对榜样的奖励能使儿童表现出榜样的行为，对榜样的惩罚则使儿童避免榜样行为。在实验的第二阶段，班杜拉鼓励两组儿童学录像片里大孩子的样子打玩具娃娃，谁学得像就给谁糖吃，结果两组儿童都争先恐后地使劲打玩具娃娃。这说明通过看录像，两组儿童都已经学会了攻击行为。第一阶段乙组儿童之所以没有人敢打玩具娃娃，只不过是因为他们害怕打了以后会受到惩罚，从而暂时抑制了攻击行为，而当条件许可，他们也像甲组儿童一样把学习到的攻击行为表现出来。

进一步的实验研究还发现，男孩和女孩更倾向于模仿同性别榜样的行为，他们还会增加一些攻击性行为，如榜样只打一拳，但儿童打一拳后还会踢一脚。儿童也模仿非攻击性榜样行为，但模仿率低于攻击性行为。

班杜拉研究了言传和身教对儿童影响的实验。实验中，先让小学三、四、五年级的儿童做一种滚木球游戏，奖励物是一些现金兑换券。然后，把这些儿童分成四组，每组有一个实验者的助手装扮的榜样参与。第一组的榜样"自私"，告诉儿童要把好的东西留给自己，不必去救济他人，同时也带头不把得到的兑换券捐献出来。第二组的榜样"好心肠"，告诉儿童得了好东西还要想到别人，并且带头把得到的兑换券捐献出来。第三组的榜样"言行不一"，对儿童说人人都应该为自己考虑，但自己带头把兑换券放入了捐献箱。第四组的榜样是相反的"言行不一"，告诉儿童要把得到的兑换券捐献出来，自己却不捐献。结果，第二、三组捐献兑换券的儿童比第一、四组明显地多，说明劝说只能影响儿童的口头行为，对实际行为则无影响，而行为示范对儿童的外部行为有非常显著的影响。

由于观察学习发生在社会情景中，是模仿榜样行为的结果，所以又称模仿学习、榜样学习或社会学习。班杜拉认为，人之所以能进行观察学习，是因为具有替代学习的能力。这是人有别于动物的另一个重要特征。几乎所有产生于直接经验的学习现象，都可以在观察别人的行为及其结果的基础上替代性地发生。

观察学习有两种结果——模仿和抗模仿（counterimitation）。模仿又可分为直接模仿和去抑制（disinhibation）模仿。人们观察榜样行为后，立刻如法炮制是直接模仿；人们观察了榜样行为后不立刻仿效，而是在一定的诱因作用时才表现出来，这是去抑制模仿。人们观察了榜样行为后能立刻模仿，但却不能在以后重复这种行为，这是操作（performance）；人们不立刻模仿(或立刻模仿)榜样行为,以后也能重复这种行为,这是习得(learning)。一般说来,人们会拒绝模仿受惩罚的榜样行为,这就是抗模仿。

观察学习由四个过程组成。

**(一)注意(attention)过程**

观察学习要求人们把注意力集中在榜样行为上。班杜拉认为,我们所注意的往往是具有一定心理价值的行为模式。

**(二)保持(retention)过程**

为了模仿某种行为,我们必须记住这种行为。班杜拉认为,行为以两种形式保存在我们的记忆中:一是形象,二是语言。随着年龄的增大,语言形式在观察学习中越来越重要,因为它使人用简单的形式记住大量的信息,并对复杂行为起指导作用。通过复述,人们能更有效地进行观察学习。班杜拉指出:"观察学习的最高水平是通过形象和语言进行组织、保存,然后通过具体操作而获得。"

**(三)产生(reproduction)过程**

我们观察并保持榜样行为后,并不一定能产生这种行为。要产生这种行为,须学习一定的动作技能,缺乏这种技能学习就不能达到操作水平。所以模仿能力对观察学习有很大的作用,模仿能力强的人,能迅速学习大量行为。在产生行为的过程中,学习者须根据自己的猜测、他人的反馈和对榜样行为的仔细观察进行自我调整。

**(四)动机(motivation)过程**

观察学习的动机来自榜样行为的结果(强化或惩罚)。这是一种替代性的结果,它会使观察者产生预期,包括对强化类型的预期和对强化水平的预期。预期决定着是否模仿榜样行为,并影响各种情境中的直接强化(诱因)效果。如观察者预期某行为会得到强化,则会模仿;反之,则导致抗模仿;并且只有当直接强化水平相当于或高于预期强化水平时,才会产生模仿的动机。

除上述四个过程中提到的影响观察学习的因素外,下列因素也对观察学习产生影响:

**(一)榜样的特征**

如榜样的知名度高、权威性强、能力强、地位高以及与观察者相似性大,都会促进模仿。

**(二)观察者的特征**

如观察者依赖性强、易受暗示、缺乏自信和安全感,则易模仿他人的行为;观察者模仿能力和动机强等,自然促进模仿他人的行为。

**(三)观察者的参与程度**

主动参与者比被动观察者更易产生观察学习,例如,班杜拉曾于1969年做过一个实验:改变大学生的怕蛇行为,发现主动参与示范的大学生易消除恐惧感。

根据这一理论,人们的问题行为也常常是通过观察学习获得的。如父母特别关注与担心孩子生病,易使孩子日后得疑病症。因此,通过模仿正常行为就可消除异常行为。

# 第三节　行为治疗方法

## 一、行为治疗的基本过程

行为治疗虽然种类繁多,方法各异,但它们的基本过程是一致的。

(1)了解来访者的心理问题及其原因。

(2)确定来访者的主要症状,明确需要矫治的靶行为。

(3)向来访者说明行为治疗的目的、意义和方法,使来访者树立治愈疾病的信心,并主动配合治疗。

(4)制订治疗方案。

(5)采用专门的心理咨询技术或配合必要的药物,或治疗器具进行咨询,把咨询方案付诸实施。

(6)根据行为治疗技术的性质及来访者行为改变的情况,选择适当的强化类型与方式进行强化。

(7)根据病情的转变情况,调整咨询方法,同时让来访者本人学会使用,从而把咨询情境下所获得的效果扩展到日常生活情境中去。

各种行为疗法的共同特点是:

(1)针对来访者目前的问题进行咨询,不挖掘生活史,也与自知力、领悟性无关。

(2)咨询以特殊的行为为目标。这种行为可以是外显的(如强迫性洗手),也可以是内隐的(如强迫性妄想)。

(3)咨询的技术一般来自实验研究。

(4)根据来访者具体情况,选择适当的行为治疗技术。

## 二、行为治疗的常用技术

行为治疗技术大多出自上述行为治疗理论,种类很多,现择要说明如下。

### (一)系统脱敏法(systematic desensitization)

这一方法是沃尔普于20世纪50年代倡导的。它是最早被系统地应用的行为疗法之一,主要用于来访者在某一特定的情境下产生的超出一般紧张的害怕(焦虑或恐怖)状态。

8.3 系统脱敏法

系统脱敏法包括三个程序:放松训练、建立害怕事件的等级层次和实际治疗。

1.放松训练

1938年,杰克勃逊(Jacobson)提出了肌肉深度放松技术。沃尔普在行为治疗中采用了这一技术。放松训练主要用于消除紧张、焦虑等症状,具体方法较多,但最常用的是渐进性放松训练,其基本步骤如下:

（1）握紧拳头——放松；伸展五指——放松。

（2）收紧肱二头肌——放松；收紧肱三头肌——放松。

（3）耸肩向后——放松；提肩向前——放松。

（4）保持肩部平直转头向右——放松；保持肩部平直转头向左——放松。

（5）屈颈使下颌触到胸部——放松。

（6）尽力张大嘴巴——放松；闭口咬紧牙关——放松。

（7）尽可能地伸长舌头——放松；尽可能地卷起舌头——放松。

（8）舌头用力抵住上腭——放松；舌头用力抵住下腭——放松。

（9）用力张大眼睛——放松；紧闭双眼——放松。

（10）尽可能地深吸一口气——放松。

（11）肩胛抵住椅子，拱背——放松。

（12）收紧臀部肌肉——放松；臀部肌肉用力抵住椅垫——放松。

（13）伸腿并抬高 15 至 20 厘米——放松。

（14）尽可能地收腹——放松；绷紧并挺腹——放松。

（15）伸直双腿，足趾上翘背屈——放松；足趾伸直趾屈——放松。

（16）屈趾——放松；翘趾——放松。

2. 建立害怕事件的等级层次

（1）找出来访者感到害怕的一切事件，并列出对每一事件的害怕程度。尺度如图 8.7 所示。这是一种自己估计的主观程度。

图 8.7　害怕的主观估计尺度

（2）将来访者报告出的害怕事件按估计程度由小到大排列。表 8.1 是一个害怕考试的学生的害怕事件等级层次。

表 8.1　害怕考试的学生的害怕事件等级层次

| 事件 | 等级分数 |
| --- | --- |
| 1. 考前一周想到考试 | 15 |
| 2. 考前一天晚上想到考试时 | 25 |
| 3. 走在去考场的路上 | 30 |
| 4. 在考场外等候时 | 50 |
| 5. 进入考场 | 60 |
| 6. 第一遍看考试卷子 | 70 |
| 7. 和其他人一起坐在考场中想着不能进行考试时 | 80 |

3.实际治疗

一般来访者经三四次门诊后,便学会了放松技术,其害怕事件等级层次也就建立起来了,这时便可进入实际咨询阶段。实际咨询可采用两种方法:想象系统脱敏和现实系统脱敏。

(1)想象系统脱敏

第一步:让来访者放松三五分钟,可用上述放松技术,也可用其他放松技术,如放松功、气功、瑜伽等。然后,指示来访者:"如果你感觉非常舒适和轻松,就请抬起右手的食指示意一下。如果你仍然感到紧张,就请你抬起左手的食指示意一下。"再接着问:"你现在是感到非常放松呢,还是有点紧张?"如果来访者抬起了左手食指,表示仍有点紧张,需继续放松。最方便的方法是采用语言暗示,如对来访者说:

"请你闭上眼睛想象一下,在一个明媚的春天,你躺在草原上,望着蓝天、白云、飞鸟,心情非常愉快、安祥、宁静。""你感到很轻松呢? 如果那样的话,请抬起你的右手食指示意一下。"

如来访者确实放松了,便可进行下一步。

第二步,想象脱敏,这又有两种方式:固定时间想象和可变时间想象。

A. 固定时间想象:指示来访者想象害怕程度最低的情境(事件),并告诉来访者:如果该情境在头脑中形成清晰的形象时就抬起右手食指示意一下;随后,让来访者将这一形象在头脑中保持一段时间(一般为 20 秒);再叫来访者停止想象,口头报告在想象过程中体验到的害怕程度,最后再重复这一过程,如图8.8所示。

如果来访者报告害怕程度下降,说明已经发生脱敏;如果连续三次报告害怕程度都低于 10,说明害怕业已消失。如果来访者报告害怕程度不变,说明该事件引起的害怕程度已超出了来访者能忍受的限度,脱敏无法产生。这时,就应找出一个害怕程度更低的事件。一见来访者已对某一事件产生脱敏,则可进行下一等级层次的脱敏治疗,由此递进,直至最后解决问题。

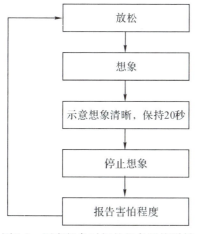

图8.8 固定想象时间的想象系统脱敏

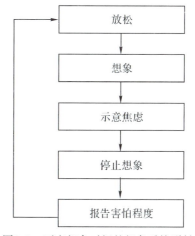

图8.9 可变想象时间的想象系统脱敏

B. 可变时间想象。如图 8.9 所示,当来访者抬起右手食指示意自己处在完全放松状态时,治疗者就口头指示来访者想象害怕程度最低的事件,并告诉来访者,如果他感到焦虑或紧张就抬右手食指示意。一旦来访者示意,就让他停止想象,然后要求他口头报告体验到的害怕程度。在这一过程中,脱敏是否发生表现在两个指标上,一是从来访者想象到他抬食指示意的时间延长,另一个是停止想象后来访者报告的害怕程度降低。这两者要联系起来考察。如果来访者的想象时间超过了30秒钟还不示意害怕,则可让来访者停止想象。如果来访者连续三次报告对某一事件的害怕程度低于10,则可认为该事件已不再能引起焦虑,这时,便可进行下一事件的脱敏治疗。

(2)现实系统脱敏

在建立害怕事件等次后,咨询师陪着来访者让其直接接触真实事件情境。反复多次后,来访者逐渐适应该事件情境,不再感到害怕。然后再进行下一事件的脱敏治疗,以此类推,直至消除症状。

与现实系统脱敏法类似的方式有:

1)接触脱敏法。这种方法特别适用于特殊物体恐怖症,例如,对猫或狗的恐怖症。该法也采用按焦虑层次进行的真实生活暴露方法,但增加了两项技术——示范和接触。让来访者首先观看治疗者或他人处理引起来访者恐惧的情境或东西,然后叫来访者一步一步地照着做。如果来访者害怕的是猫,就让他先看他人接触、抱起和放下猫的示范,然后慢慢学习接近、触摸、抱起猫等一系列活动。

2)自动化脱敏法。在害怕事件等级层次建立后,咨询师将事件情境录音、录像,而后利用这些制作好了的录音、录像对来访者进行治疗。这一方法可以在家里独立使用,治疗者不必花很多时间;来访者可依据自己的情况决定脱敏的速度和进度。这可减少脱敏治疗中的一些不良反应。录音和录像中可加入治疗者的指导和有关治愈范例,起一定的指导和示范作用。

自动化脱敏法可用于将接受接触脱敏、现实系统脱敏的准备工作,也可作为其他脱敏法的一个补充,如作为家庭作业而采用。

3)情绪性意象法。这种方法的主要特点是通过生动形象的语言描述使来访者产生与害怕反应相对抗的积极情绪,从而抵消害怕心理。这一方法最适用于儿童。

系统脱敏法的治疗时间一般为30分钟。每次脱敏的进度不宜超过4个事件。每次咨询结束时,让来访者进行一次全面放松。放松之后,咨询师和来访者讨论一下对本次治疗的感觉,以及下一次的治疗内容和来访者有什么问题等。在治疗过程中咨询师应注意观察来访者是否有疲劳的迹象,例如,来访者移动身子、打哈欠、闭眼睛等。第一次治疗后,咨询师询问来访者咨询进行的时间是否太长。

8.4 冲击疗法和阳性强化法

(二)冲击疗法(implosive therapy)

冲击疗法,又叫暴露疗法(exposure therapy)或满灌疗法(flooding),最早是由内科医生克赖夫兹(Crafts,1938)在其《心理学最新实验》一书中报告的。他治疗了一个年轻妇女的乘车恐怖症,该妇女不敢乘坐和驾驶汽车,尤其害怕过隧道和桥梁。克赖夫兹将她强行安置在汽车后座,将车从患者家一直开到诊所,沿途经过很多桥梁以及长长的霍兰德隧道。在行车途中,患者极度惊恐,不断呕吐、战栗、叫喊。但行驶80公里后,这些惊恐反应减弱了。在返回途中,该妇女几乎没有发生什么不良反应。克赖夫兹并没有给这一治疗方法命名。

20世纪60年代初,行为治疗家莫尔登(Mallrdon)、伦敦(London)和斯坦母特夫(Stamptfl)等人进行了一系列临床实验,并将这种方法命名为"冲击疗法"。其基本原理是:来访者的害怕或恐惧反应是习得的,在其处在感到恐惧的刺激面前或情境中,如果没有产生客观上的威胁,恐惧最终便会消退。

1. 治疗程序

第一步,体检。由于冲击疗法引起的心理反应比较强烈,事前需检查患者的身体状况并做必要的实验室检查,如心电图、脑电图等。如果患者具有严重的心血管疾病、中枢神经系统疾病、严重的呼吸系统疾病、内分泌疾病、各种精神性障碍都不宜使用冲击疗法;此外,老人、儿童、孕妇及各种原因导致身体虚弱的人也不适宜采用冲击疗法。

第二步,签治疗协议。要实事求是地向患者介绍治疗的原理、过程和各种可能出现的情况,说明在治疗过程中需要承受的痛苦。同时介绍冲击疗法的优点是效率高。如果来访者同意双方应签订协议。如果是未成年人,必须由父母或监护人签署。

## 冲击疗法协议书

(1)甲方已经反复讲解了冲击疗法的原理、过程及效果。乙方和家属已经充分了解,并自愿接受冲击疗法。

(2)治疗过程中乙方将受到强烈的心理冲击,经历不快甚至是超乎寻常的痛苦体验。为了确保治疗的顺利完成,必要时甲方可强制执行治疗计划。这些治疗计划包括所有的细节都应该是经来访者及其家属事前明确认可的。

(3)乙方应本着严肃认真的态度对治疗的全过程负责,对甲方求治的最终目的负责。

(4)如乙方和家属在治疗的任何阶段执意要求停止治疗,治疗应立即中止。

甲方(来访者或患者)签字:

甲方家属签字:

乙方(咨询师或治疗师)签字:

年　　月　　日

签订治疗协议的目的在于增强来访者及其家属的自我约束,以保证治疗的顺利进行。

第三步,准备场地和其他条件。首先,确定刺激物。刺激物是来访者最害怕的事物。治疗室不宜太大,布置简单,除了刺激物外,没有别的东西。治疗室的每个角度都要有刺激物,使来访者在任何地方都能感受到,无法回避。治疗室的门原则上由咨询师把守,来访者无法随意逃逸。

第四步,实施冲击。来访者穿着应简单、宽松,在接受治疗前须正常饮食,并排空大小便。有条件的话,在治疗过程中可同步进行血压、心电等监测。来访者进入治疗室后,咨询师应迅速向来访者呈现刺激。来访者可能出现惊叫、失态等反应,咨询师要保持冷静,坚持原则继续呈现刺激。如果来访者出现闭眼、塞耳、面壁、双手蒙眼掩耳等回避行为,咨询师要劝说、鼓励,或加以阻止。如果来访者出现呼吸急促、心悸、出汗、四肢震颤、头晕目眩等情况,咨询师应该坚持治疗。但情况非常严重时,特别是血压、心电出现异常,应暂停,检查来访者身体情况,如有必要可以给予一定的药物以缓解生理反应。如身体无大碍,则要鼓励来访者坚持治疗。对于来访者因紧张激动而对咨询师出言不逊,咨询师可以表示理解,并理智处理。当来访者的反应程度明显下降,在达到预期水平后,要继续呈现刺激5~10分钟,以便巩固效果。每次冲击的时间依据来访者情况而定,一般在30~60分钟。许多来访者一次治疗就解决问题,也有的需要2~4次。一般采用隔天做,有时也可以休息20分钟后进行第二次。每次结束时,要与来访者一起分析效果,把进步归功于来访者,并予以表扬。

冲击疗法比较适用于恐怖症、焦虑症和强迫症。但如果效果不好甚至无效应改用其他合适的方法。冲击疗法和系统脱敏法都让来访者暴露于刺激面前,它们的区别在于冲击疗法直接呈现最强烈的刺激,而系统脱敏法则从最轻的刺激开始呈现。

### (三)制想法(thought stopping)

这一方法最先由贝因(Bain)在其《日常生活的思想控制》(*Thought Control in Everyday Life*)中提出。到20世纪50年代,沃尔普等把它应用于治疗强迫症和恐怖症。制想法的理论依据是:紧张的情绪是由紧张的思想活动产生的。因此,制止紧张的思想活动,便能消除紧张的情绪。其假设是:如果人的外在行为能通过抑制加以阻止,那么内隐行为也能通过思想抑制来阻止。制想法的治疗程序是:

1. 用调查表检查自己的应激思想

在如表8.2所示调查表中,就有关问题,依据A、B两项评定标准,在A项或B项内选择一个等分作自我评定。

A项评定标准用1,2,3,4,5共五个数字表示,1表示非常敏感的会引起考虑的问题;2表示因习惯会自然地思考的问题;3表示不一定有这种思想,但不能制止其出现;4表示知道这种思想不必要,想停止思考;5表示这种思想引起烦恼,我想努力制止它。

B项评定标准用1,2,3,4共四个数字表示,1表示这种思想不干扰其他活动;2表示这种思想对其他活动有一点儿干扰,浪费了一点儿时间;3表示对其他活动有干扰,浪费了一些时间;4表示这种思想妨碍我做许多事情,每天浪费我许多时间。

如情况属于A,请在A下面评定等级,评1~5级;如果情况属于B,则在B下面评定等级,评1~4级。

根据这些问题对照自己。想一下这些思想是现实的,还是不现实的? 是出现过的,还是受抵制的? 是中性的,还是本身站不住脚的? 是容易控制的,还是难以控制的?

上述种种思想,凡在A项内选出3个以上的、B项内选出2个以上的,可以用制想法加以制止。

2. 制想步骤

(1)让来访者闭上眼睛,全身放松。

(2)让来访者想那些使自己烦恼的事情。

(3)指示来访者,当治疗者让他"停"时,他也同时大声命令自己"停",同时停止想那些烦恼的东西。

(4)让来访者在自己有清楚的想象活动时就抬食指示意。

(5)在来访者抬起食指的同时,治疗者大声喝道"停",来访者也随即命令自己"停"。在进行这一步时,可以用一些辅助手段。例如,用一块木头用力打击一下桌子,发出强烈的响声。这种突然的强烈刺激能将来访者从自己的强迫性思维观念中拖出来。

表8.2 调查表

| 问 题 | A | B |
|---|---|---|
| 你担心不能准时上班吗? | — | — |
| 你担心离家时未关掉灯、煤气和门吗? | — | — |
| 你担心个人财产吗? | — | — |
| 你担心房间不能常保整洁吗? | — | — |
| 你是否担心东西不能放在原来位置? | — | — |
| 你是否担心自己的健康? | — | — |
| 你是否担心做事没有头绪? | — | — |
| 你是否反复地清点东西或在心里计数? | — | — |
| 你头脑里是否经常出现不愉快的、恐惧的思想? | — | — |
| 你是否为某种害己或害人的思想所苦恼? | — | — |
| 你是否总是想到你认识的某人会遇到事故? | — | — |
| 你是否有怕被强奸或袭击的想法? | — | — |
| 一件事做完后你会回过来考虑你应能做得更好些吗? | — | — |
| 你发现自己害怕病菌吗? | — | — |
| 决定做一件事之前你对事情反复盘算吗? | — | — |
| 对自己做的许多事情提出过疑问吗? | — | — |
| 站在高处你感到紧张吗? | — | — |
| 你常想得到你不可能得到的东西吗? | — | — |
| 你忧虑自己变老吗? | — | — |
| 想到孤独时感到紧张吗? | — | — |
| 你怕脏或/和脏东西吗? | — | — |
| 你害怕小刀、锤子、斧子或其他可伤害人的工具吗? | — | — |
| 你很为钱忧虑吗? | — | — |
| 你是否常想事情不会变好,只会愈来愈糟吗? | — | — |
| 别人做事不小心或不正确你会有生气发怒的想法吗? | — | — |
| 有罪恶感的记忆反复出现吗? | — | — |
| 你担忧车祸吗? | — | — |
| 你反复想你的失败吗? | — | — |
| 有时你想到家中着火吗? | — | — |
| 你常常想到令你感到羞愧之事吗? | — | — |
| 关于性问题或性生活你有不悦之想吗? | — | — |

（6）重复进行。

制想法可分为几个阶段进行。上述过程是咨询的第一阶段。在这一阶段中，咨询的进展可根据来访者进入想象的潜伏期（即从指示来访者想到来访者示意的时间）的增加来评定。如果咨询有效，潜伏期应该延长。第一阶段的"制想"次数，根据潜伏期的变化来确定。一旦潜伏期延长了，来访者觉得想起那些东西有困难时，便可进入第二阶段。

第二阶段的治疗程序与第一阶段的程序大体相同，只是在第 5 步中，咨询师不再使用任何辅助手段产生响声，仅是大喝一声"停"。如果见效，即可进入第三阶段。

在第三阶段，咨询师不再大喝"停"，但来访者仍然喝令自己"停"。

在第四阶段，来访者轻声命令自己"停"。

在第五阶段，当思维意象清楚时，来访者在心里对自己下令"停"。

每一阶段的制想次数最好在 20 次左右，以保证治疗效果的巩固。

目前，制想法已有一些变式。例如，用积极、肯定的思想去取代冒出来的害怕或强迫性念头。例如，对一个怕猫的来访者说"小猫多可爱"。又如，用电击代替咨询师大喝一声"停"，而在每一次制想之间让来访者体验愉快的情境，帮助来访者放松等。

在使用制想法时应注意：

（1）初次尝试制想法若不成功，可能是所选的思想太难消除；为了见效，可先选择对来访者自己妨害较小、害怕程度较低的思想来练习。

（2）如果做不到不发声说"停"，又不愿在公开场合大声喝令，那么可以在手腕上绑一根不显眼的橡皮筋，当不需要的思想冒出来时，拉一下橡皮筋；或者暗暗地拧一下自己；或者在手掌心压自己的指甲。

（3）制想获得成功，常需一定时间。有时思想会反复出现，需要再一次加以制止。要注意必须在思想刚一露头时便予以制止，若干次后这种思想便会消匿。

（四）厌恶疗法（aversion）

厌恶疗法，或称厌恶性条件法（aversion conditioning），是将某种不愉快的刺激（如电击）与来访者喜爱的、但不为社会接受的行为活动（如偷窃）结合，使行为者最终因感到厌恶而放弃这种行为。常见的厌恶技术有以下几种。

1. 电击厌恶法

这一技术非常简单，容易控制产生厌恶反应的精确时间和大小程度，可应用于治疗性变态、酗酒、吸烟，以及一些神经症状。它一般有两种具体的方式。

（1）在治疗室内，让来访者想象某一情境，如开始吸烟，想清楚时抬食指示意，治疗者立即对来访者施以电击。休息几分钟后再进行第二次。每次治疗时间为 20～30 分钟。治疗次数从每日 6 次到每两个星期 1 次不等，因情况而定。电击强度以能忍受的疼痛为准。

（2）在医院外的情境中，来访者可携带电击装置，在产生不良冲动时使用电击。因为有的行为在咨询室内很难想象，所以这种方式在实际情境中咨询效果较好。

2. 药物厌恶法

某些药物会引起厌恶反应，如呕吐剂、恶臭剂等。把这种药物与不良行为（如酗酒）联系起来，能矫正不良行为。

用这种方法咨询偷窃癖时，先让来访者服用呕吐药，当要呕吐时，让他去拿别人的东西，这样经过一段时间的咨询,他会讨厌偷窃行为。

3.想象厌恶法

这种方法也叫内在敏感训练(covert sensitization,Cautela J R,1966),指将由治疗者口头描述的某些厌恶情境与来访者想象中的刺激联系在一起。该技术已被成功地应用于治疗许多行为障碍,如性变态、酗酒、烟瘾等。以性心理变态为例,当来访者产生不良冲动时,要他立即闭上眼睛,想象眼前站着一个高大的警察,或是想象被人当场抓住,拉到公安部门,当众受到批评、判刑的场面。

想象在这种场合自己如何身败名裂,无地自容,羞愧难忍,从而达到治疗的目的。想象厌恶法可以由来访者自己使用,在家里练习。例如,有的学生失恋后对男(女)友念念不忘,就可以用想象对方的坏处、令人厌恶的地方来抑制对方对自己的吸引力,从而减轻痛苦。

4.橡圈厌恶疗法

将一根橡圈预先套在来访者手腕上,当出现病态心理时拉弹橡圈。操作时要求:

(1)拉弹必须稍用力,以引起腕部有疼痛感。

(2)拉弹时必须集中注意力计算拉弹次数,直到病态现象消失为止。

(3)拉弹如在300次以上,病态现象仍不消失,必须考虑拉弹方面有否问题,如方法是否正确、方法是否适用该来访者。

(4)每日必须作治疗记录,以便检验治疗效果。

厌恶疗法是一种惩罚的方法,它带有一定的残酷性和非道德性,尤其是使用强烈的厌恶刺激,所以使用时应事先向来访者说明,并征得对方同意。一般应把厌恶疗法作为最后一种选择。同时,在使用厌恶疗法时应努力帮助来访者建立辨别性条件反应。例如,在帮助想改变的同性恋患者时,一方面要使来访者对同性产生厌恶之情,同时应让其对异性产生好感。

**(五)正强化技术(positive reinforcement)**

行为治疗的目的是消除不良行为(病态心理),训练与建立起正常的良好行为。对前者一般采用系统脱敏法、冲击疗法或厌恶疗法,对后者常采用正强化技术。

正强化技术的做法是对良好行为给予奖励。奖励物称为正强化物,如食物、钱、荣誉、赞扬等。

使用正强化技术要注意以下几点:

(1)先出现良好行为,然后强化。

(2)强化要及时。

(3)在建立行为阶段,采用连续强化,即对每一次良好行为都给予强化。

(4)在巩固行为阶段,采用部分或间隔强化。

(5)强化的内容、形式,因人、因行为而异。

**(六)代币管制法(token economics)**

代币管制法是正强化的一种形式,适用于住院来访者矫正不良行为,建立良好心理。代币指可以在某一范围内兑换物品的证券,其形式有小红旗、小票券、小铁牌等。治疗者用代币奖励来访者的期望行为;来访者获得一定数量的代币后可从咨询师(或其他代理人)那儿领取自己喜欢的物品,直到改正病态为止。

### (七)契约法(contracting)

契约法也是正强化的一种形式。采用这种方式时,咨询师和来访者共商目标行为,并订下书面或口头"契约"。其内容有两方面,一是来访者的目标行为,二是治疗者给予的奖励。这种方法可用于处理家庭关系、师生关系等问题。例如,教师规定学生做完多少工作可免费看一场电影等。

使用契约法应注意下列事项:

(1)要注意任务的具体性和渐进性。

(2)奖励要有吸引力。

(3)要严格执行契约的规定。

### (八)消退法(extinction)

消退法指停止对某种行为的强化,从而使该行为渐渐消失的治疗方法。它的一个重要原理是:他人的注意是一种强化,许多不良行为是由于受到注意而加强的。因此,要消除该行为,只要他人对该行为置若罔闻就行了。

应用消退法应注意以下要点:

(1)在消除不良行为的同时,治疗者应注意强化良好行为。

(2)除去的刺激必须对行为者有强化作用。

(3)在消退的开始阶段,不良行为可能会更多地出现,但坚持下去,就会有效果。

(4)该方法不适用于自我伤害行为或攻击性行为,因消退需要很长时间。

### (九)发泄疗法(catharsis)

发泄疗法是让来访者主动地、反复地回忆那些可怕的经历、刺激性的情境或失去所爱的人的痛苦场面,重新引起强烈的情绪反应。按照治疗程序一次又一次地重复,直至来访者厌烦,不再对该事件伴随强烈的情绪反应为止。

例如,有的学生因失恋而痛不欲生,就可让其反复讲述其不幸的故事,最后他就会平静下来,恢复正常情绪。

### (十)模仿法(modeling)

模仿法又称示范法,其基本假设是,来访者的问题行为是习得的,可以通过模仿健康行为加以改变。模仿法有三个步骤。首先,选择合适来访者,有的人言语模仿力强,有的人动作模仿力强,有的人表情模仿力强,有的人各个方面都有较强的模仿力,这些人都可以作为模仿法的人选。但有的人各方面的模仿力都差,则不适合用这一方法。其次,进行行为设计。依据来访者的问题和模仿能力确定一个或一组需要模仿的行为。如害怕乘车的人可能需要模仿一个行为,就是跟着咨询师坐车。而害怕社交的人需要模仿一组行为,如问好、握手、聊天、邀请他人、拒绝他人等。再次,实施模仿。咨询师或邀请来的榜样示范一个行为,来访者模仿。榜样可以边做边解释和鼓励,也可以只做不说,依据情况而定。一旦来访者模仿成功,咨询师和榜样要及时表扬。

模仿法有以下几种不同方式:

(1)生活模仿。让来访者到实际生活情境中模仿,如对于害怕举手发言的学生,可以要求其模仿同学举手发言,只要有同学举手,立刻模仿举手,当然前提是自己懂得如何回答。对于有社交恐惧的来访者,咨询师或志愿者也可以带其到附近公共场所(如咨询室外的公路上),先示范与陌生人打招呼问路,然后让来访者找一个陌生人打招呼问路。

(2)象征性示范。有的行为示范在生活中不容易实施,就可以使用象征性示范。如对害怕动手术的人,可以用电影、录像、照片、连环画、书籍等呈现患者(榜样)的情况,让来访者消除恐惧心理,模仿榜样的行为进手术室。有时,可拍摄来访者的行为(如打招呼问路),找出成功的表现,让来访者看自己的成功行为,这是自我示范。

(3)角色扮演。咨询师与来访者一起通过角色扮演还原某个情境或创设一个情境,咨询师示范某个行为,来访者模仿。如开学了,来访者在回家路上看到新同学不敢打招呼。咨询师和来访者还原情境,咨询师扮演来访者,来访者扮演新同学,咨询师主动打招呼。然后换角色,让来访者模仿咨询师主动打招呼的行为。

(4)内隐示范。内隐示范也称为想象模仿,咨询师通过语言描述某种行为,来访者通过想象理解这种行为,并把它表现出来。这种方法尤其适用于难以实施的行为,如让害怕发言的学生想象在全校大会上发言,模仿的对象是以往在大会上发言的学生代表;也可以让学生想象自己帮助了一些人,得到周围人的表扬,模仿对象可以是因助人而受表彰的同学。

模仿法适用于恐怖症、社会退缩、精神发育迟滞与孤独症儿童的行为问题。

(十一)自信训练(self-confidence training)

自信训练的原理是:自信和不自信行为都是后天获得的。不自信的人是由于以前没机会学习自信行为所致。通过训练重新学习,就可变不自信为自信。不自信的人常被这样的矛盾所纠缠:在交往中,想对他人的行为做出适当的反应就觉得不好意思或害怕,但如不做反应则不愉快。这是人人都会碰到的问题,但过于严重,影响了生活,就须治疗了。

自信训练可以从具体的问题开始。

**例1**

咨询师:如果同学把你的床弄脏了,他又不向你道歉,你怎么办呢?

来访者:有什么办法呢? 自认倒霉算了。

咨询师:那你心里好受吗?

来访者:当然难受,肺都气炸了。

咨询师:既然如此,为何毫无反应呢?

来访者:我怕说了也白说,并且怕他与我吵架,影响同学关系。

咨询师:你不觉得这样太窝囊了吗?

来访者:是的。

咨询师:那你可以很客气地说:"同学,你把我的床弄脏了,请下次注意点。"如果你说出口了,会使内心感到轻松。相反,你生闷气是不舒服的。

来访者:那当然,可问题在于我总是话到嘴边又咽下肚去。

咨询师:那么,请你把现在的地方当寝室,我就是那位同学,你能对我说出我刚才说的话吗?

来访者:不行,还是有口难开。

咨询师:那这样行不行,我先说一遍,你跟我说。

来访者:可以试试。

(来访者跟咨询师说)

咨询师:你不是说了吗,并且说得很好。

通过这样的训练,来访者能学会一种新的自信行为。

自信训练一般解决以下三方面的问题:

(1)遇到不公正的对待时不能站起来为自己说话或伸张正义。

(2)不能对影响自己及家人的生活事件做出反应,或反应很困难。

(3)对自己所爱的人或生活中重要的人物,不能或难以表达自己的感情或爱情。

自信训练有以下三种技术:

(1)角色扮演,又叫行为练习。做法是:设想一种情境,来访者扮演自己,咨询师扮演交往对象,然后进行练习,如下级与上级对话等。

(2)模仿。让来访者模仿咨询师的反应。

(3)强化与指导。治疗者及时肯定与纠正来访者的行为。

自信训练分以下五步进行:

(1)咨询师和来访者共同讨论来访者不自信的情境,并按害怕程度排列出等次。

(2)通过角色扮演等技术,对列出的情境进行练习,从最轻等次开始。

(3)当来访者感到掌握了某些情境中的自信行为时,再讨论这些情境中其他可能需要的自信行为。如当对方出现消极反应时,来访者应怎样应付。然后,训练来访者使他学会这些反应。

(4)鼓励来访者在实际中运用学到的自信行为,并将双方的行为及个人的体会记录下来,以便及时解决发现的问题。

(5)鼓励来访者继续实践,并作记录。

表8.3和表8.4是一些常见的称赞性自信陈述和反对性自信陈述,可在治疗中应用。

表8.3　称赞性自信陈述

1.你这一身衣服真漂亮。

2.你今天看上去真令人喜欢。

3.你笑得真开心,太让人高兴了。

4.我喜欢你。

5.我爱你。

6.与你一起工作,真让人感到愉快。

7.你的主意真妙。

8.你的见解正中要害。

9.你对这件事的处理很妥当。

10.你今天表现得很得体。

11.你的顽强精神真让我钦佩。

**表8.4　反对性自信陈述**

1. 请你以后再打电话给我好吗？我现在没有时间与你说话。

2. 您好，对不起，您这样坐着正好挡住了我的视线。

3. 您好，放电影时请别大声说话，好吗？

4. 您好，对不起，我们在排队，请您到后面去排队好吗？

5. 你让我等了20分钟。

6. 请你把收音机声音开小点，好吗？

7. 今天太冷，我不想出去。

8. 请您把这些东西分开包好吗？

9. 你的做法让我感到不舒服。

10. 你这么慢腾腾的，烦死我了。

11. 如果你不感到不方便的话，请帮我拿着这个东西。

12. 实在很抱歉，那是不行的。

13. 我不喜欢你这么啰唆（或不耐烦，或不讲道理）。

14. 我不想等。

15. 我不喜欢你这种态度（你这种态度，真令人失望）。

需指出的是，不同行为疗法可以结合起来使用，如系统脱敏法可以结合正强化技术，每成功一步给予奖励。此外，行为疗法不仅可以用于改变消极的心理症状，也可以用于发展积极的心理品质，如用模仿法帮助人发展学习、饮食、锻炼、助人、感恩等方面的积极行为。

# 第四节　行为疗法评价

8.5 模仿法、体育疗法和厌恶疗法

行为疗法建立在科学的规则之上，强调客观性、可测性，开门见山，直面问题，可操作性强，确实避免了主观臆断所带来的一些误差和困惑。它走了与精神分析完全不同的道路，独辟蹊径，自成一家，是心理咨询领域的一个革命性发展。它对心理咨询的主要意义有以下几个方面：

第一，行为疗法是从行为主义的实验研究基础上发展起来的，对行为机制的解释有扎实的科学基础。无论是经典条件反射、操作条件反射还是观察学习理论，都有其不可动摇的理论根基，具有顽强的生命力。

第二，在解决问题的途径上，如果说精神分析追求的是"顿悟"式的飞跃的话，那么行为主义更注重一步一个脚印地改造自己。这对于许多无力"悟通"（work through）的人或问题来说，无疑是一个明智的选择。尤其对有问题行为的年幼儿童，行为疗法常常是最佳的甚至是唯一的选择。

第三，在操作方式方法上，行为疗法的技术明确，针对性强，容易掌握，便于进行"标准化培训"，在不同咨询者之间保持一致。也方便来访者了解咨询意图、使用的手段和要达到的目标，减少咨一访之间的误解。

第四，这种方法疗程短，效果好，花费低，适应面广。实践已经证明，它对神经症、不良行为、性功能障碍和性变态以及精神分裂症等疾病有良好的疗效。

最后,有利于咨询效果的客观评价,一些不能进行客观观察的心理问题的咨询效果,往往受到期望、面子等因素的影响而不能进行客观的评价,而客观的行为则不同,"有目共睹",主观因素的影响比较小,来访者、咨询师和观察者对靶行为的观察差异可以缩小甚至消除。

但行为疗法也存在一些缺点。

第一,这种方法的操纵感太强,会引起"冒犯尊严"问题。历史上最典型的案例是斯塔特计划。这是 20 世纪 70 年代中期在美国密苏里州斯普林菲尔德联邦监狱里实行的行为改造计划,按照这个计划,罪犯们的行为将得到改造,他们的行为表现将回复到可以被社会接受的水平。开始时,罪犯们被禁锢在孤独的牢房中,如果表现好,可以改善生活条件,如好的牢房、食物、自由等。参与计划的罪犯只是少数,但其他罪犯闻信后,纷纷抗议这种"动物训练"方法,最后联邦监狱 22500 名囚犯提起诉讼,要求终止这项计划,理由是违反人权。所以,在动物身上实验证明的东西并不适用于人类社会,在儿童身上证明的原理也不一定吻合成年人的心理。

第二,尽管后来的行为主义者如班杜拉等把认知纳入行为治疗,但对认知和情感重要性的忽视依然存在。事实上,人的有些心理问题确实主要是认知和情感问题,如完美主义、单相思等,用行为疗法就显得无能为力。所以行为疗法只能用于解决人们的低级行为障碍,诸如恐惧症、焦虑症等。对于那些复杂的社会家庭问题,如不孝敬父母、缺乏诚信、夫妻感情不和、代沟等问题,行为疗法更显得束手无策了。

第三,行为疗法的哲学基础是机械决定论,认为人的一切行为都是刺激决定的,只要设计好刺激,行为就会朝着预想的方向发展。从现代科学发展的趋势看,这种思想已经落后。事实上,决定和非决定,与可知和不可知一样,是相对的,两者的关系是辩证的。在心理咨询中,来访者的变化不可能完全由咨询师提供的刺激决定,咨询师应该对来访者的变化抱有灵活的、开放的态度,无论成败都不能完全归因于自己提供的刺激,因为刺激是死的,来访者是活的。

### 思考题

1. 什么是条件反射、操作条件反射和观察学习?

2. 你曾经有过什么行为问题? 你是怎么改变的? 你的方法符合哪种行为疗法?

3. 你目前有什么行为问题? 打算如何改变?

4. 你有什么良好的行为习惯? 这种习惯是怎样形成的? 请用行为主义理论和方法加以解释。

5. 你希望自己有什么良好的行为习惯? 如何实现?

### 小组活动

1. 分享上面第 2、3、4、5 题,可以按题目轮流也可以按人轮流,互相提问和评论。

2. 自信训练:一个同学站到中间,参考表 8.2 的句子依次称赞其他同学,被称赞的同学点头说"谢谢,你说得很对";然后这位同学参考表 8.3 的句子依次向其他同学提要求,其他同学可以说"对不起""不好意思""好的"等表示认可,也可以说"哼""没有啊""你弄错了吧""有毛病"等表示不接受或讨厌,或用其他不礼貌的语言拒绝。(也可以反过来训练:其他同学对站在中间的同学说称赞性或反对性的话,中间的同学选择"谢谢,你说得对"回应称赞,用"对不起"等礼貌用语回应反对性语言。还有一种方式是,站在中间的同学依次邀请周围的同学做一件事情,周围同学使用各种不友好的态度拒绝,目的是体会被拒绝并没有想象的可怕。)

3.自己创设一种小组行为训练,结束后各小组长轮流在班里介绍。

第九章　来访者中心疗法

> 掌握来访者中心疗法的理论观点,它对人性的信念与精神分析和行为疗法的不同之处。理解自我结构、自我概念、自我经验、真实自我、理想自我等概念的异同,掌握该方法的特点。

人本主义心理咨询是西方影响较大的心理咨询流派之一,其流行度仅次于精神分析。它兴起于 20 世纪 60 年代,以人本主义心理学为理论基础。这种疗法是由一些具有相同观点的人从实践中得来的,其中有来访者中心疗法、存在主义疗法、完形疗法等。在各派人本主义疗法中,以罗杰斯(Rogers)开创的来访者中心疗法(client-centered therapy)影响最大,是人本主义疗法中的一个杰出代表。《美国学术百科全书》(*Academic American Encyclopedia*,New Jersey,1981)写道:"罗杰斯是以来访者中心的心理治疗(早期称为非指导性心理治疗)的创始人,并且是一位形成关于心理治疗之结果和过程的科学研究方法的先驱。罗杰斯的'来访者中心疗法'可能是当代美国临床心理学影响最大、最被广泛运用的技术。"

## 第一节　来访者中心疗法的产生

9.1 概述

### 一、来访者中心疗法产生的背景

#### (一)基督教背景

罗杰斯出生在一个虔诚的基督教家庭,其父母慈爱,懂感情。幼年的罗杰斯容易害羞,但很聪明,特别喜欢科学和农学。1919 年,罗杰斯进入美国威斯康星大学学农学,但他又很快就放弃了,并受父母的影响决定将来做一名牧师而改学宗教。1924 年他取得了历史学学位后前往纽约的"联合神学院"读研究生,准备当个牧师。但在学习期间,渐渐地对宗教的作用产生了怀疑，认为最重要的还是人，所以就经常和神学院的几个同学去哥伦比亚大学旁听心理学课程。

尽管罗杰斯对宗教的"怀疑"使他改学心理学，但家庭和基督教对他性格、思想、情感的影响还是很大的。

首先，他有根深蒂固的"拯救"愿望，这种愿望有其基督教的思想渊源。罗杰斯立志成为牧师的动机就是希望帮助人得救，但他之所以改学心理学，是因为怀疑基督教救人的"效果"，相信人依靠自己的力量救自己可能效果更好。因此，其深层的职业动机还是童年基督教熏陶下沉淀下来的"拯救"欲望。成为心理学家后，这种欲望的表达方式换成了"帮助"人，或"为他人提供治疗和咨询服务"。满腔热情地帮助困苦的人是他的性格特征。在他晚年，甚至想通过他的方法改变种族歧视这样的

罗杰斯
(Rogers C R, 1902—1987)

重大社会心理问题，反映出他帮助（拯救）被歧视的民族的良好愿望。

其次，他对待来访者的态度（也就是他倡导的咨询态度）几乎就是牧师的态度。无条件积极关怀（unconditional positive regard）就是无条件的爱（unconditional love）的另一种表达方式。

罗杰斯曾明确指出，只有经历我们被爱的关系（一些和神学家所论的爱十分相似的感受），我们才会对自己有一份刚萌芽的尊重、接纳，甚至对自己的喜爱，于是自己开始感到自己可爱和有价值，并且开始对他人有爱意和温柔感。无条件积极关怀是把温情、喜欢、关怀、接纳、兴趣和对这人的尊重的融合。

再次，"倾听"是罗杰斯推崇的主要咨询技巧，也是他的看家本领。其实，在基督教里，上帝始终是一个"不说话"的倾听者，其倾听的耐心无与伦比，人可以歌颂赞美，也可以提问质疑，甚至嬉笑怒骂，上帝都会默默倾听，绝对不说一个"不"字，完全尊重人的"倾诉权"，把表演的舞台让给人。《圣经》强调人要"快快地听，慢慢地说"，不说论断别人的话（即损人的话）。所以，倾听思想蕴含在基督教文明中，罗杰斯只是借鉴而已。

由此看来，从文化层面上说，罗杰斯的来访者中心思想和方法，与其说是对基督教神本思想的"反叛"的产物，倒不如说是对神本思想的模仿，或者说是基督教博爱思想在心理咨询中的变相应用，不管他自己是否意识到。此外，罗杰斯的思想和方法之所以在西方社会深入人心，本质上似乎不是标新立异，而是它本来就根植于西方基督教文明。人是文化的动物，文化如水人如鱼，不管是否自觉，人的心理都不可能割断哺育其成长的文化母体。

**（二）重大生活事件**

重大生活事件是以当事人的心理反应为依据的，与事件的客观强度没有必然的联系。罗杰斯的一生中遇到了两件在他人看来非常简单的事情，但对他的学术思想产生了革命性的重大影响。

1922年，他作为一个品学皆优的神学院学生，被选中参加"世界基督教学生同盟"在中国学习6个月的计划。该计划包括在清华大学举行的为期一周的基督教大会，在中国国内三个月的旅游等。他游览了湖北、山东、广东、江苏和福建等地，在往返途中经过了美国夏威夷、中国香港、日本、菲律宾等地。对他产生革命性影响的不是山海景色，而是不同的文化。来自全世界的青年基督教信徒，虽然有共同的信仰，但他们的世界观有着很大的差别。他们

从不同的角度去看待上帝和人生,对罗杰斯的心灵造成了巨大的冲击。他像一条池中的小鱼来到了汪洋大海,面对世界不同文化的五光十色,惊叹之余,开始思考别人不会思考的问题:人与人的差别如此之大,那么只有依靠自己的感受才能成为自己。如果用他人的经验压制自身本来就有的经验,那么自我就会被扭曲,生活在虚假的自我之中。这种思考对他日后的研究产生了很大的影响。有了这种思考,他向现象学靠拢是最自然不过的事了。因为面对同一件事情,不同文化中的人可以有完全不同的观念和体会,这种主观经验是实实在在地存在的,是一种内在的真实,是人的"本质"所在,决定了人的行为。因此,要理解人就必须走进其内在的现象世界。

罗杰斯结束中国之旅 4 年后,终于决定转到哥伦比亚大学攻读临床心理学和教育心理学硕士学位。毕业后,他在纽约区的"禁止虐待儿童协会"的"儿童社会问题研究部"工作了12 年,在此期间他初步积累了丰富的心理咨询、治疗方面的经验。但他慢慢发现,精神分析疗法这一权威方法的疗效常常很低,且他在哥伦比亚大学学习的方法与在工作中学到的方法截然不同,而且权威人物也无法确定哪一种方法更好,于是,罗杰斯想寻找更为有效的咨询和治疗方法。

转机终于出现了。有一次,有一位母亲带着儿子来咨询,这位母亲认为孩子非常调皮、不听话,令她觉得很生气。罗杰斯认为问题出在孩子身上,于是他主要针对孩子的不良行为进行咨询。时间一周又一周地过去,孩子没有改进的迹象。最后,罗杰斯与母亲商量后,决定结束咨询。这位母亲同意了,起身带着孩子离去,但她忽然转过身问:"你们这里也为成年人做咨询吗?"罗杰斯说可以,她又回来坐下,开始倾诉生活中的烦恼,抱怨丈夫的种种不是,痛快地表达了对婚姻的不满。由于罗杰斯缺乏婚姻咨询方面的经验,不知道说什么好,所以在她滔滔不绝的倾诉中,罗杰斯只是倾听。一个星期后,这位母亲独自前来咨询,仍然是倾诉,而罗杰斯还是倾听。几个星期后,她告诉罗杰斯,她现在的感觉好多了,与丈夫的关系也改善了,孩子也听话多了。罗杰斯感到困惑的是,自己在咨询过程中没有指导对方如何解决家庭矛盾,但为什么会有咨询效果呢? 通过对这件事的思考,一个思想渐渐清晰地浮现在罗杰斯的大脑里:只有当事人才能弄清问题的症结在哪里,如果能用理解和倾听的态度去对待他人,那就能了解他人的内心世界。"来访者中心"的思想开始萌芽了。

## 二、来访者中心疗法的四个发展阶段

来访者中心疗法的发展可分为四个阶段。

第一阶段,重点研究咨询师行为。

罗杰斯把咨询师的行为分为指导性和非指导性两种风格,对它们进行比较研究,研究中使用了原始的录音设备,积累了大量的第一手资料,研究证明了非指导性心理咨询的作用。1940 年,罗杰斯在明尼苏达大学的一次谈话中,讲述了心理咨询中的非指导性概念,这次谈话的内容被作为 1942 年出版的《咨询和心理治疗》的其中一章出版。该书的出版标志着非指导性咨询的基本成熟。这一阶段罗杰斯强调咨询师用情感反映(reflection of feeling)的技巧,主张咨询师的主要作用在于帮助来访者认清体验到的情绪[①]。所以咨询师的活动很

---

① Rogers C R. Counseling and Psychotherapy:Newer concepts in practice. Boston:Houghton Mifflin,1942:37-38.

少,尤其对来访者未表现出的态度或潜意识不做解释。

第二阶段,重点研究来访者。

1945年,罗杰斯到芝加哥大学担任心理学教授和心理咨询中心主任,并开始大批培训非指导性咨询人员。在研究中他发现,非指导性概念有一些问题,有的咨询师对"非指导"产生了误解,以为既然是"非指导",就把自己放在被动的地位,因而会显得漠不关心。另一种情况是,咨询师会有意无意地强化(指导)来访者的某些陈述,因此说非指导似乎不太合适。他因此把重点放在研究来访者的行为上,把咨询方法重命名为"来访者中心"方法。"这话的意思是在表明,咨询师的作用是尽力理解来访者的内部参照系,以来访者的方式去看世界,以来访者看他自己的方式去看他……并将一种设身处地的理解沟通给来访者。"[①]

1951年,《来访者中心疗法》正式出版,标志着罗杰斯的理论和实践有了进一步的发展。在这本书中,他对自我概念及与机体经验的关系也进行了深入研究,重视来访者隐蔽的情感体验,强调咨询师要主动地去体验来访者的感受,要以设身处地的方式走进来访者的内心世界,"移入"来访者的内心世界,也就是说,要理解来访者,就像理解自己一样。

这一阶段已注意到治疗的过程,开始强调增强来访者的评价能力,并强调自我概念的重新组织。1954年,罗杰斯与戴蒙(Dymond)合著的书里收集了许多研究,它们是有关咨询过程中自我概念的改变的。在这一阶段,Q-分类法广泛地应用于研究之中,如巴特勒和黑格的研究发现,来访者在咨询前,真实自我(即自我概念)与理想自我差距较大,而咨询后差距变小。

第三阶段,把前两个阶段的研究结合起来,进行咨访关系模型研究。

这一研究主要是在1954年到1957年做的,他提出了无条件的积极关怀、真诚和同感等充分必要条件,于1957年发表。这些条件后来成了建立良好关系的"核心条件"。他非常强调治疗气氛,认为咨询师不是一个超然独立的人,要投入咨询情境之中。他要表达感受,投入与来访者的关系之中,把咨询更是看作涉及情感的感受,而非理智的领悟,是眼前直接的感受,而非言语的反映,是经验的而非言语的自我探索。也就是说,在这里更强调咨询师对来访者的体验,共同投入咨询关系之中,也更强调咨询气氛和人格改变的过程。

这一时期,他做了一些著名的演讲,后来与一些论述一起作为书《论人的成长》(On Becoming a Person)于1961年出版,此书广为流行。

第四阶段,提出"以人为中心的治疗"(person centered therapy),试图把研究拓宽到心理治疗以外的领域。

1957年,罗杰斯来到威斯康星大学,计划对精神病患者进行咨询,以检验"核心条件"模型的有效性。为此,研究小组发展了一些客观测量工具来测量同感等因素。但在研究中发现,核心模型对于那些焦虑的来访者有效,但对于那些已经自我封闭的精神病患者没有效果。但罗杰斯坚持精神病患者与正常人的共性大于差异,因此出现了研究小组内部的分歧和分裂,一些成员纷纷离开,去寻找属于自己的思想。

罗杰斯后来致力于把以人为中心的方法推广应用到团体、组织和社会之中,且参与改善东西方关系和南非的政治改革,但收获不大。这说明,在心理咨询实践中有效的方法,并不

---

① Rogers C R. Client-centered therapy: Its current practice, implications, and theory. Boston: Houghton Mifflin, 1951:29.

一定适合于解决复杂的社会问题。20世纪80年代以后,由于罗杰斯的方法已经被广泛地吸收到其他方法之中,作为一种独立的方法的力量已在减退,这是"整合"思想发展的必然。

# 第二节　来访者中心疗法理论

罗杰斯在对待客观与主观关系问题上,看法与现象学不谋而合。他认为每个人与其说是生活在客观世界中,不如说是生活在自己对客观世界的主观经验之中。每个人都是自己主观经验的主人。对此,他提出了现象场(phenomenological field)的概念来说明:

9.2 理论

> 这个私人世界可以称为"现象场""经验场",或者可以用别的术语加以描述。它包括有机体经验到的一切东西,不论被意识到与否。如椅子面板作用于我的臀部产生的压力,也许经验了整整一个小时,但只有当我思考它或者议论它时,这种经验才被符号化并进入当前的意识。[①]

罗杰斯认为,每个人的现象场是独一无二的,只有自己才能意识到,他人要了解只有走进这个现象场。在这个现象场思想的指导下,罗杰斯提出了他的人格发展理论,进而发展了其心理咨询学说。

罗杰斯的人格理论是以"自我"(self)为核心的,故又称"自我理论"。这种理论的中心思想是:人们必须依靠自己发现、发展和完善隐藏在内心深处的"自我",依靠他自己在这个世界中获得的经验,并借助于情感和认知合二为一的认识途径,形成一个充分独立的、创造性的、充满着真实、信任和移情性理解的"完整的人"。

## 一、自我的概念

罗杰斯曾反对使用"自我"这个概念,因为他认为这一概念是不科学的。但他的来访者使用这一术语之多的事实,使他逐渐改变了自己的观点。

> 从个人的角度来说,我在开始从事心理学研究时就存在一种固有的观念。"自我"是源于以内省者为出发点的心理学词汇,它是一个含糊的、模棱两可的、没有科学意义的术语。后来,当来访者在没有任何指导和解释的情况下,提供机会让他们用自己的术语来表达他们的问题和态度时,他们总是倾向于用"自我"这个术语来交谈。这使我逐渐地承认了它的存在。特征性的表达是诸如此类态度的表示:"我觉得我不像真实的自我。""我真的想知道我是谁。""我不希望任何人知道我的真实的自我。""我从来也没有获得表现自我的机会。""最好让我自由自在,那正是自我的存在。""我想我如果撕剥下涂抹在外面的灰泥,我就会获得一个非常坚实的自我——里层是一幢用砖砌成的大

---

① Rogers C R. Client-centered therapy: Its current practice, implications, and theory. Boston: Houghton Mifflin, 1951:483.

厦。"从这些表述中似乎很清楚地看到,在来访者的经验中自我是一个很重要的要素,在奇特的意义上,他的目的是要成为他那"真实的自我"。①

由于罗杰斯当初否定自我的概念,所以,这一概念的确立成了其思想发展过程中的转折点或里程碑。

> 自我结构(self-structure,即自我——作者)是对允许进入意识的自我知觉的一种井井有条的构造。它由这样一些要素组成,诸如对一个人的特征和能力的知觉,处于与他人和与环境关系之中的自我的知觉和概念,被理解为与经验和客体(object)有关的意义特征,以及被理解为具有积极效价(valence)或消极效价的目标和理想。于是,这是一幅井然有序的图像,当它们被发觉存在于过去、现在或者将来时,要么作为轮廓,要么作为基础,存在于自我以及处于关系中的自我的意识之中,携带着积极的或者消极的价值。②

可见,罗杰斯的"自我"其实就是个人对自己的整体理解,即自我概念(self-concept)。它是通过与环境,特别是与其他人对自己的评价的相互作用发展起来的,其作用在于使人有一种行动目标或人生理想,一旦达到这种目标,独立性、自我指导、自我依赖、自我创造等就会出现,这便是自我实现。

## 二、自我的测验

罗杰斯把自我分为两个:一是真实自我(real self),即上面说的自我;二是理想自我(ideal self),即自己所希望的"我"。这两者是密切相关的。为了确定它们的关系,罗杰斯使用了一套测量工具。起初,他将每一次的治疗会谈记录下来,用内容分析(content analysis)方法将与自我有关的语句给予分类。这样分类的评定者信度(interjudge reliability)相当高,并且在治疗过程中表现出改变的一致性,显示出有某种程度的建构效度。

后来,罗杰斯又采用了史蒂芬逊(Stephenson W,1953)创制的 Q-分类法③。Q-分类法的实施可以有多种不同的形式,但所有的形式都使用相同的基本概念和假设。第一,假设来访者能准确地描述自己,即真实自我;第二,假设来访者能描述那些他或她希望具有的但现在并不具有的特征,即理想自我。一般说来,治疗开始时来访者的真实自我与理想自我(他或她最有可能有的)之间存在很大差异。

Q-分类法的使用步骤如下:
(1)给来访者一百张卡片,每一张都包含下面这样的话:
我同他人有着热烈的情感关系。
我披上一件虚伪的外衣。

---

① Rogers C R. Client-centered therapy: Its current practice, implications, and theory. Boston: Houghton Mifflin, 1951:24.
② Rogers C R, Dymond R. Psychotherapy and personality change. Chicago: Chicago University Press,1954:55-56.
③ 赫根汉·B. R. 人格心理学. 冯增俊,译. 北京:作家出版社,海口:海南人民出版社,1988:377-380.

我是精明的人。

我鄙视自己。

我对自己有一种积极的态度。

我常常感到耻辱。

我通常能下定决心,而且坚守不渝。

我自由地表达我的情感。

我害怕性交。

(2)要求来访者选择那些最能描述自己生活方式的话。这就产生了真实自我分类。为了便于统计分析,要求来访者按正态分布的方式选择卡片。为此,来访者必须把卡片放成九堆,并按最能反映自己到最不能反映自己的顺序排列。卡片堆的数量和每一堆卡片的数量见表9.1。

表9.1　一种Q-分类法的卡片排列类型

| 堆序号 | 最不像我 | | | 未能决定 | | | 最像我 | | |
|---|---|---|---|---|---|---|---|---|---|
| 堆序号 | 0 | 1 | 2 | 3 | 4 | 5 | 6 | 7 | 8 |
| 卡片号(总数100) | 1 | 4 | 11 | 21 | 26 | 21 | 11 | 4 | 1 |

(3)要求来访者按自己希望的自我特征(从最像我的理想到最不像我的理想)进行分类,即产生理想自我分类。

(4)用统计学方法求出真实自我分类与理想自我分类之间的相关系数。

下面是罗杰斯报道的一个研究[①]。

**(一)假设**

(1)来访者中心治疗的结果,会造成真实自我与理想自我的差距缩小。

(2)有显著进步的来访者比无显著进步的来访者差距的缩小更显著。

**(二)方法**

实验组共25人,由芝加哥大学接受咨询的成人中任意抽出,均接受过六次以上的交谈。控制组共16人,和实验组在年龄、性别、社会经济地位及是否学生身份等条件上都相当,只不过没有申请接受治疗。实验组在治疗前后、治疗后六个月到一年的一个追踪时间,分别三次接受同一个测验,即对一百句话分别按“最像我—最不像我”及“最像我的理想—最不像我的理想”分类。控制组在相同时间接受相同测验,以验证是否随时间的推移、做测验的经验或其他因素的影响而变化。此外,实验组中另抽15人为内控制组(own-control group),是从申请治疗到开始接受治疗相距60天者。进步的多少由咨询师根据治疗的成功与否自行评定,同时用主题统觉测验(TAT)以不记名的方式来分析记分。这些评定都独立于被试的Q-分类测验。

**(三)结果(表9.2)**

(1)控制组的真实自我与理想自我的相关系数并未显著改变,但实验组的平均相关系数有显著增加。

(2)内控制组的平均相关系数在治疗前60天和治疗开始时均为$-0.01$,表示这段时间

① Rogers C R, Dymond R. Psychotherapy and personality change. Chicago: Chicago University Press, 1954: 57-75.

内没有改变。

（3）在实验组中选出进步较大的一组和进步较小的一组，发现在咨询开始时无差别，但在追踪点上前者的变化大于后者。

表9.2 实验组和控制组的真实自我与理想自我的平均相关系数

|  | 实验组 | 控制组 |
| --- | --- | --- |
| 咨询前 | −0.01 | |
| 咨询后 | 0.34 | 0.58 |
| 追 踪 | 0.31 | 0.59 |

### （四）结论

真实自我与理想自我之间的低相关是基于低程度的自尊，而低自尊又和低程度的适应有关；此外，在这一研究中来访者为中心治疗的结果，就平均而言提高了来访者的自尊与适应水平。

## 三、自我的发展

### （一）自我的发展动力

罗杰斯虽然没有像弗洛伊德、艾里克逊和皮亚杰那样建立关于人格发展的理论，也没有在这方面做纵向研究，但他相信发展的力量存在于每一个人里面。他假设有一个重要的动机——实现倾向（actualizing tendency）：

> 有机体有一种基本的倾向和追求——使正在体验的有机体得以实现、保持和增强。[1]

> ……人类有机体中有一个中心能源，它是整个有机体而不是某一部分的功能，也许最好的概念是把它定义为对有机体的履行、实现、维持和增强的倾向。[2]

按照罗杰斯的观点，人类及其他一切有生命的有机体，都具有求生、发展和增强自身的天赋需要。一切生物的内驱力都可纳入实现倾向之中。尽管有许多障碍，但这种"生命的延伸力"仍会顽强地延续发展下去。最简单的例子就是婴儿在正常环境中的生长过程，他一次次地跌倒、失败和受挫，但这种痛苦反而会增强他行走的动机。在心理方面也是如此。只要有生长发育的条件，有机体的这种自我实现趋势会克服各种障碍和苦痛。无数例子都可证明人类生活在极端恶劣的环境中，不仅能避难生存，而且还不断增强他们的生命力。

### （二）自我的发展方向

那么，人朝什么方向发展（实现）呢？这一问题涉及罗杰斯的人性观。他与弗洛伊德相

---

① Rogers C R. Client-centered therapy: Its current practice, implications, and theory. Boston: Houghton Mifflin, 1951:187.

② Rogers C R. Actualizing tendency in relation to motives and consciousness//Jones M R. Nebraska symposium on motivation. Lincoln, NE: University of Nebraska, 1963:6.

心理咨询原理

反,他对人性给予了积极的肯定。弗洛伊德认为,人类像其他动物一样都具有各种相同的需要、内驱力和动机。因此,对于人类那些不受任何约束的性欲和攻击的倾向,必须由社会严加控制。而罗杰斯相信人基本上是善的,能建设性地处理自己的生活环境,所以不需要加以控制。在这一点上,罗杰斯比较推崇我国的老庄思想,认为事实上正是控制人类的企图,使人变坏了,他指出:

> 个人有足够的能力来建设性地处理他生活的方方面面,它们能渗入人的意识。这意味着创造一种环境,在其间,材料可以进入来访者的意识之中,并且,咨询人员对来访者表示出一种意味深长的接受,把他当作一个有能力自我指导的人。①

> 我不赞成那种认为人是非理性的动物,对于他的种种冲动,如不加以控制,就会导致自身和他人的毁灭这一普遍流行的观点。人的行为是充满理性的,伴随着美妙和有条理的复杂性,推动机体奋力达到目标的活动。②

对于人的反社会性或攻击性行为,罗杰斯认为是不符合人性的,它们是由于恐惧和防御引起的。

> 我没有过分乐观的人性观。我很清楚,由于防御和恐惧,个体可能或必定以难以置信的残酷、令人毛骨悚然的毁灭,不成熟的、攻击的、反社会的和危害极大的方式去行动。然而,在我们的经验中,使人欢心鼓舞、精神振作的工作之一是去研究这些个体,去发现内心最深层的、强烈的、积极的倾向,这种倾向存在于他们身上,就像存在于我们每个人身上一样。③

因此,在罗杰斯看来,只要提供良好的环境条件,消除防御和恐惧的根源,人就会按照其善的本来面目积极发展。

> 当生命本身活生生地显露在治疗过程之中——以它盲目的力量和巨大的破坏力,但是如果能提供成长的机会,则生命也会以更胜一筹的动力,向成长奔去。④

这些思想,一方面来自罗杰斯的临床观察,另一方面也反映着他的哲学信仰及其思想根源。

老子的另一段话,能囊括我的许多更为深刻的信仰:"我无为,人自化;我好静,人自

① Rogers C R. Client-centered therapy: Its current practice, implications, and theory. Boston: Houghton Mifflin, 1951:24.
② Rogers C R. On becoming a person: A therapist's view of psychotherapy. Boston: Houghton Mifflin, 1961:194-195.
③ Rogers C R. On becoming a person: A therapist's view of psychotherapy. Boston: Houghton Mifflin, 1961:27.
④ Rogers C R. On becoming a person: A therapist's view of psychotherapy. Boston: Houghton Mifflin, 1961:45

正;我无事,人自富;我无欲,人自朴。"①

### (三)自我发展过程

罗杰斯认为,自我发展是一个痛苦而又漫长的过程,因为自我的发展是对依赖性的不断摆脱,对惰性的连续抗争。在这种抗争中,人每迈出一步所承受的痛苦远远超过由此得到的喜悦,但由于人性中成长的倾向强于停滞的欲望,故人宁可选择"痛苦"的成长,而不甘心依赖他人。

在罗杰斯看来,自我的发展,实际上是人对自己的机体反应和情感从不信任到信任的过程。在自我的萌芽阶段,人主要从父母那儿获取一种现成的价值体系或行为准则,但随着自我的成长(在教育条件下或在治疗过程中)和机体评价能力的发展,他会逐渐发现自己是按照他人的"指示"在行动的,而缺乏自己的"自我"。这时,他会感到茫然。但慢慢地他会认识到应根据自己的感觉、自己的经验来判断价值,作出决策。至此,自我也就趋于成熟了。

### (四)人格结构

罗杰斯用两个圆来表示人的人格结构,如图9.1所示,一个圆代表"自我结构",另一个圆代表"经验",由于重叠而产生的三个部分分别称为"区Ⅰ""区Ⅱ"和"区Ⅲ"。

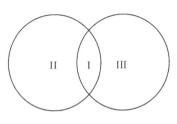

图9.1 人格结构

经验或体验是对客观事物和可意识到的机体内部过程的感受,包括对内脏变化的感觉。内脏变化的体验并非出于想象,例如,当一个人精神内守,用容忍和非批判的态度专心体察自身的感觉,就可以产生感觉上的变化。

自我结构即自我概念,它决定一个人对他人的反应方式。对任何一种新的经验都可能产生三种不同的反应:①与自我概念相结合,融为一体,即"区Ⅰ";②对其不加理会,即"区Ⅱ";③产生歪曲的反应,即"区Ⅲ"。当新的经验与个人的自我概念不一致或被视为对自我概念的威胁时,就容易产生后两种反应。

### (五)罗杰斯对心理疾病的看法

罗杰斯认为,一个健康的人意味着他的自我结构与经验是协调的,是对经验开放、没有防御的,他能将经验同化到自我结构的整体里;反之,有心理疾病的人,其自我概念形成的方式和他自身的经验并不相合。心理不适应的人总是否定他的感官及体内经验,他不愿意意识到这些经验,或者曲解它,结果便是固执地、防御地维持自我,对威胁到整体自我的经验予以抗拒。

人没有真正面对自己,面对他自身经验提供的最自然的评价。但是为了保证他人的关怀,竟然将他经验到的一些价值加以曲解,以迎合别人眼中的价值。②

---

① Rogers C R. A way of being. Boston:Houghton Mifflin,1980:42.

② Rogers C R. A theory of therapy,personality and interpersonal relationships as developed in the client-centered framework//Koch S. Psychology:A study of a science Vol,3:Formulations of the person and the social context. New York:McGraw-Hill,1959:226.

罗杰斯认为,对心理疾病作更细致的诊断并没有什么用处,甚至视诊断工具为无意义的。他指出,急性的心理症状可视为与自我不一致的行为,是冲破了防御机制而出现的行为。"于是,原来压抑的性冲动、绝对克己的人,现在可能无论碰到什么人,就提出性的要求,许多心理疾病所谓的非理性行为都是这样来的"[①]。

虽然罗杰斯在1951年提出其理论时用上述观点解释心理疾病,但在具体研究中他又着眼于自我概念和理想自我的关系上。这也许是因为自我概念和经验的关系不易测定所致。

但罗杰斯一直很注意经验问题,他发现,适应不良的人比较不意识到自己的感觉,而这感觉是他自己表现出来并为他人明显观察到的。他还害怕亲近的关系,避免与他人交往。而心理健康者的经验模式正好相反,他很喜欢"拥有"自己的感觉,在与他人的关系中喜欢"冒冒险"。1960年,罗杰斯和韦尔克(Walker A)及雷伯伦(Rablen R)曾建立了一套量表,用来测量人的感觉以及体验感觉的方式。量表要求来访者在交谈时写下一些关于自己感觉的话,然后由评定者根据规则评定。例如,"症状就只是很忧郁""我的感觉模糊不清,且令人心烦,我也弄不清"等表示否认自己的感觉或对感觉十分模糊;而心理健康者则会说"我很忧郁""我的感觉很明显"等。这个量表旨在系统地考察个人对自己及对他人的反应方式,虽然不能测出自我概念与经验的差距,但是心理疾病的一个重要变量。

# 第三节　来访者中心疗法方法

9.3 方法

## 一、来访者中心疗法的目标

来访者中心咨询的根本目的是发掘真实的自我,使人卸掉一切伪装的面具,成为自己。如果说心理咨询的目标是改造人的话,那么精神分析和行为主义侧重的是咨询师改造来访者,强调外力的作用,把来访者改造成一个正常人;而来访者中心疗法则侧重于来访者通过自身的力量改造自己,强调内力的重要性,使自己成长为一个充分发挥机能的人。具体地说,在咨询过程中,来访者产生了以下几方面的变化:

(1)对自己的看法比较客观。

(2)有自信心和自主能力。

(3)接纳自己和自己的感受。

(4)有积极的自我评价。

(5)不太压抑自己的经验。

(6)行为比较成熟,能适应社会。

(7)应付压力的能力提高,不太会在压力面前产生挫败感。

(8)有健全的性格。

(9)能接纳他人,处理好人际关系。

---

① Rogers C R. A theory of therapy, personality and interpersonal relationships as developed in the client-centered framework//Koch S. Psychology: A study of a science. Vol. 3: Formulations of the person and the social context. New York: McGraw-Hill, 1959: 230.

总的说来,当他们走向自我实现时,他们对自身经验的认识和接纳程度大大地提高,不再用他人的要求和标准来筛选这些经验,而只让自我充分展示。

## 二、来访者中心疗法的条件

罗杰斯对有效的治疗所必备的条件作了如下概括:

(1)来访者和咨询师必须有心理上的沟通,也就是说,他们必须对对方的现象场有所影响。

(2)来访者必须处于失调状况之中,因此是脆弱或焦虑的。

(3)咨询师必须给来访者以无条件的关怀。

(4)咨询师必须寻找一种理解来访者的通情作用。

(5)来访者必须领悟咨询师提供给他或她的无条件关怀和努力在通情作用方面理解自己的内部参照系。

## 三、来访者中心疗法的人格改变过程

在来访者中心咨询中,人格的改变可分七个方面,每一方面又有一个由低端到高端的连续体。低端表示固定、僵化和停滞;而高端表示改变、流动与过程。在低端,七个方面是分立的,在高端,七个方面是融合为一的①。

第一方面:与感觉和个人意义的关系

　　低端:感觉未认清、未表达。

　　高端:在感觉发生的那一刻,便能自由去经验。

第二方面:经验的方式

　　低端:个人对经验远远避之。

　　高端:接受经验为内在参照系。

第三方面:不协调的程度

　　低端:个人未曾意识到矛盾的自我陈述。

　　高端:个人能够认出偶发的不协调。

第四方面:自我的沟通

　　低端:个人避免表达自己。

　　高端:个人经验到自我,并能将自我意识沟通出来。

第五方面:解释经验的方式

　　低端:个人持固执的假设而视之为事实。

　　高端:承认假设是解释某一时刻之经验的方法,是随时可改变的。

第六方面:与问题的关系

　　低端:未承认或看出问题是属自我身外的,且个人封闭自己,拒绝改变。

　　高端:个人在生活中接受问题,并寻求应付之方法。

① Rogers C R. A tentative for the measurement of the process in psychotherapy//Rubinstein E, Parloff M B. Reseach in psychotherapy. Washington DC: American Psychological Association, 1959:90 107.

第七方面:与他人的关系

　　　低端:逃避亲近的关系,以危险视之。

　　　高端:个人在与他人建立关系的过程中,勇于尝试,表现出真实的自己。

上述每一方面从低端到高端的改变,又可分出七个阶段①。

第一阶段:来访者已形成了对自身和外界的固定看法,对内心的直接体验十分生疏,以至于完全觉察不到,没有任何改变和进步的愿望;对存在的问题缺乏认识;对个人感情和意图既不了解又不能掌握。来访者以固定的方式生活在既定的世界里,一切对他都是外在的。他只与外界交往,求治未必出于自愿,对治疗不抱希望。

第二阶段:来访者能够对与己无关的问题发表意见。有时把感情说成是不属于自己的或是过去的事情。"这个症状让人感到十分抑郁",而不说:"我现在感到抑郁"或"我过去心情抑郁"。个人的想法刻板不变,认为就是事实。

第三阶段:来访者感到已被咨询师完全接受,逐渐消除顾虑,更自由地谈到自己,甚至谈论与己有关的体验。更多地是谈到并非当前的感情和意图,体验被说成是过去的或与自己相距甚远。但开始认识到个人的想法并非事实,开始意识到他所处的地位和应当起的作用,这是由他自己领悟到,而不是别人指出来的。许多来访者来求咨时正处于这一阶段。

第四阶段:感受开始被说成是当前的事。"依赖感使我很泄气,因为这说明我是个无所作为的家伙。"偶尔,违背来访者的意愿,感情在当时就流露出来。"在我心里有个疙瘩……它使得我要发疯……想哭喊、想跑开。"体验已不再那样遥远,有时稍为延迟就会出现。此时可以对体验作出解释,对体验是否正确开始产生疑问,并初步认识到自己对问题负有责任。在这一阶段,任何一种心理咨询可能都存在。来访者开始探索,意识到自己是一个有感情的人,并对朦胧觉察到或偶而泄露出来的情感体验感到震惊和惶惑。

第五阶段:如果来访者在咨访关系中感到安全,对内心活动的发现已不再那样震惊,就进入了第五阶段。此时,当事人能够自由地表达当时的感情。过去被意识拒绝的个人意图和感情,被充分体验,距离已十分接近。这种体验有时会使本人感到恐惧、不相信或惊奇。来访者不仅希望拥有自己的感情,而且希望找到"真正的我"。如一位来访者说:"事实上我并不是温和的、有自制力的人,我只是装作这样。我遇事容易激动,总想顶撞人,有时我觉得自己很自私,但不知为什么,我竟会装成我不是这样的人。"这说明来访者认识到他真实的体验和自我概念不一致,并能正视这一点,开始意识到他的自我应作调整以适应现实,而不应按内心冲动行事。

第六阶段:不仅是转变的关键阶段,而且具有特色,往往是戏剧性的。来访者把过去的体验接受下来,成为当前的体验,并往往被这种体验所打动。经常伴有生理上的变化,例如叹气、流泪、肌肉松弛。这是治疗中必然会发生的改变,此时不再把自我当成客体,自我就是体验本身,是一个正在发生变化的过程。被来访者奉为生活指南的原则,在直接的体验中开始动摇。来访者因而产生一种失落感,心灵受到震撼。这些特点可以从下面的交谈中看出来。

――――――――――――

① 车文博. 心理治疗指南. 长春:吉林人民出版社,1990:580-583.

**例1**

来访者:我甚至相信我对自己很关心,但这怎么可能呢?"我"和"自己"不是一回事吗?不过我对这一点感受得很清楚……就像照顾孩子那样,想给他这个,给他那个……我似乎可以明确看出别人的动机,但对自己却从来不了解,而我本来是可以做到的。我能够关心自己并把它当成我主要的生活目标吗? 这是可能的吗? 这就意味着我必须对付整个世界,仿佛我就是一件最珍贵物品的保护人,站在被保护的自己和整个世界之间……就好像我在爱着自己。真有点不可思议,但这是真的。

咨询师:看来你终于认识到这一生疏的概念,它意味着:"我必须面对世界,我的基本责任之一就是照顾好这个宝贵的人,也就是我所珍爱的自己。"

来访者:我保护谁? 我感到如此亲近的什么人? 又是一个不可思议的念头。

咨询师:看起来有点不可思议。

来访者:是的,你说对了,我爱自己和关心自己是一个非常好的念头(眼睛湿润了),好极了。

第七阶段:治疗的趋势和最终目标。至此,来访者对感情可以作直接的、充分的体验,不再感到是一种威胁。不仅在治疗过程中如此,在治疗时间以外也能做到。愿意谈论当前的体验,借此能对自己有深入的了解,知道自己的意愿和态度,不论是积极的,还是消极的。对自己抱接纳的态度,相信自己的感情,比单纯从理智方面考虑更为明智。每一个体验都有它本身的含义,再不说成是过去的事情。自我就是他当前体验的主观意识,他变得和谐一致,体验在意识中和在交往中的象征是协调的,从而保证了这种一致性。

## 四、来访者中心咨询的效果

假如治疗成功的话,来访者会出现下列变化[1]:

(1)评价根据的改变:从采用他人的价值标准转向肯定自己的评价。

(2)防御与经验方式的改变:来访者变得较不防御,更有弹性,更清楚地意识到过去不曾出现在意识中的事情,知觉更分化,对经验本身更开放。

(3)自我概念的改变:来访者发展出更清楚、更好、更协调的自我。

(4)对他人的看法与对待他人的方式的改变:来访者不仅发展出对自己更大的价值感,而且对他人的评价也朝好的方向改变。来访者还学会接受别人好的感觉,也将自己好的感觉表达出来。

(5)人格的成熟与组织的改变:来访者表现出更为成熟的行为,自发的反应减少,不易被挫折吓倒,显示他对挫折的容忍度增加。在更广泛的人格测量上显示出人格的改变。

## 五、来访者中心疗法的特点

来访者中心疗法具有下列特点[2]:

① 潘维因. 人格心理学. 郑慧玲,译. 台北:桂冠图书股份有限公司,1986:329.
② 潘维因. 人格心理学. 郑慧玲,译. 台北:桂冠图书股份有限公司,1986:577-580.

### （一）以来访者为中心

罗杰斯的来访者中心疗法与精神分析法和行为治疗法不同。在来访者中心疗法中，咨询师不是靠探究潜意识或改变反应来纠正行为，而是靠动员来访者的自我实现潜力，使自己合理选择和治疗自己。治疗时，所有的情况由来访者提供，咨询师不对来访者作评价。咨询师的任务是创造一种良好的气氛，使来访者感到温暖，不受压抑，受到宽容和充分理解。咨询师这种真诚的和接纳的态度，会促使来访者重新评价自己和周围的事物，并按照新的认识来调整自我和适应生活。

### （二）把心理治疗看成是一个转变过程

罗杰斯认为，心理治疗过程主要是调整自我的结构和功能的心理过程。一个人自我与体验矛盾时，会产生心理混乱，因此，需要调整，其结果是产生一种新的自我形象。这种心理治疗与沟通分析一样，是一种学习过程，良好的医患关系是这种学习的先决条件。这种关系的主要成分是态度，而不是理论。教科书并不能传授心理治疗。咨询的成败取决于咨询师的态度，而不是他的知识、理论和技巧。只有以来访者为中心建立的人际关系，才能使来访者成为他应有的样子，实现咨询的真正目标。

### （三）非指导性心理咨询的技巧

来访者中心疗法反对操纵和支配来访者，很少提问题，避免替来访者决策。从来不替来访者回答问题，在任何时候都让来访者确定讨论的问题，不提出需要矫正的问题，也不要求来访者执行推荐的活动。

罗杰斯所常用的咨询技术为：

（1）认识来访者刚才以某些方式表达的感情和态度。

（2）对来访者从一般举止、特殊行为和以往谈话中表达出来的感情和态度进行解释或认识。

（3）提出交谈的话题，并让来访者发表意见和展开地谈。

（4）确认刚才来访者谈话的中心意思。

（5）提出一些非常具体的问题，答案只限于"是"或"不是"，或提供具体情况。

（6）解释、讨论或提供与问题或治疗有关的情况。

（7）用来访者对心理咨询的反应来说明和解释交谈的情况。

罗杰斯为了避免操纵来访者，在交谈时往往只是简单地点点头或嘴里"嗯""啊"应着，似乎是在说："好，请继续说下去，我正在听着。"因而他曾被称为"嗯啊咨询先生"。有人经过言语操作性条件试验，证实这是一种很好的办法，它能强化来访者的语言表达，激发来访者的情感，使来访者进一步暴露自己，并随之产生批判性的自我知觉。

**例 2**

罗杰斯在一个工作坊中的咨询示范以及他自己事后的对话分析（前面 11 段对话）[1]，从中可以看到来访者中心疗法的基本要素：无条件的积极关怀、真诚和同感。

---

① 江光荣. 人性的迷失与复归. 武汉：湖北教育出版社，2000：148-153. 为阅读方便，对话中人名"卡尔"改为"罗杰斯"，"简"改为来访者，"当事人"也改为来访者。

罗杰斯:行了,我准备好了。既然我们已经打过招呼,有点熟了,我不知道接下来你想要同我谈点什么。不过,不管你打算说什么,我都做好了准备听你说。(停顿。)

来访者:我有两个问题。第一个是对婚姻和孩子感到害怕。另一个是年纪,年纪越来越大。很难认真想想将来,我发觉好害怕想将来的事。

罗杰斯:那是你的两个主要问题。你愿意先谈哪一个呢?

来访者:我认为眼下较急的是年纪问题。我想从它开始。如果你在那上头帮帮我,我会非常感激。

罗杰斯:你能多告诉我一点关于害怕年纪增大的事吗? 当你越来越大……,怎样?

来访者:我觉得自己陷入了一种令人恐慌的情境。我已经35岁了,再过5年就40岁了。很难说明白为什么,我就是翻来覆去地想这件事。我想要逃开,不想这事。

罗杰斯:那事太叫人害怕了,所以你真的——它真的使你开始恐慌。

来访者:是呀,而且它影响到我做人的自信。(罗杰斯:晤——晤。)这个问题是过去一年半——哦不,两年来的事。那时我突然意识到天哪,怎么啥都让我赶上了? 我怎么会有这种感觉呢?

罗杰斯:直到过去一年半以来你才有那种感觉。(停顿。)那时有没有什么特别的事,像是它引发这些的?

我初始的反应有两个用意:我想给她制造一种完全安全的气氛以便她表达自己,所以我去认识她的感受,并且问一些一般性的、不带威胁性的问题。我的另一个用意是要掘除任何会指定一个方向,或者暗示着任何判断的东西。这样,谈话的方向就完全随她来定。

来访者从陈述她的问题到开始体验她正感到的恐慌,已经有所前进。她的态度很清楚:帮助(如果有的话)将来自我这里。

来访者:我想不起有什么特别的事,真的。哦,我妈妈是53岁时去世的(罗杰斯:晤——晤),她很年轻,在好多方面都很棒。我想没准这事有点儿关系? 我不知道。

罗杰斯:你有点觉得:如果你妈妈那么年轻就去世了,或许你也有那种可能性。(停顿。)而且现在看起来时间似乎太短了。

来访者:对!

来访者已经安定下来了,她正在利用关系中的安全感来探索她自己的体验。在不自觉的情况下,她无意识的智慧推动她去思考她妈妈的死。

我的反应显出我在她的内部世界里感到很放松、自然,而且我走得比她所陈述的稍稍靠前一点。我对她的内部世界的感知说"对!"而得到确认。假如她说的是"不,不是那回事",那我就会立刻丢下我形成的意象,尝试去找出她的话的本意。在我试图去找的时候,改变自己的反应对我是很容易的。

来访者:我发现我妈妈的一生那么有天分,而她却到头来成了个苦命女人。这世界欠她太多了。我可一点不想自己的一辈子也像她那样。而且到现在,我还没像她那样。到现在为止,我的生活一直很充实:有时很快活,也有时很沮丧;我学到了好多东西,又还有好多东西要学。可是我确实感到,我妈妈的遭遇正在我身上重演。

罗杰斯:因此这一直使你感到恐惧。你的部分恐惧是:"看看我妈妈的遭遇吧,我是不是正在走她走过的路呢?(来访者:是这样。)我也会一样的了无结果吗?"

来访者:(长停顿。)你想再问我些问题吗?我想那会使你从我这里多得到一些资料。我感到心里头乱七八糟的事情在转(罗杰斯:晤——晤。),像走马灯似的乱转。

罗杰斯:你心里一桩桩事情团团转,转得那样快,你简直不晓得在哪里(简:从哪里说起。)停住好。你愿不愿意再谈谈你和你妈妈的一生的关系,你对那个的恐惧,或者什么的?

来访者长时间的停顿往往是有收获的。我怀着兴趣等着看接着有什么。

首先出现的是一个清晰的迹象:在她心里,我是权威,我是医生。她将会按我的想法去做,配合我。

在我这方,我没有在言语上明白拒绝按照医学的传统模式,做全知全能的医生,我只是在行动上不像一个权威那样行事。我只是向她表明,我理解她的茫无头绪的感觉,留给她一个不太具体不太特别的引导。

有趣的是,她插进来接过我的后半句话,这表明在她的感觉上她认识到我们正在一起探索——在桌子的同一边,而不是像通常那样,医生在一边,"来访者在另一边"。

来访者:年岁越大,我对婚姻这件事的那种感觉越强。这两者是不是有什么关系?我不知道。不过害怕结婚,怕被套在婚姻的义务里头,还有孩子……,我觉得太可怕太可怕了。而这种感觉年岁越大越厉害。

罗杰斯:这是一种对婚姻的义务和责任的恐惧,以及害怕有孩子的感觉,对不?所有这些似乎越逼越近,恐惧也越变越大。

来访者:是呀。我并不害怕义务和责任,比如,当涉及工作、友谊、要做什么事情的话,我不感到害怕。可是婚姻对我来说太——

罗杰斯:因此,你并不是个不负责任的人,或者诸如此类的。(来访者:当然,绝对不是。)你对工作、对朋友都很负责的。只是一想到缔结婚姻就感到像下地狱一样可怕。

长停顿引起来访者开始袒露,并开始探索她对婚姻的害怕。

来访者"越来越多地识认、区分他的感受对象和他的知觉,包括……她的自我,她的体验,以及这两者之间的关系"[1]。当来访者识认出她的恐惧不是对所有的责任,只是对一特殊的责任的恐惧时,来访者的表现正好说明了我上面的那个论断:我们现在无疑成了伙伴,一起探索、了解她的自我,她的深藏于内的自我。我们对彼此说的话心领神会。

来访者:(于长长的沉默之后)你想要我说话吗?

罗杰斯:我要是能帮你把脑子里的那些事情理出点头绪来就好了。

---

①　Rogers C R. A theory of therapy, personality and interpersonal relationships as developed in the client-centered framework//Koch S. Psychology: A study of a science. Vol. 3: Fomulations of the person and the social context. New York: McGraw-Hill. 1959:216.

来访者：晤，(停顿。)我真的没料到今天会点上我，要不然我会拟出个单子的！(停顿。)我的问题你会知道，我爱好的是艺术。我非常喜爱音乐和舞蹈。我真想能够把别的都丢开，完全献身于音乐和舞蹈。可不幸的是，今天我们所生活的这个社会强迫人按照一套社会标准来工作、来生活。我爱音乐舞蹈有什么错？我就是喜欢它，这是我真心想从事的事儿。可是我该怎么做？要不是这事，就是我刚刚说的——年龄越来越大——我一会儿回头去重新开始。

罗杰斯：所以你要我明白的是，你的确对生活有所追求，你有自己真心想做的事，(来访者：太对了。)献身于音乐、艺术，但是你觉得社会不让你这么做。但是你的确希望抛开别的一切，专心一意地集中在音乐爱好上。

来访者：对。

当来访者极力想要知道该往哪个方向去探索自己时，她力图把责任交给我。我只是表达了我的真实感受。

她接下来的表述是一个非常有力的证明，表明让当事人在会谈中起主导作用有很大优点。头一次长停顿导致抛开探索婚姻问题，这一次则导致她谈起她自我意象中的一个令人惊讶的积极方面。比起有些当事人对自己无一处敢说是的情况来，她对自己对艺术的热爱可以说是充满自信，非常肯定。

我的反应的优点在于，有助于她更完全地看到自己的目标和追求。就像举起一面镜子让当事人看自己。

从治疗过程的角度来看，来访者"充分地在意识中体验到过去被拒绝进入意识，或者被歪曲地进入意识的感受"。[①]

# 第四节　来访者中心疗法评价

来访者中心理论对心理咨询的最突出贡献是对独立人格的尊重和对潜能的开发。精神分析和行为主义都把人看作改造的对象，咨询师是改造者，忽视了人自身的独立性、尊严和成长发展的潜力。来访者中心理论高度重视人性的积极特征，相信人有解决问题的潜能，愿意承担责任，有权利处理自己的问题。这种理念符合人类发展的基本需要，为来访者中心理论的异军突起提供了坚实的保障。具体地说，来访者中心理论有以下几方面的优点：

第一，它注重咨询师人格修养的作用。罗杰斯提出的无条件的积极关怀、真诚和同感与其说是一种咨询条件，不如说是一种人生的境界。在对这种境界的追求中，咨询师从某种意义上也是一个来访者，思想上接受它不难，但把它人格化成一种习惯就难了。因为它不仅要求咨询师有高尚的道德品质，还要求咨询师克服许多其他职业中普遍接受的态度，如"主人"态度、权威态度、指导者态度、师长态度、"智者"态度，以及日常生活的"老朋友"态度。咨询师既是权威，又要没有权威态度，既是导师，又要没有导师态度……这确实是一个对自我的

① Rogers C R. A theory of therapy, personality and interpersonal relationships as developed in the client-centered framework//Koch S. Psychology: A study of a science: Vol 3. Fomulations of the person and the social context. New York: McGraw-Hill. 1959:216.

挑战。要超越这种矛盾,达到理想的境界,罗杰斯甚至求助于古老的东方哲学——老庄思想。罗杰斯的这种努力方向有点融"技"和"道"于一身,用"道"生"技"的味道,所以他没有非常明确的咨询技巧构思,因为一旦达到了"道"的境界,"技"是自然而然的产物。但不管怎么说,他能把咨询师的人格修养作为咨询工作的保障是很有价值的。

第二,它把治疗与发展结合起来,以发展潜能的方式来弥补心理的缺失,有"一箭双雕""反败为胜"的积极意义。这与精神分析和行为主义重治疗轻发展的特点形成鲜明的对照。精神分析和行为主义有根深蒂固的"病理观",精神分析认为心理异常是人格的三个成分的矛盾没有处理好造成的,治疗就是使这种矛盾回到正常的状态;行为主义认为心理异常是不良的刺激和反应联结,治疗就是使这种联结受到抑制。它们的基本思路是消除病症,或克服消极面。而来访者中心认为,心理异常是真实的自我受到抑制造成的,治疗就是正本清源,让真实的自我充分表达出来。一旦真实自我被意识到,被释放,那么心理疾病就自然烟消云散。因此,来访者中心疗法的基本思路是以发展积极面来自然地克服消极面。

第三,正因为来访者中心理论强调咨询师的修养和态度,没有具体的针对问题的咨询技巧,它提出的倾听方法反而具有普遍的适用性。在现代心理咨询中,倾听态度和技能有了进一步的发展,已成了一个独立的体系,是每个咨询师的必修课。不仅如此,倾听训练已广泛应用于教师培训、家教培训、牧师培训、社工培训、干部培训、管理培训、医护培训之中,且成了人们推崇的日常生活中促进相互理解,正确处理人际关系的技巧,有时甚至被提升为一种人生修养。

来访者中心理论的不足之处在于:

第一,它过分强调成长的潜能,在人性的善、恶矛盾体中"只见其善,不闻其恶",从哲学上走向性善论的极端,违背了人性变化发展的辩证法。在罗杰斯看来,真实自我代表了先天的成长趋势,自我概念代表了后天的外来力量,这两者是矛盾的。事实上,真实自我中有先天的基础因素,也有后天的经验因素,无论是先天因素还是后天因素都存在积极面和消极面。罗杰斯先假定先天的发展趋势是"好"的,然后区分人格的"好""坏"成分,再假定"好"的是天生的,"坏"的是后天的,这样的构思从方法上说是清晰和方便的,但违反本体论的客观性原则。

第二,来访者中心理论对心理障碍的发生机制有明确的描述,即自我的异化,表现为自我概念对真实自我的排斥。但这种异化是一个哲学化的思想,它与具体的各种不同的心理障碍的联系如何,该理论缺乏深入细致的研究。在这一点上,它没有精神分析和行为主义具体;但与它们一样,犯了试图用一种原因去解释所有障碍的"泛化"错误。

第三,来访者中心方法对于那些教养好、品行端正的正常人来说,是可取的,因为他们来咨询前,人格本身是健康的,在价值观和品行上已被他人指导好了。但对于世界观尚未形成的人来说,这种不指导的态度恐怕不行;对于那种已经局部或者全部损失自我意识的心理疾病患者,这种方法的效果会降低或者无效;对于那些品行障碍或道德水平低下的人,不加以指导恐怕会对社会造成危害。

## 思考题

1. 你的人性观是什么?它对你的生活有什么积极的和消极的影响?

2.来访者中心疗法的特点是什么?

3.描述你的理想自我和真实(现实)自我,两者哪些方面吻合,哪些方面有差距? 它们对你的积极和消极影响是什么? 你对这些差距有何打算?

## 小组活动

1.分享上面的第1、第3题,同学之间互相提问、评论和建议。

2.我们学习的谈话技巧是在来访者中心理论基础上发展起来的,你是否在生活中自觉地运用某些技巧以便理解他人的内心世界? 请分享一个你使用某些技巧的情景。

3.你觉得自己有什么潜能可以进一步发展的? 请分享和讨论。

# 第十章

# 理性情绪疗法

> 掌握理性情绪疗法的理论观点，它与精神分析、行为疗法和来访者中心疗法的不同之处。理解常见的非理性信念，掌握该方法的特点。

　　古希腊哲学家爱比克泰德（Epictetus）有句名言："困扰人们的不是事件，而是人们对事件的判断"（What disturbs people's mind is not events, but their judgements on events）。这一思想是理性情绪疗法（rational emotive therapy, RET，也译作合理情绪疗法）的本质所在。理性情绪疗法是艾利斯（Ellis）在 20 世纪 50 年代所发展的心理治疗理论和方法，它强调认知对情绪和行为的影响，属于认知导向的心理治疗，是目前最主要的心理咨询流派之一。

## 第一节　理性情绪疗法的产生

### 一、艾利斯的心理障碍和自我发现

　　艾利斯的理论与其个人的生活经历有密切联系。艾利斯 1913 年出生于美国宾夕法尼亚州匹兹堡，4 岁时全家迁至纽约定居。艾利斯的父亲是商人，很少在家，与孩子的感情比较淡漠。艾利斯的妈妈是个有双相障碍的人，不太照顾孩子，有时滔滔不绝地讲话，根本不听别人在说什么，而她说的观点又毫无依据。艾利斯自己买了闹钟，早上起来后帮助弟弟妹妹穿衣服，然后去上学，这时，他妈妈还在睡觉。当他放学回家时，妈妈常常不在家，他得照顾自己和弟弟妹妹。这使他有很强的独立性自助（self-helped）能力。但缺乏父母爱的消极影响是，常常为母亲的迟归而担忧，容易焦虑、紧张、害怕。到了青春期，他有了严重的社交焦虑，

艾利斯（Ellis A，1913—2007）

变得非常害羞,不敢在公开场合说话,先是害怕权威人物(如校长),后来则变成怕女孩。为解决这一问题,艾利斯读了许多哲学著作,从而逐渐开始对哲学有兴趣,并从哲学中得到启发:自己的社交焦虑是由于种种非理性信念引起的,这为他后来提出理论提供了依据。19岁那年,他在纽约布朗克斯(Bronx)植物园主动与100个女孩子聊天,改变了害怕女孩的心理,这无疑是他后来提出的认知行为疗法的早期实践。后来,他写作有关性、爱情、婚姻方面的文章,成为此领域有影响的人,许多亲朋好友向他讨教,他非常乐意帮助他们,并取得了良好的效果。这使他发现自己原来是一个很好的助人者,因而决定了自己未来的职业方向——成为一个心理学家。(在这之前,他曾经有过别的职业理想,如成为商人、作家等。)1942年,他进入哥伦比亚师范学院研究临床心理学,1943年获硕士学位,1947年获博士学位。

## 二、与精神分析的决裂

艾利斯在大学里接受了系统的精神分析学训练。1943年,在他还在攻读博士学位的时候,他已经开始在一个私人诊所工作,因为当时在纽约进行心理治疗工作不需要执照。同时,在获得博士学位前就已经发表创造性的论文,如1946年,他发表了关于纸—笔人格测验缺乏效度的文章,他证明只有明尼苏达多项人格测验(Minnesota Multiphasic Personality Inventory,MMPI)符合测量学要求。博士毕业后,他继续接受精神分析培训,与那个时代的许多心理学家一样,他被淹没在精神分析的神秘与复杂的理论体系之中。

1947年,他在凯拉·霍尼学院(Karen Horney Institute)在霍尔贝克(Hulbeck)的督导下开始分析工作。霍尔贝克对他思想的改变作用是最大的,尽管阿德勒(Adler)、弗罗姆(Fromm)和沙利文(Sullivan)的思想在他形成心理治疗模型中也起了作用。

随着分析经验和知识的积累,他对精神分析的科学性的怀疑与日俱增。早在1947年他就发表了《遥感和精神分析:对最近一些发现的评论》(*Telepathy and psychoanalysis: A critique of recent findings*)一文,这是他批评心理学中反科学的神秘主义和宗教仪式的系列论文之首。1950年,他呼吁精神分析要有科学的支持:

> 虽然精神分析艺术已经有半个世纪的历史,但离扎实的科学原理之形成相距尚远。这种原理之形成将铲除分析理论和实践中的一切教条、未证明的猜测、偏见和宗教仪式,只保留临床上能证明的原理和方法。尽管若干新弗洛伊德主义者已为此作出了一定的努力,但绝对没有系统地完成任务……

这在当时是非常"鲁莽"的举动,因为一些权威人物如荣格(Jung)等坦率承认自己的"不科学性"甚至"反科学性",认为比起"科学理想"之梦,更重要的东西需要分析。有些著名分析家如兰克(Rank)和雷克(Reik)虽然口头上表示要为科学理想而奋斗,但在实践中则为违反科学的半神秘的精神分析做辩护。

1950年,艾利斯在纽约作为半职分析师的同时,在新泽西州担任全职心理学家。1952年,他辞去全职心理学家这份工作,全力以赴从事私人诊所的精神分析工作。随着来访者的增加,他越来越感到精神分析的低效。出于对效果的追求,他开始探讨新的更加主动有效的方法。他从来访者身上慢慢发现一个现象:神经症来访者都有一种倾向,就是非理性的、刻板的思维。他认为神经症是对引起焦虑的思想和行为进行条件性抑制造成的。结果是,智力正常的人会用自我挫败的愚蠢的方式去思考和行动,他们完全意识到自己的非理性信念,但固执地抱住它不放。这一观察结果与他的哲学知识(尤其是下面的名言)结合助产了他的新心理治疗思想:极端的、困扰的和/或神经质的情绪并不来自情景,而是来自对情景的看法。

> 如果你因为任何外在的事情感到沮丧,那么这种痛苦不是由于这事情本身,而是因为你自己对他的认识。你在任何时候都有能力废弃这种认识。
>
> ——奥里略(Aurelius)
>
> 自由并非通过满足你自己的欲望获得,而是通过消灭你的欲望获得。
>
> ——爱比克泰德(Epictetus)

由于他的经验、哲学信仰和认识到精神分析的不科学性,使他终于在 1953 年与精神分析决裂,称自己的方法为"理性疗法"(rational therapy)。1955 年,经过修改后,他把其新思想命名为"理性情绪疗法"(rational-emotive therapy)。这种方法要求咨询师说服来访者,让来访者理解自己的痛苦,了解自己对问题的看法或自己的哲学信念。

### 三、理性情绪疗法的发展阶段

**(一)酝酿阶段(    —1955)**

艾利斯在此时期以婚姻心理咨询为主,重要是提供信息。因发觉提供信息效果太差,无法解决问题,便转向精神分析。如前文所述,艾利斯与许多心理咨询师一样,接受过严格的精神分析训练,但实践也证明精神分析的低效和不科学性,且艾利斯认为精神分析过于被动、消极,遂决定自立门户,另辟蹊径,由此提出了理性情绪疗法。

**(二)成型阶段(1956—1968)**

1956 年,艾利斯开始向其他治疗师传授理性情绪疗法,1957 年在治疗神经症中开始强调改变来访者的认知和行为。经过大量的实践和理论思考,他于 1959 年出版了《如何应付神经症》(How to Live with Neurotic)一书,深入探讨了他的方法。艾利斯于 1959 年成立了理性情绪疗法学院(The Institute of Rational-Emotive Therapy),继续研究和推广他的理论和方法。1960 年,他在芝加哥召开的美国心理学会大会上报告了他的方法,只引起少数人的兴趣,但也有个别人意识到,这一方法是大有前途的。艾利斯经常遇到学术界的冷遇和敌意,其论文发表和出版也常常遇到麻烦,但他并不气馁,继续积极地开展他的工作。1962 年,他的代表作《心理治疗中的理性和情绪》(Reason and Emotion in Psychotherapy)出版,标志着理性情绪疗法的成熟。1968 年,纽约州董事会(The New York Board of Regents)批准该学院为心理治疗培训机构。当初纽约州有一个心理卫生法案,主要用来规范精神病学中的心理卫生工作,艾利斯的机构完全以心理学为指导,拓展了该领域的基础。

**(三)完善阶段(1969—    )**

艾利斯发现,只是了解认知与情绪,对当事人帮助不大,对情况也无法改善。因此,他开始研究行为改变技术,经过多年努力,1993 年,艾利斯终于加入了使理论更臻完善的行为技术,并改名为理性情绪行为治疗法(Rational-Emotive Behavioral Therapy,REBT),发展至今已成为大家所推崇的主要方法之一。

# 第二节　理性情绪疗法理论

理性情绪疗法的核心理论是 ABC 理论。由于艾利斯对哲学的兴趣,在构建其理论时,非常倚重哲学思想,所以在了解其核心理论前,需先了解其哲学信仰。

## 一、哲学观

艾利斯坚持科学的认识论,认为科学的方法最能使我们取得有关自己、别人及世界的知识。科学的方法从提出问题开始,通过形成假设,收集证据检验假设,最后证明假设的真伪。对于来访者影响自己情绪的想法,艾利斯常问的问题是:"你相信这是真的吗? 有证据吗?"启发来访者积极用科学的思维方式思考,通过收集资料和证据矫正不合理的想法,以建立正确的、自助的想法。

艾利斯推崇合乎逻辑的思维方式,认为许多来访者的思维缺乏逻辑性。

**例 1:不合逻辑的思维方式**

我应该样样第一。(这一大前提对于绝大多数人来说是不符合逻辑的,因为脱离客观现实)

这次我没有拿到第一。

所以我是个没有用的人。(拿不到第一并不能推论出没有用)

来访者很少认识到他们的思维错误:忽视推理的逻辑性,只注意结论,且固执地抱住结论不放。不合逻辑的结论,是情绪问题的根源。理性的思维方式必须是符合逻辑的,有事实根据,经得起推敲。

**例 2:合乎逻辑的思维方式**

我不一定要样样第一。(大前提对于绝大多数人来说是符合逻辑的,因为有客观现实性)

这次我没有拿到第一。

说明我需要努力,或他人的水平确实比我好。(拿不到第一能推论出这样的结论)

如果我们能合乎逻辑地思考,我们就不会产生情绪的困扰。

艾利斯认为,人都是追求生存与快乐的,因此只要思维方式能改善人生存与快乐,就是合理的,否则就是不合理的。他还认为伦理是相对的,没有绝对的对或错,绝对的对或错会导致罪恶感、害羞、焦虑、忧郁以及对别人的敌意。他强调一种有社会责任的伦理

## 二、人性观

艾利斯认为,人天生具有两种倾向:理性和非理性。前者使人产生理性思维;后者使人产生非理性思维。理性思维导致合理的情绪和行动;非理性思维导致不合理的情绪和行动。情绪上的困扰是非理性思维的结果。由于思维是借助于语言进行的,所以非理性思维就表现为用内化语言表达的非理性信念,因此,反复对自己说的话经常会变成我们的思想和情绪。他还强调,人单凭思考及想象即可形成观念或信念,同时,人也具有改变认知、情绪及行为的天赋潜能。

艾利斯对人性的看法是中性的、偏向乐观的,而且他也认为人们本身具有自我对话(self-talking)、自我评价(self-evaluating)及自我支持(self-sustaining)的能力。

## 三、ABC 理论

这是 RET 关于情绪障碍的理论,其基本观点是:情绪不是由某一诱发性事件本身直接引起的,而是当事人对这一事件的解释和评价引起的。这一理论又叫 ABC 理论,其中 A 指诱发事件(activating events);B 指当事人对事件的信念(beliefs),即解释和评价;C 指在特定情境下,当事人产生的结果(consequences),包括情绪的结果(emotional consequences)和行为的结果(behavioral consequences)。一般地,人们认为,A 直接引起 C,但 ABC 理论认为,A 必先通过 B 才产生 C。

**例 3**

两个大学生参加同一次考试都得 50 分(不及格)。甲认为胜败乃兵家之常事,这次失败了,下次可努力成功,"失败乃成功之母",因此他只有适度的不愉快;而乙则认为"50 分太丢人,无脸见江东父老",因而卧床不起,茶饭不思。

可见对同一事件,由于甲、乙信念不一,情绪反应和行动也大相径庭。

常见的非理性信念有以下 11 个[①]:

(1)自己生活环境中,每个人都需要得到每一位重要他人(significant other person)的爱和赞许。

(2)要使自己有价值必须十分能干,非常适合岗位,有成就。

(3)有些人是坏的、卑劣的、恶意的,他们应该为自己的行为受到严厉的责备与惩罚。

(4)假如发生的事情不是自己所喜欢的,或自己所期待的,那是很糟糕可怕的。

(5)人的不快乐是外在因素引起的,一个人很少有(或根本没有)能力控制忧伤和烦恼。

(6)对于危险或可怕的事情,一个人应该非常担心,而且应该随时顾虑到它会发生的可能性。

(7)逃避困难、挑战与责任要比面对它们容易。

(8)一个人应该依靠别人,而且需要一个比自己强的人做依靠。

---

① Ellis A. Reason and emotion in psychotherapy. Secaucus,NJ:Citadel,1962:60-88.

（9）一个人过去的经历对他目前的行为是极重要的决定因素，因为某事过去曾影响一个人，它应该继续（甚至永远）具有这样的影响。

（10）人必须对他人的问题和困扰感到非常难过。

（11）每个问题都有一个正确的或完美的答案，否则太糟糕了。

非理性信念也可以从自我、他人、事物三个角度归类①。

（1）针对自我的非理性信念："我必须始终十分能干，非常合适，有成就和可爱，否则我就是一个无能的无用之人。"这种信念常常导致焦虑、恐惧、抑郁、绝望和无用感。

（2）针对他人的非理性信念："我生活中的重要他人必须始终善良、公平地对待我，否则我无法忍受，而他们则是败坏的、堕落的、罪恶的人，应该为亏待我而受到严厉的批评、谴责和罪有应得的惩罚。"这种信念会导致愤怒、爆怒、冤狠和报复心理，以及争执、战争、屠杀和核灾难。

（3）针对事物的非理性信念："事物和条件必须绝对符合我的要求，不能太难和令人沮丧，否则生活就是糟糕的、悲惨的、可怕的、灾难性的和无法忍受的。"这将导致弱耐挫力、自怜、愤怒、抑郁，以及拖延、逃避和无行动等行为。

非理性信念往往具有下列三个特征②：

（1）绝对化要求（demandingness），指人们从自己的主观愿望出发，对某一事件抱有必定发生或不发生的信念。它常与"应该"（should）、"必须"（must）这类词联系在一起。这样的人极易陷入情绪困扰，因为客观事物不可能完全按人的意志运行，它有自身的规律。这种"应该的暴力"具体表现为以下三种类型：

1）"我应该/必须"：对自己提出过高的要求，且没有灵活性，非实现不可。如"我应该样样第一""我必须比他好""我应该考上最好的学校""我必须成功""我应该得到所有人的好评"等等。

2）"你应该/必须"或"他应该/他必须"：对他人提出过高要求，或把自己的意见强加给别人，或要求他人按照自己的意思去做，且没有灵活性。如"你应该对我推心置腹""他必须听我的话""你应该仇恨他，因为我恨他""他必须借钱给我"等等。

3）"事情应该/必须"：对事情提出过分要求，且没有灵活性。如"事情应该是这样""事情必须今天做完""学校寝室到食堂不应该那么远"等等，不愿意改变自己接受现实。

（2）过分概括化（overgeneralization），这是以偏概全的不合理思维方式。例如，自己做错了一件事就认为自己"无能""一无是处"，是"废物"。这样往往会导致自怨自艾、自责自罪、自暴自弃的自卑心理及焦虑、抑郁的情绪。过分概括化的另一种表现是，对他人的不合理评价，即一见他人略有不足就认为一无是处，这会导致一味地责备他人及产生敌意和愤怒等情绪。艾利斯认为，以两件事的成败来评价整个人是一种理智上的法西斯主义。他认为，人的价值在于他有人性，而不在于其聪明智慧、成败得失，他主张只评价一个人的行为，而不评价一个人，因为人无完人，金无足赤，任何人都会犯错误。

---

① Ellis A. Early theories and practices of rational emotive be havior therapy and how they have been augmented and revised during the last three decades. Journal of Rational Emotive，Cognitive-Behavior Therapy，2003，21(3/4)：219-243.

② Wessler R L. Varieties of cognitions in the cognitively-oriented psychotherapies. Rational Living，1982，17(1)：3-10.

（3）糟糕至极（awfulness），指这么一种想法：如果一件不好的事发生将是非常可怕、非常糟糕，是一场灾难。这种想法会导致个体陷入极端不良的情绪体验，如耻辱、愧疚、悲观、焦虑、抑郁，甚至绝望之中。事实上，任何事情都不可能百分之百的坏，世事变化，物极必反，即使是最黑暗的时候，也往往潜伏着转机。但当人们沿着糟糕之极的思路走时，就把自己引入了极端苦闷的情绪状态。而这又往往与对人、对己、对环境的绝对化要求相联系，因为当人们认为"应该""必定"发生的事没有发生时，就会不敢面对现实，想法也就容易走极端。理性情绪疗法理论认为，正确信念是：最坏的事有可能发生，人应努力去改变它，一旦发生也应努力去适应。

# 第三节　理性情绪疗法的方法

由于理性情绪疗法理论认为人们的情绪障碍是由不合理信念造成的，所以治疗的关键在于改变来访者的认识，把不合理的认识改变成合理的认识。

## 一、咨询目标

理性情绪疗法采用的许多方法都是为了达到一个目标：树立更切合客观实际的生活哲学，减少当事人的情绪困扰与自我挫败的行为，也就是降低因生活中的错误而责备自己或别人的倾向（消极目标），及教导当事人如何有效处理未来的困难（积极目标）。具体地说，它有以下11个目标：

（1）自我兴趣（self-interest）：对自己感兴趣，且略高于对他人的兴趣。

（2）社会兴趣（social interest）：在社会生活中，在关心、尊重、帮助他人，为社会作贡献时体验自身的价值。

（3）自我引导（self-direction）：对自己负责，愿意承担责任，与别人合作但不过分依赖他人。

（4）容忍（tolerance）：容忍自己和他人犯错误，即使讨厌某种行为，也能自我克制而不诅咒别人。

（5）机动灵活（flexibility）：思考问题和处理事情有一定的灵活性，不古板地使用规则。

（6）接纳不确定性（acceptance of uncertainty）：意识到世事的可变化性，能愉快地接受它。

（7）科学思维（scientific thinking）：思考问题具有客观性和逻辑性，对自己的思维方式非常了解，并能整合知、情、行。

（8）自我接纳（self-acceptance）：能接纳自己，不因为自己的成绩多寡而喜欢或排斥自己。

（9）冒险（risk taking）：敢想敢做，愿意承担风险，有开拓精神。

（10）非理想主义者（nonutopianism）：不追求完美的理想境界，如非常幸福快乐，彻底消除不良的心情等。

（11）自我责任性（self-responsibility）：对自己的情绪负责，在心情不佳时，不推诿于人。

## 二、治疗过程

### (一)诊断阶段

这一步要做三件事,一是指出来访者非理性思维方式和信念,解释他的非理性信念与不良情绪的关系,或进一步讲解 ABC 理论的主要思想。二是要与来访者建立良好的关系,努力帮助来访者树立自信心,使其能更自然地谈出自己的问题。咨询师对来访者的问题应给予深刻的理解,并对来访者给予关注和尊重。三是寻找关键问题。来访者的问题通常不止一个,要从其最迫切希望解决的问题入手,以这个问题为中心与来访者共同制定治疗的工作目标。

理性情绪疗法的目标没有统一的标准,视来访者的具体情况而定。

### (二)证明阶段

这一阶段的任务是:

(1)帮助来访者认清其非理性情绪和行为,并告诉他这并非生活本身所致,而是自己的非理性认识造成的,责任在自己。

(2)使来访者承认自己是有症状的人,帮助他认识造成各种情绪障碍的非理性信念及哲学根源。

分析非理性信念可遵循下列步骤进行:

(1)询问诱发事件 A 的客观证据。

(2)询问来访者对这一事件的感觉和他是怎样对 A 进行反应的。

(3)询问他为什么感到有恐惧、悲痛、愤怒等情绪(由非理性信念而引起的消极的、不适当的情绪反应)。

(4)将来访者对事件 A 持有的理性与非理性信念区别开来(来访者对同一事件往往会持有理性和不理性信念,两者常交替出现,而引起不适当反应的是非理性信念)。

(5)区分来访者的感情(愤怒、悲痛、恐惧、抑郁、焦虑等)与观念性的东西(不安全感、无助感、绝对化的要求、消极的自我评价等)。

### (三)辩论阶段

这是和来访者存在的非理性信念进行辩论的阶段,因此,也是理性情绪疗法的最重要阶段。辩论的目的是让来访者放弃其非理性信念。通过与非理性信念辩论(disputing irrational beliefs),帮助来访者认清其信念之非理性之处,进而放弃它们,产生认知层次的改变。

### (四)重建阶段

这一阶段的目的是巩固和扩大治疗成果,帮助来访者在放弃原来的非理性认知的基础上,进一步建立理性认知。一旦完成新的认知建构,来访者就不会再受到情绪的困扰。在理性情绪疗法的治疗过程中,因为辩论(disputing,D)带来治疗效果(effect,E),所以这种方法也可称为 ABCDE 法。

## 三、理性情绪疗法的技术

### (一)辩论技术

辩论技术与前面讨论的倾听技术是很不同的。倾听要求咨询师放弃自己的观点,专注于帮助来访者阐释自己的观点;辩论则要求咨询师在理解来访者非理性信念的基础上采用积极主动的方式,帮助来访者认清并改正自己的非理性思维,因而要求咨询师不断地向来访者发问,对其非理性信念进行质疑。从某种意义上说,辩论是咨询师把自己的理性思维"灌输"给来访者的过程。

咨询师的提问可以分为质疑式和夸张式两种。

1.质疑式提问

咨询师直截了当地向来访者的非理性信念发问,如"你这么说有什么证据吗?""你有什么理由说明别人可以比你差,而你不可以比别人差?""你能证明别人必须按照你的意思去做吗? 或者你有权力要求别人这么做吗?""你有什么理由证实你不能改变自己?""请证实你自己的观点!"等等。由于来访者长期形成的思维习惯和自尊心等因素,轻易改变自己的信念是不太可能的,他们会为自己辩护,寻找种种理由,甚至反唇相讥,驳斥咨询师的观点。因此,咨询师需要有良好的口才和耐心,使来访者心服口服地认识到自己思维的非理性,包括观念不符合正常逻辑,缺乏客观依据,会给自己造成苦恼或者阻碍自己的成长发展,同时认识理性信念,并且在生活中积极地去实践这种理性信念。

**例4:来访者是一个社交恐怖症患者**

来访者:我怕别人都不理我。

咨询师:如果你与同学和老师说话,难道他们都会对你置之不理吗? 难道他们都没有礼貌和修养吗?

来访者:那当然不会。

咨询师:你以前与人家讲话时,人家对你讲话吗?

来访者:人家当然说话。

咨询师:那你的害怕有根据吗?

来访者:没有根据。

2.夸张式提问

通过提问放大来访者的非理性信念,使来访者容易看清楚自己的问题。这种方法的效果往往比前面那种好,因为经过放大处理的非理性信念,往往是无法辩护的。

**例5:来访者是一位年轻妈妈**

来访者:我孩子2周岁,每天早上我给他吃一个水蒸蛋,已经半年了,他一直很乖。可是最近他不乖了,只要我一转身离开他,他就把蛋倒了。有没有什么办法可以让他吃下去呢?

咨询师:你觉得每天吃水蒸蛋有必要吗?

来访者:那当然,鸡蛋有营养,孩子长身体需要蛋白质等营养。

咨询师:我问的问题是他是否应该每天早上吃一个水蒸蛋呢?

来访者:吃蛋有利于他的健康啊?

咨询师:那从明天开始,你们暂时换一个角色,你自己每天在同一个时间吃同一种水蒸蛋,天天如此,每周如此,月月如此,年年如此。(夸张)

来访者:(不好意思地)啊……啊……

这位妈妈的问题不在于蛋是否有营养,孩子是否需要营养,而是忽视了孩子会吃厌这一非常平常的现象,其不合理信念是"孩子应该每天早上吃一个同样的水蒸蛋"。但这一不合理的信念是隐含的,一旦被揭穿,她马上领悟。这是典型的"纯认知"问题。而前面例子中的社交恐怖症来访者,认为"他人会不理我"的认知是外显的,纠正认知本身不难,但要消除恐惧更需要行为训练,因为这不是一个"纯认知"问题,包含一定的性格问题。

咨询师无论用什么方式辩论,首先要找到非理性信念,分析对方对事件持有的信念哪些是理性的,哪些是非理性的;同时,要促进来访者主动地思考,以期来访者能以最快的速度明白自己的问题所在。

### (二)合理的情绪想象技术

理性情绪想象(rational-emotive imagery,REI)是另一种常用的方法。其步骤如下:

(1)要求来访者在想象中进入不适当的情绪反应或最受不了的情境之中,体验在这种情境下的强烈的情绪反应。

(2)帮助来访者改变这种不适当的情绪反应并体会适度的情绪。

(3)停止想象,让对方讲述他是怎么样想象后才使自己的情绪发生变化的。此时,咨询师要强化来访者的新的合理的信念,纠正某些非理性信念,补充其他有关的合理信念。

**例6:有一位男大学生患有恐考症,就可以用下面的想象训练**

咨询者:闭上眼睛,全身放松。你现在想象自己正坐在考场里……

来访者:……嗯……

咨询者:想好了吗?(来访者点头)好,现在你的感觉如何?

来访者:我非常恐慌,脑子嗡嗡叫,什么都想不起来……

咨询师:这就是你担心发生的事情。现在你要继续想象自己必须坚持考下去,并且想象自己并不十分紧张……

来访者:……嗯……差不多了。

咨询师:很好! 说说你是怎么想的?

来访者:我要是太紧张了,反而考不好。既然已经在考了,何必这么紧张呢?

咨询师:还想了些什么?

来访者:我是因为想考得好一点,最好考第一,才怕考不好的,但实际上考试失误也是难免的,不是什么很倒霉的事。

咨询师:对,你刚才正是在用合理的信念代替那些不合理的信念。这会使你变得镇定自若,考得很出色。

……

### (三)认知的家庭作业

要改变一个人的非理性信念,除了咨询师的努力外,更重要的是来访者自己的努力。为此,需要给来访者布置家庭作业:每次咨询后要求来访者回家写书面的心得体会,最好每天都写一段。这有两个好处,一是把咨询活动拓展到来访者的日常生活,一是写作过程本身是一个思考的过程,有利于来访者整理自己的思路,并会产生新的想法。在这种活动中,来访者的自我被一分为二,一个扮演自己,另一个扮演咨询师,然后进行辩论。久之,来访者慢慢学会了理性情绪方法,从而提高咨询效果。

艾利斯的认知作业主要有以下三种:

1. 理性情绪治疗的自助量表(RET self-help form)

在这种事前设计好的表格中,常见的 A、B、C 已经列出,来访者对号入座地选出符合自己情况的 A 和 C,然后再找 B。表中也可以填写其他非理性信念。接着是来访者自己反驳自己的 B,进行辩论后填写 D。如果通过辩论产生了效果,即填写 E。

2. 与非理性信念辩论(disputing irrational beliefs)

这也是一种类似于结构式访谈的作业,问题是咨询师事前设计好,来访者回家后做。问题有:

(1)我打算与哪一个非理性信念辩论并放弃这一信念?

(2)这个信念是否有道理?

(3)有什么证据能使我得出这个信念有无道理的结论呢?

(4)假如我没能做到自己认为必须要做到的事情,可能产生的最坏的结果是什么?

(5)假如我没能做到自己认为必须要做到的事情,可能产生的最好的结果是什么?

3. 理性的自我分析(rational self-analysis,RSA)

理性的自我分析类似自由作文,分析的问题由来访者自己定,其内容即为 ABCDE 五项。没有什么特殊的要求与规定,但报告的重点在 D 上,也就是让来访者应用学习的理论去分析自己在日常生活中遇到的问题。

**例 7①**

这是艾利斯对马莎的咨询过程中的第一次会谈片段。马莎是一个颇有吸引力的 23 岁女性,她来寻求帮助是因为她时常自我惩罚,有强迫意向,害怕男性,没有生活目标,与父母相处中有负罪感。从对话中可以看到艾利斯是如何抓住来访者的不合理认知的。

来访者—1:是这样的,我大学毕业大概有一年半时间了。我一直感觉到自己有些方面出了问题。我看来倾向于自己给自己惩罚。我容易遭遇意外。我时常重重击打自己,或是从楼梯上跌下来,或者发生诸如此类的事情。还有,我与父亲的关系给我带来很大的麻烦。我一直不知道应该怎样做,应该怎样与父母相处。

艾利斯—2:你和他们住在一起吗?

来访者—3:不,没有。我3月份就搬出来了。

艾利斯—4:你父亲做什么工作?

来访者—5:他是一家报社的编辑。

艾利斯—6:你母亲是一个家庭主妇吗?

来访者—7:是的。

艾利斯—8:其他孩子呢?

---

① 艾利斯. 马莎的案例. 李小龙,译. 中国心理网. www. psych. gov. com(个别文字做了修改).

来访者—9：对了，我有两个弟弟。一个20岁，另一个16岁，我23岁。16岁的弟弟有小儿麻痹症，另一个有心脏肥大。我们从来钱都不多，但我们总是感到生活中的爱和安全是有价值的。第一件困扰我的事情是，在我16岁时，我父亲开始酗酒。对我来说，他一贯是个可信赖的人，他说的任何事情都是对的。在我搬出来之前，我一直怀疑自己对家庭有什么地方没有尽到责任，因为如果他们要求我做某件事，如果我没有做，我就会对此有负罪感。

艾利斯—10：他们要求你做什么样的事？

来访者—11：是这样，他们觉得一个没有结婚的女孩搬出去住是很不合适的。还有，我发现如果说真话是不愉快的，那么说谎比说真话要容易些。我主要是害怕男人，害怕跟某个男人处成一种引向婚姻的良好关系。我父母对跟我一块出去的人从来没有好脸色。我想过这事，我怀疑我是否在下意识地故意去找一个他们并不赞同的人。

艾利斯—12：你现在跟什么人保持关系呢？

来访者—13：是的，有两个人。

艾利斯—14：你跟他们俩都是认真的吗？

来访者—15：我真的不知道。其中一个对我倒有几分认真，但他认为我有某种问题，我必须把问题弄清楚。我很多时候相当混乱，我不想这样。

艾利斯—16：你在性方面愉快吗？

来访者—17：不是特别愉快。我想——试着分析我自己，找出我混乱的原因，我想我是害怕失去。

艾利斯—18：害怕他们会不爱你？

来访者—19：是的。我一直和他保持关系的这个人——事实上是他们两个——说我对自己没有一个很好的判断。

艾利斯—20：你在什么地方工作？

来访者—21：我为一家广告代理公司撰写广告。我不知道这意味着什么，但在我读大学时，我一直拿不定主意主修什么课，我有4门或是5门主修课。在选择学校的问题上我很冲动。

艾利斯—22：你最后选择了什么？

来访者—23：我进了伊利诺斯州立大学。

艾利斯—24：你最后主修什么？

来访者—25：我主修——那是一门双重主修课：广告和英语。

艾利斯—26：你在学校成绩好吗？

来访者—27：是的，我是优秀学生荣誉会的会员。我是以优等生毕业的。

艾利斯—28：你没有困难——即使你有拿不定主意的麻烦——你对学业本身并没有困难。

来访者—29：不是的，我学习很努力。我的家庭总是强调我在学校不会很出色，所以我必须努力学习。我那时总是努力学习。无论什么时候，只要我想定了做什么事情，我就会认真地去做。在与人相处上，我总是对自己缺乏信心。结果，我几乎总是同时和几个人一块外出，也许是因为害怕被一个人拒绝。还有，比其他任何事情都更让我心烦的是，我认为我有写小说的能力。但我看来没有能力磨练自己。就热心写作来说，我本来有很多时间可以好好利用，但我却让它流逝了，让它流逝了，然后一周有几个夜晚外出——我知道这对我毫无帮助。当我问自己为何这样做时，我不知道。

心理咨询原理

艾利斯—30：你是害怕写不出很好的作品吗？

来访者—31：我有这种基本的恐惧。

艾利斯—32：好的，这是一种基本的恐惧。

来访者—33：尽管我颇自信自己有天赋，但却很害怕去应用自己的这种才华。我母亲总是鼓励我写作，她总是鼓励我去留心我所做的每一件事，去更好地观察这些事情中的某些东西。大概在我13岁或是14岁的时候，我开始和男孩子一块出去，从那时起，她从不愿意我只对一个男孩感兴趣。总是有其他更好的东西，更好的地方。"到外面去找。"如果某个人总的来看令我不愉快，那么"到外面去找其他人"。我想这一直影响着我，当我或许对某一个人发生兴趣时，就总有这种感觉。我总是去找其他的某个人。

艾利斯—34：是，我相信大概是这样的。

来访者—35：但我不知道我在找什么。

艾利斯—36：你似乎在寻找完美。你在寻找安全、确实可靠。

一般来讲，在心理咨询过程中，我首先是要获得一种适当程度的背景信息，以辨别出一种症状，我可以具体使用这种症状来揭示她基本的哲学或价值系统是什么，她怎样能改变这些东西。因此，我在"艾利斯—30"中问她，"你是害怕写不出很好的作品吗？"因为基于理性情绪理论（rational-emotive theory），我假设，她不写作只有很少的几个理由，这大概是其中的一个。一旦她承认了她有一种害怕写作失败的恐惧，我就强调这大概是一种总体的或者说基本的恐惧——这样，她会开始看到她对失败的恐惧遍及所有一切方面，并可以解释她提到的其他一些紊乱的行为。在"艾利斯—36"中，我直白地告诉她，我认为她在寻求完美和确实可靠。我希望这句话多少会对她有些震动。我打算最终向她说明，她对写作的恐惧（还有其他症状）在很大程度上来源于她的完美主义。正如咨询中所发生的情形那样，她尚未表现出准备采纳我的假说，所以我延缓了我的进度，并知道用不了多久或是稍后我会再转回来，促使她正视她紊乱的行为背后的某些观念。

来访者—37：基本的问题是我担心我的家庭。我担心钱。我似乎从来没有放松过。

艾利斯—38：为什么你担心你的家庭？让我们首先来讨论这个问题。你所关心的事情是什么？他们有一些确定的你不愿意遵从的要求。

来访者—39：我被培养出这样的想法：我一定不能做一个自私自利的人。

艾利斯—40：哦，我们有必要来敲打一下你的胡思乱想。

来访者—41：我想这是我的基本问题之一。

艾利斯—42：好的，你被培养成了弗洛伦斯·南丁格尔。

来访者—43：是的，我在家里被培养成了弗洛伦斯·南丁格尔那种人，我来分析一下我的家庭史的整个模式……我进大学后，我父亲有时真的成了一个酒鬼。我母亲去年得了乳腺癌，她已经切除了一侧乳房。没有一个人是健康的。

艾利斯—44：你父亲现在怎么样？

来访者—45：好的，他做得好多了。他一直在参加"匿名戒酒会"的活动，一直治疗他的医生给他开了药以便让他操守。要是他一天拿不到药，他根本过不下去。我母亲觉得我不应当离开家——他们的家就是我的家。有一些挑剔的怀疑，是关于我应当——

200

艾利斯—46：为什么怀疑？为什么你"应当"？

来访者—47：我想这是一种感觉，这种感觉可以表达为：你必须总是把你自己给予出去。如果你考虑自己，你就是错的。

艾利斯—48：那是一种信念。为什么你要保持这种信念——在你这样的年龄？在你更年轻的时候你就相信很多迷信。为什么你要保留这些东西？你的父母给你灌输这些废话，因为这是他们的信念。但你为什么仍然要相信一个人不应当考虑自己；一个人应当自我牺牲？谁需要这种哲学？至今为止，所有抓住你的这些东西就是负罪感。这些东西还将不断地抓住你！

来访者—49：现在我想要挣脱开。比如，他们会打电话来，说"你为什么星期天不回来？"如果我说"不，我很忙。"而不是说"不，方便的时候我会回来的。"他们会受到很大的伤害，我的胃也会整个的翻个个儿。

艾利斯—50：因为你告诉自己，"我又到那里去了，我是一个没有把我自己奉献给他们的寄生虫！"你只要告诉自己这些废话，那么你的胃或是你的其他一些部分就要开始翻腾。但这是你的"哲学"，你的信念，你对自己说——"我不是一个十足的好人！我如何能做一个寄生虫，把事情弄得一团糟？"这就是你的胃翻腾的原因。现在，这是一个错误的说法。为什么你更多地考虑你自己而不是考虑他们你就不是一个十足的好人？这就是问题所在。谁说你不好——耶稣基督？摩西？谁这么说？答案是：你父母这么说。你相信这种说法是因为他们这么说。但是他们让谁痛苦？

来访者—51：嗯，我被教育成相信我父母说的每一件事都是对的。我一直都不能不去相信这一点。

艾利斯—52：你一直没有这么做。你有这能力，但你没有做。你现在正在说，你每次责备他们，都对自己说着同样的废话。你已经看到自己在说这种废话！每当一个人翻腾起来——除非他患有躯体上的病痛——他总是在翻腾起来之前自己对自己说了一些无关紧要的废话。通常情况下，废话采取这样一种方式："这是很可怕的！"——在你的例子中是："我不愿意去看他们是很可怕的！"或者人们告诉他们自己："我不应当这么做！"——在你的例子中是："我不应当自私！"现在，这些说法——"这是很可怕的！"和"我不应当这么做！"——成了种种假设和前提。你不能以科学的方法来维系这些东西。你毫无依据地相信这些东西都是正确的，主要是因为你的父母灌输给你让你相信这些东西是正确的……不仅相信，而且自己也不断地向自己灌输这些东西。这是这些东西真正的害处。这是这些东西持续存在的原因——不是因为他们把这些东西教给你。过一段时间这些东西会很自然地消失。但你一直在自己对自己陈说这些东西。这表达为一些简单的陈述：你告诉你自己，每次你都要给你的父母打一个电话。除非我们能够让你看到你在陈说这些东西，与这些东西发生矛盾，向这些东西发出挑战，否则你会一直不断地陈说这些东西。然后你会继续得到那些有害的结果：头痛、自我惩罚、说谎，以及其他无论哪一种你所得到的结果。这是由一个非理性的原因，一个错误的前提所引出来的必然结果。必须对这个前提发出质疑。

马莎在"来访者—45"中说她挑剔地怀疑如果她首先考虑自己她就是错的，她一说到这里，我就试图向她表明，这仅仅是一种看法，不能从经验的角度加以证实，这种看法会导致不良的结果。我的依据是经典的理性情绪理论：不仅要说明，而且还要扭转马莎的自我挫败的种种前提和价值观，并试着以积极的方式教她如何扭转她的基本的错误观点。

# 第四节　理性情绪疗法评价

理性情绪疗法为心理咨询开辟了一个崭新的领域,已是目前最主要的心理咨询理论之一。而且,它在教育、管理、社会服务等领域也得到了广泛的应用。精神分析、行为主义、来访者中心理论都忽视了认知因素的重要性,沟通分析虽然强调认知的作用,但对非理性认知的分析比较欠缺。理性情绪疗法弥补了它们的不足,系统研究了非理性认知对心理健康的影响,提出了矫正方法。这也是艾利斯最大的贡献。具体地说,理性情绪疗法有以下优点:

第一,理性情绪疗法把古典哲学中的真知灼见具体化为系统的心理咨询思想和方法。关于认知对情绪的影响,古代哲学家们有经典的论述,但往往停留在抽象的观念层次,不够具体化和操作化。艾利斯从自身的情绪困扰中,从后来的咨询实践中,在哲学思想的指导下,总结出了有规律性的非理性认知,并提出了理论模型,完成了从抽象到具体的升华。他在构建理论初期(1957 年),做过一个著名的实验,比较了正统精神分析、精神分析导向和理性认知疗法三者之间的效果,发现理性情绪疗法效果更好。虽然实验本身存在种种不足,但其实证态度值得肯定。

第二,理性情绪疗法具有积极主动、直截了当和快速逼进的风格特征。咨询师主动出击,直指人心中的问题,揭露情绪困扰背后的真正原因,用符合科学逻辑的思维说服来访者,从而改变他,确实是一种强有力的方法。并且,在认知改变的同时,强调付诸行动,配合以行为改造的方法,提高治疗效果,是符合心理发展变化规律的。

第三,理性情绪疗法本身可以让来访者学习,在日常生活中应用。这一点是它有别于其他疗法的特点,也是它的一个优势。也就是说,来访者通过接受理性情绪疗法,不仅"吃到了鱼",解决了问题,而且还学会了"抓鱼的方法",使自己在今后的生活中随时可以"吃到鱼",不失为一种真正的"助人自助"的方法。

理性情绪疗法的主要缺点是:

第一,过分强调认知在情绪困扰中的作用,这本身会导致咨询师的非理性信念——"我必须找到导致情绪困扰的非理性认知""他应该理解自己的情绪问题起源于非理性的思想""情绪问题肯定是非理性思维造成的"等等。一旦找不到非理性认知,咨询师可能会产生情绪困扰。事实上,有些情绪困扰是由于生理因素引起的,如抑郁症很可能是大脑缺乏 5-羟色胺等生化物质和外侧缰核的簇状放电引起的,如果把患者的抑郁情绪完全归因于非理性信念,恐怕于事无补,因为这是一种物质驱动的症状。有些情绪问题是由客观因素引起的,如重大事故中亲人死亡,多数家属的痛苦不是因为有非理性信念,而是事件本身太残酷。在这样的情况下,用这种方法可能不太合适,因为咨询师不合事宜地分析"非理性信念"会给人以"不尊重"的感觉。有时,问题可能只是一种行为习惯,但咨询师一定要把问题说成是非理性信念,来访者会有莫名其妙的感觉,甚至产生反感。

第二,它对人性的假设不够严谨。首先,"理性和非理性"或者"合理和不合理"的概念不清,一般说来,理性或者合理思维是指人的认识过程,主要是思维活动,思维活动无论是否符合客观规律,都是理性活动。如爱迪生思考电灯灯丝材料的整个过程都是理性的或合理的思维活动,但理性的或合理的思维不会一定得到正确的结果。相反,非理性主要指情绪情感活动,非理性思维或不合理思维是情感化或情绪化的思维,如因为爱一个人而认为这个人很美丽、很善良。显然,理性和非理性思维都可能给人带来痛苦或快乐。而在理性情绪疗法中,理性或合理的思维是以是否给自己带来快乐为标准的,这在某个具体心理现象中也许是成立的,但提升为一种基本原理时,就令人困惑了。因为理性思维或合理思维在这里本质上是"快乐思维",非理性思维或不合理思维实质上是"痛苦思维"。这在学理上是不太说得通的。

第三,它的说教性太强。理性情绪疗法的一个先入之见是:咨询师是"理性思维"的代表,来访者是"非理性思维"的代表,心理咨询的过程是两种思维的搏斗,这是"你死我活"的较量。它忽视了思想多元性问题,也忽视了尊重来访者的选择权利问题。其实,在心理咨询中,许多思想并没有对错之分,而是一个选择问题。选择的结果也没有绝对的快乐和痛苦之分,而是个人偏好问题。咨询师认为理性会带来快乐的信念,在来访者看来也许没有价值,毫无兴趣,根本上没有快乐可言。或许这种信念会使来访者感到快乐,但与其人生理想和长远的追求相违背。由于人生的苦乐本来就是复杂多变的,其价值也是灵活的,有时不快乐但有价值,有时快乐但不值得,有时"痛,但快乐着",所以,想用一种思维模式强行分析复杂的人生情感,"教化"他人,难免会失之偏颇。

另一个颇具影响的认知疗法是贝克认知疗法,同学们可以扫描二维码,通过视频进行学习。

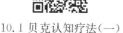

10.1 贝克认知疗法(一)

10.2 贝克认知疗法(二)

10.3 贝克认知疗法(三)

## 思考题

1. 理性情绪疗法与精神分析、行为疗法和来访者中心疗法有什么区别?
2. 用 ABCDE 解释理性情绪疗法。
3. 埃利斯提出了一些常见非理性信念,请你提出对应的理性信念。

## 小组活动

1. 分享上面第 3 题,开展讨论,并达成共识。
2. 写一件令你不愉快的事情和相应的消极情绪,分析中间的信念,然后大家分享、讨论。(可以发现,有时信念是理性的或合理的,消极情绪也是合理的或正常的。这时,理性情绪疗法并不适合解决问题,需要加以改造,改造的方法是:肯定原有信念的合理性,但用另一种理性信念替换它,从而改善情绪。请大家再回忆过去一个曾经遇到过的或目前正面临的事情,你对它的信念是理性的,产生消极情绪也是正常的。然后,你用一个新的信念替换原有的信念,它能使自己的情绪好转。)
3. 写一件令你愉快的事情和相应的积极情绪,分析中间的信念,并分析它是理性的还是非理性的。你觉得怎样的理性和非理性信念能帮助人提高积极情绪(如幸福感)?

**第十一章　家庭治疗**

## ■学习要点

　　了解家庭治疗的发展背景和阶段,熟悉家庭治疗的系统理论和依恋理论,掌握家庭治疗的常见方法,能够初步运用这些方法解决现实生活中的一些问题。

　　家庭治疗(family therapy)是 20 世纪 50 年代出现的以系统观点为指导对家庭问题进行干预的心理咨询与治疗范式。这种范式将家庭视为一个系统,认为个体心理问题源自家庭成员之间的不良互动模式,解决心理问题的关键在于改变这种互动模式。可以说,该疗法促进了心理咨询和治疗的焦点由个体向系统的转变。

　　目前,家庭治疗有不同的流派,较有影响的包括鲍文家庭系统治疗(Bowen family system therapy)、策略式家庭治疗(strategic family therapy)、结构式家庭治疗(structural family therapy)、经验式家庭治疗(experiential family therapy)、精神分析取向家庭治疗(psychoanalytic family therapy)、认知行为式家庭治疗(cognitive-behavioral family therapy)、依恋取向的家庭治疗(attachment-based family therapy)等。

# 第一节　家庭治疗的产生

## 一、家庭治疗的产生背景

　　20 世纪 50 年代,"二战"带来的晚婚、战后新生儿激增等现象对家庭和社会产生了重大的影响。同时,经济发展为女性提供了更多的就业机会,女权主义的兴起使人们开始重新认识家庭中的男女角色。在这样的社会背景下,一些心理学家基于系统论和控制论的哲学理念,结合心理咨询和治疗的已有成果,提出了家庭治疗的理论和方法。

### (一)哲学背景

家庭治疗产生的哲学背景主要是控制论和系统论,它们为其提供了方法论基础。控制论的核心概念是信息反馈环路,它指系统通过获取必要信息来维持其稳定性的过程。家庭治疗把家庭沟通模式看作一种信息反馈环路,它是维系某种稳定行为的心理机制。正反馈提示行为与家庭系统运行方向一致;负反馈提示方向不一致,需要修正行为或改变系统运行方向。如表11.1所示,如果运行方向是正常的,那么正反馈强化正常行为是积极的,负反馈改正不良行为也是积极的;但如果负反馈不能改正不良行为甚至把家庭引向不正常的方向,则是消极的。如果运行方向是不正常的,则正反馈强化不正常行为是消极的;只有当负反馈促使正常行为改正错误方向时才是积极的。也就是说,家庭沟通模式是家庭功能正常或不正常的根源。

表11.1　反馈形式与其结果性质之间的交互表

| | | 反馈形式 | |
|---|---|---|---|
| | | 正反馈 | 负反馈 |
| 反馈性质 | 积极 | 积极正反馈 | 积极负反馈 |
| | 消极 | 消极正反馈 | 消极负反馈 |

系统论认为,系统是由要素以一定结构形式联结而成的具有某种功能的有机整体。整体与部分之间的关系是系统论的核心问题,把整体与部分有机地结合起来才能理解系统,部分也只有置于整体之中才能被全面了解。因此,系统论强调在理解事物的某种功能时,应该将其放在与部分、结构、功能、环境的相互关系中来考察。以此为基础,系统论在研究个体时,将其置于家庭系统之中,试图从家庭互动关系模式中理解个体行为。

**(二)心理学背景**

在心理治疗过程中,治疗师们发现,精神分析和其他一些以个体为中心的疗法在治疗诸如精神分裂这样的严重心理障碍时并不能发挥有效的作用。例如,有治疗师发现,患者的症状在医院里会好转,回到家中又会加剧。对精神分析和其他以个体为中心的疗法疗效的批判,激发了治疗师对家庭在个体心理问题的形成和解决中所起作用的探究。

儿童指导运动和婚姻咨询将家庭作为干预的一部分,逐步改变了心理咨询与治疗只关注个体心理问题的倾向。其中,儿童指导工作者发现,儿童的心理问题不仅仅是儿童自身的问题,更是其家庭的问题,尤其是亲子互动问题。因此,对儿童心理问题的干预,需要将父母纳入。婚姻咨询师也发现,夫妻一方出现问题往往是因为夫妻系统存在问题,因此,婚姻咨询的重点应放在夫妻关系上,不能只关注夫妻一方。

团体心理咨询发现,来访者一起讨论能促进个体解决心理问题。这对家庭治疗是一种启发,它激励治疗师更关注家庭成员之间的讨论内容和方式。此外,团体咨询中的角色理论也促使治疗师们去分析家庭成员所扮演的角色,从角色互补的角度来理解和分析家庭成员的心理问题。当然,团体咨询与家庭治疗的对象在共同生活的持续性、个体的卷入度和隐私的暴露程度方面存在差异,因此在具体的干预上并不相同。

## 二、家庭治疗的发展阶段

家庭治疗的发展可以分为四个阶段。

**(一)探索阶段**

20世纪50—70年代中期是家庭治疗的探索时期。学者们基于控制论和系统论,认为家庭作为一个系统,有着自身的规则、形态和互动模式,它在变化过程中实现平衡。个体的心理问题是在与家庭成员的互动中形成的,家庭结构及成员间的互动模式的变化势必影响个体心理问题的变化,因此心理咨询和治疗的重点在于改变家庭系统的结构和成员间的互动模式。

这种探索在美国的四个地方独立展开。美国克拉克大学的贝尔(Bell)借鉴团体治疗方法,提倡家庭进行开放式讨论来解决问题,并将治疗分成了以孩子为中心、以父母为中心、以家庭为中心等任务阶段。美国国家精神卫生研究院的鲍文(Bowen)开展了对精神分裂症患者整个家庭实施的住院治疗项目,提出了第三个人的卷入可以转变两人之间冲突的三角关系概念。艾克曼(Ackeman)在纽约创办了家庭研究所,开展家庭动力研究,通过家庭访谈研究家庭的互动模式。杰克逊(Jackson)在帕洛阿尔托(Palo Alto)创建了心理研究所,提出了家庭平衡的概念,区分了互补和对称的关系,也提出了家庭规则的假设等。该研究所是世界上第一个以研究联合治疗和家庭治疗为目的的研究所,并形成了帕洛阿尔托研究团队,包括了萨提亚(Satir)、哈利(Haley)、维克兰(Weakland)、瓦茨拉维克(Watzlawick)、费什(Fisch)等著名研究者。直到1957年美国精神病学会召开了家庭治疗会议,全美的家庭治疗学者才联合起来,家庭治疗运动在全美范围内崭露头角。1961年,杰克逊、哈利和阿克曼联合创办了该领域第一本有国际影响力的杂志《家庭过程》(*Family Process*),标志着家庭治疗的全面发展。

**(二)快速发展阶段**

20世纪70年代中期至80年代中期是家庭治疗的发展阶段,也是家庭治疗的黄金时期。这一时期的家庭治疗发展主要受到二阶控制论(second-order cybernetics)的影响。二阶控制论由物理学家福尔斯特(Foerster)在20世纪70年代提出,也称"控制论"的控制论或者观察者的控制论,其重点是通过观察者及其自身心理与行为来解释他所观察的复杂现象。不同于控制论将观察者排除在外,二阶控制论认为在社会系统(如家庭、单位、团体和组织)中,观察者的立场、观点并不能独立于系统[①],因此在理解系统时很难排除自我与系统的相互影响。由于先前经验差异,不同观察者对系统的认知也存在差异,因此也就不存在客观的"共识"。要实现"共识",就要做到尊重他人意见,进行沟通和交流,必要时还须改变自己的立场。在二阶控制论的影响下,家庭治疗学者强调对家庭成员所持有的信念、解释、意义等进行探索,治疗师不仅仅是"专家",更是意义探索者。家庭治疗也强调通过讨论、沟通和表达形成共有的信念、理解和假设,从而调节人们的互动形式,产生可以预测的行为和情绪反应模式。因此,心理问题可以通过重构(reframing)对其进行定义和理解。

这一时期,家庭治疗领域的杂志多达20余本。仅在美国,就有300多个独立的家庭治疗机构,一些机构至今依旧在该领域发挥着巨大的影响力。例如,美国婚姻家庭治疗学会(American Association for Marriage and Family Therapy)、美国家庭治疗学会(American Family Therapy Academy)、美国咨询学会(American Counseling Association)下属的国际

---

① 张君弟. 反思、重返与二阶科学:一场新型科学结构的革命? 科学学研究,2017,35(8):1130-1135.

婚姻家庭咨询师学会(International Association of Marriage and Family Counselors)、美国心理学会的家庭心理学分会(Division of Family Psychology of the American Psychological Association)、国际家庭治疗学会(International Family Therapy Association)等。这一时期,家庭治疗在其他国家也迅猛发展,例如 1985 年在德国海德堡大学召开的一次家庭治疗会议有来自 25 个国家的 2000 多名相关工作者参加。这些说明了家庭治疗已经进入快速发展的黄金时期。

### (三)后现代背景下的家庭治疗阶段

20 世纪 80 年代中期至 21 世纪初期是家庭治疗受后现代思潮影响阶段,具体地说,社会建构主义和女权主义的家庭治疗产生了很大影响。社会建构主义认为,认知是由我们所处的环境塑造的,"现实"是社会建构的结果,它受到语言和文化的影响。因此,家庭治疗认为个体在家庭中的行为模式不是由其家庭自身的动力所导致的,而是由家庭所处的社会需要所建构的,这个过程受到语言和文化的影响。那么,治疗就是一种解构(deconstruction)过程,即帮助来访者从根深蒂固的观念中解放出来,并由此发展出了焦点解决疗法(solution-focused therapy)和叙事疗法(narrative therapy)。女权主义促进了治疗师对家庭中性别相关问题的思考,促使对夫妻权利差异的分析以及对个体在建构和谐家庭时需要的关注,也促使治疗师反思自己的价值、观点和信念,帮助治疗师直面那些有损治疗效果的性别观等。

这一时期,家庭治疗呈现了新的变化。治疗不仅关注家庭成员的行为,还关注对行为背后意义的建构;治疗师避免以专家身份来控制家庭,尤其避免用一个既有的理论框架去套用不同的家庭;治疗师重新审视自身价值与态度,注意从性别的角度看待家庭中的问题;强调治疗师与家庭的合作关系,重视挖掘和运用家庭本身的能力和资源;从家庭所在文化背景的角度了解家庭,审视家庭与文化背景相适应的结构,看到家庭成员间相互影响的同时也要看到它背后社会结构的影响[①]。

### (四)整合-循证的发展阶段

2000 年至今是家庭治疗整合-循证的发展阶段。当前,家庭治疗的观点已应用于心理学、社会学、政治学等领域,治疗师也大胆地将家庭治疗与其他多种疗法融合以将疗效最大化。例如,在创伤心理学领域,研究者已经将家庭治疗、认知行为疗法、冲击疗法等结合在一起,开发了一种用于儿童青少年创伤治疗的创伤聚焦认知行为疗法。随着家庭治疗研究领域的不断拓展和深入,家庭治疗不再是一些零散的思想,它已经日趋成熟,成为一门整合的学科。

新时期对家庭治疗提出了更多的要求,如疗效的可视化要求。这推动了循证研究的发展,即探索在特定情境下家庭治疗是否可以通过改变某群体的心理和行为机制为其带来积极结果。循证研究可以提升治疗质量,促进从业人员对实务操作的理解。不过,目前家庭治疗的循证研究主要集中在开发自评量表来评价治疗过程中的家庭功能及其变化。

---

① 赵芳.家庭治疗的发展:回顾与展望.南京师大学报(社会科学版),2010(3):93-98.

# 第二节　家庭治疗理论

## 一、家庭系统理论

家庭系统理论(family system theories)是一些学者运用系统理论的概念(如整体性、分化、层次性、平衡性等)来分析家庭形态,并结合控制论和沟通理论逐渐发展而来的理论体系,其中影响比较大的理论有三种。

### (一)鲍文的家庭系统理论

鲍文(Bowen)将家庭看作一个代际关系网络,它包含以下几个核心概念:

#### 1.自我分化(differentiation)

自我分化是该理论的核心概念,指这样一种能力,即将自己与他人区别开来,灵活地、独立地、理性地做出选择并付诸行动,不受情绪左右。分化程度低的人容易受到自身情绪、他人态度、外在环境的影响,而分化程度高的人能够理性地根据实际情况选择行为反应模式,即使面对巨大压力也能如此。

鲍文(Bowen M,1913—1990)

#### 2.三角关系(triangles)

如果有两位家庭成员因冲突而产生苦恼,第三方进入可降低双方的苦恼程度,使双方关系演化成三方互动关系,即三角关系。例如,夫妻出现冲突后会感到苦恼,为缓解苦恼,他们可能将注意焦点转向孩子,从而建立起了父亲、母亲与孩子的三角关系(图11.1)。如果第三方的进入是暂时的,或第三方推动双方很快解决了冲突,三角关系也可能是暂时的;如果第三方经常卷入双方关系中,三角关系可能会固化。固化的三角关系只是转移了

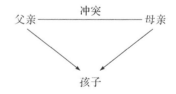

图11.1　父、母亲与孩子之间的三角关系示意图

注意,并没有从本质上将问题解决,这些问题在后续互动中有可能被激活而导致苦恼,且会将苦恼扩散到第三方,最终损害整个家庭关系。一个家庭对这种三角关系的使用称为家庭投射过程(family projection process),即父母将他们不良的自我分化传递给子女的过程。

#### 3.核心家庭情绪系统(nuclear family emotional system)

核心家庭情绪指夫妻感情,它对家庭关系有很大的影响。夫妻感情不和时通常会表现出四种行为:①冲突。适当的冲突可增进彼此的理解和关心,提高婚姻质量,正所谓"会吵架的夫妻更幸福";但过于激烈的冲突会导致感情破裂。②回避。回避是处理婚姻关系的一种方式,即不愿意讨论某些话题、接触某种情境,甚至不愿与对方有身体接触。③妥协。夫妻

一方就某些问题向另一方妥协,以降低关系紧张引起的痛苦。④投射。夫妻将不良情绪投射到孩子身上,类似于三角关系的建立过程。

### 4. 多代传递过程(multigenerational transmission process)

多代传递过程是核心家庭情绪系统在代际传递方面的表现,特指家庭不良情绪的代际传递过程。个体的分化程度取决于其与原生家庭中父母的情绪缠结或疏离程度,自我分化程度低的人更容易受到不良情绪和冲突的影响。个体倾向于选择那些与自己分化程度类似的人作为伴侣,并将这种分化特征投射给下一代。

**案例**:小王从懂事起就暗暗地告诫自己,将来结婚后有了孩子,在教育孩子方面一定不会像自己父亲那样遇到不开心的事情就拿自己撒气。然而,当他的孩子还不到十岁的时候,他就变得像父亲一样,在工作上有了不顺心的地方,回到家中就喋喋不休地数落、谩骂孩子。

### 5. 情绪隔离(emotional cutoff)

情绪隔离是人们用来管理不良情绪代际传递的一种重要手段,即将自己从家庭中分离出来并否认家庭的重要性。这种隔离可以是保持物理空间距离,也可以是内心疏远,避免身体接触和交谈等。情绪隔离的目的在于阻断与父母的情绪缠结,实现独立自主。情绪隔离更可能发生在情绪高度缠结的家庭中,父母与孩子之间的缠结程度越高,孩子就越想逃避父母和家庭,保持一定的距离。情绪隔离是为了将自己从未解决的情绪束缚中解脱,是不良自我分化的处理方式,不仅不能真正提升个体的自我分化程度,反而使其变得更加脆弱,容易受到伤害。

### 6. 同胞位置(sibling position)

同胞位置是鲍文将托曼(Toman)"出生顺序影响家庭功能"的思想纳入理论框架后产生的概念。鲍文认为出生顺序与一个人的角色、人格和社会行为之间有密切联系,出生顺序预示着个体在日后核心家庭情绪系统中承担的角色及其对他人的期待。因此,出生顺序会对核心家庭情绪系统产生影响,夫妻互动模式也可能与夫妻双方在原生家庭中的出生顺序有关。例如,老大与老幺结婚,老大会预期自己要负担责任,老幺预期有人承担责任,这种婚姻可能会更和谐;两个老大结婚,两个人都想负责任来做某些事,这可能会引发彼此之间的竞争;两个老幺结婚,他们都会因承担责任和做出决策而感到沉重的压力。后两种婚姻可能会产生较多的冲突和矛盾。

### 7. 社会情绪过程(emotional process in society)

社会情绪过程是将核心家庭情绪过程运用到更大的社会环境中,认为社会与家庭类似,包括融合和分化两种力量。在战争、饥荒、自然资源短缺、人口增长等情况下,整个社会都容易出现不良情绪反应时,融合和分化两种力量就出现了。在处理问题时,人们应该将理性和情绪进行分化,确保决策不受情绪影响以做出理智决定。

### (二)杰克逊的家庭系统理论

杰克逊(Jackson)是策略式家庭治疗学派的创始人之一,他吸取了沟通理论的思想,认为人类所有行为都是沟通,沟通可以在不同水平上进行,既可以是表面内容上的,也可以是内隐的、不被人们所关注的元沟通(meta-communication)。每个沟通都有它所呈现的信息(report)和具体指令(command)。例如,丈夫告诉妻子"我饿了",这句话不仅反映了丈夫所传达的信息,更重要的是示意妻子该为他准备晚餐了(指令)。在沟通中,家庭关系主要受到沟通指令的影响。杰克逊非常重视家庭沟通的作用,认为家庭问题源自家庭沟通模式出现问题。家庭平衡、家庭规则、互补或对称关系是其理论中的重要概念。

杰克逊(Jackson D,1920—1968)

1. 家庭平衡(family homeostasis)

家庭平衡是指家庭采用自我调节的方式来维系自身平衡,抵抗改变。家庭平衡是一个动态过程,表现为不断打破平衡和恢复平衡。家庭系统倾向于将自身维系在一个可以预测的变化范围内,当面临突如其来的压力时,家庭需要做出改变并使其恢复到平衡状态。功能不良的家庭是僵化不易改变的,功能良好的家庭则容易改变以达到新的平衡。例如,功能好的夫妻能在养育新生儿的过程中增进亲密度,功能不良的夫妻则一方会感受到冷漠或被忽视。杰克逊认为出现心理问题的家庭已经陷入了不平衡的沟通模式中,问题的缓解就意味着改变这种模式。

2. 家庭规则(family rules)

家庭规则是指家庭成员互动所遵循的组织化的、已经成型的模式。家庭规则可能来自父辈甚至祖辈,受到社会文化的影响。有些家庭规则是显而易见的,比如"妻子做饭和清理杂物""吃饭时不讲话"等;有些是隐形的,只有通过家庭不断重复的行为模式进行推测,如父母工作很辛苦促使孩子养成自己解决问题的习惯,由此可推测"不能打扰父母"的家庭规则。功能良好的家庭能够利用家庭规则来维系家庭稳定,也能够根据环境特征对家庭规则做出适应性的调整。

3. 互补或对称关系(complementary or symmetrical relationships)

婚姻补偿性假设(marital quid pro quo)认为夫妻关系有两种基本类型,即互补或对称关系,两种类型中夫妻双方的责任和义务存在差异。互补型夫妻往往性格迥异,如一方是主导型的,另一方就是顺从型的;一方是理性的,另一方就是感性的。在互补关系中,夫妻双方都希望对方扮演配合的角色,这可能促进夫妻和睦相处,也可能导致互相抱怨。对称型夫妻往往性格相似,双方在夫妻关系中有同等贡献,例如夫妻双方有各自的事业,并且能够平分家务。在对称关系中,夫妻双方都希望能够影响另一方,这可能增进夫妻合作,也可能引发对称升级(symmetrical escalation)。例如,夫妻因互帮互学而互敬互爱,也可能互不相让而激烈争吵。

### (三)米纽庆的家庭系统理论

以米纽庆(Minuchin)为代表的结构式家庭治疗理论从整体角度来论述家庭。其理论观点主要包括家庭结构、家庭子系统和边界三个方面。

1. 家庭结构(family structure)

家庭结构是指由家庭成员及其相互关系构成的相对稳定的互动模式,它反映了家庭为实现其重要功能而建构的行为规则,为理解家庭活动模式提供了依据。家庭结构具有共性和个性,所有家庭都包括角色任务、权利分配等问题,但在具体问题上又有差异,例如,父母有教养孩子的义务,但不同父母有不同的教养方式,同样的教养方式也有程度的差异。家庭结构不是一成不变的,它可能会适应内部人员的发展需要和(或)外部环境的变化而产生变化。

米纽庆(Minuchin S,1921—2017)

2. 家庭子系统(family subsystem)

家庭子系统包括夫妻子系统、亲子子系统、兄弟姐妹子系统等,每个子系统及其成员之间相互影响,家庭功能主要通过子系统分化来实现。子系统由个体组成,但个体在家庭中并不组成唯一的子系统,而是组成不同的多个子系统,每个子系统之间存在着明显边界,例如,一个男子与妻子之间组成夫妻子系统,他承担丈夫的角色;他与父母之间就组成亲子子系统,他承担儿子的角色。

不过,有时家庭子系统之间的边界是模糊的、僵硬的。边界过于模糊会导致子系统之间不平衡现象,例如,母亲过度卷入孩子的抚养之中,就会将注意的焦点聚焦于孩子身上,疏于对丈夫的关心。边界过于僵化会导致子系统之间的疏离现象,例如,孩子感受不到父母的爱和支持,亲子关系淡漠,夫妻子系统与亲子子系统之间出现了情感疏离。

3. 边界(boundaries)

边界是用来限定哪些人可以加入以及怎样加入系统的规则。边界的作用在于保护系统分化,因此每个子系统都有其独特功能,对所属成员也有不同要求,例如,在亲子子系统中,父母发挥着教养孩子的作用。一方面,子系统之间的边界应当是清晰的,以保证子系统在发挥功能时不受其他因素的干扰;另一方面,子系统也要允许成员与外界接触,一旦子系统功能运转出现了问题,就可以借助外界力量来矫正。与家庭子系统的组成部分、各部分间的互动相比,边界对家庭功能的影响更大。

家庭治疗理论中的另一个概念是家庭生命周期(family life cycle),指的是家庭从诞生到消亡的过程,也是家庭结构、角色、功能、互动模式等不断变化的过程。它可以分为六个阶段(表 11.2),每个阶段之间相互联系,每个阶段的家庭系统都有相应的发展变化。家庭问题的出现通常与家庭生命周期的阶段性变化、家庭内在需要和外在压力等有关。

鲍比(Bowlby J,1907—1990)

## 二、依恋理论

依恋理论(attachment theory)是由鲍比(Bowlby)创建的一套关于人际关系的理论。该理论认为依恋是个体与照看者之间建立的强烈、持久的情感联结。依恋是个体在儿童

心理咨询原理

表 11.2　家庭生命周期的六个阶段①

| 家庭生命周期的六个阶段 | 阶段转化的情绪过程 | 家庭发展所需的变化 |
|---|---|---|
| 离开家庭:单身青年 | 接纳自我的情绪和经济责任 | (1)将自己从原生家庭的关系中分化出来<br>(2)发展同辈亲密关系<br>(3)建立起与工作和经济有关的自我 |
| 通过婚姻建立家庭:新夫妻 | 对新系统产生承诺 | (1)婚姻系统形成<br>(2)调整与扩展家庭和朋友的关系使之纳入配偶 |
| 有年幼子女的家庭 | 接纳进入系统的新成员 | (1)调整婚姻系统,从而为孩子留有空间<br>(2)共同承担养育孩子、经济和家务的任务<br>(3)调整与扩展家庭的关系以纳入父母和祖父母的角色 |
| 有青少年子女的家庭 | 提升家庭界限的弹性,允许孩子的独立和祖父母身心功能的下降 | (1)转换亲子关系,从而允许青少年进入或离开系统<br>(2)重新审视人到中年的婚姻和职业议题<br>(3)开始转向照顾上一代 |
| 孩子离开家庭 | 接纳进入和离开家庭系统的人和事 | (1)协商作为二人世界的婚姻系统<br>(2)发展成人和成人之间的关系<br>(3)调整关系,从而接纳姻亲关系和孙子孙女<br>(4)处理父母(祖父母)残障和死亡问题 |
| 家庭的晚期 | 接纳代际角色的转换 | (1)处理自己和(或)配偶在身体状态变差时的功能和兴趣;探索新的家庭和社会角色可能<br>(2)更多地支持中生代的核心角色<br>(3)为老年人的智慧和经验腾出空间,支持老年人,但又不对他们包办代替<br>(4)处理丧偶,失去兄弟姐妹以及其他同辈的问题,为死亡做好准备 |

期为了生存建立起来的,它在以后的人生中不断发挥作用。安斯沃斯(Ainsworth)通过"陌生情境"实验将依恋划分为安全型依恋和不安全型依恋,后者又包括焦虑-抗拒型依恋和焦虑-回避型依恋。

---

①　迈克尔·尼克尔斯,西恩·戴维斯.家庭治疗:概念与方法:第 11 版.方晓义婚姻家庭治疗课题组,译.北京:北京师范大学出版社,2017.

## 陌生情境实验法

**实验流程：**

由母亲带儿童进入实验场所（陌生环境），实验者作为陌生人出现在实验场所里，但不干涉母子的活动，片刻后母亲独自离开，由儿童单独与实验者相处，由实验者观察儿童的表现，再片刻后母亲返回。实验者记录这个过程中儿童从始至终的行为和情绪表现情况。这个实验给儿童提供了三种潜在的难以适应的情景：陌生环境（实验场所）、与亲人分离和与陌生人相处，通过实验来研究儿童在这几种不同的情境下表现出的探索行为、分离焦虑反应和依恋行为等。

实验分为如下 8 个片段：

| 片段 | 现有的人 | 持续时间 | 情境变化 |
|------|----------|----------|----------|
| 1 | 母亲、儿童和实验者 | 30 秒 | 实验者向母亲和儿童作简单介绍 |
| 2 | 母亲、儿童 | 3 分钟 | 进入房间 |
| 3 | 母亲、儿童、生人 | 3 分钟 | 生人进入房间 |
| 4 | 儿童、生人 | 3 分钟以下 | 母亲离去 |
| 5 | 母亲、儿童 | 3 分钟以上 | 母亲回来、生人离去 |
| 6 | 儿童 | 3 分钟以下 | 母亲再离去 |
| 7 | 儿童、生人 | 3 分钟以下 | 母亲回来、生人离去 |
| 8 | 母亲、儿童 | 3 分钟 | 母亲回来、生人离去 |

焦虑-抗拒型依恋儿童在"寻求与母亲的亲近接触"和"抗拒跟母亲交流"之间摇摆。他们在玩耍过程中担心母亲离去，母亲离开后儿童十分沮丧，母亲回来时儿童又表现出矛盾行为。他们不回避与母亲接触，但在母亲尝试转移其注意力让其到别处玩耍时表现得非常抗拒。焦虑-回避型依恋儿童在与母亲进行身体接触时表现出典型的靠近-回避冲突，他们很少注意到母亲的离去，在母亲离去后仍能继续玩耍。母亲回来时，他们可能会靠近母亲但也会随即停止，要么退缩，要么调转方向。

安全型依恋的儿童在玩耍中非常活跃，在短暂分离中感到沮丧，在分离结束后会主动寻求与母亲接触，容易被安抚，且很快就会再次投入到玩耍之中。安全的依恋关系为儿童提供了一种安全的环境氛围，一旦体验到外界威胁或压力时，儿童能够依赖依恋者的帮助，缓解其焦虑或压力。可以说，安全的依恋关系是儿童心理和生理功能健康发展的基础。

依恋关系在建立初期具有一定的可塑性。如果依恋双方的互动能够使双方感到满意，这种依恋关系类型就会逐渐稳固下来，反之，双方会对互动模式进行调整并形成新的依恋关系模式。随着儿童年龄的增加，无论依恋双方对此是否满意，其依恋关系模式的可塑性也会降低。一些意外条件下，稳定的依恋关系模式也可能发生变化，例如，在一场交通事故夺去了孩子的一条腿后，孩子对母亲要求更加苛刻，母亲也可能会更加爱护、迁就孩子。

在依恋理论启发下，家庭治疗认为人的一生都有寻求情感联结的需要。当个体未能与照料者建立紧密的情感联结时,其对自身、他人以及人际关系的认知就会出现偏差,进而导致家庭成员之间关系紧张,个体心理发展会受到严重损害。因此,鲍比提出,治疗师要将家庭成员召集在一起,为其提供有利的条件令他们自由讨论,探索个体当前的人际交往模式和这些模式与家庭关系之间的联系,进而更清晰、快捷地找出个体的症结所在[①]。拓展到夫妻关系咨询方面,依恋理论认为夫妻冲突中的抱怨和批评是对两人之间依恋纽带的保护,即抱怨和批评的一方可能是出于不安全感而发出的抱怨或批评,这是试图保护彼此之间的依恋关系不受到破坏的举措。这种解读可以增进夫妻之间的容忍度,促进双方更深入地理解对方,发现恐惧和愤怒背后隐藏着的脆弱和不安[②]。通过这种方式,治疗师可以将来访者症状与其家庭成员之间的依恋关系问题联系在一起,从而解决家庭成员的问题。

# 第三节　家庭治疗方法

在家庭治疗发展早期,治疗师们对系统或结构流派的家庭治疗技术非常青睐。近年来,治疗师们发现整合了多个流派的家庭治疗技术比使用某一流派技术所取得的咨询效果更加明显,所以我们将从整合的视角来探讨家庭治疗的常用方法。在介绍家庭治疗的具体方法前,首先了解家庭治疗的一般流程。

## 一、家庭治疗的基本流程

一般而言,一次家庭治疗需要 90 分钟左右,总计要求 6~12 次。治疗次数之间没有绝对的时间间隔,开始时可以每周 1 至 2 次,后续的间隔时间可以稍长,例如每两周一次、每四周一次。治疗一般需要经历以下 5 个阶段。

### (一)准备阶段

在这一阶段,治疗师要为来访者及其家庭做心理和物理准备。在进行家庭治疗之前,治疗师首先要对自己的情绪进行调整,尤其是新手,让自己保持轻松、自信的心态来面对来访者;其次,要对自己的能力持有坚定的信心;再次,需要谨记良好的治疗关系本身具有治疗作用,甚至胜过高超的咨询技术;最后,要敢于面对自己的失败,能够将经验同其他咨询师或督导师分享,铭记经验是不断积累的。

在处理好自己的情绪之后,治疗师需要做一些物理准备。首先,准备治疗设施。最好准备 20m² 左右能够容纳 5~8 人的咨询室,环境清幽,相对隐秘,不受外界干扰。如有需要可以安装摄像机或单向玻璃,不过事前一定要明确告知来访者,并征得其同意。其次,计划治疗时间。一般的时间计划如同前述,或以来访者某个问题的解决来结束治疗,避免陷入来访者无休止的问题纠缠之中。例如,一位妻子主诉与丈夫的关系疏远,经过治疗之后,夫妻之间疏远问题被彻底解决,但是这位妻子又开始抱怨自己过重难以减肥。此时,治疗师可以结束家庭治疗而不再纠缠其肥胖问题。最后,确定参与人员。家庭成员都来参与首次会谈是

---

①　张玉沛,郭本禹.鲍尔比的依恋理论及其临床应用.南京晓庄学院学报,2012(1):66-70.
②　吴波.家庭心理疗法.重庆:西南师范大学出版社,2013:35.

比较理想的情况,甚至还可以邀请与家庭成员关系亲密的亲朋好友参与会谈,以便对家庭的互动关系进行全面的把握。不过,有些时候很难确保家庭所有成员都参与,为了确定哪些人参与,可以根据来访者个体主诉问题所涉及的对象来确定参与者。此外,也可以根据以下准则确定参与者:

(1)询问家庭中谁愿意参与治疗及其原因。

(2)试着确认家庭中谁受到这个问题的影响,并询问这些成员是否愿意参与治疗。

(3)考虑代沟问题,让所用年龄层的成员都参与是否合适?

(4)可以询问其他成员的存在是否会对治疗有促进作用,或个体是否能从其他成员那里获得支持。

(5)其他成员是否可能对治疗造成阻碍或对治疗有所损害?

(6)该家庭拥有怎样的动机和能力使其能够以家庭治疗的形式参与治疗?

(7)根据问题的具体情况,每次参与治疗的成员会发生改变。治疗师应该对这一点保持开放的态度,但是要试着与所有成员均建立良好的关系。

**(二)初次会谈阶段**

初次会谈是指家庭治疗师与家庭成员的初次面谈,它直接影响咨询关系的建立,对来访者后续的参与热情及其意愿有直接影响。因此,可以说初次会谈是决定治疗顺利与否的关键阶段。在这一阶段,治疗师需要处理以下几项任务:

1.与家庭建立关系

与其他心理咨询类似,咨询关系的质量直接影响咨询效果。在家庭治疗的过程中,要重视治疗师与来访家庭之间建立良好关系,也就是治疗师"加入"家庭。一方面,治疗师应该以热情的态度欢迎家庭的到来;另一方面,治疗师应该善于观察家庭的互动模式,根据家庭风格来调整自己的言行以顺应家庭。必要时,治疗师可以通过肯定家庭某位成员来介入家庭。

2.收集家庭信息

家庭治疗中必然存在一个主诉者。例如,一位母亲总觉得自己的孩子郁郁寡欢,要求父亲和孩子一起来家庭治疗,那么这位母亲就是主诉者。家庭治疗中收集的家庭信息主要是主诉者的问题信息,具体包括:是什么性质的问题? 家庭成员对该问题的反应如何? 家庭之前是否有过治疗经历? 家庭为什么现在才来寻求治疗? 是否有其他的因素影响该问题? 等等。

3.明确家庭的治疗期待

初次会谈的另一个任务就是明确家庭对于治疗达到目的和进行方式的预期,这有助于促进家庭需要与治疗师能力之间的协调。对家庭治疗目的的期待包括解决问题、寻求建议、寻求联盟、增加力量等。此外,不同的家庭成员对治疗目的的要求可能存在差异,例如,一对为孰是孰非问题争论不休的年轻夫妻,妻子的治疗目的可能是让丈夫更加宽容和疼爱自己,丈夫的治疗目的则是要通过治疗师来让妻子相信自己是正确的。有时,家庭成员的治疗目的一致,但超出了治疗师的能力范围,此时治疗师可以考虑转介,例如,一对打算离婚且正在争夺孩子抚养权的夫妻,他们都希望治疗师为自己争夺孩子的抚养权,这显然已经超出了治疗师的工作范围。此外,治疗师还需要向家庭介绍此次治疗的基本理念、治疗方法、自己的专业背景、治疗时间和收费标准等,以便在这些事情上与家庭达成一致,保证治疗的顺利开展。

4.对家庭进行评估

评估主要是对家庭的问题、家庭曾尝试过的治疗方法的探索。在这一阶段,评估家庭成员是否处于危机之中、是否存在危险因素至关重要,否则很可能会阻碍发挥治疗效果,给治疗师的成长和发展带来消极影响。例如,在家庭治疗中没有对有自杀倾向的家庭成员进行自杀风险评估,也没有采取相应的保护措施,一旦其自杀,治疗师可能会卷入法律风险和自责中。家庭治疗评估主要包括以下几方面内容①:

(1)主诉问题。问题的严重性、家庭对其的反应、影响因素等。

(2)治疗史。家庭是否曾经就这一类问题进行过治疗。如果是,在哪里治疗过,具体的方案是什么,治疗的效果如何等。

(3)家庭的结构和互动模式。家庭结构是否完整(如单亲、双亲、再婚等)、家庭子系统之间的关系、家庭中的权利分布、家庭有无三角关系等。

(4)家庭生命周期阶段和生活事件史。家庭处在哪个生命周期阶段,在应对这些阶段的内容时是否出现了困难,尤其是在子女离家、新家庭形成等阶段更应该给予重视。另外,家庭是否遭遇了重大的危机事件,如父母离婚、亲人离世等。

(5)家庭功能。家庭子系统功能的执行情况以及在完成生命周期任务和应对外在危机事件过程中的适应性。其中,评估的重点是夫妻子系统的功能。

(6)家庭中的个体。个体的症状及其与家庭的关系,个体的认知风格、依恋类型、情绪表达、应对技能等。

(7)家庭资源。家庭的客观条件(如经济状况、社会地位等)、家庭的关系优势(如社会支持网络)及其他优势(成熟的应对技能)等。

(8)家庭外在环境。家庭的社会经济地位、家庭外在压力对内部问题的影响、家庭外在的社会支持系统、家庭成员与家庭外系统的交往情况、家庭成员在家庭外的功能水平等。

(9)评估潜在危险。自杀、家庭暴力和虐待、性虐待、物质滥用、生理问题等。

5.形成初步假设并反馈给家庭

在完成初步评估后,治疗师已经勾勒出关于来访家庭的基本问题,形成了关于诊断的初步假设,并反馈给家庭。在这一过程中,治疗师需要透过家庭成员叙述的"现象"问题,把握背后的"本质"。例如,孩子在家里沉默寡言、闷闷不乐,这个问题的本质是什么?是父母与孩子的边界僵化,还是孩子与父母权利争夺的失败?治疗师要认识到这个问题的本质对于家庭的意义,再将问题与家庭系统的联系以成员能接受的方式反馈给他们,使其明确家庭问题的本质所在,为后续治疗目标的设置和治疗方法的使用提供帮助。

① 吴波.家庭心理疗法.重庆:西南师范大学出版社,2013:231-232.

6.确定治疗目标和选择干预方法

治疗师需要与家庭协商建立治疗目标,以争取家庭的配合。如果家庭中存在多个目标,治疗师可以在这些目标中确定优先级别,创建一个治疗目标体系。之后,治疗师需要基于自身的受训背景及其个人的性格、偏好等因素和其他外在环境因素,选择适当的方法开始家庭治疗。

### (三)治疗早期阶段

治疗早期阶段一般是治疗开始后的几次会谈,这个阶段的主要任务是治疗师形成关于诊断的假设,并试图验证假设。在这一阶段,治疗师需要明确问题与家庭系统之间的联系,让家庭成员认识这一联系,开始做一些促使其改变的尝试。具体的工作任务有以下几个方面[1]:

1.聚焦主要冲突,找到问题与家庭系统的关联并对之进行详尽的阐释

来访家庭主诉的问题基本上反映了家庭成员之间的主要冲突,例如妻子总是抱怨自己的丈夫不关心自己只顾着打游戏。在这一过程中,治疗师需要密切关注家庭的互动模式、家庭结构、家庭子系统的功能等,使问题与家庭系统之间建立联系,并在治疗过程中进一步证实或修正此联系。

2.向家庭成员指出家庭互动与问题的联系,扩展关注点

主要以提问的方式来扩大家庭成员之间的互动。例如:"你发现没有,当你关闭游戏的时候,你的父母似乎开心了许多?"

3.塑造积极行为,找到例外

类似于短期焦点解决法,在诸多消极事件中发现一些积极内容。例如,在亲子关系疏远的家庭中,当父母感觉孩子主动与他们接近的时候,治疗师应该指出并给予肯定。

4.维护治疗关系和布置家庭作业

在治疗早期,治疗师不要急于给家庭建议,而是积极建立并维系良好的治疗关系,主要策略包括共情、真诚地与来访家庭沟通、理解并尊重来访家庭等。布置作业的目的是使治疗过程中尝试的新家庭互动模式在日常生活中得以实践,从而检验治疗的理念和方法是否已经被家庭成员积极接纳并执行,也可以帮助家庭成员提升自我觉察,帮助家庭成员建立新的互动模式。

### (四)治疗中期阶段

治疗进入中期阶段,家庭成员认可并接纳了治疗师对于家庭系统问题的分析,也接受了治疗师的方法并积极配合治疗,他们对自己的问题有了更多反思,对问题解决有了更多责任感。这一阶段,治疗师的主要目的是促进家庭成员之间的自我表达和相互理解,巩固家庭成员间新的互动模式。治疗师需要完成以下几项任务[2]:将领导权交给家庭成员,让他们更多地交流,只有在家庭成员的交流陷入僵局时,治疗师才进行干预;培养家庭成员的责任感,为自己的言行举止负责,促进相互之间的理解和尊重;肯定并鼓励家庭成员为建立新的互动模

---

① 吴波.家庭心理疗法.重庆:西南师范大学出版社,2013:235-237.
② 吴波.家庭心理疗法.重庆:西南师范大学出版社,2013:237-238.

式所做的努力；评估治疗进展是否顺利以及对治疗进程进行反思。

### （五）结束治疗阶段

一旦主诉问题得到解决，治疗就可以进入结束阶段，但具体结束时间需要治疗师和来访家庭协商决定。该阶段需要治疗师完成以下任务：评估家庭的问题解决情况，新的互动模式建立和维系情况，以及家庭成员对治疗的满意程度等；为避免问题反复而制订一份详尽的预防方案；对治疗过程及其收获进行回顾和总结；与来访家庭话别，感谢来访家庭的投入和努力；最后，可以安排回访，回访可以选择邮件、电话、面谈、QQ、微信等方式。

## 二、家庭治疗的基本技术

虽然家庭治疗流派众多，方法多样，但存在一些通用的核心技术，主要用于建立治疗关系、调整家庭结构和互动模式、改变家庭认知和观念等方面的工作。在本部分中，我们将分模块来阐释这些基本技术。

### （一）建立治疗关系的技术

#### 1. 加入与顺应

家庭治疗指的是治疗师"加入"家庭，体验家庭成员的经验，并帮助身处迷局中的他们发现问题并促进其改变的艺术。因此，"加入"是家庭治疗的第一阶段，是治疗师主动加入家庭并成为家庭系统的一部分的过程，它是家庭治疗顺利开展的前提。当然，治疗师可以依据其与家庭接触时家庭成员所表现出的顺从或抗拒情绪和行为获取家庭系统信息来加入家庭，如支持某位家庭成员，反对另一位。为了能够加入到家庭中，有些时候还需要治疗师调整自身，来接受这个家庭的组织与风格，体验家庭成员的交往模式等，这个过程被称为顺应。

#### 2. 提供支持

提供支持主要体现在治疗师以一种理解、体贴、主动的方式倾听来访家庭的故事和经历，不时地提供反馈，促使家庭成员对其想法和感受进行认知探索，并使他们感受到信任和尊重。治疗师要让家庭成员感受到自己的态度："我在这里一直陪着你们"，让他们充满安全感。尽管支持对于来访家庭而言非常重要，但是支持并不一定会促使家庭改变。尤其需要注意的是，当治疗师提供过多的支持时，家庭成员倾向于享受这种支持本身而不主动思考问题和解决问题，从而妨碍改变。因此，提供支持要适度。

#### 3. 自我开放

在心理咨询和治疗过程中，效果不仅取决于技术，还取决于治疗师自身因素。其中，治疗师的自我开放是影响咨询关系建立效果的一个重要因素。正如亚隆（Yalom）所言"娴熟的治疗师不是冷漠无情的，也不是消极被动的，更不会完全隐藏自己的经历，他们会将自我开放融于整个治疗过程之中"[1]。当然，若治疗师无休止地表露自己的事情，也可能会使治疗焦点从来访者身上转移到治疗师身上，甚至引发来访者不耐烦的情绪，损害治疗关系，有损治疗效果。因此，在进行治疗过程中，治疗师的开放应该考虑时机、来访对象的年龄和特

---

① Yalom I D. Existential psychotherapy. New York：Basic Books，1980：441.

征等。治疗关系达到一定程度后再进行自我开放比较好；对于儿童青少年，治疗师可以开放一些个人信息，有助于取得他们的信任和尊重。

**（二）揭示和调整家庭结构及互动模式的技术**

**1. 表演**

在家庭治疗过程中，治疗师需要了解家庭的结构和互动模式，但是仅通过来访家庭的叙述还不足以使治疗师切实地了解其想要了解的内容。一种有效方式就是让家庭成员在治疗过程中就某一主题进行讨论和交流，也就是说让他们表演。表演可以让家庭成员尝试不同的互动模式，并且检验家庭互动的灵活性和适应性。一般而言，表演分为三个阶段：第一阶段，治疗师观察并同家庭成员互动，了解家庭的结构及其互动模式；第二阶段，治疗师要求家庭成员围绕某一特殊的问题进行讨论，从中窥视其互动模式；第三阶段，治疗师要积极地发挥其主动性，就有关互动模式来设计一些问题，组织家庭不同成员之间进行新的交流，安排一定的事务让家庭成员来做，最终帮助家庭成员形成新的互动模式。

**2. 失衡化**

失衡化是指打破来访家庭成员之间的平衡关系，目的在于改变现有的家庭互动模式。在现实治疗中，家庭成员的一方倾向于让治疗师站在自己的立场，使治疗师确信问题在于另一方。如果治疗师持有中立的态度，其中的一方可能会再次或多次尝试说服治疗师站在自己立场的一边。为了防止出现这样的情况，有时治疗师需要站在一方的立场来反对另一方。例如，对于因妻子焦虑情绪来进行家庭治疗的夫妻，治疗师可以鼓励妻子向丈夫发泄自己的情绪，随后治疗师向丈夫表示自己非常理解他的处境，同时治疗师询问丈夫是否愿意为了家庭的幸福建立新的夫妻互动模式。通过失衡化的技术操作，治疗师能够了解每一个人在互动模式中的角色，可以促进现有互动模式的改变。

**3. 标定边界**

在家庭治疗中，帮助家庭成员在自主性与依赖性之间创建有弹性的互动模式，有助于促进家庭成员的成长发展。这就要求在缠结型的家庭中，强化其边界，增加家庭成员的个体自主性；在疏离型家庭中，通过活动为僵化的边界松绑，增加家庭成员及其子系统之间的支持和交流。可见，标定家庭边界是改变家庭互动模式的一个重要措施，包括标定个体之间的边界和子系统之间的边界。对于个体之间边界的标定，可以在治疗中利用简单的规则来标定。例如，当妻子在谈论教养孩子问题时，治疗师可以要求丈夫给予尊重，不可打断妻子的谈话；再如，在丈夫开始回答妻子的问题时，治疗师可以通过手势让妻子保持沉默。夫妻子系统的边界模糊或僵化是家庭不良互动模式的常见原因，因此在治疗过程中应该优先关注夫妻子系统的边界，使其不被孩子或其他成员干扰。为此，可以通过任务分配的方式来鼓励夫妻子系统的交流，也可以通过支持权利分配来标定子系统的边界。例如，对于与母亲有情感缠结的孩子进行治疗时，可以要求父母在每晚睡觉时将孩子驱离自己的房间。

**4. 悖论任务**

悖论任务通常是在家庭不能遵从治疗师的指导建议时才应用的一种技术，它主要是通过表面上鼓励不希望的行为来达到减轻或控制问题行为的目的。例如，对于一个经常抱怨头疼失眠的来访者，治疗师可以告诉他，在接下来的一个星期或者某一个具体时间内，要持

心理咨询原理

续地保持头脑清醒,不要睡觉。如果他确实保持了清醒,这说明他至少能够对症状加以控制,也说明来访者听从了治疗师的意见,将不可改变的问题改变了,这也将使其认识到症状改变是可能的,从而帮助其摆脱症状。类似地,这种任务也可以应用在家庭互动模式上,打破并改变不良的互动模式。例如,一个因经常吵闹而来治疗的家庭,治疗师要求家庭中的每个成员都买一把水枪,一旦他们之间发生吵闹,就用水枪喷射对方。通过这种方式,家庭冲突在喷射对方和对方的还击中消失殆尽。

**(三)改变家庭认知和观念的技术**

**1. 提问**

治疗师会通过综合分析家庭的各种信息形成一些诊断假设,在治疗过程中检验它,并企图改变家庭成员的认知。提问是实现这一目的的一种直接策略,也是家庭治疗中的典型策略。提问主要包括线型提问、环型提问、策略提问和反思提问等四种方式。其中,线型提问是调查性、推导性的,例如,"你丈夫每天下班后会按时回家吗?"提问后所得信息可以解释问题所在。环型提问是探索性的,问题涉及家庭某一个成员与另一个成员之间的联系,例如,"在你儿子生病那天,你的丈夫在干嘛?"策略提问试图调整个体当前行为以打破家庭的反应模式,例如,"如果你与丈夫之间的关系变得亲密,你孩子的症状会变得如何?"反思提问是不带任何导向性地促进家庭改变,治疗师相信来访者拥有改变自身的内在资源,例如,"如果你的丈夫不愿意与你分享他在工作中的情绪时,你该如何让他知道其实你非常想倾听他?"

**2. 重构**

重构是指对问题的重新定义和解释,其目的在于通过改变认知来实现行为和情绪的改变。重构拓展了来访者看待问题的视角,使来访者从不同角度审视问题,发现问题的解决方法,实现行为的改变和消极情绪的缓解。例如,一位中年丈夫因为他的妻子总是对他发脾气而来咨询。这位丈夫将妻子的行为解释为"自从儿子上大学之后,她总是故意刁难我,看我不顺眼"。在了解了妻子发脾气时的环境后,治疗师将妻子发脾气的行为重构为"想从丈夫那里获得更多的关爱"的需要,以及"更年期的正常表现"。这种重构改变了丈夫对其妻子的态度,最终也让妻子重新获得了丈夫的关爱。在依恋取向的家庭治疗师看来,重构还包括对关系的重构,也就是将家庭成员的问题看作是家庭关系的问题。例如,当你的孩子抑郁时,为什么他不向你寻求帮助?通过关系的重构可以重新建立良好的依恋关系,提升个体的自主性,缓解其心理或行为问题。

**3. 外化**

外化是对人们经历的问题进行人格化,并将这种问题从个体或个体的人际关系中分离开来的过程。这有助于将人们注意的焦点从个体身上转移开来,将问题看作是一个"入侵者",以便聚焦于个体与问题的关系上,促进家庭成员共同面对并解决问题,从而改变家庭对于问题成员的认识。在外化过程中,对问题的命名是非常重要的一步,可以区分来访者与问题,避免治疗师用自己的语言来描述问题。在治疗过程中,所有问题都可以外化为关系中的问题,如争吵、不信任、生气等。但对于因性侵或暴力问题来就诊的来访者,要避免使用外化策略,以免使来访者觉得侵犯者不应为他们的行为负责,加剧来访者的问题。

#### 4. 家谱图

家庭治疗开始之初,治疗师常用家谱图来了解家庭的历史和情绪信息,帮助改变家庭成员的认知。所谓家谱图,是指用图示来表征家庭的历史,涵盖家庭的代际情况和所经历的重大事件情况。为了建构一个家谱图,治疗师需要在来访者面前回溯家庭的整个历史,包括了新生婴儿的诞生、家庭成员的死亡、结婚、离婚等以及相关的时间点。通过家谱图,来访者可以发现他们尚未发现的一些内容。例如,家庭成员发现自己与祖父母生活的时间比与父母生活的时间要长,父母离婚的时间要比自己想象的长很多等。因此,完成家谱图可以帮助家庭成员重新建立家庭关系,促使他们寻求重要的信息来重新建构对自我的认知。

#### 5. 正常化

正常化是重构的一种,是将家庭问题重新解释为家庭的正常经历,撕掉"问题"家庭的标签。正常化要以治疗师所掌握的家庭常见行为为基础,以便确切理解正常和异常,进而清晰地认识来访者的问题是家庭在某一个阶段必然出现的现象,并将这一问题正常化。正常化的目的是帮助来访者或家庭认识到当前问题是普遍存在的,也是无可避免的,从而缓解其焦虑、自责等症状。此外,也可以拓展来访家庭对问题的再认识,重新评价自身问题,促使其改变。例如,将一个 13 岁孩子的冲动行为解释为"青少年时期常见的行为"有助于缓解父母的压力,帮助其重新认识孩子的行为。正常化技术主要用于处理发展性问题、普遍存在的问题或来访者/家庭情绪极为激动等情境。

#### 6. 家庭雕塑

家庭雕塑是萨提亚家庭治疗的常用技术,即利用空间、时间、距离、姿态等非语言形式重现家庭成员的互动形式和权利结构,以改变家庭认知。该方法类似于雕塑过程,治疗师让家庭中的一位成员扮演"雕塑家",然后遵从自己的意愿放置家庭中其他成员的位置,在这个过程中家庭成员不允许交谈,最后雕塑出来的场景就是"雕塑家"心目中的家庭互动模式。类似地,可以让家庭成员逐次轮换扮演"雕塑家"。通过这种方式,家庭成员可以明确了解自己对家庭互动模式的认知,并在此基础上做有益的改变。

#### 7. 面质

为改变家庭成员的某些认知,治疗师可使用面质技术,即直接向家庭指出其旧互动模式的无效性以及家庭互动中存在的问题,挑战其有关观念。面质常用策略提问或反思性提问来实现,如"你认为,在我们今天的第一次会谈中,应该对你的问题做些什么呢?"面质有时会给家庭带来不适,此时治疗师要找准时机,转向已改变的行为,例如,如果来访者在回答上述问题时表现出很痛苦,治疗师可以转而问其"是否愿意谈谈在上几次的咨询中,你为什么乐意与家人分享内心的想法?"其实,当治疗师准备邀请家庭其他成员加入治疗以促发行为改变时,他就已经开始挑战现状了。可以说,面质是改变的重要因素之一。

通过对家庭治疗基本技术的介绍可以发现,家庭治疗途径具有很大的灵活性,同一种技术可以服务于不同的目的,不同技术也可能服务于同一种目的。治疗师在应用具体技术时,应该对自己、来访者及家庭有明确的认识,根据具体问题选择恰当的技术。这要求治疗师不仅要深谙各种技术,而且要增加对来访者的了解,与来访者及其家庭建立良好的治疗关系。

# 第四节　家庭治疗评价

在心理咨询与治疗领域，家庭治疗是对个体心理治疗在理论和方法上的一次革命，它从整体观和系统观出发，致力于分析、调整和改变家庭关系以达到心理治疗的目的，这为心理治疗开辟出了崭新的视角，也为有效地解决心理问题提供了更多的方法供选择。目前，家庭治疗的影响已经渗透到教育、医学、社会工作等领域。总体来说，家庭治疗具有以下两方面优点：

第一，家庭治疗强调系统的功能，认为家庭主要通过探索其内在的、发展的和有目的的互动模式发挥其功能。同时，家庭功能的发挥也受其所在环境、文化以及其他系统的影响。一旦这些因素发生变化，个体和家庭也必然会出现变化。因此，嵌套在家庭系统中的个体的问题并不能简单地归于他们自己，个体也不是问题的"替罪羊"。家庭治疗不会将问题简单地归咎于有问题的个人，家庭有机会来审视其内部的互动模式，家庭成员可以共同协作寻找问题的解决方法。

另一方面，家庭治疗强调人际互动的功能，认为人们的问题出在互动模式上，而不是将其问题看作是纯粹的障碍。因此，家庭治疗反对给来访者贴标签，而是利用各种技术和手段改变来访者对问题的看法，将他们的注意转移到无症状的时间和空间上，促进个体行为和家庭互动模式的改变①。

家庭治疗与其他疗法类似也具有一定的局限性，主要体现在以下几方面：

第一，家庭治疗过于关注系统，缺少对个体情绪的关注。家庭治疗认为家庭是一个系统，它的结构、形态和互动模式影响着个体的行为，因此个体的问题源自家庭系统互动问题。在整个家庭治疗的话语中，充斥着互动关系、反馈、家庭功能等，这就类似把家庭看作一台机器，忽视了家庭是由鲜活的、情感丰富的个体所组成的，个体的情绪情感也可能影响这个家庭系统，甚至也会影响其治疗的效果。

第二，在家庭治疗中，治疗师难以实现中立。治疗师由于其自身的经验和认识，很难独立于问题家庭而建构对问题的认识，因此在理解家庭问题的过程中可能会带有自己的主观色彩。此外，治疗师对不同家庭成员的认同程度和亲和性可能存在差异，从而对某些家庭成员更加偏袒，对另一些成员更加严苛②。

第三，家庭治疗对治疗师提出了更高的要求。家庭治疗的对象是家庭系统，需要对系统中的每个成员及其互动进行关注，并能准确把握互动背后的意义。在现实的咨询和治疗中，这很难做到。这个矛盾贯穿在整个家庭治疗过程中，对家庭治疗师提出了更高的技术要求。

第四，家庭治疗的文化适应性没有得到有效检验。当前，家庭治疗的主阵地依旧是以美国为主的西方国家，诞生于西方文化的家庭治疗倾向于将西方的家庭模式概化到非西方文化背景下，认为家庭治疗应该聚焦于核心家庭，主要关注夫妻之间、母子之间、父子之间以及父母双方与孩子之间的互动对个体心理与行为问题的影响。然而在不同的文化背景下，家

---

① 姚树桥,傅文青,唐秋萍,等.临床心理学.2版.北京:中国人民大学出版社,2018.
② 盛晓春."中立"原则在系统式家庭治疗中的临床应用.德国医学,2000,17(4):208-209.

庭的结构、互动模式、交流风格等都存在差异,这就要求家庭治疗师重新认识他们的理论和技术。此外,对于非核心的大家庭而言,其组成系统的要素更多、系统的内在互动模式更加复杂,家庭治疗在缓解其个体心理与行为问题时就显得力不从心。

## 思考题

1. 什么是家庭治疗?它与个体心理咨询的差异在哪里?
2. 家庭治疗的系统理论主要包括哪些内容?
3. 家庭治疗包括了哪些常见的技术?

## 小组活动

1. 在我们的成长过程中,常常会发现父母总是为一些鸡毛蒜皮的小事争吵不休。有时,又会因此而互不理睬。如果下次父母再为小事争吵,你如何来应对呢?如果他们互不理睬,你又如何应对呢?

2. 对于处在恋爱中的你而言,如果你与对方发生了矛盾,你该如何处置呢?如果若干年后,你依旧是单身族,那么你如何处理来自岁月、家庭、亲友、同事的压力呢?

第十二章 **折衷心理咨询**

## ■学习要点

> 了解折衷心理咨询产生的原因、发展的历史和现状,理解不同方法融会贯通、取长补短的重要性。能在折衷心理咨询理论指导下,结合几个主要流派解决一些心理问题。

在现代心理咨询领域,某种咨询理论占主导地位的情况已不复存在。越来越多的心理学家和咨询师开始根据不同的实际情况和需要,采用多种咨询方法,而不拘泥于某种固定的理论,出现了一种"整合(折衷)主义"的趋势。

## 第一节 折衷心理咨询的产生

### 一、折衷心理咨询的产生背景

折衷心理咨询,顾名思义指的是针对来访者当时的实际情况,运用各种心理学方法,从中选取一种或几种最适用或最有效的心理咨询方法进行咨询[①]。它并非是一种独立的心理学派或理论体系,而是兼采各个学派理论和方法体系中的某些部分,整合成一个综合性的整体,以提高心理咨询效果。除此之外,折衷还包含其他三方面的含义,一是结合情感、认知、行为以及生理等角度整体地看人,二是结合咨询师职业自我和个人自我使咨询师保持人格的完整性,三是结合研究和实践,把最新研究成果应用于咨询工作[②]。

折衷心理咨询的产生有其一定的背景。随着心理咨询的发展,理论和方法越来越多,1959 年,哈珀(Haper)认为有 36 种理论,1976 年,帕洛夫(Parloff)认为有 130 种疗法,1986

---

① 《心理学百科全书》编辑委员会. 心理学百科全书. 杭州:浙江教育出版社,1999:1512.
② 玛丽亚·吉尔伯特,瓦尼娅·奥兰斯. 整合疗法:100 个关键点与技巧. 马敏,余小霞,译. 北京:化学工业出版社,2017:18.

年,卡拉瑟(Karasu)报告有400种以上的流派①。但每一种理论都有自己的弱点,如精神分析的疗效不稳定,疗程长,费用高;行为疗法有些支离破碎,过分注重目标行为,缺乏对深层次原因的探索;来访者中心疗法过于理想化,重情轻理;理性情绪疗法重视认知因素,虽包容了行为和情感因素,但仍显得简单化和常识化,且过于强调个人的责任和主观力量,忽视外在的客观因素的作用,对解决复杂的问题无能为力;等等。

在实践中,咨询师们也越来越认识到,人的心理问题是综合性的,多方面的,完全与某种理论吻合的典型来访者并不多。因此,固守一种理论,难免有"一叶障目,不见泰山"之谬。而针对影响效果的因素进行研究表明,不同方法中有一些是共同的因素导致了咨询效果,如良好的咨访关系、矫正的情感体验、现实的认知把握和有效的行为调节等。与此同时,医学理论也向"生物—心理—社会"整合模式发展,强调各种因素对人的健康的影响,推崇综合治疗方法。这些都是催生折衷心理咨询产生的背景因素。

诺克罗斯和纽曼(Norcross,Newman,1992)总结了促进折衷心理咨询产生的8个相互作用的因素,它们分别是②:

(1)各种不同的心理咨询理论和技术大量涌现。

(2)在咨询效果上,没有一种或一组方法能明显优于其他方法。

(3)任何一种理论都无法充分解释和预言心理问题、人格和行为变化的原因。

(4)现有心理咨询方法的缺点在实践中不断被发现,其负面作用受到越来越多的关注。

(5)心理咨询师与心理学家之间的交流不断增多,从而为各种心理咨询方法提供了更多的试验机会。

(6)传统的心理咨询是一个长期的过程,但现实生活中,他人有限的社会经济支持限制了心理咨询的进行。与此同时,社会不断要求所有的技术都具有明确而可靠的效用。

(7)有助于心理咨询各种共同因素的确认。

(8)致力于折衷心理咨询探讨和研究的各种专业组织、网络、会议和学术期刊的创立和发展。

有鉴于此,从20世纪70年代起有越来越多的咨询师采用了折衷心理咨询,以期提高效果,缩短咨询时间。

## 二、折衷心理咨询的产生

在折衷主义的产生过程中,对"折衷"(eclecticism)的理解有所不同。有人认为,它太过关注集体的专业技术,不易理解和掌握,因而主张用"整合"(integrationism)取代之。也有人认为"折衷理论"与"整合理论"存在差异,"折衷"主要指技术的选择,而"整合"则更侧重理论的融合,它们相互之间又有重合(图12.1)③。还有人认为,折衷主义有三种表现形式:第一,技术折衷主义,以一种基本理论为框架,吸收兼容其他技术和方法;第二,综合折衷主义,对

---

① 钱名怡. 心理咨询与心理治疗. 北京:北京大学出版社,2006:275.

② Norcross J C, Newman C. Psychotherapy integration: Setting the context//Stricker G, Gold J R. Psychotherapy integration: An assimilative, psychodynamic approach. http://www.cyberpsych.org/sepi/stricker.htm,2004-04-16.

③ Hollanders H. Eclecticism and integration in counseling: implications for training. British Journal of Guidance & Counselling,1999,27(4):484.

多种理论进行整合,或依据共同因素整合不同理论和方法;第三,非理论折衷主义,不先框定某一理论,依据来访者具体问题灵活采取某种或多种理论和方法。

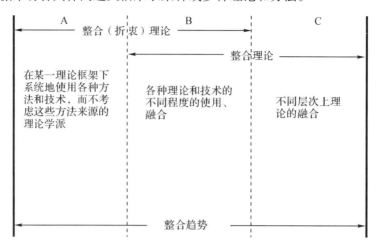

图 12.1　折衷与整合的含义

在本书中,我们取折衷与整合为同义之说。

最早进行这一尝试的是伊斯克朗迪(Ischlondy,1930)①,随后,弗伦奇(French)等发展了他的研究,试图把巴甫洛夫条件反射理论与精神分析的某些概念联系起来,他们谈到的某些心理防御机制就是以学习原理为基础的。20 世纪 30 年代初,伍德沃斯(Woodworth)也指出,没有任何一个心理咨询与治疗的理论及学说,可以解决所有的问题,满足所有的需要,他认为只有走整合的路线才算是符合科学的。自 50 年代开始,心理学界出现了一股寻找所有心理疗法的共同影响因素的潮流。虽然这股潮流的目的并非是理论的整合或转化,但在客观上,它却打破了各种具体理论之间的界限,推动了折衷心理咨询的发展。索恩(Thorne)是正式的折衷理论的创始人,对心理咨询折衷取向的发展有着重要的影响。他在 1950 年出版了《个别咨询原理:一个折衷的观点》(*The Principle of Individual Counseling:A Eclectic View*)一书,首次采用"折衷"一词。他认为没有一种学说是完美无缺的,需要彼此结合,取长补短。但当时,折衷取向并不为大多数心理学家和咨询师认可,被认为是不成熟的产物,经受了大量的争论和批评。怀尔特曼(Wildman et al.,1967)②还曾把折衷主义的流行归结为"心理学家无法成功地构建一种综合有效的理论方法"的结果。

到了 70 年代这一情况有了很大的改观。折衷主义被越来越多的咨询师所接受,并在实践中得到广泛应用。加菲尔德和库兹(Garfield,Kurtz,1974)③对 855 名心理咨询专家进行了问卷调查,发现有 55% 的被调查者认为自己的理论取向是折衷的,另有 11% 的人选择精神分析取向,10% 的人选择行为主义理论。80 年代初,斯密史(Smith)调查了 422 名美国心

① Ischlondy N E. Neuropsyche und hirnride: Physiologische grundlagen der tiefenpsychologie unter besonder berucksichting der psychoanalyse. Berlin: Urban und Schwarzenberg,1930.

② Wildman R W,Wildman R W Ⅱ. The practice of clinical psychology in the United Stated. Journal of Clinical Psuchology,1967,23(3):292-295.

③ Garfield S L,Kurtz R. A survey of clinical psychologists: Characteristics,activities and orientations. The Clinical Psychologist,1974,28(1):7-10.

理咨询和治疗专家,其中98％的人认为折衷主义将会成为咨询和治疗理论的发展方向。在美国约有1/3～1/2的心理咨询专家认为自己是折衷主义者。90年代,扬格和菲勒(Young,Feiler)调查了100名咨询者和100名咨询教育工作者,发现采纳两种以上理论立场的被调查者占75％以上①。

与折衷主义的快速发展相对应的是,许多学科交叉组织也相继成立,如整合心理治疗探索协会、美国国家心理健康研究院下属的整合心理治疗研究室。以折衷主义为核心的期刊也陆续出版,如《整合和折衷心理治疗期刊》(*Journal of Integration and Eclectic Psychotherapy*)。1992年,诺克罗斯和戈德弗里德(Goldfried)出版了《整合心理治疗手册》(*Handbook of Psychotherapy Integration*),随后斯特里克和戈尔德(Stricker,Gold,1993)出版了《整合心理治疗综合手册》(*Comprehensive Handbook of Psychotherapy Integration*)。这两本手册概述了折衷心理咨询发展的历程、主要贡献,介绍了大量方法和技巧,标志着折衷心理咨询的成熟。

# 第二节　折衷心理咨询的基本理论

折衷心理咨询发展至今,并未形成一个统一的体系。折衷心理咨询专家在咨询过程中所选用和整合的理论各不相同,有各种不同的折衷体系。加菲尔德和库兹(Garfield,Kurtz,1977)调查了154名自称是折衷主义者的心理咨询师②。调查结果显示,他们对折衷主义的理解大不相同,其中47％的咨询师认为折衷主义指的是使用任何一种适合来访者的理论或方法,针对来访者或问题选择咨询程序,13％的人支持在咨询中使用或结合两到三种理论的观点。诺克罗斯和普罗切斯卡(Norcross,Prochaska,1988)进行了一次类似的调查比较,调查结果与之相似③。两个调查结果比较见表12.1。

表 12.1　各种类型的折衷观点

| 类　　型 | 加菲尔德和库兹<br>(1977)(％) | 诺克罗斯和普罗切斯卡<br>(1988)(％) |
|---|---|---|
| 使用任何一种适合来访者的理论或方法,针对来访者或问题选择咨询程序 | 47 | 34 |
| 在咨询中使用或结合2到3种理论 | 13 | 18 |
| 融合各种理论或理论的各个方面 | 14 | 21 |
| 没有全面的理论——某些理论适用于某些目标 | 6 | 13 |
| 其　　他 | 20 | 14 |

① 孔德生,付桂芳,郑崇辉. 折衷整合心理咨询理论与实践探索. 学术交流,2003,106(1):149-153.

② Garfield S L, Kurtz R. A study of eclectic views. Journal of Counseling and Clinical Psychology,1997,45(1):78-83.

③ Norcross J C, Prochaska J C. A study of (and Integrative) views revisited. Professional Psychology:Research and Practice,1988,19(2):170-174.

在目前的折衷主义领域中,公认的主要存在三种折衷类型,分别是:技术折衷、共同因素、理论整合。这三种折衷类型的出发点和侧重点各不相同。

## 一、技术折衷

技术折衷是指以一种基本的理论体系为框架,根据来访者的具体情况,融合、吸收其他理论学派中最好的和最有用的方法来咨询的折衷类型。与理论整合不同,它不需要重新创造新的或更高层次的理论。在三种折衷类型中它被认为是最有系统的。采用技术折衷主义的咨询师在咨询之前,首先要对来访者进行综合评价,通过评价找出来访者的问题所在,然后谨慎地从两种或几种心理咨询理论中选择合适的方法和技术,进行折衷、融合,继而系统连贯地进行咨询。

技术折衷一般分为两种方式:第一种方式认为,在折衷的过程中,需进行一定的理论技术结合,融合理论间的冲突之处,在可预见的咨询效果上进行技术的结合。拉扎勒斯(Lazarus)的"多重疗法"(multimodal therapy)便是这一方式的典型代表。这一方法吸收了多种咨询理论和方法技术,系统有序,自成一体,被许多心理咨询师所选用。具体的咨询理论和方法我们将在下一节做详细介绍。

另一种技术折衷方式主张,为不同的问题或来访者指定匹配最佳的疗法或技术,而无需在一次咨询中结合多种技术。这种方式也被称为说明性匹配(prescriptive matching)或选择性折衷主义。它要求咨询师在咨询前弄清楚:哪种类型的方法最适合哪种类型的来访者。

## 二、共同因素

共同因素理论试图从所有有效的方法中辨认提取有效的共同因素或核心特征。与侧重不同理论间融合的理论整合方法和侧重多种技术应用的技术折衷主义相比,共同因素理论更注重于寻求不同疗法间的核心因素,并在这些核心因素的基础上发展更有效的方法。

自20世纪初开始,心理咨询理论获得了迅速的发展。弗洛伊德以自由联想、移情、释梦等技术创立了精神分析法。随后以巴甫洛夫的条件反射理论和斯金纳的操作条件反射理论为基础的行为学派迅速发展,他们运用各种行为咨询方法对神经症和多种生理心理疾病进行咨询,取得了良好效果。20世纪40年代后,以罗杰斯等人为代表的人本主义学派提出了以人为中心的方法,强调人有自我实现的潜能,重视良好的咨访关系,使来访者的潜能在良好的咨访关系中得到充分发挥。在对不同咨询理论实际效果的比较研究中,研究者发现:在各种理论流派中,并没有某一种理论明显优于其他理论;对于一个具体的问题,许多不同的咨询方法都能起到良好的效果。这一现象使许多研究者感到困惑,因为一直以来人们都认为各个理论流派是互不相同的,各种理论的出发点、咨询策略都相异,所以每种方法只能在有限的范围内有效,超出了这个范围则无效或收效甚微。但事实并非如此,因此一些研究者开始设想是否在各个理论流派之间存在着某些尚未人知的一般因素,是它们在咨询过程中真正起到了有效的作用。为了验证这一设想,许多研究者开始了对共同因素的探索。

对共同因素的研究最早可以追溯到20世纪30年代。1936年,罗森茨韦格(Rosenzweig)

提出了在不同理论和方法间可能存在着共同因素的设想。罗森茨韦格认为很可能正是这些共同因素最终起到了咨询效果。他提出了著名的"渡渡鸟"定论:"每个人都赢了,都必须得到奖励。"①(此结论引自"爱丽思梦游仙境")无论各种咨询技术之间的差异有多大,它们的咨询结果可能是相同的。当时,他认为可能存在的共同因素有心理解释(psychological interpretation)、疏泄(catharsis)、咨询师的人格影响(counselor's personality)。为探索各咨询理论间的共同点,40年代初研究者们还专门召开了一次会议,与会者分别来自不同的理论流派。据华生(Watson)的报道,当时会议一致认为成功的心理咨询包含的共同因素有心理分析、领悟、行为矫正、良好的咨访关系、咨询师的人格影响。到了80年代,寻求各种方法之间的共同因素成为当时最重要的发展趋势之一。

在研究共同因素的过程中,不同的研究者受自身理论流派和咨询经验的影响,对共同因素的认识并不相同。如有的研究者认为,在所有的心理咨询中只存在一种共同因素,而另一些研究人员则提出,共同因素应包括来访者的性格、改变的过程、咨询结构等20余种。戈德弗里德和帕德瓦(Goldfried,Padawer,1982)②在分析总结多种有关共同因素的研究之后,提出了五条存在于各种心理咨询中的共同原理,它们是:

(1)来访者对咨询会有助益的期望;

(2)咨访关系;

(3)对个人自己和世界获得一种外来的视角(意即来访者从咨询者或其他人那里了解到别人是怎样看待他和这个世界的);

(4)矫正经验;

(5)不断地进行现实检验。

弗兰克(Frank)是共同因素研究中最具代表性的人物之一。他的关于心理治疗共同性的研究对共同因素理论的发展有着十分重要的意义。他认为,心理咨询的共同性主要体现在三个方面,分别是:①来访者心理痛苦的共同性;②各种咨询的共有特征;③各种咨询原理和方法的共同的咨询功能。其中,各种咨询共有的功能主要有:激起和维持来访者的获助期望;疏泄来访者的情绪;提供新的学习经验;增强来访者的自我效能感;提供机会,使来访者能够内化并维持咨询效果。下面我们将结合弗兰克的研究以及其他学者的看法对部分主要的共同因素进行讨论。

### (一)咨访关系

大多数共同因素研究者认为来访者与咨询师之间的关系是心理咨询成功与否的主要因素之一。格伦卡维奇和诺克罗斯(Grencavage,Norcross,1990)调查了所有现存的有关共同因素的研究,结果发现咨询关系或治疗联盟是文献中出现频率最高的因素③。很显然,在来访者与咨询师之间建立良好的关系,相互信任,坦诚沟通,有利于来访者敞开心扉,一吐真言,积极配合咨询,也利于咨询师更快更准确地把握问题,找到咨询方案。实验研究也对咨

---

①　Rosenzweig S. Some implicit common factors in diverse methods of psychotherapy. American Journal of Orthopsychiatry,1936,6,412-415.

②　Goldfried M R,Padawer W. Current status and future directions in psychotherapy//Goldfried M R. Converging thems in psychotherapy. New York:Springer,1982.

③　Grencavage L M,Norcross J C. Where are the commonalities among the therapeutic commom factors? Professional Psychology:Research and Practice,1990,21(5):375.

询关系的作用提供了有力的支持。霍瓦斯和西蒙兹(Horvath,Symonds,1991)的研究表明,一种可靠的积极的咨询关系(联盟)贯穿在所有形式的咨询中①。

**(二)提供一套理论解释**

咨询师能够为来访者提供一套理论解释,说明来访者问题的起因,并提供解决问题的方案或办法。这套理论解释的关键是能使来访者接受和信服,无论它是来自精神分析理论、行为主义理论还是其他理论。早在 20 世纪 30 年代,罗森茨韦格就把提供一套理论解释作为心理咨询的共同因素之一,他观察到提供的理论解释不必一定是"正确的"或是真理,只要来访者能够接受或理解就可。"如果精神失调意味着个性因素的冲突,那么通过系统的方法调和这些因素,就能得到成功的咨询结果,无须顾及到底使用了什么理论。"弗兰克在罗森茨韦格的基础上又进了一步,除了解释之外还提供解决问题的方案,以减轻来访者的痛苦。

**(三)为来访者提供疏泄的机会**

为来访者提供情绪疏泄的机会是所有心理咨询共有的特点。大多数来接受心理咨询的人往往在现实生活中感到自卑、无助、压抑或是沮丧等。他们或是无人可以倾诉自己的问题,或是自身的问题难以启齿,因而选择了心理咨询这一方式。在一个相对安全、受到关注的环境里,他们能放心地将自己的问题暴露出来,宣泄自己的情绪。许多来访者在接受首次心理咨询之后,往往都会感到如释重负,心情也舒畅了很多。有不少咨询师特别致力于来访者情绪的疏泄,把它作为咨询的中心。但是情绪的疏泄对来访者态度的改变、咨询效果的好坏的影响是有限的,维持的时间也不长,因而咨询师应及时把握好情绪疏泄的作用,与认知学习相结合,使来访者在咨询过程中能体验到新的情绪,领悟到产生这种情绪的原因,从而始终对咨询充满信心。

**(四)对咨询效果的期望**

来访者都抱着某种期望的,希望咨询师能帮助解决自己的问题。这种积极的期望对咨询过程和效果有十分重要的意义。弗兰克及其同事曾测验过心理咨询中期望的作用,他们发现在预定的咨询时间里(尚未开始咨询)和真正的咨询时间里,来访者的情况都得到了改善。显然,第一种情况的改善与来访者对咨询的期望有十分密切的联系。由此引出了安慰剂效应,即并不真正使用某些咨询手段,而使来访者相信他们得到了所谓的咨询,从而达到咨询效果。

在整个咨询过程中,咨询师要关注来访者对期望的保持,尤其是在咨询之初,许多来访者抱着一种试一试的心态来接受咨询,若咨询能激发他们的信心,就能为咨询增加动力,使随后的咨询更为顺利;否则,来访者可能谈一次就放弃了。

## 三、理论整合

第三种折衷主义类型是理论整合,也被认为是最复杂和最重要的一种折衷方式。它主要指将不同的理论结合在一起,以建立一个更高层次或跨理论的理论框架。这种整合后的

---

① Horvath A O,Symonds B D. Relation between working alliance and outcome in psychotherapy:A meta-analysis. Journal of Counseling and Clinical Psychology,1991,38(2):139-149.

理论可以利用每个组成部分的优势。心理学家们选择理论整合的原因是多方面的，其中很重要的一个因素是他们在咨询实践中发觉一种咨询理论无法解释或预测所有的心理问题，而他们又必须为来访者选择最合适的咨询方法，因而不约而同地考虑到了理论的整合。当越来越多的咨询师在使用一种理论的同时加入其他理论成分，并运用它去解决心理问题时，就促进了各理论之间的融合。

**（一）理论整合取向**

在咨询过程中，不同的心理咨询师选择的理论整合方式和内容各不相同。加菲尔德于1982年的调查显示，145名折衷心理学家采用了32种不同的理论折衷方式。理论整合的方式和内容不仅与心理学家的喜好有关，还会随着时代的改变而改变。例如，20世纪70年代流行精神分析理论与行为主义理论的整合，到了80年代则流行精神分析理论、人本主义理论和行为主义理论的整合。表12.2列出了10种常见的两种理论间的整合，但在实际咨询中，咨询师可能把3种或者更多种方法整合在一起。

表 12.2　咨询中常见的理论整合取向①

| 整　　合 | 1986 | | 1976 | |
|---|---|---|---|---|
| | % | 排序 | % | 排序 |
| 认知疗法和行为疗法 | 12 | 1 | 5 | 4 |
| 人本主义疗法和认知疗法 | 11 | 2 | NR | |
| 精神分析和认知疗法 | 10 | 3 | NR | |
| 行为疗法和人本主义疗法 | 8 | 4 | 11 | 3 |
| 人际的治疗和人本主义疗法 | 8 | 4 | 3 | 6 |
| 人本主义疗法和系统的方法 | 6 | 6 | NR | |
| 精神分析和人际的治疗 | 5 | 4 | NR | |
| 系统的方法和行为疗法 | 5 | 4 | NR | |
| 行为疗法和精神分析 | 4 | 9 | 25 | 1 |
| 系统的方法和精神分析 | 4 | 9 | NR | |

注：精神分析法包括新弗洛伊德学说；人本主义疗法包括罗杰斯疗法、格式塔疗法和存在主义疗法；认知疗法包括理性情绪疗法。NR：not reported。

**（二）精神分析与行为疗法的整合**

精神分析与行为疗法之间的整合经历了很长的时间。20世纪50年代，多拉德和米勒（Dollard，Miller）撰写了《人格和心理治疗》（*Personality and Psychotherapy*）一书，把心理分析的理论概念改造为使用赫尔（Hull）的学习理论的术语来表达。同时，他们还介绍了多种在今天看来很常见的认知行为疗法和整合疗法，诸如角色扮演等。这些研究和尝试为行为疗法与精神分析法的整合奠定了基础。

在精神分析法与行为疗法的整合过程中，瓦赫特尔（Wachtel）的研究十分重要，他将心理动力学和行为疗法相整合，成为一种独特的相互作用的理论，称为循环心理动力学

---

① Norcross J C,Prochaska J O. A study of (and Integrative) views revisited. Professional Psychology：Research and Practice,1988,19(2)：170-174.

(cyclical psychodynamics)。在咨询过程中,瓦赫特尔不仅要在技术上帮助来访者改变行为,使用放松、脱敏等行为疗法改善来访者的状态,而且要在理论上让来访者明白产生问题的原因,理解过去和现在的潜意识的矛盾。潜意识矛盾会引起行为,也就是现在的行为结果。这样,他通过精神分析和行为疗法的相关作用来达到治疗的目的。

下面是一个使用循环心理动力学方法进行咨询的例子①。

**例 1**

A,40 多岁,有慢性的抑郁和严重的心理生理障碍。在咨询一开始,朱迪和咨询师一起检验了她的内部心理矛盾——→行为——→内部心理矛盾——→行为循环(心理矛盾如何引起行为问题,行为问题又如何引起心理矛盾)以及朱迪的焦虑和动机。逐渐地朱迪明白了别人是怎么剥削自己的,自己对这剥削多么愤怒,又如何出现了无助感。探索了心理动力学问题,如父母的接触,帮助朱迪把过去的行为和现在的行为结合在一起了。这时,咨询师整合行为治疗和心理动力学方法打破了这个心理行为循环。

这种干预的目标是打破朱迪的顺从、自我剥夺和愤怒的恶性循环。第一个干预是动力学观察和系统脱敏方法的整合。咨询师问朱迪是不是可以想象她可以对丈夫和朋友说出她的愤怒和不满。朱迪逐渐由一种害羞的态度转变为可以想象强烈地表达自己的不满。当朱迪变得很容易做这个想象后,她自发地获得了对自己的焦虑和愤怒的洞察,获得了对一些影响她行为的潜意识因素的洞察。她说自己想象自己在吓唬别人,对象征出的自己的力量感到愉快。她照顾别人的行为也给她一种力量感,潜意识激起了幻想,幻想自己比自己照顾的人更有力量。

### (三)其他理论的整合

除了上面提到的精神分析与行为疗法的整合之外,其他理论也出现了整合趋势。例如,认知疗法在咨询过程中重视对行为疗法的借鉴,在谈话时采用微笑、点头、语言反应等方式给来访者以正强化。它们都强调详细评估的作用和实验的作用。咨询师在使用以人为中心的疗法时,经常整合存在主义方法。存在主义方法认为咨访关系在确定咨询是否成功上起着十分重要的作用。咨询师的作用是帮助来访者认识到现在的困境,帮助他创造更负责任、更有意义的存在。这些观点与来访者中心疗法是相一致的。盖丁(Gendin)在来访者中心疗法中理解许多固有的价值观时,利用了存在主义的成分。

但与以上整合趋势不同的是,仍有个别理论并未选择这个取向。如现实疗法,"现实治疗家利用一种八步模型帮助来访者去控制自己的生活,对自己的生活负责。虽然他们会利用一些行为技巧,如正强制力,但现实疗法的结构使从其他的治疗家那里获得整合的方法变得很困难。"②

---

① Sharf R S. 心理治疗与咨询的理论及案例. 胡佩诚,等译. 北京:中国轻工业出版社,2000:754.
② Sharf R S. 心理治疗与咨询的理论及案例. 胡佩诚,等译. 北京:中国轻工业出版社,2000:727.

# 第三节　折衷心理咨询方法

## 一、多重疗法

多重疗法是由拉扎勒斯(Lazarus)创立的,是"技术折衷"的代表性方法。拉扎勒斯早期是一位行为主义治疗师,深受班杜拉的社会学习理论的影响。随着治疗经验的丰富,拉扎勒斯觉得仅用一种理论去解释所有来访者的问题未必合适,可以广泛吸收来自各个理论的行之有效的技术和方法。他广泛吸收了认知理论、一般系统理论等,借鉴了来自各种理论的方法和技术,将这些理论和技术融合起来形成一种新的、系统的、有实效的咨询理论,也就是"多重疗法"。

之所以称为"多重疗法",是因为拉扎勒斯认为,人有 7 个层面体验自我和世界。这 7 种层面分别是行为、感受、感觉、意象、认知、人际关系、药物和生理。将各个层面的首字母缩写起来就是 BASIC I. D. 。拉扎勒斯认为,当一个人出现心理障碍时,很可能是他几个层面都出现了问题,极少可能只有一个层面出了问题。因此,多重咨询师的咨询目标就是在多个层面帮助来访者得到改善。例如,来访者患有广场恐怖症。如果是行为主义疗法,治疗师很可能使用系统脱敏法帮助来访者克服障碍就完了。而对多重咨询师来说,他不仅要帮助来访者克服障碍,还会多方面了解来访者在认知、人际关系等层面的情况,给予综合的咨询和帮助,使其各个层面相互协调,良性循环。

多重疗法有以下几个环节。

### (一)评估

在咨询之前首先要做的是评估,这也是多重疗法中十分重要的一个环节,并且不仅仅在咨询之初,整个咨询过程都贯穿着评估。咨询师需要及时掌握来访者各个层面的情况,确定现在进行的咨询方案、咨询技术是否有效,是否适合来访者。评估的方法主要是 BASIC I. D. 诊断法,评估来访者在 7 个层面的具体实际情况。

通过访谈,咨询师一般会对来访者的情况有个大概的了解。随后他会根据访谈内容列出 7 个层面的情况。咨询师会请来访者填写"多重生活史问卷"以了解来访者的看法。调查的内容包括来访者以前接受过的治疗,来访者对咨询的期望,哪种咨询风格比较适合、当前紧迫的问题是什么等。咨询师收集好以上这些信息之后就可以开始着手制订咨询方案了。

下面是一个 BASIC I. D. 的诊断例子①。

**例 2**

A 是一位家庭妇女,39 岁,她对目前循规蹈矩的生活不满意,常常感到压抑,有失眠、焦虑、心颤、肥胖等问题,生理检查结果正常。咨询师对她的问题进行了评估。

*行为:烦躁,避免眼光接触,说话快*

---

① Corey G. 心理咨询与心理治疗. 石林,程俊玲,译. 北京,中国轻工业出版社,2000：239-241.

睡眠状态不良

　　　　有易哭的倾向

　　　　暴食

　　　　各种逃避行为

感受:焦虑

　　　恐慌

　　　消沉

　　　害怕批评与拒绝

　　　宗教罪恶痛苦感

　　　受骗感

　　　自我放弃

感觉:晕眩

　　　心悸

　　　疲劳和厌烦

　　　常头痛

　　　倾向于否认、拒绝或抑制自己的性欲

意象:持续从父母处接收到负面信息

　　　对地狱火和硫黄的残余想象

　　　不良的身材想象及自我想象

　　　认为自己人老色衰

　　　没法想象扮演某一职业角色

认知:自我认同问题(我是谁? 我做什么?)

　　　担忧的想法(死亡与濒死)

　　　怀疑自己的职业能否成功

　　　有(应该、应当、必须)绝对信念

　　　自我贬低

人际关系:优柔寡断(尤其是舍己让人的情况)

　　　　　不断提高对家庭的责任感

　　　　　仅以相夫教子为乐

　　　　　同孩子相处不和谐

　　　　　与丈夫的关系不佳(又怕失去他)

　　　　　要求治疗者给予指导

　　　　　仍征求父母的赞同

药物和生理:身体超重

　　　　　　缺乏运动计划

　　　　　　有各种身体疼痛感,但是医疗检查并未发现器质性疾病

### (二)咨询过程

全面了解来访者各方面情况之后,咨询师就可以开始制订咨询方案,选择咨询技术。多重疗法强调根据具体情况,选择最合适的咨询方法,取得最佳的咨询效果,并没有一个固定的咨询模式。咨询师可以根据需要选择他认为有效的技术和方法。与此同时,多重疗法还主张对行为、感受、感觉、意象等方面进行综合干预。当然,这个干预是有重点的、有选择性的,并不是对 7 个方面的所有问题都一一干预。

评估始终贯穿在咨询过程中,咨询师会选择一个问题进行深入分析。这有助于咨询师时时判断咨询方法是否合适、有效,一旦出现问题可及时更改。

### (三)咨询技术和方法

多重疗法的技术和方法十分丰富,这是由它本身的理论基础决定的。只要有必要,多重咨询师可以选择任何经证明是有效的方法。拉扎勒斯在《多重疗法实践》一书中罗列了 39 种常用的技术和方法。

多重疗法从不同的流派中吸收了大量的技术和方法。拉扎勒斯有行为主义的背景,因此多重疗法吸收了大量行为主义的疗法,诸如系统脱敏法、放松技术等。例如,在上面这位家庭妇女案例中,经 BASIC I. D. 诊断之后,咨询师可以采用放松技术改善她烦躁、紧张、焦虑的状态。同时咨询师还可以与她一起制订一些咨询计划,要求她三餐合理饮食、坚持做运动,或是参加一些减肥锻炼。

为解决认知层面和意象层面的问题,多重疗法从合理情绪行为疗法和认知疗法中吸收了很多方法,以帮助来访者了解和纠正认知歪曲和非理性信念。如在上一个例子中,来访者在认知层面上有"我应当是个好妻子,我应当是个好母亲,我必须把家庭照顾好"等绝对信念,这给来访者带来了巨大的压力和束缚,以至于始终困在家庭中,不敢走出来。咨询师可以运用合理情绪行为疗法中的认知技术,帮助她创立一些合理的应对陈述:我是一个好妻子、好母亲,同时我也有权利照顾好自己。这些合理信念的建立可以帮助她从困扰中走出来。在《多重疗法实践》这本书中约有 25% 的咨询技术是涉及认知的。

多重疗法还从格式塔疗法中借鉴了许多方法,如角色扮演、空椅技术,以干预感受、意象层面的问题。

除了从其他理论中借鉴吸收方法外,多重疗法还独创了一些咨询技术,如时间投射技术和荒岛幻想技术。时间投射技术是指让来访者针对某一特定问题,想象过去或未来的情景,在想象中加入积极成分,以改善他的现实状态。荒岛幻想技术是指将来访者放到荒岛上,他会怎么样? 要求来访者充分发挥他的想象。通过对来访者想象的分析,可以了解他的想象、感受和人际关系层面的情况。除此之外,多重咨询师还创造了许多其他的咨询技术,如音乐疗法、艺术疗法等。

使用多重疗法要求咨询师具有丰富的理论知识,熟悉和了解各种咨询技术和方法。同时还必须具有评估的能力、选择和综合的能力、灵活应变的能力,这些都对咨询师提出了较高的要求。

## 二、同化心理动力学方法

同化心理动力学方法(an assimilative, psychodynamic approach)是由戈尔德和斯特里

克(Gold,Stricker,1993)两人创立的,较多重疗法出现晚,属于整合理论这一折衷类型。此方法的理论主要来自个性结构和心理变化等心理动力学理论的综合,在咨询技术上,赞同从其他咨询体系中借鉴咨询手段和干预措施。之所以称它为同化的方法,是因为它将从其他咨询理论中吸收进来的方法和技术融入一个理论结构中去,从而同化为一个整体。

戈尔德和斯特里克受到瓦赫特尔的循环心理动力学方法、赖尔(Ryle,1990)的认知—分析方法(cognitive-analytic therapy)和安德鲁斯(Andrew,1993)的活跃自我模型(active self model)的影响,于1993年提出了"个性结构和变化的三层次模型"(a "three tier" model of personality structure and change),随后又对模型进行了加工完善。同化心理动力学方法正是在这一理论模型上建立起来的。三层次指的是:外显的行为(第一个层次);有意识的认知、喜好、理解和感觉(第二个层次);无意识的心理过程、动机、矛盾、意象和重要他人的表征等(第三个层次)。这三个层次三位一体。与传统的忽视行为和有意识经验的精神分析不同,同化心理动力学理论认为行为和有意识的经验与潜意识一样,对人的心理有着十分重要的影响。心理变化可在任何一个层次发生,而不仅仅局限于无意识的冲突或动机。

在咨询技术方面,同化心理动力学主张,可以根据需要从其他咨询体系中借鉴一种或多种干预技术。所选择的技术与同化心理动力学理论结合后形成一个新的整体。同化后的技术,它的概念、目的都已发生变化,与原来的技术有了本质的区别。例如,同化心理动力学咨询师会采用系统脱敏法帮助来访者治疗社会焦虑症。如果是行为主义疗法,那么社会焦虑症消除后,咨询也就结束了,但对于同化动力学咨询师来说,他可能会利用这个咨询结果来削弱来访者对外界的抵抗,与他形成治疗联盟。一旦来访者能积极地参与到他曾经恐惧的事情中去(与治疗师合作也是社会交往),那么以前的恐惧可能转化为强大的心理动力,从内心深处克服心理障碍。

积极干预的同化效果是建立在对来访者心理动力学状态进行评价的基础上的。评价包括确定咨访关系的风格,考虑最突出的矛盾、抵抗,来访者对自我和事物的陈述,以及来访者陷入的情感状态。评价之后,咨询师再选择积极干预的手段。

下面我们介绍一个使用同化心理动力学方法进行咨询的例子片断①。

**例3**

M先生是一位37岁的单身汉,在一家小公司担任会计。当这家小公司与另一家大公司合并后,他出现了严重的焦虑症状。他感到在工作中被孤立,特别是在他的老上司退休后,感觉更加明显,因为他一直觉得老上司像父亲般地支持他,保护他。他害怕被新上司解雇,因而更加努力地工作,几乎放弃了所有的社会联系和消遣娱乐,陷入了一种愤怒和悲观的状态,这又加重了他的焦虑。M先生的父亲8个月前突然死了。他与父亲关系疏远,不融洽。他在陈述父亲的死时,看起来似乎毫无干系,他说他对父亲的死并无太多感觉。

咨询的第一步是对M先生在三个层次上进行全面评估,搜集所有评估需要的相关信

---

① Stricker G, Gold J. Psychotherapy integration: An assimilative, psychodynamic approach. Clinical Psychology: Science and Practice,1996,3(1):47-58.

息。在第一个层次上，M 先生的行为表现为强迫性地专著于工作，过少地与人交往；第二个层次上，M 先生要求对自己和他人进行严格的控制，强迫性地专注于工作，使他产生了完美主义的意识。虽然他对自己出色的工作表现感到骄傲，但仍遭受自我价值的怀疑和无法解释的羞耻感的困扰；第三个层次上，M 先生的问题源于他与他父母之间的关系，他的内心世界对父母的认同是零碎的、矛盾的。

评估结束后，咨询师开始对 M 先生进行治疗。这时，M 先生表现出了敌对、好斗的情绪。他怀疑咨询效果，怀疑咨询师的理论。因此，咨询师决定做 M 先生的"共犯"，让他感觉到咨询师与他是站在一条船上的，缓解他对咨询师的抵抗情绪。随后，咨询师使用空椅疗法，让 M 先生分别与前上司、父亲、母亲和童年的自己对话。逐渐地，他的情感压抑开始松动，感到强烈的愤怒，渴望与人接触，觉得羞耻、焦虑，不配得到父母的爱。咨询师顺势引导了这种情绪，M 先生开始用一种新的更积极的观点看待咨询师、咨询过程以及与他人的关系。曾经敌对的想法大幅削减，进而转化为进行心理调查的动力源泉。他感到自己是值得帮助的，咨询师是有效的，与自己站在同一个立场。咨询师的同化作用起到了良好的效果，为下一步的咨询奠定了坚实的基础。

### 三、适应咨询和治疗方法

霍华德、南希和梅那（Howard，Nance，Myers，1986）提出了适应咨询和治疗（the adaptive counseling and therapy），试图建立一套系统的方法，使咨询师的咨询能适应来访者的需要、特点[①]。这为咨询师提供了一个理论框架，可以利用它评估不同的咨询方法，为来访者选择和制订最有效的咨询计划。

适应咨询和治疗理论认为：在咨询中，咨询师的行为应由来访者对咨询的动机、意愿和对咨询的接受程度来决定，而非咨询师一贯坚持的理论取向。该理论将咨询过程划分为两个维度：支持与指导。在支持这一维度上，要求咨询师投入时间和精力，通过自身的言语、动作、表情使来访者感受到咨询师对他的理解、关心和支持。适应咨询和治疗十分重视咨询师与来访者之间的关系，认为这是咨询的基础，那些不能改善咨访关系的行为技巧是低效的。在支持的基础上，咨询师对来访者给予一定的指导，指导的量由来访者的实际情况和他对咨询的目标而定，咨询的方式将极大地依赖于特定的治疗目标和来访者与该目标相关的能力、信心和动机。与此同时，咨询师的行为应随着诊断和咨询目标的变化而改变，在咨询不同的来访者时，或是相同的来访者但是在不同的时段，或是相同的来访者但咨询目标不同时，咨询师应采取不同的咨询方式。

适应咨询和治疗方法提出后，得到了许多心理咨询师、治疗师和社会工作者的认同和接受。有的咨询师将其与人本主义疗法相结合，用于解决内心冲突，有的咨询师则把适应咨询和治疗方法应用于职业咨询中，还有的咨询师则用它来处理女性问题。总之，这一方法在各个层面都得到了广泛的应用。

---

① Howard G S, Nance D W, Myers P. Adaptive counseling and therapy. The Counseling Psychologist, 1986, 14(3)：363-442.

# 第四节 折衷心理咨询评价

折衷心理咨询本身不是一种咨询理论,而是关于运用咨询理论和方法的一种观点和态度。它要求咨询师对各种(至少主要的)咨询理论和方法有较好的把握,对自己的咨询风格十分了解,并能敏锐地觉察来访者对咨询方法的反应。这对于咨询师的培养和发展提出了更高的要求,有利于提高整个咨询行业的水平。

折衷心理咨询在一定程度上打破了派别主义的限制,消除不同派别间的相互歧视,推动了各理论流派间的沟通和对话,为心理咨询师提供了更广阔的选择空间。他们不必拘泥于某种特定的理论和方法,可以选择整合他们认为合理有效的咨询方式。例如,越来越多的咨询师运用格式塔理论和精神分析理论来咨询边缘症和其他较难病症。同时,研究其他理论方法,并将其与自己的理论相比较,有助于更深刻地理解自己的理论,拓宽眼界,获得新的感悟。此外,理论的整合鼓励咨询师去尝试理论的综合和创新,通过不断的尝试来寻找和创造新的、行之有效的方法和技术。在它的推动下,许多跨理论的疗法相继诞生,大大丰富了心理咨询方法。

但是,面对折衷主义的发展趋势,许多研究者在肯定它的价值的同时也提出了自己的忧虑,认为折衷主义的各个理论方法在使用过程中仍存在着许多问题。

## 一、折衷的过程中,易断章取义,从其他理论中随意选择技术或方法,忽视技术方法存在的理论基础

咨询师在采取折衷主义尤其是技术折衷主义理论时,容易按自己的需要来选择咨询技术,将其作为独立存在的个体,而忽视所选择的这种咨询技术本身的理论基础,忽视它与咨询师使用的理论的关联性,因而理论和技术并未真正整合为一个整体,缺乏系统性。所以,折衷取向的咨询师在选择方法技术时应十分谨慎。选择性折衷主义主张用最佳的方法匹配特定的病症。但在实际咨询中,即使来访者有相同的问题,如焦虑,他们的情形也会大不相同。而且来访者在咨询中和咨询后都会发生变化,这就要求咨询师能及时调整咨询方案,而非用某种特定的所谓最好的方法来咨询。

共同因素理论中也存着同样的问题。为提取各理论间的共同因素,盲目寻找,而不顾在不同的方法内,因素的内涵不同。例如,在认知疗法和格式塔疗法中都有"挑战自我谴责"这一原则,但这个原则在两种疗法中的含义并不相同。认知疗法重视理性、客观性和实用主义,它认为自我谴责是不适应的想法,需要控制和消除,咨询师往往会使用假设检验或转换角度的方法来帮助来访者挑战自我谴责。格式塔疗法恰恰相反,它强调情感体验、主观性和性格的复杂性,认为自我谴责是自我的一个方面,应与自我的其他方面整合在一起。格式塔咨询师会使用"空椅"技术来帮助来访者经历情感体验。如果仅看字面表述,而把"挑战自我谴责"作为认知疗法和格式塔疗法的共同点,那将是十分荒谬的。

## 二、整合理论可能会损失其组成部分原有的优点

虽然将几种单独的理论整合成一种理论会带来许多优势,但这也可能会损失其组成部分原有的一些优点。许多咨询理论自产生后,就在实践中不断检验、改进,拥有较完善的理论体系和较成熟的咨询技术。几种理论一经整合后,很可能会打破各种理论自身的体系,它原来拥有的优势也可能因体系的不完善而丧失。例如,约特夫(Yontef)批评了那些将格式塔疗法与其他理论体系的成分结合在一起产生新观点的人,因为许多人超越了格式塔疗法的框架,约特夫担心格式塔疗法的整体性将会受到损害①。

值得一提的是,一些研究者坚持发展具有普遍意义的理论模型。如吉尔伯特(Gilbert,2019)提倡发展整合的(integrative)、进化的(evolutionary)、情境性的(contextual)、身心社会的(biopsychosocial)理论模型②。他认为以往心理咨询过分关注大脑生理功能的变化,未来的心理咨询将更关注社会性(如同情和利他)的变化,从而促进咨询师和来访者更科学地理解心理问题。多年前,他在英国德比大学(University of Derby)创建了同情研究和训练中心(Center for Compassion Research and Training),提出了"同情疗法(compassion-focused therapy)"③。但该疗法并没有整合其他疗法,而是整合了进化心理学、发展心理学、社会心理学、佛教心理学和神经科学等不同学科的相关知识。这意味着,从整合不同基础学科的理论着手,从生理、心理和社会多个角度分析和解决问题,提出新的方法,也是打破已有疗法界限的有效途径。

### 思考题

1. 折衷心理咨询产生的根本原因是什么?
2. 折衷心理咨询试图从哪几个方面整合不同咨询流派?
3. 折衷心理咨询主要有哪几种方法?

### 小组活动

1. 每个同学写下一个自己已经解决的心理问题,分析解决方法与哪些流派吻合,然后在组内分享、讨论。
2. 每个同学写下一个自己尚未解决的心理问题,分析如何综合运用不同流派加以解决,然后在组内分享、讨论。

---

① Sharf R S. 心理治疗与咨询的理论及案例. 胡佩诚,等译. 北京:中国轻工业出版社,2000:355.
② Gilbert P. Psychotherapy for the 21st century:An integrative,evolutionary,contextual,biopsychosocial approach. Psychology and Psychotherapy:Theory,Research and Practice,2019,92(1):164-189.
③ Gilbert P. Introducing compassion-focused therapy. Advances in Psychiatric Treatment,2009,15(3):199-208.

# 第十三章 后现代心理咨询

## ■学习要点

> 了解后现代心理咨询产生的背景和特点,掌握焦点解决短期咨询等方法的基本步骤,理解后现代心理咨询与以往心理咨询的异同。

后现代心理咨询是在后现代主义思潮的影响下出现的,它以社会建构主义为哲学基础,对传统的现代心理咨询进行解构的同时,创建了富有时代气息的新理论和新方法。

## 第一节　后现代心理咨询的产生

### 一、后现代心理咨询产生的背景

#### (一)后现代主义

20世纪后半叶,由于科学技术的飞速发展,越来越多的科学事实说明,原有的科学思维存在很大的局限性。如在微观世界,科学家们已经难以区分粒子的运动到底是客观的现象,还是观察者的主观感受;在宏观世界,人与自然的关系并没有想象的那样简单,尤其不可能是"征服者—被征服者"或"利用—被利用"的关系;在人类社会生活方面,物质生活的丰富并没有带来预想的精神生活的充实,不同文化之间的冲突日益尖锐。面对这些新的问题,不少学者从反思的角度对现代科学的思想基础提出质疑,从而催生了否定、解构和超越现代主义的后现代主义。

后现代主义信奉主观反映论,其主要观点是:

1. 世界的本来面目或真理并不是被发现的,而是被发明的

也就是说,人的认识永远无法摆脱主观性,人开始认识客观世界之前已经有预设的种种框框在头脑里,从某种意义上讲,人的认识倒是这种框框对客观的割舍,认识的结果是主观建构,而非客观反映。因此,对人来说,"真理"并不存在,存在的是人对"真理"的创造。由于

人的创造是多元的,所以"真理"也是多元的。

2. 知识并非是客观规律的表征,而是对客观规律的主观建构

这种建构是通过语言来表达的,而语言的含义是人们在一定社会背景中相互交往时约定的,所以知识是带有社会性的语言现象。即使是社会一致公认的"知识",也是人们用语言达成的、共同构建的。社会的变化会导致语言的变化,语言的变化会导致建构的变化,从而使"知识"也随之变化。所以,没有一成不变的"客观知识",而是可变的语言现象。

3. 事物的发展轨迹是不确定的,很难预测的

由于"真理"的多元性,"知识"的可变性,人们对事物发展变化的认识本身也是多元的,既然如此,就不可能有一种肯定的、能准确预测的知识。

尽管人们对什么是后现代主义存在不同看法,但这种建构观、多元观、不确定观是这种思潮的核心观念。

**(二)后现代心理学**

后现代主义在西方产生后,对心理学产生了很大影响。一些心理学家开始对现代心理学进行反思、解构和重构,出现了许多不同的理论新体系,如社会建构主义心理学、多元文化心理学、解构主义心理学、叙事心理学、释义心理学和后现代女权心理学等。这些心理学思想的共同特征是:

1. 心理学知识是一种社会建构

既然"科学知识"不是对客观规律的表征,那么心理学知识也不例外,它不是人们对心理现象的客观描述,而是人们共同努力完成的社会建构。心理规律不是被发现的,而是被发明创造的,它是多元的、相对的、可变的和不确定的。因此,我们认识到的心理学知识并不是客观的真理,而是主观的建构。

2. 心理现象是社会互动的结果

不仅心理学知识是社会建构,这种知识表征的心理现象本身也是一种社会建构。如我们体会到的喜、怒、哀、乐等情绪情感,表面上看是个体的存在物,其实不然。因为人的情绪情感是通过社会生活习得的,是人与人之间、人与社会之间相互作用的结果。至于人的行为和认知,更受制于社会互动,所以互动是心理现象的根源。

3. 心理现象是通过话语建构的

话语是社会互动中使用的概念,人们要互相交流就必须使用这些概念。由于这些概念是先于个人存在的,我们的心理活动一开始就在它们的控制之下,所以,话语并不是我们用来表达心理活动的语言工具,而是我们心理活动的创造者。当话语改变时,心理活动也就随之而改变。

4. 心理学研究应以问题为中心

现代心理学与现代科学一样,崇尚方法中心,主张科学研究方法有对错之分,而结果无对错之分,所以常常出现为了方法而研究问题、"削足适履"的现象。后现代主义认为,科学研究应以问题为中心,方法是多元的,没有一种普遍适用的"科学方法"。这也是后现代心理学的基本信念。此外,后现代心理学认为,由于人的心理是在社会互动中的话语建构,心理

学研究的目的不再是寻找行为背后的个人内心世界的原因,而是进行话语分析,找出导致行为的话语。所以话语分析是心理学研究的基本方法。

### (三)后现代心理咨询

后现代主义对心理学的侵淫必然反映到心理咨询领域,结果是后现代心理咨询的产生。后现代心理咨询的主要范式有三种:建构主义(costructivism)、社会建构主义(social costructivism)和叙事疗法(narrative therapy)。它们的共同点在于:

#### 1. 强调咨询知识的建构性

后现代心理咨询以建构主义为认识论基础,认为来访者讲的问题并不是真正的问题,或是问题的真相,而是来访者自己对问题的建构,不具有"真理性"。同理,咨询师掌握的知识也不是对客观心理问题的反映,而是一种主观的建构。咨询中双方"发现"的问题,也只是双方达成的共同话语建构。总之,咨询中不存在"不随人的主观意志转移的客观规律"。因此,检验咨询理论和方法的标准不是能否反映客观规律,而是它能否帮助来访者解决问题——凡是有用的就是科学的。心理问题的判断可以说是一个典型的例子,当一个来访者面对不同的咨询师时,常常会得到不同的判断,因为不同咨询师的知识经验不同。即使判断一致,也是因为支撑"判断"的专业知识经验的一致,而这种专业知识经验是一种社会建构。

#### 2. 强调咨询师的参与性

这里的参与性是一种认识论思想,指咨询师在观察分析来访者的问题时,他不是一个与"问题"不相干的旁观者,而是一个与问题有关的参与者。他"发现"的问题中有他自己的成分,即"问题"是他创造的。在创造问题的过程中,咨询师的立场不可能是中立的,他的价值观、知识、经验等都会参与其中,并且会受到来访者和其他咨询师的影响。简言之,咨询师本身是来访者"问题"的拥有者,或"股东"。所以,当一个精神分析师发现来访者潜意识里的问题时,当一个行为主义者发现来访者的不良刺激—反应联结时,当一个人本主义者发现被压制的自我时,当一个认知主义者发现不合理认知时,他们都在问题中加入了自己的成分,成了问题的加盟者。

#### 3. 强调积极建构

后现代心理咨询认为,心理咨询的目标不是通过寻找问题的根源来解决问题,而是通过积极的建构来解决问题。由于不存在一种普遍有效的解决方法,咨询师的任务就是与来访者一起共同创造一种适合的有效方法。为此,咨询师要通过积极的话语帮助来访者发掘自身的潜能,重构自己的生活。如当一个没有人生目标的大学生来咨询时,通过对话,他发现自己有一些具体的小目标,只是忽视了这些小目标的意义,咨询师和来访者共同建构了这些目标的意义后,来访者感到"有目标"了。

#### 4. 强调平等的合作关系

在后现代心理咨询中,"每个人都是自己的心理学家"的信念非常重要。咨询师受过专业心理学训练,掌握了正规的知识,是个专家。来访者长期与自己的心理打交道,最了解自己的心理活动,具有关于自己心理问题的知识,是个"业余心理学专家"。双方都会产生对问题的理解。在传统心理咨询中,当两者的观点矛盾时,咨询师认为自己的知识是科学的、正确的,忽视来访者知识的"科学性"。而在后现代心理咨询中,咨询师的态度不同,他重视来访者的观点,视之为有用的信息,其"科学性"是一样的。咨询师就要在这种理解的基础上与来访者共建"心理问题"及其解决方法。这是一种平等合作的关系,咨询师是一个合作者。建构问题和解决方法是他们的合作项目。

后现代咨询的具体思想体系比较多,本书限于篇幅,下面只介绍本书作者"发现"的有代表性的三种理论。

# 第二节　焦点解决短期咨询

传统的心理咨询尤其是精神分析遵循从分析原因到解决问题的基本思路,因此花大量时间来探讨问题的成因,使得咨询时间比较长。为了解决这个问题,一些心理学家开始寻找更新的途径,其中比较有影响的是德夏泽(de Shazer)和茵素(Insoo)及其同事提出的焦点解决短期咨询(solution-focused brief counseling,SFBC)理论,该理论以问题解决方法为中心。他们在 20 世纪 80 年代美国威斯康星州密尔沃基短期家庭治疗中心(Brief Family Therapy Center,BFTC)发展了这一理论和方法。SFBC 通常持续四至六次会谈,但也可以缩短到一至两次会谈。这种方法已得到广泛的接受。

## 一、SFBC 的基本观点

### (一)不确定性

SFBC 吸收了后现代主义中的不确定性思想,认为人类心理和行为的变化发展不一定存在可以客观认识的原因,即使有因果关系,也是多元的、复杂的,而不是简单的、线性的。对心理现象的因果决定论常常显得缺乏说服力。理论更多的是一种自圆其说的构建,而非真实如此。因此,心理咨询不应该把寻找原因当作自己的任务,而应该把解决问题作为核心任务。

### (二)动态平衡观

茵素教授于 2006 年 7 月来杭州出席第 28 届国际学校心理学大会,并做了报告。他在报告中用一个动态的阴阳双鱼图来说明他的观点:黑鱼和白鱼在不停地运动着,有时黑鱼大,有时白鱼大,黑鱼大时白鱼自然小,白鱼大时黑鱼自然小(图 13.1)。心理及行为的改变可以从改变黑鱼着手,矫正问题,也可以从白鱼着手,发展问题不发生的情况,一旦白鱼扩大了,黑鱼就自然少一些。由于黑鱼和白鱼处于一个系统中,无论谁发生变化,都会引起对方的变化。所以动态平衡观包含系统论思想:一个子系统发生变化,哪怕只是一点点的变化,整个系统都会发生变化,并且可能发生根本的变化。

动态平衡观还包含"变化是绝对的"这样的哲学思想,因为阴和阳始终处于运动状态。他们认为:变化是经常性的过程;没有事情会一直发生;没有事情会一直一样,肯定会有例外;干预就是引起变化。

SFBC 要求咨询师在咨询过程中始终把握一个基本的信念:做同样的事情得到同样的结果,做不同的事情会产生不同的结果。来访者之所以没有解决问题,是因为没有采用不同的行动。因此,咨询师的任务就是鼓励来访者做不同的事情(图 13.2)。

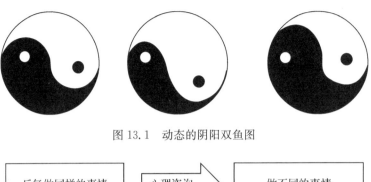

图 13.1　动态的阴阳双鱼图

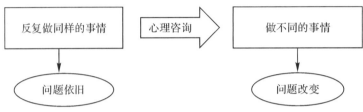

图 13.2　心理咨询的任务

SFBC 着重于探讨来访者问题不发生时的状况,而不像通常的咨询那样把重点放在问题的矫正上。帮助来访者抓白鱼,追随白鱼,看到自身的优势,并发展它,是这一方法的导向。

**(三)多元建构观**

这是后现代哲学崇尚多元化思维在心理咨询中的反映。根据这种思想,对"问题"的看法也是多元的,可以从消极的角度看,也可以从中性的或者积极的角度看;解决问题的方法是多元的,有些方法可能是不能预见到的。

**例 1**

关于小孩喜欢玩水,可以有不同看法:

喜欢玩水确实存在一些问题:弄湿衣服、可能受凉、浪费水资源……

喜欢玩水确实有一些优点:喜欢玩说明健康,意味着可以让他从事与水有关的活动,如洗衣服、洗盘子、拖地板……有时,就让孩子玩个痛快,也是件大好事……

SFBC 认为,"问题"本身不是"问题",解决问题的方法不当才是问题的关键。人们在遇到问题时,习惯于把注意力放在问题上,而忽视了解决问题的方法是否恰当。结果,问题始终得不到解决,而真正的问题是方法不当。所以,心理咨询必须把焦点放在解决方法上。

**(四)互动合作观**

SFBC 把来访者视为解决他自己问题的专家,因他自己最清楚存在的问题:需解决的重点问题和追求的咨询目标。有时候,咨询师的确有旁观者清的情况,这时,就要帮助来访者认识到问题的关键因素,提供建议,然后由来访者自己决定需采取的解决问题的方法。咨询师是解决问题"过程"的专家。这样,咨询师与来访者的关系是合作的互动关系,只有这样,问题才可能迎刃而解。来访者总是会说他们对如何改变现状的想法,而当咨询师了解他们的想法与做法时,咨询师通过一步一步与来访者的情感、想法的互动,对来访者做积极的引导。

为了促进合作关系,咨询师需要做好以下工作:

(1)联系现在和将来,忽视过去;

(2)分析已经做的有益的事情;

(3)提供新的对来访者可能有用的建议。

## 二、SFBC 的基本步骤

SFBC 的基本步骤如图 13.3 所示:首先是建构问题,即双方对问题本身进行描述,达成一致意见。有时,问题可能并不存在,只是来访者的一种错觉或误解。一旦重新建构,问题就没有了。如果问题依然存在,但说法已经改变,那么,开始寻找例外。如果不寻找例外或者找不出例外,那么假设可能解决问题的方法和途径,让来访者去执行。如果有例外,这种例外可能是来访者有意识的努力导致的,也可能是无意之中产生的。接着分析例外情况与问题之间的差异,主要是分析导致例外的有利条件。根据分析结果,设置解决方法的目标,让来访者去执行。执行有三种方式:多做有效的事情、随机地多做有效的事情,或者做最容易的有效的事情。

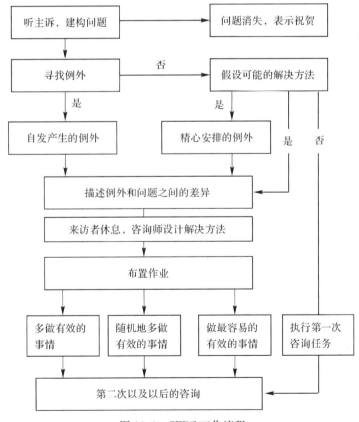

图 13.3　SFBC 工作流程

整个过程的时间安排如下:开场白 3～5 分钟;听取主诉和建构问题 15～20 分钟;休息5～15 分钟,这时咨询师离开现场,到别的房间设计解决方法;布置作业,告诉来访者解决问题的可能途径和方法,结束咨询。

### 三、SFBC 的语言技巧

SFBC 的语言技巧集中体现在下列六种类型的问句上。

#### (一) 目标提问

与来访者中心方法不同,SFBC 不主张让来访者过多表达自己的不良情绪,而主张及早地把来访者的注意力从问题引起的痛苦上转移到如何解决上来,如问"你希望情况有何改变""你认为满意的情况是怎样的"等,这时,来访者就把注意力集中到问题解决上来了。

#### 例 2

一个高考失利而非常痛苦的学生,咨询时可能会长时间声泪俱下地倾诉自己的痛苦。咨询师在倾听一段时间后,就可以提问:"你希望明年考上怎样的学校呢?"这时,对方就会思考未来的奋斗目标。

#### (二) 转变提问

当来访者关注自己问题的形成原因时,咨询师可以把它的思路由寻找原因转变为寻找措施。如"可以做什么让这样的情况早日结束呢?"SFBC 专注于问题解决过程,相对淡化原因的探讨,主张尽量在不探究原因的情况下成功地解决问题。

#### 例 3

一个内向、敏感的大学生在咨询时深刻剖析其性格发展的家庭、学校和社会原因,充满遗憾。这时,咨询师可以把他的思路从无法改变的过去转向现在和将来:"我们来讨论一下你可以怎样发展良好的性格特征。"

#### (三) 例外提问

SFBC 相信任何问题都有不发生的时候,这就是例外。例外往往意味着来访者自己拥有潜力解决问题。

#### 例 4

父母认为孩子太好动,咨询师就可以问:"孩子有没有这样的时候,安静地做事情。"只要孩子不是多动症,肯定会有安静的时候。父母一般会说,孩子做他自己感兴趣的事时会非常安静。

#### (四) 奇迹问句

这是一种指向未来的假设性提问,即假设问题突然消失会怎么样。如咨询师问:"如果有一天,你睡觉醒来后有一个奇迹发生了,问题解决了(或是'你看到问题正在解决中'),你如何得知? 是否会有什么事情变得不一样了?"或者使用水晶球的问句:"如果在你面前有一个水晶球,可以看到你的未来(或是'可以看到你的美好的未来'),你猜你可能会看到什么?"这些问题有利于帮助来访者寻找适合自己的解决方法。

**例5**

一个害怕社交的学生总是想象他人嘲笑自己口吃的场合,咨询师可以问:"如果有一天早上起来,你再也不害怕他人嘲笑你了,你会怎么做呢?"

**(五)刻度提问**

这是一个利用具体等级来描述解决方法的提问。如问句是0到10的刻度量表,10代表所有目标都实现,而0表示最坏的可能性。借助刻度提问帮助来访者看到自己已经做了什么,下一步做什么,最终的目标在哪里,如图13.4所示。

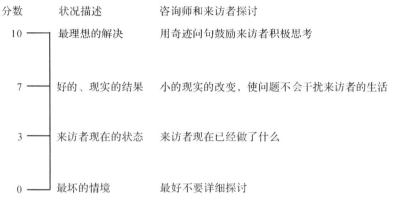

| 分数 | 状况描述 | 咨询师和来访者探讨 |
| --- | --- | --- |
| 10 | 最理想的解决 | 用奇迹问句鼓励来访者积极思考 |
| 7 | 好的、现实的结果 | 小的现实的改变,使问题不会干扰来访者的生活 |
| 3 | 来访者现在的状态 | 来访者现在已经做了什么 |
| 0 | 最坏的情境 | 最好不要详细探讨 |

图13.4　借助刻度提问帮助来访者

**(六)作业提问**

为了实现咨询任务,咨询师每次咨询结束时可以布置作业。布置作业时可以使用以下问题:

(1)从现在到我们下次见面前,你注意观察发生了什么变化,什么样的变化是你希望再发生的。(来访者往往注意问题的稳定性,而忽视它的变化性。)

(2)请你回去后一定要想想,自己可以做哪些不同的事情。(来访者往往认为自己已经不可能做别的事情了)

(3)请你回去后注意你什么时候能克服困难,不再那样去做。(来访者往往认为自己的问题是无法控制的)

## 四、对 SFBC 的评价

SFBC 把咨询的焦点放在问题解决上,有其符合心理发展的一面。人的心理具有可塑性,易受暗示和诱导,在一般情况下,一个人烦恼时,如果反复谈论他的烦恼,可能会出现越谈越烦的情况,也就是我们通常说的"斩不断,理还乱"。用大脑兴奋灶的角度讲,烦恼兴奋灶会越来越兴奋,并且会泛化,把本来淡忘的烦恼(陈年旧账)也引发出来。而当人在积极地思考时,积极兴奋灶会越来越强,在带动其他积极心理的兴奋的同时,会抑制消极心理的滋生。尤其是讨论对策时,不同个体之间会产生思维激发作用,本来想不到的方法会出现。而改变消极情绪体验的最好方式自然是主动激发积极的情绪体验。用发展积极心理来改变消极心理是非常辩证的方法。也许宣泄也是一种帮助,但至少在某些情况下,尤其是有实际问题需要解决时,对于从根本上摆脱烦恼恐怕没有多大益处。所以,毫无疑问,SFBC 肯定有其特别适应的问题。这对于我国来访者可能使用性更大，因为多数来访者都是带着实际问题来咨询的，光是来倾诉的人有，但不多。

SFBC采用较少的咨询次数，快刀斩乱麻，不拖泥带水，给人以时间用在刀口上的感觉。它提出的操作方法非常实用，并且在实践中已经证明有较好的效果。如德夏泽(1991)发现，80.37%的来访者在平均4.8次咨询内产生了效果[1]。这与传统精神分析平均数十小时甚至上百小时的咨询时间形成明显的反差。同时，这一成功也许能给心理咨询界一直令人困惑的问题提供新的启示：到底什么因素在起作用？

SFBC强调语言的作用，认为语言在建构问题和解决问题中有十分重要的地位。在这样的思想指导下，SFBC提出了一些非常具体的提问方法，有其独到之处。传统的咨询方法由于强调理论本身的建构，比较忽视具体的谈话技巧，往往使学习者懂得了理论后，不知道面对来访者讲什么，怎么讲，而SFBC直接提供了可以问的问题，并说明了问问题的理由，给广大学习者提供了方便。

当然，SFBC没有传统心理咨询那样的理论构思，这成了它的一个弱点。整体上给人的感觉是典型的美国快餐文化——实用但内涵不深。它矫枉过正，不研究心理发展的动力、心理发展阶段以及心理问题的根源，能否成为一个自成体系的心理学理论自然值得怀疑。这也许是后现代主义的致命伤：破而不立，因为破得太彻底，把应该继承的东西也给割舍了。

SFBC不给来访者充分的机会以宣泄情感，听完问题后离开现场去设计方法，工作方式在一定程度上与"电脑"咨询类似，显得人情味不足。SFBC的指导性特别强，就像课堂教学，老师直接提供答案肯定比启发更省时间，但在培养独立自主能力方面也许远远不够。SFBC得到了效率，能满足现代人效率感的同时，却失去了人性化的一些成分，使压抑的人性得不到释放。因此，SFBC在未来发展中是否应该借鉴传统心理咨询中的优点是值得考虑的问题。

# 第三节　基尔-梅茵咨询模式

基尔-梅茵咨询模式(Kiel-Meyn Consultation Model，KMCM)是由德国基尔大学心理学系葛浩(Grau)教授和梅茵私人心理医生哈根斯(Hargens)合作倡导的[2][3]。它始于20世纪80年代初，发展至今已成为在德国、意大利、挪威等国颇具影响的模式。

## 一、KMCM的基本观点

### (一)建构主义认识论

基尔-梅茵咨询模式是建立在建构主义认识论(constructivist epistemology)基础之上的。该模式主张人类不可能直接接触或客观认识"现实"(reality)或"真理"(truth)，我们通

①　方建移,刘宣文,张英萍,等. 心理咨询新模式:聚焦于问题解决的短期咨询. 心理科学,2006,29(2):430-432.

②　Grau U,Möller J,Gunnarsson J I. A new concept of counseling:a systemic approach for counseling coaches in team sports. Applied Psychology:An International Review,1988,37(1):65-83.

③　Hargens J,Grau U. Cooperating,reflecting,making open and meta-dialogue—outline of a systemic approach on constructivist grounds. The Australian and New Zealand Journal of Family Therapy,1994,15(2),81-90.

过"认知"(recognition)而建构它。所以,我们看到的"现实"是我们所建构的,而非"现实"本身。任何观察到的"现实"只对观察者有效。观察者换了,"现实"也随之而变,因为观察者是观察结果的组成部分,观察者偏见(observer bias)是始终存在的。因而,世界上没有绝对的观察,任何观察都是可取代的。

由于人是用语言文字来表达观察结果的,相同的观察可以用不同的语言描述,因而"现实"也可定义为一种用语言描述的一致意见(narrative consensus)。

### (二)系统论的方法论

KMCM 在建构主义认识论的指导下,用系统论、控制论和信息论作为其方法论基础,它采用了马图雷纳(Maturana)于 1982 年提出的个体是生命系统(living system)、群体是社会系统(social system)的十条假设:

(1)一个社会系统是由成员之间的关系决定的。

(2)任何一群给定的个体,如彼此有一定程度的联系,都可视为社会系统,其中的个体是子系统(sub-system)。

(3)系统处于不断的变化之中。

(4)一个系统的任何变化会影响所有其他子系统的变化。

(5)一个系统或子系统的每一个瞬间状态代表着该系统或子系统对在该瞬间出现的所有影响因素的最佳适应(the best adaptation)。

(6)一个子系统的瞬间状态是观察者所作的主观再建构(subjective reconstruction)。

(7)一个子系统的不同再建构打开了产生变化的不同可能性。

(8)干预(intervention)不能必然地影响某一特殊系统的特殊变化。

(9)如果干预适合(fits)系统的目前状态,则会对系统的变化提供一个刺激(impulse)。

(10)被刺激的系统本身决定该刺激所影响的变化的方向和程度。

葛浩和同事用如图 13.5 所示的两个图式来说明上述假设。图 13.5(1)是对社会系统的简单化处理。

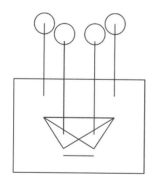 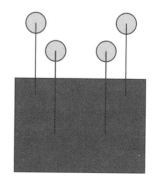

(1)简单社会活动系统      (2)复杂社会活动系统

图 13.5 社会活动系统

其中,子系统之间的联系是透明的,我们可以完全了解子系统之间的联系,预测一个子系统对另外子系统的影响。因而,我们可以进行"策略性干预"(strategic intervention)。

然而,社会系统是复杂的,子系统之间的关系是动态的、不透明的。我们不能完全了解它,预测一个子系统对其他子系统的影响,如图 13.5(2)所示。这里,我们只能集中于某些对某一问题可能有用的变量,我们只能让干预适合这些变量。

为了进一步说明这一原理,葛浩等吸收了安德森(Anderson)于 1990 年提出的二级控制论(second-order-cybernetics),它与一级控制论(first-order-cybernetics)的区别见表 13.1 所示。

表 13.1　一级控制论和二级控制论的区别

| 一级控制论 | 二级控制论 |
| --- | --- |
| "事物"(如心理问题)被看作是它本身 | "事物"(如心理问题)被看作是变化着的背景的一部分,与背景密切联系 |
| 专业人员处理"事物"(如疾病) | 专业人员处理人们对"事物"(如心理问题)的理解 |
| 人们发现"事物"以及它是怎样的,"事物"只有一种说法 | 人们创造关于"事物"是什么的理解,它是许多说法中的一种 |
| 个人的变化可被外界引导,故是可以预测的 | 个人的变化是从内部自发展开的,人们无法知道它是什么,是怎样的,何时发生 |

**(三)对心理咨询若干概念的界定**

依据上述认识论和科学方法论,葛浩等对咨询的若干概念作了如下界定:

1. 问题(problem)

"问题"通常是一群人用一种语言规定的一种行为的意义(the meaning of an act),它可以说是一种"挑战"(challenge)。其中,新的意义可以取代旧的意义。

2. "专家-专家"(expert-expert)式咨访关系

在咨询中,专业人员是组织对话并在对话中处理问题的专家,而顾客(customer)是关于他自身生活的专家,他最了解对话中讨论的生活内容。专业人员要向顾客请教他生活方面的事情。因而,专业人员是一个"顾问"(consultant),顾客是另一种"顾问"(consulter)。双方的关系不是"治疗者-病人/来访者"(therapist-patient/client)式的"专家-非专家"关系,而是"顾问-顾问"(consultant-consulter)式的"专家-专家"关系。

由于专业人员处理问题时主要依靠语言和交流,他的专长不在于"治疗"(curing)、"治愈"(healing),而在于提问(questioning)、请求(asking)和反省(reflecting)。也有人称专业人员为对话专家(conversationalist)、语言艺术家(language artist)、对话促进者(dialogue facilitator)。

3. 心理咨询

从顾问的角度看,心理咨询是一种建构(constructing),是从更高的角度或不同的水平去看待行为,帮助顾客反省是如何用某种方式建构现实的。顾问不是旁听者,而是参与者,他参与顾客对问题的建构与重建,与顾客一起"共同创造"(co-creating)着故事。咨询也是讲故事(story-telling)。

## 二、心理咨询的指导原则

葛浩等倾向于把自己的建构主义咨询模式视为一种态度(attitude),而非一套具体的操作技巧。这种态度具体表现为三个指导原则。

### (一)合作(cooperating)

合作是一种动态过程。在咨询中,每一个顾客都会以特殊的方式表示合作。咨询师首先要理解他们的方式,再与之合作,推动变化。合作的结果是,每个人都尽自己的力量去实现解决问题的目标,各种观点同时并存,而非"非此即彼"。

### (二)反省(reflecting)

在咨询中,反省是对建构过程的认识,旨在回答:"您是如何用这样而非那样的方式认识您的世界和现实的呢?""您怎么肯定您的认识是对的呢?"这是关于如何认识的认识,是一种"认识论的争论"(epistemological debate),结果往往会促成更多的可能性建构。

### (三)开放(making open)

咨询师为了与顾客共同建构对行为的描述和意义,不能隐瞒任何信息和观点,应该对顾客保持开放的态度。

## 三、心理咨询的方法

### (一)心理咨询的布局

如图13.6所示,在KMCM中,顾客可以是一名或多名,咨询师必须在两名以上,其中一名与顾客直接会谈,是会谈者(interviewer)。其余的观察谈话,分析会谈者是如何运用信息与顾客共同建构故事的。观察者一旦产生想法,便打断谈话,与会谈者讨论。或者,当会谈者发现自己有什么想法需要与观察者交换意见时,也停下来与观察者讨论。

图13.6　心理咨询布局

### (二)心理咨询过程

KMCM的基本过程如图13.7所示。

心理咨询从呈现问题开始,来访者把自己所认为的问题讲给咨询师听,咨询师与来访者一起剖析问题,然后重新界定问题。为慎重起见,问题重构后再检查一遍,看是否存在重构错误。如一个自卑感很强的人,抱怨人家背后说自己的坏话。通过共同分析后,认为问题是自己的自卑感太强。确定问题后,再回头检查一下,这样的判断是否合理。接着,双方讨论干预计划,如自信训练,预测干预会产生的效果。如果双方认为有效,就实施干预,最后进行效果检查。

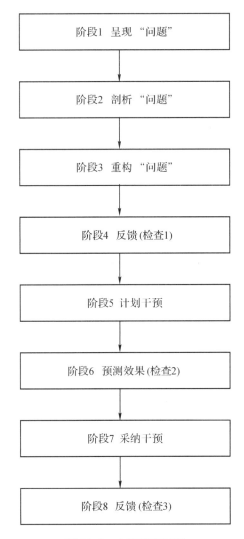

图 13.7　心理咨询过程

**(三)心理咨询中的建构性问题**(constructive questions in counseling)

葛浩等在咨询中通常使用下列问题：

1. 开始时的问题

(1)在开始之前,我想知道您是怎么认为今天到这儿来是值得的?

(2)您今天有什么要谈的吗?

(3)有什么新的变化吗?

(4)谁对这一问题抱怨最多呢?

2. 集中于问题和答案的问题

(1)为了解决这一问题,您自己已经尝试过什么吗?

(2)是否存在问题不发生或发生次数比其他时候少的时候呢?

(3)当问题出现得例外地少的时候,会发生什么情况呢?

（4）当例外更频繁地发生时，其他人将怎样表现出不同呢？

（5）注意什么是您希望继续发生的事。

（6）假设有一天夜晚，当您在睡觉的时候，奇迹出现了，问题得到了解决，那会引起什么变化呢？

（7）一旦问题解决，您会做些什么呢？

（8）一旦问题解决，对您和别人来说事情会变得怎样呢？

（9）最好的、最坏的结果会是什么呢？

（10）在您的……中发生了什么事情需要采取这些行为呢？

（11）如果这个人的症状消失，他会产生什么变化呢？

### （四）后对话（meta-dialogue）技术

这是关于谈话的谈话，关于反省的反省。第一层次的谈话发生在谈话者与顾客之间，第二层次的谈话发生在谈话者与观察者之间，故称后对话。它的逻辑前提是，当一名咨询师和顾客共同建构故事时，别的建构是可能存在的。同时，这名咨询师参与的方式可能是他本人所意识不到的。而通过后对话，则一方面可以发现别的建构，另一方面也可帮助谈话者认识自己的建构方式。

后对话常用的话题是："好吧，我们正好有些想法想与您探讨一下。""我感到有些不舒服，这使我不能完全集中于我们的谈话。我希望和您一起反省一下这可能是怎么回事。""听了所有这些想法后，我有另一种想法想和您谈谈。""在进一步谈话之前，我想和您核对一些事情……""我感到被卡住了，不能跟上对话。我想让您帮我回到我的对话上来。"等等。

## 四、对 KMCM 的评论

基尔-梅茵咨询模式采用建构主义认识论作为理论基础，其优缺点是很明显的。

首先，它主张人们所看到的"问题"只是一种建构，而非"问题"本身。这意味着，"问题"是可以被重新认识的，不同的认识可以导致不同的解决方法。有时候，正是因为人们过分地把"问题"绝对化，钻牛角尖，思维僵化，才导致种种心理问题的。一旦打开新的思路，"问题"也就往往迎刃而解了。在这方面，这一模式倾向于向人们提供一种积极乐观和开放的态度。

其次，它提出"专家-专家"式的咨询关系也颇具新意。〔当然，用"顾问（consultant）和顾客/顾问（customer/consulter）"取代已习惯的"咨询师（counselor）和来访者（client）"未必必要和现实。这里我们还是用咨询师和来访者的称呼。〕不少人把咨询师看作是专家或医生，把来访者看作是非专家或病人。咨询就是专家帮助非专家，就像医生帮助病人一样。这种观念在我国尤为突出。由于长期受医学的影响，加上传统的权威崇拜心理，我们喜欢把咨询师视为掌握着明确答案的权威人物，去咨询便是去拿"药方"（答案）。这种观念的缺点在于，对咨询师的期望值太高，把解决问题的责任推卸给咨询师，从而强化来访者的依赖性。而"专家-专家"观念改变了这种传统心理，一方面使咨询师接受自己的能力和责任的局限性，另一方面使来访者认识到自己应有的能力和责任。这有助于帮助来访者成为一个有责任的独立个体。

再次，它打破了以往其他咨询模式（如短期咨询）中观察者在单向玻璃后观察谈话的方式，让观察者参与面对面的谈话，及时帮助谈话者反省。这改变了短期咨询中咨询师离开现场到别的房间探讨解决方法的操作方式。这种后对话和当面讨论解决方法的方式有利于提高咨询效率。咨询师开诚布公地各抒己见,会使来访者倍感被关心、被尊重。同时也会使来访者看到咨询师的局限性,认识到咨询师不是万能的神,而是有局限性的活生生的人。

此外,这一模式侧重于把心理咨询看作一种咨询态度,而非某种特殊的技巧,有利于学习者养成开明的风格,不拘泥于某一种技巧。

这一模式的主要缺点是,过分强调主观建构,夸大了认识的相对性、主观性、局限性及语言的作用,甚至把"现实"定义为"语言描述的一致意见",使咨询易滑入脱离现实的文字游戏中。它也夸张系统的不透明性,认为系统受刺激后的变化是不可预测的。事实是,心理系统受刺激后的变化是有可预测性的,心理咨询的理论和实践就是以此为基础的。

# 第四节  叙事疗法

叙事疗法(narrative therapy)是澳大利亚心理学家怀特(White)和新西兰心理学家艾普斯顿(Epston)在 20 世纪 80 年代末提出来的。1990 年,他们在美国出版了代表作《实现心理治疗目标的叙事工具》(*Narrative Means to Therapeutic Ends*),叙事疗法从此开始流行。

## 一、叙事疗法的建构观

叙事疗法认为,现代主义强调客观事实和普遍适应的法则很容易忽视个人独特而局限的意义,因此心理治疗应该关注特殊性和差异,探讨个人生活的意义。具体地说,叙事疗法从此的建构观可以分为以下四个方面:

第一,强调"现实"的建构性,人们生活在自己建构的信仰、观念、习俗、道德、法律和衣食住行等"心理真实"之中。这种"心理真实"是长期的社会互动的结果,并通过社会互动变化发展。所以对心理咨询来说,关键不在于探讨客观的问题,而是探讨对问题的建构。

第二,"心理真实"是通过语言建构的,语言并不是中性的交流工具,而是"心理真实"的积极建构者。当我们使用语言时,它已经在建构我们的"心理真实",这种真实可能有利于我们的健康发展,也可能不利于我们的健康发展。心理咨询的重点在于,把不利于健康发展的语言转变为有利于健康发展的语言。

第三,语言对"心理真实"的建构是以故事为形式的,故事使我们生活的方方面面被编织成有机的整体,并且能保存下去,左右我们的人生。我们生活在自己编织的故事当中,我们的生活表现都叙述着我们的故事,随着生活的变化,我们的故事也会变化。咨询师的任务就是通过与来访者的叙事,共同构建人生故事,使故事朝着健康的方向发展。

第四,故事中的价值是多元的,相对的,因为它是建构的价值。人的自我也不是独立、孤立和稳定的,而是存在于社会互动之中,是在变化发展着的,是多方面的。心理咨询的目的是在咨访互动中帮助来访者认识方方面面的自我经验,甄别有利于健康成长的经验,从而发展它。

## 二、叙事疗法的咨询观

### (一)心理问题是叙事本身

所谓叙事,就是讲述故事。在心理咨询中,来访者生活在他所叙述的故事里,而非客观的现实生活中。他的思想、情感、行为受制于他叙述的故事,故事的意义就是他生活的意义,也是他问题的意义。如当来访者叙述一个非常自卑的故事时,自卑的故事本身就是问题,这种叙述的方法、使用的语言、表情使来访者以为这是他的真实生活,从而陷入自卑之中。因此,不存在叙述以外的客观心理问题。这种观点是建构主义思想的另一种表达方式。

### (二)心理咨询过程是叙事过程

心理咨询是一个来访者和咨询师共同叙事的过程。来访者的叙述受咨询师的影响,咨询师的叙述也受来访者的影响。这是一个互动的过程。当共同把来访者的"问题故事"叙述完后,咨询师就要通过一系列的会谈技巧如询问、质疑、解释和忽视等改变来访者的习惯性思维和原有的观点,重新叙述一个故事,而这个新故事是积极的,有利于来访者发展的。如当来访者叙述自己因为太外向,容易得罪别人而感到苦恼时,咨询师可以通过谈话技巧与他一起把"太外向"的苦恼故事说完,然后引导他叙述新的故事,如叙述外向的优点和如何发扬自己的优点等,并且要求他把这样的故事带到生活中去时,他的苦恼可能就消失了。

### (三)重构故事是叙事疗法的关键

叙事有"主流叙事"和"个人叙事"之分,通俗地有大故事和小故事之分,大故事往往是一种社会成见或他人强加的观点,小故事是个人自己的故事。当一个人的小故事与大故事发生矛盾,个人故事被压制时,就产生心理问题。因为,大故事要个人接受一种外在的"意义",而这种意义恰恰是违背个人的生活情况的。如有个女孩长得很丑,刚上幼儿园时老师要求小朋友自己报名参加国庆演出,她第一个举手,其他小朋友都笑了:这么难看还想演出。老师婉转地说:你下次再参加吧。从此,她就接受了这个"大故事":外表是很重要的,我很丑,别人看不起我。她害怕与人打交道,照镜子时很痛苦。一直到初中快毕业时,一个男同学偶尔对她说:其实你还是很有才气的。毕业时,全班男同学送给她一张自制卡片,上面写着:自信的女孩是美丽的。从此,她有了新的"大故事":我自信,我美丽。她再也不怕与人交往了,照镜子时也不难过了。而这个大故事与她的追求人生快乐的小故事是吻合的,心理问题就解决了。男同学的话语帮助她重新审视自身的生活,重新定义生活的意义,从而回到正常的生活,而这也是咨询师要做的工作。

### (四)来访者也是专家

叙事疗法与其他后现代心理咨询一样,相信来访者是自己心理问题的专家,咨询师只是陪伴的角色,来访者能使自己充满自信,相信自己有能力解决自己的问题。

## 三、叙事疗法的主要方法

叙事疗法的方法很多,这里只介绍艾普斯顿(Epston,1993)发展的三步操作法[1]。

### (一)外化问题(externalizing the problem)

人们一般习惯叙述一种浸泡着问题(problem-saturated)的人生,即把问题与人生千丝万缕地交织在一起,难以分解。艾普斯顿在与来访者会谈时,通常先提供一个情景,让来访

---

[1] Epston D. Framework for a White/Epston type interview. Paper Presented at the Therapeutic Conversations Ⅱ Conference. Reston,Virginia,1993.

者把自己的问题与人生分割开来,解构原来的由问题控制人生的故事,因为艾普斯顿相信,人与问题是一样的,人是人,问题就是问题,当把两者分开来时,中间就有了空隙,新的可能性就可以建构到这种空隙里去。

外化的基本理念如下:

(1)问题会冲击或渗透人的生活,但是独立于人的东西。

(2)问题外化可以打开空间,让来访者做自己故事的作者。

(3)外化的态度比技巧更重要。

(4)问题外化不是要消灭、铲除、杀死问题,而是要创造一种语言的和关系的情境空间,让原本被问题挤压和控制的个人能够打开思路,创造与问题的新关系或健康的关系。

(5)外化对话的意义在于发展一种态度,这种态度在咨询中是逐渐发展的。

外化的具体方式如下:

(1)客观化。将问题和人分开,使来访者有一空间来审视问题和自己的关系。咨询师可以通过修饰来访者使用的语言,使问题客观化,如"失恋是如何让你感到痛不欲生的?""考试失利是如何让你感到没有面子的?"

(2)命名。在经过一段谈话后,咨询师可以请来访者对其描述的问题起个名字,如"你已谈了不少有关你学习上的麻烦,你能否给这些麻烦起个名字呢,你喜欢叫它什么呢?"在咨询刚开始,来访者没有把问题谈透时,命名可能会有点困难,此时,可暂时以"它"或"这个问题"来指称,等故事叙述得比较完整时再起名也不迟。

(3)拟人化。这是比较具有戏剧效果的方法,是将问题视为有生命的个体,它有思想感情,它会侵入来访者的生活领域、人际关系。如"自卑这个家伙经常叫你做什么?""完美这个东西常常对你提怎样的要求呢?"

艾普斯顿是在治疗儿童遗尿症时首先使用这一方法的。他对儿童说,遗尿是一个"偷偷摸摸的坏蛋"(sneaky-poo),然后问儿童这个坏蛋是如何把他们的生活弄脏的。这样,把本来属于"我的问题"区分为"我"和"坏蛋的问题"了。在治疗强迫症时,艾普斯顿喜欢用"O先生"来代表强迫问题,然后对来访者说:"O先生对你太感兴趣了,所以抓住你不放,干扰你的生活。"这就是外化谈话技巧。艾普斯顿常常问的问题是:"你的生意在你未来生活中的作用如何?""难道完美主义在你的生活中有如此大的力量吗?""所谓的厌食症是如何干扰你的学习生活的呢?"外化谈话使人感觉到问题是外来的,不是我的。

怀特认为,外化问题能使人摆脱压在自己人生意义之上的主流故事,看到自己的意义,从而寻找和创造新的故事,改变自己的人生。

**(二)廓清问题的影响(mapping the influence of the problem)**

在心理咨询中,当咨询师把问题外化时,来访者往往感到有点别扭,但马上会适应这种新的话语,并且会感到轻松了一些。接着,咨询师就引导来访者叙述问题对他生活的影响。这时,来访者往往是迫不及待地倾诉问题带来的麻烦。咨询师一般要带个笔记本或记事板,像一个传记作家或新闻记者一样记录来访者的故事要点,以便进一步提问。这一步的关键是来访者讲故事,咨询师听懂故事。

在这个过程中,可以提四个方面的问题,一是问题存在的历史,如"这个问题跑出来多久了?""这个问题变得更严重,还是变得比较好?"二是问题存在的范围,如"它在哪些方面影响你的生活?""它似乎影响了你的学习生活,还有其他方面呢? 比如人际交往?"三是问题影响的深度,如"它影响你的学习有多强烈?""这个问题引起的伤害有多严重?"四是问题的影响是如何造成的,如"内疚是如何告诉你应该对父母的死亡负起责任?""孤独是如何侵入你的生活,使你失去快乐的?"

### (三)廓清个人或家庭对问题的影响(mapping the influence of the person or family)

当来访者已经把问题对他的影响叙述清楚后,咨询师就引导他们叙述他们个人或者家庭对问题的影响。这样,来访者被邀请成为他们自己故事的作者或者合作者。在这一阶段,咨询师通过提问引导来访者寻找过去和现在问题没有发生的例外情形,即来访者有效地对付了问题的情景,以找回积极的有能力感和自信感的故事,从而破除旧故事的霸权地位,以开辟新故事的可能空间。如艾普斯顿曾经咨询过一个尿床12年的孩子,发现有一个晚上没有尿床,于是就问:"你怎么知道那个晚上你能打败尿床呢?"或问妈妈"你是如何知道可以相信儿子,从而不用准备塑料纸呢?"对这一例外的发掘有利于建构新的故事。

也可用假设提问,如"如果自卑不控制你了,会出现什么情况呢?"或者用其他提问技巧,如探讨不同观点:"关于你的问题,你的同学有什么看法和建议呢?"

### 四、叙事疗法的过程和策略

叙事疗法的基本过程如图13.8所示,通过三个步骤后,进入故事重构阶段。

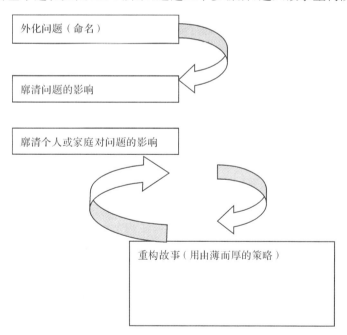

图13.8 叙事疗法的基本过程

重构故事常常采用由薄而厚的策略。在许多情况下,人都有各种程度的积极和消极经验,如果一个人比较关注积极经验并且认同积极经验,认为这就是我的话,他就有一个积极的自我,人生态度比较积极向上;如果人关注消极经验并且认同消极经验,认为这就是我的话,就有一个消极的自我,变得消极。

叙事疗法的基本策略就是在消极的自我认同中,寻找隐藏在其中的积极的自我认同。这有点像处于动态中的太极图:黑中有白,白中有黑。如果白点扩大,面积增加到一个面的程度,整个情形就会由量变到质变。所以,心理咨询的第一步是找到白点,然后让白点扩大。这就是"由单薄到丰厚"的策略。

叙事疗法认为,来访者积极心理有时会被"问题"挤压成薄片,甚至视而不见。如果将薄片还原,在意识层面加深对积极面的认识和认同,由薄而厚,就能形成积极有力的自我观念。

**例6**

来访者:我不知道我有什么优点?

咨询师:你自己觉得你是个怎样的人?

来访者:我不知道……

咨询师:你是否有什么事情做得比较好,得到了他人的认可和赞扬?

来访者:就是考上了名牌大学。

咨询师:你是如何考上的呢?

来访者:运气好。

咨询师:你是说,你在高中水平很差,全班倒数,完全凭运气考上。

来访者:那也不是,平时马马乎乎还可以,在重点高中里学习,班里前十几名左右,但我没有想到能考上。

咨询师:可能有那么点运气成分,但除了运气,还有什么因素促使你考上的呢?

来访者:老师说我脑子灵活,肯下工夫,静得下来,功课比较平衡。

在上述对话中,学生开始时说"不知道"其实并不是真正的不知道,而是内在的经验没有被学生意识到。当将高考成功的事件叙述出来的时候,随着故事的叙说,会带出厚厚一叠优点。怀特形容这种策略为"打开行李箱"(unpack),即将"行李箱"里面多姿多彩的内容展现出来。

## 五、叙事疗法评价

叙事疗法非常反对用普遍的规律来规范人生,强调个人生命意义的特殊性,认为生命的意义比问题本身更重要,这是符合现代社会强调人性化的基本要求的。凡是有咨询经验的人都明白,当面对面咨询一个人时,任何一种理论和方法都在一定程度上失去了意义,因为人是一个生命体,蕴含无穷的可能性,没有两个人是相同的,而理论必然把千千万的人当作"一个人"处理,且把无穷可能性削减为有限的可能性。因此,用一种"不是理论"的理论来指导心理咨询也许更符合心理咨询的"现实"。叙事疗法与其他后现代心理咨询理论一样,呼应了这种解构"理论现实"的需要。

从方法上看,叙事疗法与思辨、实验、调查、观察和其他传统方法比较,更加注重还原现实生活,把人的心理活动放在社会文化历史背景中考察,为咨询提供了更广阔的空间和背景。叙事疗法能帮助咨询师和来访者获得详细的资料,又能帮助咨询师进行更好的干预,它提供给的是生机勃勃的人类心理世界本身。

叙事疗法能减少传统疗法中难以避免的"误诊"，如精神分析师在来访者不承认问题时，很可能认为这就是问题，因为遇到了"阻抗"；认知疗法把属于心理的苦恼统统视为非理性思维的结果，且用强有力的辩论使来访者承认。而叙事疗法不存在这样的问题，因为它追求的是叙事过程，在叙事中发掘积极的可能性，它没有"诊断"，也就不会有误诊。

但叙事疗法也存在一些局限性。首先，它过于否定因果关系，是片面的。心理问题虽然有复杂、模糊、不稳定的一面，但也存在确定、可测的一面，如物理错觉是稳定的、可预测的，思维活动也有发展规律，有可以预测的一面。如从幼儿到老年，心理活动的变化存在相对稳定的特征。从某种意义上说，解构传统咨询理论是相对的，也是有限度的，叙事疗法相信重新创造积极的故事必定能引起生命的积极变化，这本身也是一种决定论。任何一个咨询师，如果头脑中没有一种决定论的因果信念，是不可能充满信心地去做咨询工作的。当他在解构来访者的旧故事时，其因果思维是非常明确的，即旧故事是不好的，是困扰的根源，新故事是好的，是幸福的根源。

叙事疗法与其他疗法的差别也许是，把传统心理咨询的"大一统"因果关系论，细化为每个人的生命故事的因果关系，更多地考虑了因人而异、因事而异的因果关系。

其次，我们以为，叙事疗法对于我国文化的适用性是值得探讨的。如前面所述，西方人由于受拼音文字的影响，用语言时只动用了左半球，中国人则动用了右半球，如此造成两种文化中思维的差异。西方人重语言本身的意义，思维较大地受制于语意；而中国人则比较超越语言本身，强调言外之意，即我们的语言和心理活动之间可能比西方人有更大的距离。因此，中国人的叙事内容、方式、过程都可能与西方人不同，机械地用西方人的叙事哲学信念和咨询方法，可能也会有一定效果（效果的原因也可能不在于叙事），但如果能发展基于中国人语言和叙事心理的咨询方法，就能使之更有生命力。

## 思考题

1. 什么是后现代主义、后现代心理学和后现代心理咨询？
2. 焦点解决短期咨询的基本步骤是什么？
3. 基尔-梅茵咨询模式是如何界定问题、咨访关系和心理咨询的？
4. 叙事疗法的基本步骤是什么？

## 小组活动

1. 一个同学讲一个自己想解决的心理问题，其他同学按顺时针方向依次使用 SFBC 语言技巧提问。
2. 一个同学讲一个自己想解决的心理问题，其他同学按顺时针方向依次使用 KMCM 问题进行提问。
3. 一个同学讲一个自己想解决的心理问题，并给问题起个昵称，其他同学按顺时针方向依次使用"外化问题""廓清问题的影响""廓清个人或家庭对问题的影响""重构故事"的技巧。

第十四章　积极心理干预

## 学习要点

　　了解积极心理干预的理论背景,掌握若干积极心理干预方法,分析积极心理干预与以往流派的异同。

　　针对一个多世纪以来心理学关注抑郁焦虑等消极心理甚于幸福快乐等积极心理的反思,塞利格曼(Seligman)于 1998 年提出了"积极心理学"(positive psychology)这一概念[①],对心理学产生了巨大的影响。积极心理学认为,心理健康不仅仅是没有心理障碍,而且具有较高的幸福感。积极心理的缺失是导致心理障碍的主要原因,培养积极心理,提高幸福水平是防治心理障碍的有效途径。因此,心理咨询和治疗虽然要减小伤害和修正缺陷,但重点在于培养抵御心理障碍的积极心理,具体表现为促进快乐的、投入的和有意义的生活。心理学应加强研究如何培养积极心理及其发挥作用的机制。在这些理念指导下,积极心理干预(positive psychology intervention,PPI)便应运而生。

## 第一节　积极心理干预的产生背景

### 一、积极心理学

　　积极心理学的产生有一定的思想渊源,首先,心理学自 1879 年诞生始,就肩负着三项使命:防治心理疾病,让正常人生活得更美好,识别和培养天才。但由于世界大战带来了心理创伤,心理学致力于评估、理解和治疗心理疾病,无暇顾及另外两项使命。随着"二战"导致的心理创伤的消逝,心理学承担全部使命的外部条件已经成熟。所以,积极心理学的产生是

---

①　Seligman M E P. Positive psychology:A personal history. Anual Review of Clinical Psychology,2019,15:1-23.

对心理学三大使命的回归。

其次,在心理学领域内,积极心理学有其存在-人本主义心理学的根源。简单地说,存在-人本主义心理学是关于存在、生存和富盛的学科,它强调勇气、责任和真诚地生活,关注自我实现等积极心理。遗憾的是,存在-人本主义心理学过分排斥实证研究,许多研究者沉溺于存在主义哲学术语(如"现象"),结果未能融入主流心理学。另一方面又变得与主流心理学一样,关注存在的阴暗面,忽视积极面,成了接近临床心理学和精神病学的学科。而积极心理学采用实证方法研究积极心理,从这一角度看,积极心理学又是对存在-人本主义心理学的回归与超越。

塞利格曼(Seligman M E P,1942—)

积极心理学的核心主题是幸福感,并认为提高幸福感主要有三条路径,这也是积极心理学的主要研究领域①。

(1)快乐的生活(the pleasant life),表现为对过去、现在和将来的积极情绪体验。具体地说,对待过去有满足感、满意感和宁静感,对待现在有简单的感官快乐和复杂的学习的乐趣,对待将来乐观,有希望和信心。快乐的生活就是增加积极情绪和减少痛苦等消极情绪,它与快乐主义幸福观(hedonic theories of happiness)相吻合。主观幸福感(subjective well-being,SWB)属于这一范畴,它注重快乐体验,常用生活满意度、积极情感和消极情感等指标来测量。

(2)投入的生活(the engaged life),表现为性格优势(strengths of character)和才能(talents)的使用。性格优势指跨文化和历史的美德(virtuous),如勇敢、真诚、善良、领导力、好奇心、团队合作、宽容等。该领域有影响的研究成果为《优势行动价值问卷(Values in Action Inventory of Strengths,VIA-IS)》,用于测量 24 项性格优势。性格优势与才能相比可塑性更强,两者的有机结合能增强投入感(engagement)、专注感(absorption)和福流(flow)。这与亚里士多德的美好生活(eudaimonia 或 good life)吻合。心理幸福感(psychological well-being,PWB)属于这一范畴,它注重潜能实现,常用自我接纳、个人成长、生活目标、人际关系、环境控制和独立自主等指标测量。

(3)有意义的生活(the meaningful life),表现为归属于某种积极组织并为之服务。积极组织包括积极的学校、家庭、机构、社区和社会。这是历史学家和社会学家研究的问题,但他们关注的是不良的组织和影响因素,如"种族主义""性别主义""年龄主义"等。而积极心理学要探讨的是:怎样的组织能最好地激发人的本性? 这些组织能否很好地辅导人的家庭、学校和社区,以及民主的社会等。

积极心理学的一个颠覆性研究成果是:在许多情况下,幸福是因,而其他变量(如朋友

---

① Duckworth A L,Steen T A,Seligman M E P. Positive psychology in clinical practice. Annual Review Clinical Psychology ,2005,1:629-651.

多、爱情美满、收入高、创造力强、就业顺利、成功等)是果①②。这与传统认知相反。但有些研究结果与传统认知吻合,如研究发现,在普通感冒病毒面前,高幸福感被试感染率显著低于低幸福感被试③;高幸福感的人有更强的免疫系统和更好的心血管健康④。这说明幸福感能提高人的免疫力,这与如"笑一笑十年少"的传统认知吻合。

## 二、心理健康的双因素模型

积极心理学认为,心理健康不仅仅是没有心理障碍和痛苦,而且要有良好的幸福感,由此产生了心理健康的双因素模型。

格林斯潘和萨克洛斯克(Greenspoon,Saklofske,2001)⑤首先提出了"心理健康的双因素系统(The Dual-factor System of Mental Health,DFS)",他们认为心理健康应该整合心理病理(psychopathology,PTH)和主观幸福感(subjective well-being,SWB)两个维度进行分析,由此可以把人分为四类:类型1(低 PTH 和高 SWB)、类型 2(高 PTH 和低 SWB)、类型 3(低 PTH 和低 SWB)、类型四(高 PTH 和高 SWB)。

萨儿多和夏飞(Suldo,Shaffer,2008)⑥将其命名为"心理健康的双因素模型(The Dual-factor Model of Mental Health,DFM)",他们用完全心理健康(complete mental health)、困扰(troubled)、易感(vulnerable)和有症状但满足(symptomatic but content)命名四种类型。王鑫强等(2016)⑦则用完全心理健康、完全病态、部分心理健康和部分病态命名。考虑到学术界通用"心理障碍(mental disorder)",不太用"心理疾病(mental disease/ilness)",我们用完全心理健康、完全心理障碍、不完全心理健康和不完全心理障碍来命名(图 14.1,模型 1)。须指出的是,如果在非临床样本(如在大、中、小学生)中做问卷调查,则抑郁、焦虑等指标表示的是心理症状而非心理障碍。心理障碍由心理症状群组成,且持续一定的时间。有心理障碍必然有心理症状,但有心理症状不一定有心理障碍,且问卷调查大多为自我报告,没有他人报告和专业人员的诊断。心理障碍的诊断有严格的程序,必须由专业人员完成,问卷调查结果只能作参考。因此,在这样的研究中,用"心理症状"代替"心理障碍"比较合适(图 14.1,模型 2)。另外,幸福感包含主观幸福感、心理幸福感和社会幸福感⑧。心理健康不应只考虑主观幸福感,所以我们用幸福感为指标。至于幸福感的具体结构和测量方法则需要进一步研究。

---

① Lyubomirsky S,King L,Diener E. The benefits of frequent positive affect:Does happiness lead to success? Psychological Bulletin,2005,131(6):803-855.

② 辜红. 主观幸福感研究综述//心理学与社会和谐学术会议(CPSH)论文集. 北京:Scientific Research Press,2013.

③ Cohen S,Doyle W J,Turner R B,et al. Emotional style and susceptibility to the common cold. Psychosomatic,Medicine,2003,65(4):652-657.

④ Diener E,Diener R B. Rethinking happiness:The science of psychological wealth. Malden, MA:Blackwell Publishing,2008.

⑤ Greenspoon P J,Saklofske D H. Toward an integration of subjective well-being and psychopathology. Social Indicators Research,2001,54(1):81-108.

⑥ Suldo S M,Shaffer E J. Looking beyond psychopathology:The dual-factor model of mental health in youth. School Psychology Review,2008,37(1):52-68.

⑦ 王鑫强,谢倩,张大均,等. 心理健康双因素模型在大学生及其心理素质中的有效性研究. 心理科学,2016,39(6):1296-1301.

⑧ 高良,郑雪. 当代西方幸福感研究的问题与方向. 自然辩证法通讯,2009,179(1):84-88.

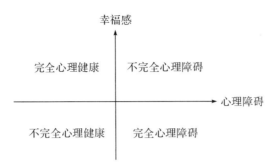

模型1：适用于心理障碍患者

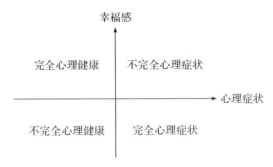

模型2：适用于正常人

图 14.1　心理健康双因素模型

### 三、积极心理干预的产生

积极心理干预可追溯到福迪赛(Fordyce,1977)的幸福干预(happiness intervention)研究，这种干预由 14 个技巧组成，如更活跃、更社会化、投入有意义的工作、与所爱的人建立更近和深的关系、降低期望、幸福优先等[1]。他研究后发现，训练组大学生比对照组有更高的幸福感和更少的抑郁症状。费万(Fava,1999)提出幸福治疗(well-being thearapy,WBT)的概念，具体技巧包括环境控制、个人成长、生活目标、自主性、自我接纳和积极人际关系等，研究对象为成功完成了药物治疗的情感障碍患者[2]。弗里希(Frisch,2006)提出了生活质量疗法(quality of life therapy)，把提高生活满意度作为目标[3]。但他们两位提出的方法明确对准降低错误的认知、困扰的情绪和非不良的关系，把幸福作为一个补充成分。

塞利格曼从 2000 年开始讲授积极心理学，很受学生欢迎。该课程给学生的生活带来了明显的改变。然后，他尝试结合教学工作开展干预研究。他给 500 名专业人员(临床心理学家、生活教练、精神科医生和教育工作者)讲课 24 周，每周一次，每次 1 小时。课后对自己和

① Fordyce M W. Development of a program to increase personal happiness. Journal of Counseling Psychology,1977, 24(6):511-520.

② Fava G A,Ruini C. Development and characteristics of a well-being enhancing psychotherapeutic strategy:Well-being therapy. Journal of Behavior Therapy and Experimental Psychiatry,2003,34(1):45-63.

③ Frisch M B. Quality of life therapy:Applying a life satisfaction approach to positive psychology and cognitive therapy. Hoboken,NJ:Wiley,2006.

来访者进行积极干预。反馈的结果令人欣慰。然后他们制定了更为详细的练习指导语,在网络上招募被试进行干预实验。约600名被试自愿参与实验,被随机分配到5个实验组和1个安慰剂组。5个实验组分别做的练习是:感恩拜访、三件好事、优势使用、单独做优势问卷、写一篇关于最好的自己的文章。安慰剂组是每晚记录最早的记忆。结果表明,前三个实验组比安慰剂组的幸福感明显要高,抑郁症状明显低。三件好事组和优势使用组在6个月后依旧保持这个效果;而后两个实验组与安慰剂组一样,只有暂时的效果。

2005年,塞利格曼建设了一个干预网站(www. reflectivehappiness. com),第一个月免费使用,结果有50位参与者的流调中心抑郁量表(Center for Epidemiological Studies-Depression Scale,CES-D)均分为33.90,接近重度抑郁。他们每天做"三件好事"练习,进行网络测量的平均时间是14.8天,抑郁均分为16.90,94%的人抑郁水平显著降低。这一结果在之后的网路干预中也得到了验证。

于是,塞利格曼和同事于2005年把这一干预方法命名为积极心理干预(positive psychology intervention,PPI)[1]。次年,他们又将积极心理干预改名为积极心理疗法(positive psychotherapy,PPT)[2]。他们相信PPT能治疗多种心理障碍,但先以抑郁症患者为研究对象,因为抑郁症患者明显缺少快乐感、投入感和意义感。他们的假设是:抑郁症不仅可以通过减轻消极症状进行治疗,也可以通过直接发展积极情绪、性格优势和意义进行治疗。干预组接受为期6周、每周2小时的干预,对照组不接受干预。结果表明,干预组抑郁水平显著降低,生活满意度显著提高,且在随后的3、6和12个月的跟踪研究中没有发生变化;对照组两个指标都没有变化;两组干预前两项指标无差异,干预后以及跟踪研究中,干预组的抑郁水平显著低于对照组,生活满意度显著高于对照组。

这些研究对发展积极心理干预起了很大的作用。

# 第二节　积极心理干预方法举例

积极心理干预可以从两个角度进行界定和归类。从心理活动的内容看,可以认为积极心理干预是促进愉快的、投入的和有意义的生活的方法。从心理活动过程看,可以认为积极心理干预是促进积极情感、积极认知和积极行为的方法。从研究现状看,任何干预方法只要能促进积极心理,提高幸福感,克服心理症状,都可以称为积极心理干预。因此,积极心理干预方法很多,没有一种统一的方法和步骤可供学习使用。

## 一、积极心理疗法

塞利格曼和同事提出的积极心理疗法(PPT)是建立在快乐的生活、投入的生活和有意义的生活的理论框架之上的。他们编制了"幸福导向问卷"(The Orientations to Happiness

———————————

① Duckworth A N,Steen T A,Seligman M E P. Positive psychology in clinical practice. Annual Review of Clinical Psychology,2005,1:629-651.

② Seligman M E P,Rashid T,Parks A C. Positive psychotherapy. American Psychologist,2006,61(8):774-788.

questionnaire),用于测量快乐感、投入感和意义感等指标①。他们设计的 14 次咨询或疗程的练习如表 14.1 所示。

表 14.1   积极心理疗法的 14 次练习

| 练习 | 内容 |
|---|---|
| 1.导入 | **缺乏积极资源会导致抑郁**<br>讨论缺乏积极情绪、性格优势和意义在导致抑郁和空虚的生活中的作用,PPT 的框架,治疗师和来访者的责任。<br>家庭作业:写一页约 300 字的"积极前言",讲一个反映他们性格优势的具体故事。 |
| 2.投入 | **识别标志性优势**<br>在前言中识别出标志性的性格优势,讨论这些优势曾经帮助过他们的情形。根据 PPT 的结果讨论幸福的三条路径:快乐、投入和意义。<br>家庭作业:来访者在线完成"优势行动价值问卷",识别标志性优势。 |
| 3.投入/快乐 | **开发标志性优势和积极情绪**<br>讨论标志性优势的调动,引导来访者形成开发标志性优势的具体可行的行动。讨论积极情绪在幸福中的作用。<br>家庭作业:来访者开始记好事日记,每天记录 3 件好事。 |
| 4.快乐 | **好的和坏的记忆**<br>讨论好的和坏的记忆在维持抑郁症状中的作用,鼓励来访者表达自己的愤怒和悲伤,讨论保留愤怒和悲伤对抑郁和幸福的影响。<br>家庭作业:来访者写出三个坏的带有愤怒的记忆,以及它们对维持抑郁的作用。 |
| 5.快乐/投入 | **宽恕**<br>介绍宽恕是一种有力的工具,可以把愤怒和悲伤转化为自然的体验甚至积极的情绪。<br>家庭作业:来访者写一封宽恕信,描写被冒犯的情况和自己的情绪,如果合适的话,发誓宽恕对方,当然不一定要把信寄出。 |
| 6.快乐/投入 | **感激**<br>讨论作为持续感谢的感激,以及前述好坏记忆对感激的影响。<br>家庭作业:写一封感谢信给某以前没有好好感谢过的一个人。 |
| 7.快乐/投入 | **中期检查**<br>跟踪宽恕和感激家庭作业,本主题可以多于一次时间。讨论培养积极情绪的重要性,鼓励来访者把好事日记带来并讨论其效果。检查使用标志性优势的目标是否达成。要详细讨论治疗过程和进展情况,也要详细讨论来访者的反馈和收获。 |

---

①   Peterson C,Park N,Seligman M E P. Orientations to happiness and life satisfaction:The full versus the empty life. Journal of Happiness Studies,2005,6(1):25-41.

续表

| 练习 | 内容 |
|------|------|
| 8. 意义/投入 | **知足而不追求极端满足**<br><br>讨论在快乐的跑步机上要知足(够好就好)而不追求极端满足。鼓励通过投入求知足,不求极端满足。<br><br>家庭作业:来访者写出促进知足的途径,制订个人知足计划。 |
| 9. 快乐 | **乐观和希望**<br><br>引导来访者回忆他们丢失重要东西、重要计划泡汤、被人拒绝的场景。然后要求他们思考:当一门门关闭时,另一门门总会打开。<br><br>家庭作业:来访者认同"一门门关闭的同时,另一门门打开了"的道理。 |
| 10. 投入/意义 | **爱和依恋**<br><br>讨论主动的、建设性的反应。来访者分析一个重要他人的标志性优势。<br><br>家庭作业1:教导来访者如何对他人报告的积极事件作出主动积极的反应。<br><br>家庭作业2:来访者们约定一个时间庆祝他们自己的和重要他人的标志性优势。 |
| 11. 意义 | **家庭优势树**<br><br>讨论认识家庭成员标志性优势的意义。<br><br>家庭作业:来访者请家庭成员在线完成"优势行动价值问卷",然后画一棵树,树上表明所有家庭成员(包括儿童)的标志性优势,然后安排家庭聚会讨论每个人的优势。 |
| 12. 快乐 | **品味**<br><br>介绍品味是指觉察快乐和有意地延长快乐。要提醒来访者快乐跑步机可能会妨碍品味快乐,指出预防的方法。<br><br>家庭作业:来访者计划快乐地活动并付诸实施。提供品味快乐的技巧。 |
| 13. 意义 | **时间的礼物**<br><br>无论经济状况如何,来访者都拥有最大的礼物——时间。讨论使用标志性优势把时间礼物奉献给比自我更大的事情。<br><br>家庭作业:来访者把时间礼物献给做这么一件事情,它需要花大量时间做,且需要使用标志性优势,如辅导一个孩子或做社区服务。 |
| 14. 整合 | **完整的生活**<br><br>讨论整合快乐、投入和意义的完整生活的概念,来访者完成积极心理疗法问卷和其他抑郁问卷,然后总结整个干预过程,讨论收获和如何将它保持下去。 |

## 二、品味干预(savoring intervention，SI)

博兰特和弗洛夫(Bryant，Veroff，2007)提出的品味(savoring)是一种能力，它使人主动引起、加强和延长积极情绪体验①。它是有意识、有目的、有计划的活动，而不是无意的被动接受活动。品味有三个前提：能感受此时此刻发生的积极体验；能从追求自尊和社会需要的压力中释放出来；能集中注意用心体验积极情绪。

品味有 4 个成分：品味体验(savoring experiences)、品味过程(savoring processes)、品味策略(savoring strategies)和品味信念(savoring beliefs)②。品味体验指品味的对象，包括关注和欣赏积极刺激时的感觉、知觉、思维、行为和情感，如在听音乐、赴宴席、会好友、获荣誉时，人们会经历这样的体验。品味体验依据积极情绪的主客观来源可以分为外在品味(world-focused savoring)和自我品味(self-focused savoring)，前者的积极情绪是外源性的，不可控的，无意识的，如自然风光激发的美感；后者的积极情绪是内源性的，可控的，有意识的，如获得荣誉时的自豪。品味体验还可以依据积极情绪的理性和感性来源分为认知反映(cognitive reflection)和体验沉浸(experiential absorption)两种，前者基于主观内省，如获得荣誉感到骄傲；后者基于感知体会，如感受自然风光之美。这两种分类结合起来就产生了 2(外在、自我)×2(认知、体验)模型(表 14.2)

表 14.2　品味体验分类

| 体验类型 | 关注点 | |
|---|---|---|
| | 外在 | 自我 |
| 认知反映 | 感激 | 自豪 |
| 体验沉浸 | 美感 | 身体舒适感 |

品味过程指一系列生理心理活动，它们把物理刺激转化为积极情绪体验，同时也调节这种体验。品味过程也可以分为上述四种类型，如感恩(thanksgiving)会把他人的帮助转化为感激情绪，享受赞美(basking)会把荣誉转化为自豪情绪，赞叹奇迹(marveling)把自然风光转化为美感，而陶醉舒适(luxuriating，尤指舒适豪华的事物)会把物质生活条件转化为身体舒适感。

品味策略指增强和延续积极情绪的方法，主要有 10 种，包括 3 种行为策略和 7 种认知策略(表 14.3)。

---

① Bryant F B，Veroff J. Savoring：A new model of positive experience. Mahwah，NJ：Erlbaum Associates，2007：3.

② Bryant F B，Chadwick E D，Kluwe K. Understanding the processes that regulate positive emotional experience：Unsolved problems and future directions for theory and research on savoring. International Journal of Wellbeing，2011，1(1)：107-126.

**表 14.3　品味策略**

| 行为策略 |
| --- |
| 1. 与人分享（sharing with others），找到分享的对象，告诉他人你是多么珍惜这一时刻。 |
| 2. 沉浸专注（absorption），尽量不要思考，完全放松，停留在那一刻，沉浸在积极事件中。 |
| 3. 行为表达（behavioral expression），自然流露自己的积极情感，不加任何掩饰，比如欢呼雀跃、捧腹大笑等。 |

| 认知策略 |
| --- |
| 1. 比较（comparing），主要是向下比较，将自己的现状同之前更差的状况比较，或与他人更糟糕的状况做比较。 |
| 2. 感知锐化（sensory-perceptual sharpening），用意志努力，集中注意，隔离无关因素，通过增强感知来享受现在的美好时光。 |
| 3. 记忆建构（memory building），通过"心理图像"主动储存记忆片段，以利于未来的回想和与他人的分享。 |
| 4. 自我激励（self-congratulation），告诉自己很强，可以给人留下深刻印象，提醒自己这一刻已经等了很久，要尽力而为。 |
| 5. 当下意识（temporal awareness），提醒自己美好的时光稍纵即逝，要及时享受。 |
| 6. 细数幸运（counting blessing），珍惜自己拥有的，告诉自己"我很幸运"。 |
| 7. 避免扼杀愉悦思维（avoiding kill-joy thinking），在积极事件发生时，避免告诉自己"我不配有如此好事""本来可以做得更好""还有许多麻烦事等着我"等。因为这是消极的品味策略，会降低积极情绪。 |

　　品味信念指自己对品味能力的认知。品味能力包括享受过去、现在和将来积极情绪的能力。品味过去是通过回忆（reminiscence）来实现的，品味未来是通过预期（anticipation）来实现的，品味现在是通过关注当下（the moment）来实现的，它们都需要集中注意于积极情绪。

　　品味量表目前有三个：品味方式量表（the Ways of Savoring Checklist，WOSC）、品味信念量表（the Savoring Beliefs Inventory，SBI）和儿童品味信念量表（the Children's Savoring Beliefs Inventory，CSBI））[1][2]。此外，有研究采用下列方法测量品味策略的效果：让被试列出过去三个月中的积极生活事件，然后写出自己增强和延续积极情绪的方法，最后用5点量表（1＝无效，5＝很好）对研究者列出的品味策略的有效性进行打分[3]。

　　显然，品味干预的关键在于对来访者进行品味策略的培养和巩固。须指出的是，不同研究者对于品味策略有不同的分类，具体内容也有差异，并且不同策略、不同来访者和不同生活领域等因素都会影响干预效果。因此，干预要根据具体情况灵活使用各种策略。此外，也

---

　　① Bryant F B, Veroff J. Savoring: A new model of positive experience. Mahwah, NJ: Lawrence Erlbaum, 2007: 104-107, 255-260.

　　② Bryant F B. Savoring Beliefs Inventory (SBI): A scale for measuring beliefs about savoring. Journal of Mental Health, 2003, 12(2): 175-196.

　　③ Marques-Pinto A, Oliveira S, Santos A. Does our age affect the way we live? A study on savoring strategies across the life span. Journal of Happiness Studies, 2019. https://doi.org/10.1007/s10902-019-00136-4.

有研究者采用这样的方法进行干预：让来访者早晚各花5分钟时间品味积极情绪，先想一件过去的或现在的或将会发生的令人开心的好事，然后体会自己的积极情绪（如陶醉、有趣、激动、满足等），最后欣赏这样的体验，想想自己是多么愉快[①]。这说明品味干预不一定要使用明确界定的品味策略。

## 三、希望疗法（hope therapy，HT）

史乃德（Snyder，1995）把希望界定为一种目标导向的思维过程，包括对动力（agency）和路径（pathways）的思考[②]。动力指实现目标的动机，路径指实现目标的方式方法。因此，他提出的希望理论（hope theory）包含目标思维（goal thinking）、路径思维（pathway thinking）和动力思维（agency thinking）三个基本因素。

目标思维是希望的核心成分，因为没有目标便没有希望。带来希望的目标肯定有实现的可能，且需要经过一定的努力才能实现。轻而易得的目标是正常生活所必需的，但不属于希望理论讨论的内容，因为它根本不需要努力。

路径思维是寻找实现目标的有效方式方法的能力，它要回答的问题是："有什么方法，哪种方法最好？"它受过去经验和能力知觉的影响，成功的经验和对自己能力的积极信念会促进路径思维。显然，越难的目标需要越强的路径思维能力。

动力思维是关于努力实现目标的动力的认知，表现为"我能""我已经准备好了""我会做的""我已经知道了"等思想观念。动力思维反映了激发和保持为目标而行动的信念，也决定追求目标的决心。它也受过去经验和能力知觉的影响。须指出的是，良好的动力思维来自克服种种困难的生活经历，一帆风顺的生活经历不利于动力思维的培养。

这三个因素是密切联系的。目标是产生希望的起点，也是行动的指南。路径决定是否有可能到达终点，而动力则直接驱使行动，把可能性变为现实。目标的价值和难度会影响路径的选择和动力激发，路径的优劣会影响目标的确立和动力的激发，动力的强弱会影响目标的确立和路径的选择。三因素都好是理想状态，但现实往往存在问题，如目标太难，或路径不佳，或动力不足。所以，希望疗法的作用在于最大限度地把三个因素及其关系调整到最佳状态，帮助来访者走向成功。它分四个步骤[③]。

### 1.激发希望

激发希望指让来访者对希望疗法的效果和未来生活的改善产生积极的预期，为此，咨询师可以借鉴叙事疗法（narrative therapy）的技术，引导来访者讲述重要生活事件，曾经拥有的希望和希望消退的原因。然后用希望理论重构故事，帮助来访者了解自己的希望心理是如何发生、发展和停滞的，存在哪些妨碍希望的思维和行为，又存在哪些积极的动力和路径成分，让来访者对咨询效果和未来生活的改观产生积极的预期。同时，咨询联盟的建立也可

①　Smith J L，Hanni A A. Effects of a savoring intervention on resilience and well-being of older adults. Journal of Applied Gerontology，2019，38（1）：137-152.

②　Snyder C R. Conceptualizing，measuring，and nurturing hope. Journal of Counseling and Development，1995，73（3）：355-360.

③　Lopez S J，Floyd R K，Ulven J C，et al. Hope therapy：Helping clients build a house of hope//Snyder C R. Handbook of hope：Theory，measures，& application. San Diego，CA：Academic Press，2000：123-150.

用于激发希望,因为它包含了希望的三个成分:目标(即咨询目标)、动力(求咨动机)和路径(咨询方法即希望疗法)。有效的咨询本身符合希望疗法的基本原理。

2. 增强目标思维,即确立目标

这里确立的不是咨询目标,而是来访者的生活目标,所以要培养的是来访者分析目标合理性的能力。首先,目标必须符合来访者价值,只有这样才能激发其希望。因此,咨访双方需要讨论来访者的价值和兴趣。其次,选择积极的趋近目标而不是消极的回避目标,如"提高沟通能力"的目标要好于"减少不必要的交往"的目标。此外,目标必须具体可操作,不能太抽象。

3. 增强路径思维

增强路径思维指帮助来访者提高思考实现目标的方式方法的能力,思考的内容也包括各种有利条件,以及可能遇到的困难和对策等。增强路径思维的常用方法是目标分解和寻找替代方法。目标分解指把大目标分解成小目标,因为小目标容易找到实现的路径。为此,如来访者认为应该一步到位,则需要改变其不合理认知。如来访者没有做计划的习惯,则要让其认识到养成这一习惯的重要性,然后引导来访者做计划,并在实现小目标的成功中得到强化,最后实现大目标。

寻找替代方法常用于方法失效行动受阻时,包括通过学习新技能、寻求帮助或调整目标等方式来寻求新的解决方法。为此,咨访双方要一起讨论实现目标的各种方案,培养来访者的应变能力。内在电影想象术(internal movie imagery technique)是希望疗法中常用的方法,咨询师让来访者生动想象自己在目标追求过程中,包括采取的步骤和可能遇到的困难,就像看电影一样。想象的步骤越清晰,越能增强来访者的路径思维。

4. 增强动力思维

增强动力思维指帮助来访者提高思考目标追求动力的能力,常用方法有回顾成功经验、发展积极思维和选择难度适当的子目标。回顾成功经验要求来访者讲过去成功实现目标的故事,尤其是战胜困难的故事,以及有利于实现目标的积极心理(如耐心、毅力等)。发展积极思维可以用归因训练,如训练来访者把失败归因于不可控的外因(如运气不好),把成功归因于可控的内因(如我有能力)。也可以用赛里格曼(2002)[1]提出的 ABCDE 模型,让来访者客观地写出消极事件(adversity)、对事情的信念(belief)、自己的消极情绪和行为(consequences)。然后,引导来访者与这个不合理信念进行自我辩论(disputation),并激发活力(energization)。选择难度适当的子目标需要依据来访者的主客观条件,把大目标分解成通过努力能实现的子目标,以激发来访者的兴趣和动机。此外,让来访者学习他人成功的经验有利于提高对自己能力的评价,增强自我效能感,从而增强动力思维。

## 四、积极反刍思维训练(positive rumination training, PRT)

诺伦-赫克塞玛和莫罗(Nolen-Hoeksema, Morrow, 1991)[2]认为,反刍思维是个体面对

① Seligman M. Optimism about the future//Seligman M. Authentic happiness: Using the new positive psychology to realize your potential for lasting fulfillment. New York: Free Press, 2002: 83-101.

② Nolen-Hoeksema S, Morrow J A. Prospective study of depression and posttraumatic stress symptoms after a natural disaster: The Loma Prieta earthquake. Journal of Personality and Social Psychology, 1991, 61(1): 115-121.

压力事件时自发地反复思考消极情绪及其本质和影响的现象,是一种适应不良的反应风格。但马丁和泰塞(Martin,Tesser,1996)区分了正常反刍思维和病理性反刍思维,前者思考如何实现目标,后者只思考现实和目标之间的差距[1]。而瓦特肯斯(Watkins,2008)区分了建设性和非建设性的反刍思维,前者表现为把问题限定在具体情境中加以分析和解决,属于具体思维;后者表现为把问题的原因、意义和后果推广到其他情境中,属于抽象思维[2]。此外,反刍思维量表大多包含了积极和消极因子,如"愤怒反刍思维量表"(Anger Rumination Scale,ARS)、"事件相关反刍思维问卷"(Event-related Rumination Inventory,ERRI)等。考虑到这些研究只关注个体对消极情绪的反刍思维,凡尔特曼、乔曼和约翰森(Feldman,Joormann,Johnson,2008)提出,个体对积极情绪的反刍思维在心理障碍的产生和发展中具有同等的重要性,他们编制了"积极情感反应量表"(Response to Positive Affect Scale,RPA),该量表也包含积极和消极因子。

通过对以往研究的回顾,杨宏飞等(2018)认为反刍思维包括积极和消极两个基本维度,且针对积极和消极情绪,由此提出了反刍思维的 2(积极、消极反刍思维)×2(积极、消极情绪)模型,并编制了相应的"积极和消极反刍思维量表"[3]。该量表含"享受快乐"等 5 个一阶因子和"积极、消极反刍思维"2 个二阶因子(表 14.4)。然后,以积极和消极反刍思维两个基本维度为变量进行聚类分析,区分了三种反刍思维类型:积极型(高积极反刍思维/低积极反刍思维)、消极型(低积极反刍思维/高消极反刍思维)和低型(低积极反刍思维/低消极反刍思维)。心理健康水平由高到低依次为积极型、低型和消极型。显然,消极型需要降低消极反刍思维,提高积极反刍思维;低型需要提高积极反刍思维。这为针对性地开展干预研究提供了依据。

表 14.4　反刍思维量表的结构

|  | 积极情绪 | 消极情绪 |
|---|---|---|
| 积极反刍思维 | 享受快乐 | 积极应对 |
| 消极反刍思维 | 抑制快乐 | 自我否定、消极归因 |

针对消极反刍思维的干预方法较多,如正念认知疗法(Mindfulness-based Cognitive Therapy,MBC)和反刍思维认知行为疗法(Rumination-focused Cognitive Behavioural Therapy,RFCB)。但这些干预方法忽视了发展积极反刍思维的重要性。对此,杨宏飞(2019)依据积极心理学原理,认为发展积极反刍思维是克服消极反刍思维的有效途径,并提出了积极反刍思维训练方法[4]。

**(一)基本理念**

(1)积极和消极反刍思维是一种习得的思维习惯,可以通过学习加以改变。学习积极反

①　Martin L L, Tesser A. Some ruminative thoughts//Wyer R S. Ruminative thoughts. Vol. 1: Advances in Social Cognition. Mahwah, NJ: Lawrence Erlbaum, 1996: 1-47.

②　Watkins E R. Constructive and unconstructive repetitive thought. Psychology Bulletin, 2008, 134(2): 163-206.

③　Yang H F, Wang Z, Song J L, et al. The positive and negative rumination scale: Development and preliminary validation. Current Psychology, 2018. DOI: 10. 1007/s12144-018-9950-3.

④　杨宏飞. 积极反刍思维训练的理论依据和方法初探. 应用心理学, 2019, 25(3): 272-280.

刍思维能有效地减弱消极反刍思维。

（2）积极反刍思维训练的重点在于把消极型的反刍思维习惯应用到积极情绪上去。而对于缺乏积极反刍思维习惯的低型来说,重点是培养这种习惯。因此,不必拘泥于改变具体的不合理信念,因为当积极反刍思维占优势时,消极反刍思维自然处于劣势,不合理信念会被淡化。

（3）轻微的消极反刍思维是人人皆有的正常心理现象,理解并接纳这一点有利于减轻来访者的心理负担,提高积极反刍思维训练效果。

（4）消极反刍思维者对过去、现在和未来及自我都进行消极思考,看不到或看轻自己的优势,所以积极反刍思维训练需要涵盖这些方面,但以关注现在为主。

（5）讨论消极反刍思维可能触发和强化消极反刍思维,就像消极讨论痛苦可能会加深痛苦一样,所以积极反刍思维训练以讨论积极反刍思维的方式方法为主,以强化积极反刍思维。

**(二)核心技术**

用积极和消极反刍思维量表中的积极因子条目(表14.5)为指导思想进行思考。来访者可用所有条目进行思考,也可依据问题选择若干条进行思考。如考试成功了很高兴,可用"享受快乐"中的所有项目逐一进行思考,也可选用"为自己感到骄傲""觉得自己很棒"进行思考。同理,如考试失败很沮丧,可以用"积极应对"的所有条目进行思考,也可选用"激励自己振作起来"来思考,让自己早日进入积极状态。

需要强调的是,来访者可举一反三或合理提升。如以"会觉得自己很棒"为指导思想时,可用"我确实有潜力""我能做得更好"等类似的思想进行思考。为了培养这种思维习惯,来访者需要做家庭作业:每天记录一个积极情绪和消极情绪,进行积极反刍思维训练,并记录训练效果,下次咨询时与咨询师讨论家庭作业完成情况及效果。

表14.5　积极反刍思维条目

| 享受快乐 | 积极应对 |
| --- | --- |
| 1 会觉得生活很美好 | 1 会提醒自己保持冷静 |
| 2 会为自己感到骄傲 | 2 会想有什么可以做的 |
| 3 会感到自己精力充沛 | 3 会想到"吃一堑长一智" |
| 4 会觉得好幸福 | 4 会激励自己振作起来 |
| 5 会觉得自己很棒 | |
| 6 会觉得前途一片光明 | |

**(三)辅助技术**

为了丰富积极反刍思维训练活动,提高训练效果,可以使用以下辅助技术:

（1）在征得来访者同意后,对咨询过程进行录音或录像,每次咨询后咨访双方抽空听录音或观看录像,分析咨询过程的成败得失,提高咨访双方的自我认知。这一技术一般适用于个别咨询。

（2）好事抽象化,坏事具体化。遇好事时,提高到对自我与人生的积极肯定层面上来,如成绩进步时可以肯定"我有潜力"。这与"享受快乐"吻合。遇坏事时,降低到具体细节上去,如成绩退步时发现"丢分因没看清题目,以后注意"。这与"积极应对"吻合。须注意的是,遇好事也可以分析具体原因以便发扬光大,但分析原因前后都要用抽象化思维来肯定自我,以便强化抽象思维,避免具体思维弱化积极体验。相反,退步时则不能用抽象化思维(如"我不行")来否定自我,以避免产生消极反刍思维和过分概括化的认知曲解。

(3)好事主体化,坏事客体化。遇好事时,用"我"为主语进行思考,归因于我或我们,如"我进步了,说明我有实力"。这与"享受快乐"吻合。遇坏事时,可借鉴叙事疗法中的外化技巧,用"他/他们"或者起个名字或昵称如"淘气鬼"进行思考,如"淘气鬼退步了,你冷静分析一下具体问题出在哪里,吃一堑长一智",这与"积极应对"吻合。

(4)问题解决。遇到坏事时,不要回避,而要思考具体解决方法及操作步骤。如一小学生考数学用心算错误多,可以建议用笔算,平时做作业也用笔算,以提高笔算速度,避免心算错误。消极反刍思维者往往沉溺于自我否定的抽象化思考,不去解决具体问题,所以有必要进行问题解决的思维训练。这与"积极应对"吻合。

(5)接纳与宽容。对于没有必要解决的问题和没有办法解决的问题,思考如何去接纳与宽容。如"我很努力了,但成绩不好是事实",那么就可以想"我只要尽力就行了""我不容许自己不努力,但容许自己不优秀",等等。这也是一种"积极应对",能帮助来访者从无谓的反复思考中解脱出来。

此外,如果是团体心理咨询或班级心理辅导活动课,可开展一些常规性的团体游戏活动,如破冰、信任之旅、告别仪式等,但须融入积极反刍思维训练内容,如"积极破冰",成员依次自我介绍"我是谁""我的特长和优势"等。

(四)操作步骤

为方便理解,这里用一个失恋来访者 A 的心理咨询为例,说明操作步骤。

第一步:介绍规则。介绍心理咨询的基本规则(如保密等)后,就录音或录像问题征求来访者的意见,说明录音或录像只用于对来访者的心理咨询,不外传。必要时可签署协议。如果来访者同意便开始录制。本例中,A 同意录音。双方都要事后听录音或看录像进行分析评价,再次咨询时交换意见。

第二步:了解问题。了解来访者的问题,分析是否适合心理咨询。如果属于严重心理问题如抑郁症等,则需要转介。如适合心理咨询,并存在消极反刍思维问题,则让其完成"积极和消极反刍思维量表",计算各因子所得均分。可以根据需要同时使用其他心理健康量表。本例中,A 被男友抛弃自信心受挫,对未来恋爱感到迷茫与畏惧。她情绪低落,反复思考自身原因,不能自拔,表现出较严重的消极反刍思维。该问题由现实刺激引起,持续近两个月,社会功能受损程度轻微,内容未泛化,属于一般心理问题,适合心理咨询。

第三步,介绍原理。介绍积极和消极反刍思维的概念及其对心理健康的影响,结合测量结果分析来访者的积极和消极反刍思维状况,包括起因、内容和结果。起因指事件、情感、思想、人物、地点、时间、活动等,内容指具体的思想及各种思想的前后顺序,结果指对情绪和行为的影响。本例中,A 的消极反刍思维起因是突然被分手,内容是反复思考自己是否做错了什么,结果是自信心受挫,对未来爱情感到迷茫。这样分析是为了明确问题所在,以便确定目标。

第四步:确定目标。确定心理咨询目标,包括总目标和子目标。本例中,A 的咨询总目标是提高自信心,积极面对未来爱情。第一个子目标为冷静分析双方各自的错误,不把失恋完全归咎自己,把失恋当作成长的机会,思考可以从失恋中学到什么。第二个子目标是寻找自己的优点,肯定自我。咨询目标由咨访双方讨论确定,且可以依据情况调整。

第五步:核心技术训练。介绍积极反刍思维训练核心技术,并当场练习,直到来访者掌握。本例中,A 选择"提醒自己冷静下来"和"吃一堑长一智"为指导思考第一个子目标,结果发现分手前吵架时男友也有错;如前男友下班回家希望安静独处,A 希望聊天,但前男友说话比较极端,如让 A 当作他不存在,从来就没有认识他这个人一样,等等,所以 A 不必太自责。但 A 自己也不让步,这一点以后需要注意。然后布置家庭作业。核心技术的练习贯穿整个心理咨询过程,是工作重点。

以上五步在第一次咨询时完成。

第六步:辅助技术训练。从第二次开始,在练习核心技术的基础上,依据来访者的情况逐一选择录音之外的四种辅助技术进行训练。一般一次咨询选择一两种技术进行训练。学完后,来访者可以选择自己喜欢的和有效的技术进行日常练习。辅助技术的使用也纳入家庭作业。

须注意的是,从第二次开始,咨询师依据咨询目标提出每次咨询的主题,核心和辅助技术训练结合主题展开。本例中,为提高 A 的自信心,需要从各方面来肯定自我,方法之一是从成长过程中寻找亮点。所以,第二次咨询的主题是"画生命线",以时间为横坐标(时间单位自己定),幸福指数为纵坐标(0 以上为幸福程度,0 以下为不幸福程度),描绘自己从小到现在的生命曲线,分析幸福和不幸福的原因,然后用学习的核心和辅助技术进行思考。如 A 高考不理想,幸福指数下降,但通过努力考研进入名校,幸福指数上升。对此可以用"我为自己感到骄傲"等积极条目来思考,同时用"我是个有潜力、有毅力的人"等抽象化思想来思考。

接着,针对 A 因失恋而否定自我的思维方式,咨询师选择"坏事具体化,好事抽象化"的辅助技术进行训练。A 选择的一件坏事是前男友为自己回国,导致愧疚感。她的具体化思想为:当初自己过于情绪化,逼迫前男友回国,但前男友人生规划不够成熟,签证未办完就回国。A 说的好事是:上大学与室友、同学相处融洽。她的抽象化思想为:自己的人际关系处理能力值得肯定。这次咨询与两个子目标都有关,即克服自责心理,同时肯定自我。

此外,本例第三次咨询的主题是"积极看自我",从生理自我、心理自我和社会自我角度分析。同时,针对 A 回避解决问题的心理,选择"问题解决"技术进行训练。第四次咨询的主题是"我的优势",用"中文优势问卷"(Chinese Virtues Questionnaire,CVQ)识别 5 种优势,每天使用一种优势。同时,针对 A 苛求自己的心理,选择"接纳与宽容"技术训练。具体情况限于篇幅不再赘述。经过四次咨询后,A 表示咨询目的已经达到,可以结束。

第七步:结束。若咨访双方认为心理咨询的目标已经实现或基本实现,则可以进行最后一次心理咨询,总结积极反刍思维训练的效果,如果有必要可以再做一次跟踪,咨访双方再讨论一下积极和消极反刍思维情况。本例中,咨询师认同 A 的看法,认为可以结束咨询。一周后跟踪表明,A 继续保持良好的心态,她肯定这次咨询有效。

关于训练效果的评估,可参考本教材第十五章提出的心理咨询效果评价模型。一般可采用当事人报告的实证方法,用"积极和消极反刍思维量表"和有关心理健康量表进行前测、后测和跟踪测验。常用量表如主观幸福感、自尊等积极心理量表和抑郁、焦虑等消极心理量表，可依据干预目的的选择使用，如 A 在咨询前后和跟踪时都做了有关量表测验。

# 第三节　积极心理干预评价

积极心理干预把积极心理学"以积极制消极"的基本理念转化为可操作的方法，激发了广大研究者和实践者的目标思维、动力思维和路径思维，促使他们快乐地投入这项有意义的工作中，在积极的反思中，品味成功的甘甜，推动事业的发展。它在继承和补充传统心理学的同时酝酿着理论和方法的创新，其优点主要体现在以下几个方面：

1. 服务对象广

积极心理干预不仅可以服务于各种心理障碍患者，帮助他们克服消极症状，促进康复，也可以服务于正常人，帮助他们提升学习、工作和生活质量。换言之，积极心理干预能起到一箭双雕的作用，即增强积极心理的同时减轻或预防心理症状，而传统心理干预在增强积极心理方面比较欠缺。

2. 能缓冲甚至消除"病耻感"或"污名"现象

传统心理干预主要服务于患者，接受干预意味着有心理障碍，而心理障碍在生活中等同于"精神病"，这是一个"污名"，会给来访者及其家属带来压力和"病耻感"。由于积极心理干预面向所有人群，尤其以"幸福课堂""幸福培训"的组织形式出现时，能去污名化，避免了产生"病耻感"等消极心理。

3. 操作方便、成本低、见效快、无副作用

从已有研究看，积极心理干预的方法比较简单，容易掌握和操作。如"三件好事""写感激信""积极回应""享受快乐"等活动非常容易理解。这些方法会立刻带来积极的心理状态，只要坚持，就会形成持久的积极心态。由此带来的身体和心理健康减少了治疗身体和心理疾病的医疗费用。积极心理干预一般不会有副作用，可能某种活动（如感恩日记）会使人感到没有事情可写，但不会导致抑郁焦虑等症状。

4. 方法比较灵活，便于整合

如"三件好事"几乎可用于所有积极心理干预，品味干预和希望疗法也可以结合使用，如实现一个小目标时可以品味积极情绪。这些方法也可以与传统疗法如认知行为疗法结合，如赛里格曼的 ABCDE 模型本质上是对艾利斯 ABEDE 模型的借鉴。

但积极心理干预也有一些缺点，今后需要改进。

1. 过度强调积极心理的作用，忽视消极心理的意义

有人认为，历史上心理学研究曾经出现重消极轻积极的失衡现象，积极心理学的诞生起了矫正的作用；但目前积极心理学的发展出现了相反的重积极轻消极的失衡现象，甚至可称为"积极暴政"[①]。不难理解，对积极的盲目追求可能适得其反，如积极情绪对于幸福感的促

---

① 翟贤亮,葛鲁嘉.积极心理学的建设性冲突与视域转换.心理科学进展,2017,25(2):290-297.

进作用可能呈倒"U"形曲线现象,高强度和低强度的积极情绪都无益于提高幸福感[1]。又如在家庭夫妻关系中,过分强调宽恕会加剧家暴行为,而不宽恕不容忍有利于阻止家暴行为[2]。同理,消极心理也有积极意义,如防御性悲观有利于提高自尊[3]。简言之,积极和消极心理本身是一个有机的整体,其作用也因人、因事、因时、因地而异,割裂两者的关系和机械地看它们的作用并不科学。所以,在积极心理干预中,需要考虑消极心理的积极意义和积极心理的消极作用,把握好"以积极制消极"的分寸。

2. 对积极心理干预效果需要深入研究

目前研究的一个特点是大样本少,跟踪研究少,对照研究不足。怀特等(White et al.,2019)[4]发现,该领域有两篇广为引用的元分析论文报告了积极心理干预对幸福感的效应值($r=0.29/0.10$)和对抑郁的效应值($r=0.31/0.11$),但这两个研究所用的方法和入组标准不同,且没有详细说明方法,也没有报告小样本偏差。他们对两篇论文收录的研究重新进行了元分析,发现控制小样本偏差后,积极心理干预对幸福感的效应小但显著($r=0.10$),对抑郁的效应接近 0。这说明,积极心理干预的效果没有原来报告的好,需要做进一步的研究。

此外,积极心理干预的理论建构需要加强,虽然没有必要也不可能建构一个公认的大理论体系,但围绕某个主题提出的理论框架也要有扎实的研究为基础,所包含的主要因素要经得起理论推敲和实践检验。

## 思考题

1. 积极心理学是如何看心理障碍的?

2. 心理健康的双因素模型是什么?

3. 选择一种积极心理干预方法,以自己为对象练习一周或以上,考察效果。

4. 向一位或多为朋友推荐一种积极心理干预方法,或推荐一种具体的技巧,鼓励他们尝试,考察效果。

## 小组活动

1. 讨论书上介绍的四种干预方法,每种方法中哪些地方比较好,哪些地方可以改进,如何改进?

2. 分享上面第 3、4 题。

---

[1] Hervás G. The limits of positive interventions. Psychologist Papers,2017,38(1):42-49.

[2] McNulty J K. The dark side of forgiveness:The tendency to forgive predicts continued psychological and physical aggression in marriage. Personality and Social Psychology Bulletin,2011,37(6):770-783.

[3] Norem J K,Illingworth K S S. Mood and performance among defensive pessimists and strategic optimists. Journal of Research in Personality,2004,38(4):351-366.

[4] White C A, Uttlz B, Holder M D I. Meta-analyses of positive psychology interventions:The effects are much smaller than previously reported. PLoS ONE,2019,14(5):1-48.

第十五章　**心理咨询效果评价**

## ▌学习要点

了解后现代主义心理咨询的理论背景和特点，掌握焦点解决短期咨询等方法的基本步骤，理解后现代心理咨询与以往心理咨询的异同。

心理咨询效果评价是心理咨询领域的一个核心问题，也是心理咨询师的一项重要工作。国外对这一问题一直比较重视，已有一些比较有影响的评价模型。国内迄今发表的文章集中在量表的修订、编制及应用上，对心理咨询效果评价本身的研究非常少。

## 第一节　心理咨询效果评价的历史和现状

15.1 效果评价

### 一、心理咨询效果评价的重要性

心理咨询的一个基本理念是，当事人通过与咨询师的互动后会在某些方面发生变化，且期望这种变化是积极有利的。但问题在于如何对这些变化进行测量、比较和分析。科学地评价心理咨询效果首先是学科发展的需要。在过去十多年中，心理咨询学者们致力于发展"基于证据的心理咨询"（evidence-based counseling），即希望心理咨询工作所有方面的决策都能建立在理性和公正地应用最新最佳的证据之上[1]。21世纪的心理咨询也必将朝着这一方向发展。不少研究者甚至呼吁，心理咨询的实践和培训必须局限于已被证明行之有效的方法之内[2]。而这一切都要以科学的心理咨询效果评价为前提。

---

① Rowland N, Goss S. Edidence-based counseling and psychological therapies: Research and applications. London: Routledge, 2000: 3.

② Westen D, Morrison K. A multidimensional meta-analysis of treatments for depression, panic, and generalized anxiety disorder: An empirical examination of the status of empirically supported therapies. Journal of Consulting and Clinical Psychology, 2001, 69(6): 875-899.

心理咨询效果评价有利于咨询师水平的提高。越来越多的研究表明,咨询师凭自己的直觉和经验对来访者的判断往往有比较大的误差,而运用回归分析模型进行判断则比较准确。虽然咨询师头脑里有更多的知识、完整的案例、备选的决策方案,但他们在诊断和预测来访者的行为时所犯的决策错误并不比外行少[①]。导致这种现象的主要原因在于,咨询师的经验是有限的,往往集中在某一个领域,且信息在记忆过程中会产生变形,因此当新的来访者与以往的来访者比较时,用记忆中的类似案例套用新的来访者,决策错误很容易产生。但在没有客观评价的情况下,咨询师又往往认为自己的经验决策是对的,从而不利于专业水平的真正提高。

心理咨询效果评价的重要性还体现在为大众提供必需的服务质量信息。随着心理咨询成为我国的合法职业,服务质量必然是竞争的主要砝码。心理咨询师和咨询机构有责任为消费者提供这方面的信息,以保证消费者的利益,促进心理咨询事业的正常发展。换言之,科学测量不仅是心理学研究对精确性的要求,也是科学伦理的要求,因为它是区分心理咨询领域专业人才和江湖骗子的重要标准。专业人才能理解并根据职业道德和专业方法对心理咨询工作质量作客观的评价,及时发现自己的不足并加以改进,而江湖骗子则往往倾向性地挑选对自己有利的案例来抬高自己的工作质量,甚至有意夸大咨询效果,以骗取名利。

此外,对于高等学校心理咨询专业的建设和其他培训机构的规范化管理来说,心理咨询效果评价是不可或缺的,一方面,它是专业人才必须掌握的知识技能,另一方面也是考察教学效果、评价人才质量的重要手段。心理咨询专业人才的培养,必须经过科学的评价后才能判断其优劣。在没有科学评价方法的条件下,要在这一领域进行严格的科学管理是比较困难的。

## 二、心理咨询效果评价的历史与现状

早期的心理咨询效果评价对理论的依赖性很强,如精神分析学者关注的是"自我力量(ego-strength)"的变化,他们倾向于使用罗夏赫测验等工具;信奉凯利建构主义理论的认知心理学家会用"认知方格(repitory grid)"等测量个体认知建构的变化,以当事人为中心的研究者则喜欢用"Q类技术(Q-sort technology)"检验真实自我和理想自我的一致性。评价的方式方法也比较单一,主要是咨询师对当事人的总体变化进行评价,其主要特征是:由咨询师评价当事人总体上的变化,且认为变化是单方向的、单维的和稳定的。总体上说,早期评价使用的量表少,量表的项目也少,多数研究只用一个单项目量表(single-item scale)。如迈耶和戴维斯(Meier,Davis,1999)[②]曾经对 1967、1977 和 1987 年发表在《咨询心理学杂志》(*Journal of Counseling Psychology*)上的相关论文做过统计,发现每个研究使用的量表数量在增加,项目也在增加,如 1987 年平均每个量表的项目数是 18,但用得比较多的还是单项目量表。单一评价虽然简单易行,但难以保证有较好的信度和效度。奥利弗和斯波凯恩

① Sexton T L,Whiston S C,Bleuer J C,et al. Integrating outcome research into counseling practice and training. Alexandria VA:American Counseling Association,1997:9

② Meier S T,Davis S R. Trends in reporting psychometric properties of scales used in counseling psychology research. Journal of Counseling Psychology,1990,37(1):113-115.

(Oliver，Spokane，1988)①对生涯干预(career-intervention)的效果评价研究的分析表明了这一点：使用单项目量表的论文中只有30％引用了他人的信度估计，11％进行了简单的信度估计，2％引用他人的效度估计，2％进行了简单的效度估计。

　　20世纪90年代后，多元评价开始占主导地位，效果评价的特点是：①咨询者、来访者、家属、亲友、同事等都可以为评价者；②评价来访者各方面的具体变化；③认为变化是双向的：变好或变坏；④认为变化是多维的；⑤认为变化是不稳定的；⑥评价方法与实际症状有密切联系。多元评价要求使用多元测量(multiple measures)。从理论上说，评价越是多元化，越能反映来访者复杂的变化。但现实问题是，测量越多，所需时间、人力、物力就越多，来访者及其他人员就越不愿意合作。同时，由于研究者使用不同的量表，评价标准很不一致。

　　弗罗德和兰伯特(Froyd，Lambert，1989)②对1983年到1988年发表在20种杂志上的相关论文做了分析，结果表明348个研究共使用了1430个不同量表，测量类型、数量和质量在不同杂志、不同心理障碍、不同处理方法之间存在巨大差异。迈耶和戴维斯(Meier，Davis，1990)③的统计表明，约1/3的量表是研究者自己修订或自编的，其评价标准很不一致。奥格尔斯等(Ogles et al.，1990)④发现在1980年到1990年之间发表的106篇广场恐怖症研究论文中，使用的不同量表有98种，但治疗目标是共同的，治疗方法大多是认知行为疗法。韦尔斯等(Wells et al.，1988)⑤报道，在药物依赖研究论文中有25种测量药物依赖的方法。贝克和丹尼尔斯(Baker，Daniels，1989)⑥发现81篇关于心理咨询师行为改变的研究论文中使用的量表有82种，其中72种只在1个或2个研究中得到使用。我们统计了2002—2003年《咨询心理学杂志》(Journal of Counseling Psychology)上涉及心理咨询效果评价的10篇论文，发现平均每篇论文使用3.6个量表，平均项目数是23，但只有2个量表被使用两次，其余的量表只在一篇论文中使用。

　　另一个问题是，同类研究中不同的测量之间相关不显著。米勒和伯曼(Miller，Berman，1983)⑦发现，效果与测量源(如当事人、咨询师或相关的他人等)有关，因而研究结论也因测量源不同而不同。类似地，阿里斯恩等(Arisohn et al.，1988)⑧发现自我效能感和主动行为的效果期望评价因测量方法而异，尽管测量源都是当事人个体，测量的都是认知。兰伯特和

　　① Oliver L W，Spokane A R. Career intervention outcome：What contributes to client gain? Journal of Counseling Psychology，1988，25(4)：447-462.

　　② Froyd J E，Lambert，M J. A survey and critique of psychotherapy outcome measurement. Paper presented at the Western Psychological Association Conference，Reno，NV，1989.

　　③ Meier S T，Davis S R. Trends in reporting psychometric properties of scales used in counseling psychology research. Journal of Counseling Psychology，1990，37(1)：113-115.

　　④ Ogles B M，Lambert M J，Weight D G，et al. Agoraphobia outcome measurement in the 1980's：A review and meta-analysis. Psychological measurement：Journal of Consulting and Clinical Psychology，1990，2(3)：317-325.

　　⑤ Wells E A，Hawkins J D，Catalano R F. Choosing drug use measures for treatment outcome studies. Ⅰ. The influence of measurement approach on treatment results. International Journal of Drug Addiction，1988，23(8)：851-873.

　　⑥ Baker S B，Daniels T G. Integrating research on the microcounseling program：A meta-analysis. Journal of Counseling Psychology，1989，36(2)：213-222.

　　⑦ Miller R C，Berman J S. The efficacy of cognitive behavior therapies：A quantitative review of the research evidence. Psychological Bulletin，1983，94(1)：39-53.

　　⑧ Arisohn B，Bruch M A，Heimberg R G. Influence of assessment methods on self-efficacy and outcome expectancy ratings of assertive behavior. Journal of Counseling Psychology，1988，35(3)：336-341.

同事(2004)①发现,在效果评价研究中应用最多的量表是贝克抑郁量表(BDI)、状态-特征焦虑量表(STAI)、症状自评量表(SCL-90)、洛克-沃勒斯婚姻调适量表(LWMAI)和明尼苏达多相人格量表(MMPI)。

我国研究者在评价心理咨询效果时主要使用国外引进的量表,自己编制的量表也在增多。杨宏飞(2005)②对2002年《中国心理卫生杂志》《心理学报》《心理科学》《健康心理学杂志》《中国临床心理学杂志》《中国行为医学科学》和《中国学校卫生》等杂志上的37篇相关文章进行统计分析后发现,37篇论文共使用了38个不同的量表(包括4个自编量表),平均每篇使用1.81个量表,只用1个量表的论文20篇,用2个量表的9篇,用3个量表的6篇,用5个量表的1篇,用6个量表的1篇。就量表的使用率来看,症状自评量表(SCL-90)在14篇论文中被使用,Zung氏自评抑郁量表在5篇论文中被使用,汉密顿抑郁量表、家庭亲密度量表、艾逊克人格量表(EPQ)、Achenbach儿童行为量表、自尊量表(SES)在3篇论文中被使用,状态-特质焦虑量表、社交回避与痛苦量表、耶鲁-布郎强迫症状量表(Y-BOCS)和生活质量核心问卷[QLQ-C30(2.0)]在2篇论文中被使用,其余27个量表只在1篇论文中被使用。

总的说来,国内外心理咨询效果评价研究的基本特点是相同的,即使用的量表多,缺乏可比性,针对特殊心理症状或障碍的量表占优势。值得指出的是,随着积极心理学的发展,生活质量与心理健康的关系已得到广泛的关注。如格兰特等(Grant et al.,1995)③提出了"生活质量疗法(quality of life therapy)",弗里希(Frisch,2006)系统研究了这一疗法,并编制生活质量量表(Quality of Life Inventory,QOLI)用于疗效评估④。我们在PsycINFO中输入主题词"quality of life"和"mental health"发现,1989年前的论文数量为168篇,1990—1999年为472篇,2000—2009年为1952篇,2010—2019年为3321篇。这从一个侧面说明越来越多的研究把生活质量作为心理健康的指标。在效果评价领域,这一趋势表现为"症状为中心的(symptom-focused)"效果评价向"生活质量为中心的(quality of life focused)"效果评价发展,因为心理咨询的根本目的是为了提高当事人的生活质量。

## 第二节　国外心理咨询效果评价模型

面对心理咨询效果评价的混乱局面,国外一些心理学家呼吁建立适用于各种咨询和治疗方法的效果评价模型。

① Lambert M J,Lambert J M. Chanpter 4:Use of psychological tests for assessing treatment outcome//Maruish. The use of psychological testing for treatment planning and outcome assessment. 3rd ed. Mahwah,NJ:Lawrence Erlbaum Associates,2004.

② 杨宏飞.心理咨询效果评价模型初探.心理科学,2005,28(3):656-659.

③ Grant G,Salcedo V,Hynnan L S,et al. Effectiveness of quality of life therapy. Psychological Reports,1995,76(3):1203-1208.

④ Frisch M B. Applying a life satisfaction approach to positive psychology and cognitive therapy. Hoboken NJ:Wiley,2006.

## 一、国外几个影响一般的效果评价模型

斯特鲁普和哈德利(Strupp,Hadley,1977,1996)[1][2]提出了"心理健康效果的三维模型"(tripartite model of mental health outcomes),认为对效果感兴趣的主要是社会、当事人和心理健康专业人员三方,效果评价应该根据各方的观点,选择不同的标准测量效果。社会强调行为的稳定性、可预测性和规范性,社会机构(如医疗保险公司)往往从经济的角度考虑心理治疗问题,对心理健康的专业知识比较缺乏,心理健康问题往往被转化为费用问题。所以,不少专业人员反对社会机构参与效果评价。当事人首先希望自己感到满意、幸福,把心理健康看作是自己的主观感受,有的当事人在感到幸福快乐的同时也适应社会,因而被自己和社会一致认为是心理健康的。但由于角度不同,当事人和社会对心理健康的评价往往有矛盾。专业人员往往从人格理论出发来判断心理健康,与社会评价和当事人自我评价存在较大的差异。根据这三方评价的不同组合类型,他们区分了8种心理健康状况(表15.1)。

表 15.1　三维模型对心理健康和心理治疗效果的看法

| 组合类型 | 心理健康状况 |
| --- | --- |
| $B^+W^+S^+$ | 心理完全健康 |
| $B^+W^+S^-$ | 人格结构存在问题(如边缘性人格障碍) |
| $B^+W^-S^+$ | 感到不幸福(如失乐症) |
| $B^+W^-S^-$ | 感到不幸福、人格结构存在问题(如自我脆弱) |
| $B^-W^+S^+$ | 不适应社会(如违法习俗) |
| $B^-W^+S^-$ | 不适应社会、人格结构存在问题(如人格障碍) |
| $B^-W^-S^+$ | 不适应社会、感到不幸福(如不胜任工作) |
| $B^-W^-S^-$ | 心理明显不健康 |

B代表社会评价的"行为",W代表当事人评价的"主观幸福感",S代表专业人员评价的"人格结构";"＋"代表评价高,"－"代表评价低。

该模型主要从评价者的角度来考虑效果评价问题,且充分考虑了主观幸福感对心理健康的意义,有一定的现实意义。由于操作方便,也被一些研究者使用[3]。但它忽视了效果评价中的其他因素,如评价内容、评价工具、评价时间等,使评价模型显得单一。

麦克莱伦和达雷尔(McLellan,Durell,1996)[4]提出从四个方面测量心理咨询效果:①症状的减轻(reduction of symptoms);②健康的、个人的和社会的功能的改进(improvement

① Strupp H H, Hadley S W. A tripartite model of mental health and therapeutic outcomes: With special reference to negative effects in psychotherapy. American Psychologist,1977,32(3):187-196.

② Strupp H H. The tripartite model and the consumer reports study. American Psychologist,1996,51(10):1017-1024.

③ Park S Y. Assessing change in psychosocial treatment for depression from multiple perspectives: The client, the significant other, and the mental health professional. 2003,63(7-A):2712. Abstract retrieved 2003-07-28,from PsycINFO database.

④ McLellan A T,Durell J. Outcome evaluation in psychiatric and substance abuse treatments: Concepts, rationale, and methods//Sederer L J, Dickey B. Outcome assessment in clinical practice. Baltimore: Williams and Wilkins,1996:34-44.

in health,personal,social functioning);③治疗费用(cost of care);④公众健康及安全威胁的减少(reduction in public health and safety threats)。该模型的优点是同时把症状的减轻和功能的改进作为效果评价的指标,但把治疗费用和公众健康及安全威胁的减少也作为指标就显得牵强附会,尤其对我国目前的心理咨询效果评价缺乏参考价值。

多彻蒂和斯特里特(Docherty,Streeter)①认为可以从七个方面进行测量:①症状(symptomatology);②社会/人际功能(social/interpersonal functioning);③工作功能(work functioning);④满意感(satisfaction);⑤治疗的应用(treatment utilization);⑥健康状态/总体健康状况(health status/global well-being);⑦与健康相关的生活质量(health-related quality of life)。该模型更偏重于考察积极的心理功能,但把满意感与生活质量作为平行的概念不妥,因为生活质量包含生活满意感。此外,该模型所涉及因素过于广泛,各因素之间的内在逻辑性不强。

## 二、组织与概念图式

国外影响比较大的是兰伯特、奥格尔斯和马斯特斯(Lambert,Ogles,Masters,1992)提出了心理咨询效果评价的组织和概念图式(organizational and conceptual scheme)②③④。如表15.2所示,该模型由四个维度组成,各维度又分若干成分。其中内容(content)维度反映来访者内在的和外在的变化,这种变化是一个连续体,表中所列只是连续体中的三个成分。来源(source)维度反映信息的来源,表中各成分按卷入咨询过程的程度排列。咨询师和来访者卷入程度最高,最能提供信息,但不少人认为他们提供的信息最有偏见。效果评价肯定随来源不同而变化,在研究时须根据各种来源的利弊和代价进行选择。技术(technology)维度指收集资料的方法,其中总体评价(global ratings)或评估(evaluation)要求评价者通过反省对效果作总体判断,或在后测中对症状的变化作出评价,如服务后问卷(postservice questionaire)便属于这类测量;特殊症状指标(specific symptom indexes)或描述(description)要求评价者报告某一或某些症状在咨询前后的变化,贝克抑郁问卷(Beck Depression Inventory,BDI)可作为此类工具;观察(observation)指记录行为;状况(status)包括对心率、呼吸频率、皮电等的生理测量(physiological measure)和反映来访者个人情况(如离异、分居等)的调查。时间维度反映被测内容的稳定性,特征(traits)是稳定性高的心理现象,状态(state)是稳定性低的心理现象。

① Docherty J P,Streeter M J. Measuring outcomes//Sederer L I,Dickey B. Outcome assessment in clinical practice. Baltimore:Williams and Wilkins,1996:8-18.

② Lambert M J,Ogles B M,Masters K S. Choosing outcome assessment devices:An organizational and conceptual scheme. Journal of Counseling and Development,1992,70(4):527-532.

③ 杨宏飞. 心理咨询效果评价的组织和概念图式简介. 心理科学,2002,25(5):588-590.

④ Lambert M J,Lambert J M. Chanpter 4:Use of psychological tests for assessing treatment outcome//Maruish M E. The use of psychological testing for treatment planning and outcome assessment. 3rd ed. Mahwah N J:Taylor & Francis Inc,2004:171-195.

表 15.2　组织与概念图式

| 内容 | 来源 | 技术 | 时间 |
| --- | --- | --- | --- |
| 个体:认知 | 来访者自我报告 | 评估 | 特征 |
| 　情感 | 咨询师 | 描述 | 状态 |
| 　行为 | 观察员 | 观察 | 类型 |
| 人际 | 相关的他人 | 状况 | |
| 社会角色 | 机构 | | |

1994 年,兰伯特等(1994)[1]在时间维度上又增加了"类型(pattern)",它指被测内容随时间变化的情况。不同来访者的类型是不同的,如有的变化先快后慢,有的先慢后快,有的比较稳定,有的不稳定。这种变化情况需要多次测量才能确定,常用曲线表示。

效果评价研究中的每一个量表都可以从以上四个维度加以分析。如贝克抑郁问卷的内容维度是"情感",社会水平维度是"个体",来源维度是"自我报告",技术维度是"描述",时间维度是"状态"。在实际工作中,这种分析有助于选择测量工具。如有些研究者选择同样类型的量表,以证明评价的信度;而有些研究者则选择不同类型的量表,以测量多方面的变化。

这一图式也便于确定心理咨询研究包含的或没有包含的效果维度。一般说来,忽视某些效果维度会使研究结果产生偏差。此外,对测量工具的实证研究一旦表明一些维度之间存在高相关,那么在以后的研究中就用不着测量所有的维度。总之,对效果维度的改进以及对各种测量之间关系的确定,能为心理咨询提供更好的评价工具。

兰伯特等(1992)[2]曾对 1989 年至 1991 年发表在《心理咨询和发展杂志》(*The Journal of Counseling & Development*)和《咨询心理学杂志》上的 21 篇相关论文作了统计分析,发现每项研究平均使用 3～4 个测量,维度分析结果如表 15.3 所示。

表 15.3　效果评价测量维度因素分析

| 类　　型 | | 数量 | 占比/% |
| --- | --- | --- | --- |
| 内容 | | | |
| | 个体 | 19 | 90 |
| | 人际 | 10 | 48 |
| | 社会角色 | 1 | 5 |
| 来源 | | | |
| | 来访者自我报告 | 21 | 100 |
| | 咨询师 | 4 | 19 |
| | 观察员 | 4 | 19 |
| | 相关的他人 | 0 | 0 |
| | 机构 | 4 | 19 |

① Lambert M J,Hill C E. Assessing psychotherapy outcomes and processes//Bergin A E,Garfield S L. Handbook of Psychotherapy and Behavior Change. 4th ed. New York:John Wiley,1994:72-113.

② Lambert M J,Ogles B M,Masters K S. Choosing outcome assessment devices:An organizational and conceptual scheme. Journal of Counseling and Development,1992,70(4):527-532.

续表

| 类　型 | | 数量 | % |
|---|---|---|---|
| 技术 | | | |
| | 评估 | 9 | 43 |
| | 描述 | 16 | 76 |
| | 观察 | 4 | 19 |
| | 状况 | 2 | 10 |
| 时间 | | | |
| | 特征 | 6 | 29 |
| | 状态 | 21 | 100 |

从表15.3可见,应用最多的是来访者自我报告的个体状态描述问卷。此外,应用多个内容、来源和技术的研究比较少,一半研究包含了人际方面的内容,9个研究应用了后测评估技术,6个测量比较稳定的特征。有些维度因素是被忽视的,如很少有研究使用咨询师、观察员和机构来源,以及观察和状况技术,只有一个研究测量了社会角色,没有研究请相关的他人做评价。

为了说明问题,兰伯特等(1992)①进一步用该图式分析了德芬巴赫等(Deffenbacher et al.,1990)的一个研究,该研究比较了认知行为团体治疗(cognitive-behavioral group treatment)和过程导向团体治疗(process-oriented group treatment)在降低愤怒情绪中的作用。如表15.4所示,它使用了9种量表,其中5个量表测量个体内容,这5个量表都包含了认知、情感和行为因素,另外4个量表测量了人际内容,没有量表测量社会角色。9个量表都用自我报告来源和描述技术,没有量表使用其他来源和技术。从时间维度看,5个量表反映状态,4个量表反映特征。

表 15.4　对德芬巴赫等使用量表的维度因素分析

| 量　表 | 内容 | 来源 | 技术 | 时间 |
|---|---|---|---|---|
| 状态愤怒量表 | 个体 | 自我报告 | 描述 | 状态 |
| 特征愤怒量表 | 个体 | 自我报告 | 描述 | 特征 |
| 愤怒内表达量表 | 个体 | 自我报告 | 描述 | 特征 |
| 愤怒外表达量表 | 人际 | 自我报告 | 描述 | 特征 |
| 愤怒量表 | 人际 | 自我报告 | 描述 | 状态 |
| 愤怒症状量表 | 个体 | 自我报告 | 描述 | 状态 |
| 愤怒情境量表 | 人际 | 自我报告 | 描述 | 状态 |
| 功能失调应对量表 | 人际 | 自我报告 | 描述 | 状态 |
| 特征焦虑量表 | 个体 | 自我报告 | 描述 | 特征 |

---

① Lambert M J,Ogles B M,Masters K S. Choosing outcome assessment devices:An organizational and conceptual scheme. Journal of Counseling and Development,1992,70(4):527-532.

这一分析表明,该研究虽然使用了 9 个量表,但缺乏社会角色内容,来源和技术单一,如果能包含更多的内容、来源和技术,研究结果可能更有意义。

根据兰伯特的报告,越来越多的研究在心理咨询和事后跟踪中使用多次测量,虽然每个来访者的变化情况不一样,但开始三次咨询引起的积极变化大的来访者往往能以积极的变化结束咨询,并能把这种变化保持下去[1]。此外,奥格尔斯(Ogles)等[2]在 1996 年根据这一模型编制了"俄亥俄青年问题、功能和满意量表"(Ohio Youth Problem, Functioning, and Satisfaction Scales),如根据"来源"维度,他们编制了自评量表、父母量表和机构工作人员量表。该量表经过 5 年多的应用被证明有良好的信度和效度。

该模型的维度比较集中,彼此之间有内在的联系,能比较全面反映心理咨询的效果;但维度中因素分类的合理性值得商榷,如"内容"和"社会水平"存在概念重叠问题,因为严格地说它们都是"内容",只是分类角度不一,前者遵循普通心理学中心理过程的"知、情、行"分类法分类,后者参照社会心理学中心理现象的"个体性—社会性"维度分类。又如,"来源"中的"机构"在概念上与其余四个来源有重叠,因为学校、单位、咨询机构等提供的信息实际上是有关的老师、领导、同事甚至是专业人员提供的。再如,"总体评估""特殊描述"和"观察"也存在交叉现象,因为对行为的观察记录也可以是总体的或特殊的;"状况"中的生理测量和个人情况是两个完全不同的指标,所用技术也完全不一样,纳入同一类别似乎欠妥。此外,时间维度的本质并不是概念性的,而是经验性的,也就是说,只要某种变化得到长时间保持,它就是稳定的"特征",否则就是不稳定的"状态",因而根据量表项目的词义来确定"特征"和"状态"不太合适,而且这样的区分并不能反映咨询效果的好坏,因为测量特征与测量状态本身并不能表示咨询是否有效。

尽管如此,兰伯特等试图构建适合广大研究者和实践者的效果评价模型,以改变效果评价混乱复杂、无法交流的局面,其思路和学术价值是值得肯定的。随着我国心理咨询的迅速发展,引进和自编的效果评价量表正日益增多,如果不及时研究效果评价的理论模型,也难免陷入混杂的困境。因此,该图式对我国心理咨询效果评价研究是很有启迪的。

# 第三节　国内心理咨询效果评价模型

上述模型都是依据临床实践的需要建构的,由此摆脱了对某一种心理咨询理论和方法的依附,使得适应面更为宽广。但由于每个学者考虑的实际需要有所不同,模型之间差别很大。我国心理咨询业正在兴起,心理咨询效果评价问题尚未得到很好的研究,同时,学校心理辅导和心理健康教育的效果评价问题也需要进一步研究。从效果评价角度看,心理咨询、心理治疗、心理辅导和心理健康教育可以说是一致的,都要求客观地反映心理健康水平的变化。鉴于这样的情况,杨宏飞(2005)[3]在借鉴国外研究成果的基础上提出了适合我国心理

---

①　该资料来自 Lambert 教授 2000 年 2 月 2 日给本文作者的来信。

②　Ogles B M, Melendez D G, Davis D C, et al. The Ohio youth problem, functioning, and satisfaction scales (technical manual). Athens:Ohio University,2000.

③　杨宏飞. 心理咨询效果评价模型初探. 心理科学,2005,28(3):656-659.

咨询和心理健康教育的心理咨询效果评价的 5-维模型。

## 一、效果评价 5-维模型

我们认为,心理咨询效果评价必须围绕来访者的变化回答四个核心问题(图 15.1):①什么在变化? ②谁报告的变化? ③报告变化所用的工具是什么? ④什么时间报告的变化? 依据这些问题构建的效果评价维度不会受理论、方法和文化背景的影响,也适用于我国广泛开展的学校心理辅导和心理健康教育。

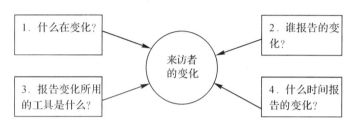

图 15.1 心理咨询效果评价的核心问题

鉴于这样的分析,可以认为兰伯特等的建构思路比较合理,因为前 2 个维度回答了第一个问题,后三个维度分别回答了其余的 3 个问题。但在具体维度的命名和因素的组成上需要改进,尤其可以吸取其他模型的优点,并渗透积极心理学的理念。据此,我们试图作以下修改。首先,"内容"改为"心理层面",但组成因素不变;"社会水平"保持不变。这两个维度都能反映当事人在什么方面发生了心理变化,放在一起能使变化的内容更为明确,使效果评价更有针对性。其次,"来源"改为"报告人",包括来访者、专业人员(指咨询师和受过训练的观察员)、知情者(指亲友、同事、同学、老师等)。第三,"技术"改为"工具"。我们把心理咨询效果评价量表分为四类,第一类是消极型量表,反映消极的心理现象,如"症状自评量表"(SCL-90)等。第二类是积极型量表,反映积极的心理现象,如"生活满意度量表"等。第三类是中间型量表,它反映的心理现象是不能用积极或消极的价值来评价的,如"霍兰德职业兴趣量表"等;另一种中间型量表把消极的和积极的心理现象视为连续体,既反映消极的心理现象,又反映积极的心理现象,如"情感量表:正向情感、负向情感、情感平衡"便属此类。这三种量表的区分旨在渗透积极心理学思想,反映来访者在消极和积极心理方面的变化,这种变化更能反映心理咨询的效果,尤其对于国内广泛开展的发展性心理辅导和心理健康教育,积极心理方面的变化对效果评价更为重要。第四类是工作评价量表,反映来访者对咨询师、咨询态度、咨询技巧、咨询机构、咨询过程和咨治关系等的评价。它是正规的心理咨询机构必备的,但由于不能纳入前三类而单独作为一个类型。第四,"时间"维度的因素按照报告变化的时间来分类。每次咨询结束时报告称为"即时报告",以后报告称为"跟踪报告",有时当事人需要进行多次咨询,则又有"中期报告"(如共有 8 次咨询,第 4 次结束时报告)和结束时的"总结报告"。如果是一次性咨询,则即时报告和总结报告是一回事。这样的区分更有利于效果评价,因为时间是检验效果的一个重要参数。

我们把修改后的模型称为 5-维模型,如表 15.5 所示。

表 15.5　5-维模型

| 心理层面 | 社会水平 | 报告人 | 工具 | 时间 |
|---|---|---|---|---|
| 认知 | 个体 | 当事人 | 消极型 | 即时 |
| 情感 | 人际 | 专业人员 | 积极型 | 中期 |
| 行为 | 社会角色 | 知情者 | 中间型 | 跟踪 |
| | | | 工作评价 | 总结 |

　　根据这一模型,可以对任何一个心理量表进行维度因素分析。如我国常用的症状自评量表(SCL-90)的心理层面属于"混合",因为它包含认知、情感和行为因素;该量表反映个体内部心理症状,属于来访者报告的消极型工具,适合在任何时间使用。又如 Achenbach 儿童行为量表(家长用)的心理层面包含情感和行为,反映个体内部、人际和社会角色表现等问题,属于知情者报告的消极型工具,适合在任何时间使用。在实际工作中,这种分析有利于选择测量工具。如研究目的在于证明效果评价的效度,则可选择相同类型的量表;如研究目的在于反映当事人不同方面的变化,则可选用不同类型的量表。

　　这一模型也便于确定心理咨询效果研究包含或没有包含的维度和因素。一般说来,维度或因素单一的效果评价容易出现偏差,如认知的积极变化不一定意味着情感和行为的积极变化,来访者出于对咨询师的感激会有意无意地高估咨询效果,或者由于期望太高而低估;诊断性测验能较好地反映心理不健康程度,但并不能较好地反映心理健康的程度,等等。此外,如果对不同量表的实证研究表明某些维度之间存在高相关的话,那么在今后的研究中就不用再同时使用这些维度,由此可以节省人力和物力。总之,对模型维度的改进和对各种量表之间关系的研究,能为心理咨询提供更好的效果评价方法。

## 二、5-维模型的应用举例

### (一)37 篇论文效果评价测验的维度分析

　　我们对前文提到的 37 篇相关文章用 5-维模型再做分析,结果见表 15.6。不难发现,使用最多的是当事人自我报告的、反映个体内部心理问题的情感方面的消极型量表,考察变化的常用方法是总结报告。专业人员报告、跟踪报告、工作评价量表等研究手段基本处于空白状态,说明效果评价研究很不全面。王茹婧等(2017)[①]对 2001—2016 年国内 9 种心理学期刊上的 89 篇团体心理咨询论文进行分析表明,专业人员(领导者/督导/观察者)报告只有 4 篇(占 4.5%)、跟踪报告 29 篇(占 32.6%),说明专业人员报告依旧很少,但跟踪报告增长明显。

---

　　① 王茹婧,樊富珉,李虹,等.2001—2016 年国内团体心理咨询效果评估:现状、问题与提升策略.中国临床心理学杂志,2017,205(3):577-582.

表 15.6　37 篇论文效果评价测验维度因素分析

| 维　　度 | | 数量 | 占比/% |
|---|---|---|---|
| 心理层面 | | | |
| | 认知 | 25 | 68 |
| | 情感 | 36 | 97 |
| | 行为 | 29 | 78 |
| 社会水平 | | | |
| | 个体 | 32 | 86 |
| | 人际 | 14 | 38 |
| | 社会角色 | 8 | 22 |
| 报告人 | | | |
| | 来访者 | 37 | 100 |
| | 专业人员 | 0 | 0 |
| | 知情者 | 3 | 8 |
| 工具 | | | |
| | 消极型 | 36 | 97 |
| | 积极型 | 8 | 22 |
| | 中间型 | 12 | 32 |
| | 工作评价 | 1 | 3 |
| 时间 | | | |
| | 即时 | 0 | 0 |
| | 追踪 | 0 | 0 |
| | 中期 | 1 | 3 |
| | 总结 | 37 | 100 |

**(二)两个典型研究的效果评价测验的维度分析**

为了进一步说明问题,我们对两个典型的研究进行了效果评价测验的维度分析。表 15.7 分析的是周敏娟等[①]对离异家庭青少年心理障碍的干预研究,其工作属于矫正性心理治疗。他们使用了 6 种心理测验和 JD-2A 型肌电生物反馈仪(用于测基础肌电值),并对 7 名被试结合使用了抗抑郁、抗焦虑等药物。事先—事后测验比较表明,除个别指标没有显著差异外,其余指标都有显著差异;干预结束时,两位心理医生对医患关系、班主任及父母对干预的配合情况,均以好、较、一般、较差四级评分,在显著进步组和不显著进步组之间进行比较,发现差异显著,这说明干预是成功的。

---

① 周敏娟,姚立旗,王韵芬,等.离异家庭青少年心理障碍干预效果的相关研究.中国行为医学科学,2002,11(4):444-446.

表 15.7　周敏娟等使用测验的维度因素分析

| 测　验 | 心理层面 | 社会水平 | 报告人 | 工具 | 时间 |
|---|---|---|---|---|---|
| 症状自评量表(SCL-90) | 综合 | 个体 | 当事人 | 消极型 | 总结 |
| 艾逊克个性问卷(EPQ) | 情感/行为 | 个体 | 当事人 | 消极型 | 总结 |
| 社交回避及苦恼量表(SAD) | 情感/行为 | 人际 | 当事人 | 消极型 | 总结 |
| Achenbach 儿童行为问卷(CBCL) | 情感/行为 | 综合 | 知情者 | 消极型 | 总结 |
| 父母养育方式评价量表(EMBU) | 情感/行为 | 社会角色 | 当事人 | 消极型 | 总结 |
| 亲子关系问卷 | 情感/行为 | 人际 | 当事人 | 中间型 | 总结 |
| JD-2A 型肌电生物反馈仪 | 行为 | 个体 | 专业人员 | 中间型 | 总结 |
| 医患关系、班主任及父母的配合情况 | 情感/行为 | 人际 | 专业人员 | 工作评价 | 总结 |

由表 15.7 可知,该研究反映的主要是情感和行为方面的变化,包含三个社会水平,但以个体和人际水平为主,四种报告人都有但以当事人自我报告为主,消极型量表最多,没有积极型量表,报告时间都是干预结束时的总结报告。这样,我们可以建议今后的研究增加认知层面和社会角色表现方面的内容,增加知情者量表和积极型量表,进行即时报告或中期报告,更重要的是进行干预结束后的跟踪研究,以详细地考察变化情况和长远效果。

表 15.8 分析的是边玉芳等[①]对小学生的一个全员参与发展性心理辅导的研究。他们使用了四种心理测验,并在结束时用自编家长评定问卷收集家长反馈意见。结果表明,心理测验的绝大多数指标的事先—事后差异显著,家长反映良好,说明研究是成功的。

由表 15.8 可知,该研究反映了三个心理层面和三种社会水平(人际水平相对较少)的变化情况,但报告人中没有专业人员报告,也缺乏中期和跟踪报告。据此,我们可以认为今后同类研究应该考虑增加人际关系测量,让辅导教师参加报告,同时使用中期及跟踪报告,以完善发展性心理辅导研究。

表 15.8　边玉芳等使用测验的维度因素分析

| 测　验 | 心理层面 | 社会水平 | 报告人 | 工具 | 时间 |
|---|---|---|---|---|---|
| 学习适应性量表(AAT) | 情感/行为 | 个体/社会角色 | 当事人 | 中间型 | 总结 |
| 一般性焦虑测验(GAT) | 情感 | 个体 | 当事人 | 消极型 | 总结 |
| Achenbach 儿童行为问卷(CBCL) | 情感/行为 | 综合 | 知情者 | 消极型 | 总结 |
| 认识自己问卷 | 认知 | 个体 | 当事人 | 中间型 | 总结 |
| 自编家长问卷 | 认知 | 社会角色 | 知情者 | 工作评价 | 总结 |

依据这一模型,还可以对这两个性质不同的研究做一比较。就心理层面来说,边玉芳等的研究比周敏娟等的研究要均衡;从社会水平来说,两者各有偏重;工具维度两者相似;但报告人存在差别,周敏娟等的研究比边玉芳等的研究要全面;两者在时间维度上存在同样的不足。

(三)《心理卫生评定量表手册(增订版)》的维度分析

1999 年 12 月,中国心理卫生杂志社编写出版了《心理卫生评定量表手册(增订版)》,介

① 边玉芳,李绍才,祝新华. 全员参与学生发展性心理辅导研究. 心理科学,2002,25(6):697-701.

绍 14 类共 115 个量表。我们根据上述模型对有全文的 109 个量表的特征进行了分析,结果如表 15.9 所示:这些量表中反映情感的较多,反映认知和行为的较少;反映个体水平的最多,反映社会角色表现的太少;来访者自我报告的量表占绝对优势,只有个别知情者或专业人员量表;消极型量表占一半以上,积极型量表最少,没有工作评价量表。

表 15.9　109 个量表的维度分析

| 类　　型 | | 数量 | 占比/% |
|---|---|---|---|
| 心理层面 | | | |
| | 认知 | 50 | 46 |
| | 情感 | 88 | 81 |
| | 行为 | 43 | 39 |
| 社会水平 | | | |
| | 个体 | 81 | 74 |
| | 人际 | 74 | 68 |
| | 社会角色 | 17 | 16 |
| 报告人 | | | |
| | 当事人 | 99 | 91 |
| | 知情者 | 7 | 6 |
| | 专业人员 | 3 | 3 |
| 工具 | | | |
| | 消极型 | 52 | 48 |
| | 积极型 | 19 | 17 |
| | 中间型 | 38 | 35 |
| | 工作评价 | 0 | 0 |

由此可见,我国心理咨询领域有必要增加一些反映认知和行为变化的量表,发展一些反映社会角色功能的量表及知情者和专业人员量表,同时要加强对积极心理学的研究,发展积极型心理测验,以利于改变我国重矫正轻发展的心理咨询模式。此外,心理咨询工作评价量表也迫切需要修订或者编制。

## 四、结束语

心理咨询效果评价存在两个基本矛盾,一是有理论导向和无理论导向之间的矛盾。尽管现代心理咨询主张各种理论的整合,但在实际工作中,不同的咨询师对不同理论的偏好,以及不同理论对不同当事人的效果差异依然存在,且整合不是排斥理论,而是灵活机动地运用各种理论以更有效地帮助当事人。显然,量表与所用的理论一致时,容易反映该理论的实践效果,反过来有利于理论的深入研究,但不同理论之间的效果比较就较困难。如果我们具有了超越理论局限的评价模型,就有了比较分析的可能,但对理论本身的研究帮助不大,且依据实际工作需要提出的评价模型往往缺乏坚实的理论根基而难以令人信服。二是特殊评价与一般评价之间的矛盾。心理问题有各种不同类型,如抑郁、焦虑、人际关系紧张等,如果我们针对具体的问题进行测量,其结果更能反映咨询效果,但不同类型问题之间就难以比较分析咨询效果。如果我们试图发展一种便于比较的普遍适用的效果评价量表,则往往难以把各类问题纳入其中,以致测量的内容偏离实际情况。

我们以为,要用一种量表来统摄心理咨询效果评价是不现实的,有效的方式是特殊评价和一般评价相结合。心理咨询效果评价模型的发展有利于实现这一目标。首先,它提示我们可按不同的维度选择特殊量表,避免重复使用特征一致的量表(除非为了证明效度),以便用最少的量表有效地从多个角度反映咨询效果。其次,它能帮助澄清目前缺少的量表,从而发展真正需要的量表。再次,它能帮助我们发展一组普遍适用的一般效果评价量表,这组量表必须包括认知、情感、行为三个心理层面,反映个体、人际和社会角色三个社会水平,有来访者、专业人员和知情者使用的版本,且包含能反映消极和积极心理的量表及工作评价量表。此外,它对于研究心理咨询效果评价的文化差异有一定的指导意义,如在"心理层面",中国人评价心理健康时是否更强调社会认可的行为,而西方人更注重个人体验的情感? 在"社会水平"方面,中国人是否更侧重人际和谐,而西方人更注重个人感受? 在"报告人"方面,中国人是否更看重专家(权威)的评价,而西方人更看中自己的评价? 在"工具"方面,中国人是否更强调消极心理的消除,而西方人更强调积极心理的改进? 在"时间"方面,中国人是否更希望取得长期效果(即相信能取得长期效果的心理咨询才是有效的)? 当然,"5-维模型"是否具备这些功能有待进一步研究,尤其是它能否指导发展一组通用效果评价量表,有利于跨文化的比较,需要作深入的探讨。

## 思考题

1. 为什么要开展心理咨询效果评价研究?
2. 心理咨询效果评价应该回答哪四个问题?
3. 找一篇心理咨询效果研究文献,用效果评价的 5-维模型进行分析。

## 小组活动

1. 分享上面第 3 题。
2. 每个同学对小组其他同学的心理健康水平做一评价,被评价的同学作意见反馈。最后讨论他人评价和自我评价的优缺点。
3. 选择一个消极心理健康量表(如抑郁、焦虑、人际交往焦虑量表等)和一个积极心理健康量表(如乐观、幸福感、心理韧性量表等),邀请一位好友对自己进行评价,然后分析与自我评价的差异,在小组里分享。

# 第十六章　对心理咨询的哲学反思

## 学习要点

　　了解现代思维和后现代思维的特点及其对心理咨询理论、实践、研究和培训的影响，从本体论、认知论和方法论角度分析心理咨询的哲学基础。

　　西方心理咨询，与整个心理科学一样，自诞生以来的近百年中，一直存在主流与非主流之分。主流心理咨询以现代思维（modern thinking）为基础，竭力向自然科学靠拢，否定其他流派的科学性；非主流心理咨询则坚守人文主义方向，对现代思维采取相对包容的态度，它结合后现代思维（post-modern thinking），我行我素地发展着；但无论哪种流派，都有一定的哲学基础。

## 第一节　心理咨询中的现代思维和后现代思维

### 一、现代思维和后现代思维

　　现代思维也叫科学思维（scientific thinking），它是一种机械还原论的思维方式，文艺复兴后开始流行，主要表现为机械论、还原论、一元论、二元论、经验主义、客观主义、实证主义、操作主义、物理主义和决定论等。这种思维假定真理（truth）或现实（reality）是独立于人或观察者的客观实体，一元论认为精神实体可以还原为物质实体，二元论认为精神实体与物质实体是平行的。实体由某些要素构成，要素决定整体的功能，其活动规律是稳定的、普遍的，可以通过科学的方法加以发现。科学方法或工具决定科学知识的水平。任何知识都必须依据来自观察和实验的经验事实，理论命题只有被经验证实或证伪，才是有意义的。科学研究所追求的是知识或客观规律的普遍性和效度，知识本身是不含价值的。只要有适当的科学方法和技术，我们便可认识真理，把握世界，预测未来。

　　后现代思维也称后科学思维（post-scientific thinking），是一种有机整体论的思维方式，20世纪中期开始流行，主要表现为有机论、整体论、多元论、建构主义、解释主义、语境主义

(contextualism)、辩证法、相对主义和非决定论等。后现代思维认为宇宙是一个有机的整体,整体决定部分的功能。它主张参与性认识论(participatory epistemology),认为观察者和观察对象是不可分割的整体,主客体的关系是辩证的;现实与其说是被我们发现的(discovered),倒不如说是被我们发明的(invented)或共同建构的(co-constructed);建构的过程是社会性的、语境性的、归纳的、释义的和定性的,因而建构及其意义是相对的,也是多元的;科学的实质是通过建构解决人类关心的问题,而不是方法本身;科学知识是含价值的。这样,科学对真理的寻求便由稳定的和普遍的规则和原理转向建构的和语境化的活动,重点是现实的语境性和相对性本质。科学研究能追求的是规律的特殊性和活力(viability),因为我们不能直接接触和把握现实,也无法精确地预测未来。

现代思维是一种有限的思维方式[1],它总是从某种给定或假定的东西出发,其最高假定是终极真理的存在;它强调分析、元素、确定性、绝对性、理性和知识的价值中立性。而后现代主义则是一种无限的思维方式,它反对任何假定的"前提""基础""中心""视角",否定对终极真理的幻想;它强调综合、整体、不确定性、相对性、直觉和知识的价值性。为简明起见,我们把这两种思维的特点列在表 16.1 之中。

表 16.1　现代思维和后现代思维的比较

| 项目 | 现代思维 | 后现代思维 |
| --- | --- | --- |
| 思维过程 | 分析、从局部看整体 | 综合、从整体看局部 |
| 思维内容: | | |
| 　1.本体论 | 肯定终极真理的存在 | 否定终极真理的存在 |
| 　2.认识论 | 主客体互相独立,意识与物质分裂,观察是客观的、非参与性的,强调因果决定性和可知性,知识和真理是客观的 | 主客体互相包容,意识与物质互相联系,观察是主观的、参与性的,强调辩证互动性和不可知性,知识和真理是主观的 |
| 　3.方法论 | 实证 | 建构 |
| 　4.方法 | 控制变量、实验、测量、干预 | 释义、参与、开发可能性、多元方法 |
| 　5.评估依据 | 客观效度 | 活力 |
| 　6.价值观 | 科学与知识(真理)是价值中立的,真理与美德是分离的 | 科学与知识(真理)是有价值导向的,真理与美德是一体的 |

## 二、心理咨询的认识论基础

现代思维假定心理世界与机械的物理世界一样,是客观存在的自然现象,是可知的,我们可以通过自然科学的方法客观地认识它们,对它们进行实证分析,形成客观的和共有的知识,即一般的规律,并通过技术手段来处理、干预和预计其效果。

后现代思维坚持把心理世界看作一个有机的整体,它存在于与社会环境的协同变化之中,处于不断变化发展之中。我们不可能摆脱自身的和社会历史的因素去客观地认识心理

---

　①　王治河. 作为一种思维方式的后现代哲学. 中国社会科学,1995(1):145-147.

现象,我们认识的心理现象是我们在特定的条件下建构的。心理学知识是主观的和特有的,因而我们无法客观地处理和干预心理世界并预计其效果。现代思维试图为心理咨询提供一种纯客观的、理想化的、一成不变的标准模式,而后现代思维则彻底抛弃这种幻想,主张用社会历史文化的观点去建构心理咨询,承认咨询模式的多元性。从表16.2中我们可以看出两者的不同认识论倾向。

表 16.2　心理咨询的认识论

| 基本概念 | 概念的本质 | |
|---|---|---|
| | 现代思维 | 后现代思维 |
| 存在(being) | 可知 | 不可知 |
| 心理事实(如心理问题) | 被发现的、一元的、客观的 | 被发明的、多元的、主观的 |
| 心理学理论 | 建立在事实之上 | 事实源于理论 |
| 心理科学 | 发现普遍的、与价值无关的心理规律 | 创造特殊的、含价值的心理学知识 |
| 研究心理问题 | 弄清为什么 | 弄清对问题的理解是什么 |
| 心理咨询 | 处理心理问题 | 处理对心理问题的理解 |
| 咨询关系 | 专家-非专家式,咨询师是理解和解决来访者问题的专家 | 专家-专家式关系,咨询师是理解和帮助建构的专家,来访者是了解自己的人生经验、解决自身问题的专家 |
| 咨询结果 | 变化是外因引起的,可以预测 | 变化是内因引起的,无法预测 |
| 其他概念: | | |
| 　语言 | 表征的(representational)、调解(mediate)社会现实 | 形成性的(formative)、构成(constitute)社会现实 |
| 　学习 | 反应性的(reactive) | 先行性的(proactive)、参与性的 |
| 　记忆 | 存贮的和提取的、回忆的 | 社会性地重建的、解释性的 |
| 　思维 | 计算的(computational) | 辩论的(argumentative) |
| 　动机 | 行动的理由 | 行动的期望 |
| 　自我 | 个体的、分裂的、孤立的 | 非中心的、包含性的(embodied)、情境性的(situated) |

### 三、心理咨询的心理学理论基础——心理发展观

在现代思维的范式内,科学的基本目的是还原、因果解释和预测。为了跻身科学,心理学家们试图模仿物理学方法去发现关于个体和家庭发展的"真理"。为此,他们简化人及其交往的复杂性,提出了一些层次性的阶段特殊(hierarchical-stage-specific)发展理论,并声称它们对于常态和变态有高水平的预测性。这些理论的基本假设如下。

**(一)发展是阶段特殊的、线性的和层次性的**

多数发展理论都持这一假设。它们认为发展是有序地通过可界定的阶段进行的。在每一个阶段,以往的发展不仅被加到而且被转变为更为复杂、分化的功能水平之中。这些理论有皮

亚杰(Piaget)的认知发展模式、艾里克森(Erickson)的社会心理模式、纽格登(Neugarten)的成人发展模式、柯尔柏格(Kohlberg)的道德发展模式。他们主张个体在任一阶段完成任务的程度影响以后的发展。家庭心理学家们也假定家庭的发展是通过可预测的阶段进行的，随着时间的推移，逐渐向分化度、组织复杂度和层次整合度(hierarchical integration)高的水平发展。家庭生活圈理论(family life-cycle theories)在某一阶段的特殊性基础上界定了家庭集体随时间的变化：结婚、生育、育儿、孩子离家分居。

**（二）发展规律是确定心理是否正常的依据**

这些发展理论常习惯于建立可接受行为、任务和功能的界限，发展评估和咨询的方案，并确定相应的社会政策。如社会心理模式主张掌握自主性(mastering autonomy)是发展亲密(intimacy)的前提；家庭发展模式把离家(即与父母分居)定为良好适应的标志。他们都认为一项发展任务产生于某一人生阶段，成功地完成任务会导致幸福并促进完成后续阶段的任务；而失败则会引起痛苦、社会的否认和完成后续任务的困难。因此，与发展阶段吻合的心理是正常的，否则是不正常的。

**（三）发展发生在个体和家庭身上**

发展理论中的少数注意到了直接背景(如家庭、学校、工作等因素)的影响，但大多忽视了人和环境之间辩证、协同的交换关系。环境发展观用外源性范式(exogenous paradigm)解释发展，认为发展是通过学习进行的，受环境的支配；新旧行为主义理论都属此说。成熟发展观(maturational development)用内源性范式(endogenous paradigm)解释发展，认为发展是个体或家庭自身的性质变化；新旧精神分析和人本主义皆持该论。

**（四）发展模式代表现实的近似值(approximations of reality)**

许多发展模式认为客观的、稳定的现实是存在的，个体和家庭的成熟度有赖于正确解释这种现实的能力。现代思维把心理学家们的思想看作是这种现实的代表，因而凡是没有达到模式标准的行为都被视为异常。

与现代思维的线性发展观相反，后现代思维强调发展和意义创造的辩证互动的一面，倾向于为发展的复杂性提供多元的和全息的解释，其共同的基本假设如下。

**（一）个体和家庭共同建构独特的世界观**

个体和家庭依赖于独特的世界观在其生活空间里体验、理解和活动。我们从生活经验中得出的意义首先是经过世界观的过滤的。世界观是我们独特人生的自然的和合乎逻辑的产物，可分两个维度：第一个维度是认知发展导向，包括：①形象和知觉导向；②可见事物和具体的运动和思想导向；③抽象和推理导向；④认识自我和环境的辩证关系的导向。每一种导向都以特殊的方式影响语言、情感、知觉、行为和意义创造。个体和家庭在这四个导向中的对话(dialogue)导致成长发展、适应良好或适应不良。第二个维度是认知发展结构，指个体和家庭共建的关于世界、他人和自己的图式。这些图式的有效性取决于个体和家庭运用四个导向解决内外问题的程度。适应性发展表明结构有灵活机动性，个体和家庭都能运用各种导向；而适应发展不良意味着结构的死板、散漫和不发达。

### (二)世界观是在人—环境辩证协同变化(dialectical transaction)①中发展的

个体和家庭的发展既非环境的附属品,又非完全独立于环境。发展的动力是个体、家庭和环境的协同作用。我们通过参与环境而共建个体的世界观,通过与他人分享经验、产生共鸣而建立集体世界观。这两种世界观都在人、家庭和社会环境的协同变化中产生和发展,在一定程度上影响着人对生活意义的理解、他的情绪和行动。个体、家庭和社会环境三因素之间的互相影响程度取决于它们之间联系的强度。如果个体的世界观根植于家庭集体的世界观,则个体与家庭之间的影响较大;如果家庭成员的世界观根植于社会而不是家庭的理想,则受社会的影响较大;等等。

此外,后现代思维还强调"平等结果(equifinality)",意思是,在相似的环境中生活的人可以有不同的观点,而在不同环境中生活的人可以有相同的观点。我们不能把人与人之间的差别视为异常或缺失(deficit)。以往通常诊断的异常行为可以被解释为自然的和合乎逻辑的反应,这种反应是由他人、环境、主客观矛盾等因素引起的。发展和成长是一个富有个性特色的旅程。

### (三)变化是以非层次性的、可回归的方式发生的

后现代思维把发展的本质视为非线性的、可回归的和适应的。适应良好的个体和群体常根据内外环境的变化而调节自己,这一点可用皮亚杰的平衡观来说明。皮亚杰认为,变化是顺应和同化两种力量相互作用的结果,顺应是改变自己的认知结构以适应环境,过度顺应意味着个体和家庭拥有散漫的图式和处于不平衡状态,表现为对于环境中的微小变化便会作出改变自己的反应。同化是用已有的认知结构解释新的材料,表现为个体和家庭试图改变他人的观点以符合自己的观点。对观念、信仰的执着程度可作为同化程度的指标。过度同化(overassimilation)说明个体和家庭依赖于陈旧的世界观生活着,这种世界观再也不能与环境或情境的需要相互协调了。显然顺应和同化并非是线性发展的。

### (四)发展不良反映了世界观和背景要求的不协调

个体和群体的世界观影响着他们在适应内外变化时可供选择的方法的多少。如果他们能运用适合需要的资源来应对问题,则产生良好的适应和发展;反之,如果他们的资源已不能应付当前的情境,则导致适应不良。痛苦的经验反映了各种人生的要求和适应能力之间的严重不协调。

## 四、心理咨询的实践

### (一)心理咨询的语言

心理咨询是通过语言进行的,对语言的不同看法直接影响心理咨询的具体操作。现代思维认为语言本身与人的心理功能没有联系。生理心理学试图把语言活动还原为大脑皮层的某种生化活动;行为主义认为语言是一种刺激信号,它本身没什么意义,意义是它与人生经验之间建立联系后的副产品;在精神分析中,语言是现象或线索,情结或潜意识中的冲突

---

① 协同变化与相互作用(interaction)的区别:在相互作用中,个体的性质决定关系的性质,个体的变化是不同步的;而在协同变化中,关系的性质决定个体的性质,个体的变化是同步发生的。(参考葛鲁嘉.心理文化论要——中西心理学传统跨文化解析.沈阳:辽宁师范大学出版社,1995:140)

是本质内容;认知心理学把语言当作一种编码形式、信息加工的载体。这些观点都假定有一种不依赖于语言而存在的现实,语言是代表这种现实的工具,它如一幅图画,从中可以看到所代表的事物的"结构"。心理咨询便是通过语言寻找和改造心理结构(问题)的过程。

后现代思维认为语言不可能从其他心理功能中区分出来。除新生婴儿外,人的一切心理活动都在语言中进行,也用语言表达。语言本身是一种集体性的存在物,与他人、语境、文化等有紧密的联系。较高级的大脑皮层语言功能并不产生于颅腔内,而是在社区中。后现代思维也不认为人类有超脱语言的客观存在,因为对人来讲,存在是知识,知识是释意,释意是话语,话语是文化。文化的基本单元是语境,语境是多元的、复杂的,不是一成不变的。我们的语言活动发生在具体的有时空限制的语境中,而不是在抽象的文化中。因而,心理咨询并不需要(也不可能)去改变整个文化环境,只需要改变具体的语境就是了。而语境是人用语言建构的,所以心理咨询是咨询师和来访者用语言协同作用,消减旧的建构、创造新的建构的过程。由于这种协同作用是非线性的,因而我们无法预测哪一种建议、干预或解释将是有效的。不少例子表明,来访者产生的变化与咨询本身之间很难找出因果联系,就像我们坐在演讲厅里突然有所领悟而根本找不到与演讲内容之间的联系一样。

由于现代思维认为语言表征客观现实,因而喜欢说"观点""视角""来访者被看清楚了""我明白"等;后现代思维认为语言表征我们对现实的理解并构成我们所理解的现实,因而喜欢说"论点""偏见""来访者被与……联系起来""我理解"等。当我们说某个词比另一个词更好时,现代思维认为它比另一个词更加接近客观现实,而后现代思维则认为它更符合某一特殊场合的给定目的,而不是更接近现实。在心理咨询中,现代思维追究语言所代表的现实,后现代思维追究语言本身的意义。

### (二)心理咨询的方法

在心理咨询实践中,现代思维假定来访者是一个面临内部心理问题的孤立的个体或群体。问题是客观存在的,咨询师可以也应该以旁观者的姿态冷静地分析,而不掺杂任何个人的偏见和情绪。解决问题的方法也是客观存在的,咨询师能提供客观的干预并预测其效果。咨询师可比作是内心世界的医生,治疗内部心理疾病。咨询是客观地诊断问题、分析问题和解决问题的过程,其目的是矫正异常的心理或改正不正确的认知、情绪和行为。

后现代思维认为来访者是一个整体性的人,是一个与他人、家庭、社区交往着的个体,他的问题与其生活其中的环境有密切关系。在咨询中,问题又与咨询师有关,咨询师本身构成问题的一部分,因为咨询师是一个参与者而非旁观者。问题存在于交往的话语界面之中,是双方的一种共识或协议。心理咨询是通过积极参与而共同创造意义的过程,其目标是达成更有适应性的和有活力的建构,从而导致积极的人生变化。

这两种思维在各种心理咨询方法中都有不同程度的表现,下面择要加以说明。

### 1.精神分析法

弗洛伊德受自然科学中的物理主义的影响,早年试图在物理主义的生理学基础上建立起一种自然科学的心理学,以神经过程来分析心理过程。后来,他很快放弃了这种主张,靠向心灵主义,创立了精神分析法,但保留了不少自然科学的思维方法。第一,他认为心理世界是与物质世界平行存在的客观实体(本体论的二元论),终绝真理是存在的。他常自比为心理学界的摩西,从上帝那儿获取潜意识世界的真理,再告诉世人。第二,他主张认识的主体与客体是可以完全分开的(认识论的二元论),我们可以用客观的姿态来观察心理世界。第三,他认为心理世界是由基本的要素组成的(还原论),如力必多、本我、自我、超我、情结等。第四,他认为人的行为是由潜意识、早期经验、性欲决定的(决定论)。第五,他认为人的心理发展是线性的和不可回归的,停滞和倒退都是不正常的(线性发展观)。第六,在操作方法上,弗洛伊德采用客观主义的态度,即以旁观者姿态进行心理治疗。他让来访者躺在沙发上,背对自己,目的是排除对来访者的干扰,保证观察的客观性;他用临床法(包括自由联想法和梦的分析法)时,把来访者及其联想和梦作为客观对象进行分析,把来访者的"病"(情结)视为客观的、与自己无关的现象;而解决问题的方法就是把潜意识的情结提升到意识中来,使来访者有所领悟,从而矫正人格。

但弗洛伊德的临床法本身是完全不符合现代思维要求的,它没有严格控制的操作程序,带有很大的随意性,对问题的理解依赖咨询者的洞察力,对问题的解决靠来访者的领悟力。它无法实证,无法用实验进行研究。但从后现代思维的角度看,弗洛伊德强调心理世界的特殊性,主张用特殊的方法进行观察研究,他的理论和方法有较强的适用性和活力,因而也是科学的。

弗洛伊德之后的精神分析家们在理论建构上纷纷脱离了弗洛伊德,但在思维方式上依然有现代思维和后现代思维混合的倾向。如荣格认为人的心理活动是由集体无意识中的原型决定的(还原论和决定论),人格类型影响对世界的认识(建构主义);阿德勒的个体心理学主张潜意识中的自卑情结决定着行为目的和生活风格(潜意识决定论),人的心理不是若干互相排斥的本能组成的,而是一个整体(整体论);弗洛姆认为人的行为是由社会无意识决定的(决定论),社会性格由社会环境决定又反作用于社会环境(辩证法);艾里克森认为人的发展是线性的(线性发展观),每一阶段的发展主题既包含危险又充满契机(辩证法);等等。在心理咨询中,这些理论都主张咨询师(主体)与来访者的问题(客体)是分离的,问题的本质是可知的,干预的效果也是可测的;咨询关系属医学模式中的医-患(专家-非专家)关系。这些分析家们都试图发现人类心理世界的一般规律,为人类心理问题的诊断和矫正提供一套有效的模式。虽然他们都有因果决定论的思想,但是,他们都没有用也不可能用实证的方法研究心理现象,其主要使用的方法是释梦、回忆童年经验、自由联想等临床法。

2.行为疗法

华生的行为主义是西方心理学史上的"科学革命",它百分之百地采取了现代思维方式,主张用自然科学的原则来规范心理科学。它把心理学的研究对象定为行为,把心理学的任务定为客观地考察人的行为及其与环境刺激的因果联系,把心理学的目的定为预测和控制行为。行为疗法的理论基础经典条件反射和操作条件反射都是在实验室里通过严格控制的实验得出来的,完全符合自然科学的要求。首先,它们把行为还原为神经活动和肌肉活动,即把心理世界还原为物质世界(本体论的一元论);其次,主张主客体的绝对可分性、知识的客观性和中立性(认识论的二元论);再次,认为行为是由环境机械地决定的;最后,试图建立一套跨越文化的一般的行为诊断和改造技术。这种思想反映在心理咨询中便是主张咨询师是一个客观的观察者或行为训练者;来访者的问题行为是习得的、客观的,由环境刺激决定的;行为和环境刺激都可以还原为一些基本的成分,我们可以找出它们之间的因果联系,通过控制环境刺激达到改造行为的目的;咨询关系也是医患式的。行为疗法的种类很多,如系统脱敏法、厌恶疗法、冲击疗法、正强化法、负强化法、惩罚法、消退法、制想法、代币制法等,这些方法都可以用实证方法进行研究和使用。

　　模仿学习论在一定程度上纠正了行为主义的机械决定论,考虑到了个人的经验、环境因素与行为之间的互动作用,有一定的辩证思想。他提出的模仿学习也是一种常用的行为塑造技术。

　　3. 心理测量法

　　心理测量是以现代思维中的还原论和决定论为基础的。其假设是,心理现象由某些基本元素组成,这些元素是相对稳定的、可测量的,其相互关系是可以澄清的;心理发展是线性的,发展水平也是可测量的。第一个心理测量《比-西儿童智力量表》于 1905 年问世后,各种心理量表(如性格测验、兴趣测验、情感测验、能力倾向测验、心理健康测验等)层出不穷,人们对心理测量的兴趣经久不衰,以致心理量表的制作和发行成了一个现代行业。这一现象本身说明了现代人对科学思维的信仰和偏好。心理测量是心理咨询中用于诊断、评定和预测的常用手段,倾向于强化专家—非专家式的咨询关系。

　　4. 人本主义疗法

　　马斯洛等人的人本主义心理学反对精神分析和行为主义的决定论和还原论,认为原子论的思维方式是某种轻微的心理变态,或至少是认识不成熟症候群的一种症状。它强调用整体思维研究人的本性,因为宇宙、社会和人都是有着内在联系的整体。它把理论建立在对健康人格的个案研究之上,同时认为科学本身是人的创造,是建立在人类价值观基础上的,并且它本身也是一种价值系统。它反对科学的一元性,提倡科学的多元性;反对精神分析和行为主义否定人性的道德、价值性,认为人性(如真、善、美、正义、欢乐等)本身是含价值的。在心理咨询中,它反对疏远的非个人的客观关系,主张建立亲密的个人关系,因为只有在亲密的人际关系中,人的安全需要、归属需要、尊重需要和自我实现需要才能得到充分满足,其咨询关系偏向于专家-专家式。这些思维方式和内容都与后现代思维相吻合。但人本主义心理学假定人类有超越历史条件的永恒不变的人性或人的本质,如马斯洛的似本能(instinctoid)和罗杰斯的实现的趋势(actualizing tendency);它反对价值相对论,提倡人类有终绝价值和远大的理想可以追求;它承认心理世界的价值性的同时,也承认有一个非人类的价值中立的客观世界存在;在心理咨询中比较轻视具体的文化背景的作用。这些又与现代思维保持了某种一致性。人本主义治疗主要是一种对人的态度而不是一种具体的操作技巧,它强调对来访者的无条件的接受、关怀、尊重、理解,使对方了解真正的自我,开发积极向上的潜能,实现自我价值,成为健康的人(如罗杰斯的非指导性咨询)。

　　5. 职业咨询

　　职业咨询是一种咨询内容而不是一种独特的方法或流派,但它在西方尤其在美国社会十分流行,包含了许多理论和方法,构成了经久不衰的运动,故在此略述一二。

　　帕森斯的特征-因素理论是现代职业咨询的基础,它的基本假设是,个体有独特的能力类型或特征,它们可以被客观地测量,并与工作的要求相匹配。其咨询步骤是:①分析个体的心理特征;②分析职业特征;③匹配人和职业。之后,其他心理学家们修正了帕森斯的固定匹配观,提出了发展观、动机理论、形态学方法和信息加工理论等,但其思维方式主要是还原论和决定论,其理论基石是"心理计量的自我(psychometric self)"假设。这一假设认为,自我是由稳定的要素组成的,即由特征(traits)、因素(factors)、维度(dimensions)、变量(variables)交织构成的。在这种思维的指导下,各种人格、能力、兴趣和自我测量便大量应用于职业咨询,以帮助职业选择中的预测和决策。此外,现代思维把人的生活分为私生活和公众生活、工作和娱乐、家庭与事业等,把职业咨询与生活咨询分离出来;同时主张人生的职业心理发展是线性的,不可回归的。而后现代思维则认为自我是在不断地变化的,它既非纯客观的、也非纯主观的,它是在主客观辩证互动中进化着的一种计划(project),"计划自我(self-as-project)"像一位艺术家一样创造着独特的人生;自我的任何一个方面都不可能是固定的。因而,后现代思维并不鼓励过分使用心理测量来指导职业决策,而是强调鼓励来访者积极地进入变化和进化常态,寻找适合自己的建构和解构方式,学会决策、把握自己(来访者是自己生活的专家)。同时,后现代思维主张生活和事业是一个有机的整体,强调职业咨询首先应从整个人(total person)出发,从一个人的社会文化背景、遗传素质、教育状况、家庭关系、社区资源中考察个人的兴趣、价值、能力和行为倾向,从而了解其职业发展。职业咨询的目的是帮助人创造更好的人生,咨询者是创造过程的参与者。有代表性的后现代职业咨询理论有人生职业理论(life-career theory)、习惯(habits)论和人生计划(life planning)理论等。

6. 以文化为中心的心理咨询(culture-centered counseling)

佩德森(Pedersen)等认为以文化为中心的心理咨询或多元文化心理咨询(multicultural counseling)是继精神分析、行为主义和人本主义后的第四思潮[1]。该理论起始于 20 世纪 70 年代,是目前美国心理咨询界的热点,它产生的背景主要是美国社会的文化多元性和日益提高的少数民族的地位,以及主流心理学的局限性。它受后现代思维中的文化相对主义和建构主义的影响较深,认为人生活在特定的文化之中,文化也活在人之中,两者的关系是辩证的;文化教给人价值和意义,人据此建构自己;文化是动态的和复杂的,人可以属于许多种文化,它们因时间、场合、情境而具不同的意义;在一种文化中正常的行为在另一种文化中可以是不正常的。心理咨询是共建意义的过程,咨询师是参与者,他必须了解自己和来访者的文化背景,才能理解其行为。这种思潮主张文化的平等性和价值的相对性,强调对咨询师的多元文化知识、意识和技巧方面的训练,倾向于建立专家-专家式的咨询关系。但它有较强的文化决定论倾向,并努力发展出一套普遍适用的培训课程,因而又有现代思维的影子。

## 五、心理咨询的研究

用现代思维进行心理研究采用实证主义或假设-演绎模式,是主流心理学的方法论基础,发展到行为主义达到了登峰造极的地步,认知心理学虽然在一定程度上修正了行为主义,但其思维方式仍未根本变化。实证模式在心理咨询研究中一直占统治地位,它强调以下几个方面:

第一,方法中心。把研究方法而不是内容、价值作为衡量科学水平的标准。

第二,演绎性。先提出一般性的假设,再通过各种验证手段来确认其合理程度。

第三,可证伪性。任何假设的合理性都是可以被否定的,在统计学中表现为置信水平。

---

① Pedersen P, Ivey A. Culture-centered counseling and interviewing skills: a practical guide. Westport, CT: Greenwood Publishing Group, Inc., 1994:1-3.

第四,客观性。把研究者与研究对象对立起来,强调研究者可以也应该在观察时避免加入个人的意愿、兴趣、情感、爱好和价值观等;研究和知识的价值是中立的。

第五,数量化。把人的行为和经验还原为数据,然后由研究者而不是被试自己对数据进行解释。

第六,因果性。咨询中的干预与行为的变化之间存在线性的因果联系,用统计方法可以测出这种关系。

第七,普遍性。研究的目的在于发现具有普遍意义的心理咨询规律,并将其推广应用。

第八,预测性。根据因果性和普遍性,我们可以预测咨询方法能产生的效果。

实证研究的基本过程是:提出假设→确定变量→测量和分析数据→检验假设、提出解释。具体操作方法有实验室实验法、自然实验法、实验室观察法、非参与性自然观察法、心理测量法、问卷法等。

后现代思维认为,人类心理现象的丰富性和复杂性远远超出了定量研究的能力范围。1984 年,美国《咨询心理学杂志》上有人撰文呼吁心理咨询研究方法的多样性。此后,个案和定性研究开始在杂志上出现,它们采用比例和序列分析(proportional and sequential analysis)的猜测技术(stochastic techniques),侧重于深入仔细地分析个人经验。1994 年在同一杂志上举办了定性研究专栏,不少研究用了对话记录作为描述经验的资料。这种方式使研究者能从心理上接近咨询者和来访者当时的经验,故称"经验接近姿态(experience-near posture)"。定性研究强调以下几个方面:

第一,问题中心。强调科学的目的是帮助人类解决重大的问题,应该让方法适应问题,而不是相反。

第二,价值性。科学应关心研究的价值,因为真理与美德、知识与价值是统一的。

第三,归纳性。从各个深入研究的案例中总结出有意义的知识。

第四,参与性。研究者积极主动地加入被研究者的生活之中,尽量从经验上接近被试。

第五,反思性。研究者要了解自身背景因素如性格、文化背景等对观察的影响,即认识自己是如何认识的。

第六,定性化。尽量还经验的本来面目,从被试的角度描述经验。

第七,特例性。强调事物的特殊性和变化性,不追求稳定的特征和普遍的规律。

定性研究的基本过程是:确定研究的问题→查阅文献和背景资料→建构概念框架→抽样调查、收集资料→分析资料→建立理论、推广应用。

定性研究有两种基本的范式。

1. 扎根理论(grounded theory)

扎根理论是建立在符号互动主义(symbolic interactionism)基础之上的,它主张人与社会环境是互动的、联系的,认识者和认识对象是不可分离的,研究者是参与观察者(participant-observer)。扎根理论重视研究意义类型(patterns of meanings),它通过访谈、阅读咨询记录和报告以掌握第一手资料,然后甄别其中的意义类型。它也重视不符合类型的特例的研究,通过比较案例发展关于现象的理论。

扎根理论提出的研究步骤如下:

第一步,开放式编码(open coding)。考察材料的意义单位,把材料分类。

第二步,轴心式编码(axial coding)。寻找类别之间的联系,并把它们联系起来。

第三步,选择式编码(selective coding)。选择核心类别,使其他类别能围绕着它组织起来。

2.心理现象学范式(psychological phenomenological paradigm)。

现象学方法的基本假设是,人所体验的经验是真实的现象,它是科学研究的对象。传统现象学方法是描述自己的经验,而心理现象学则包括描述他人的经验,然后用心理学的术语加以解释。心理现象学分析材料的四个步骤:一是阅读咨询记录和报告;二是把材料分成"意义单位(meaning units)",意义单位不是独立的元素,而是与上下文相联系的总体现象的一个方面或格式塔(gestalt);三是分析各单位的心理学意义,即把单位翻译成心理学语言;四是把各种意义综合起来,形成对被试经验的一般性陈述。在研究中,被试越多则对经验的实质的总结越好。它不同于扎根理论,因为它分析各种经验的实质和共同本质。但它也考虑例外现象。

这两种范式的主要操作方式是:参与性观察、访谈和实物分析。

最近,有的心理学家提出一种新的研究方法,叫"比喻分析(metaphor analysis)"。它假设人们是用比喻来表达抽象的经验的,咨询师是否理解并使用来访者的比喻在很大程度上决定了来访者对咨询师的好感程度和咨询效果,而咨询效果本身也往往是通过比喻反映出来的。例如,假如来访者用汽车抛锚比喻婚姻关系的困境,咨询师理解并运用这一比喻与之沟通,说明了良好的咨询技能;反之,咨询师用自己的比喻(如生意不好)来描述,说明咨询技能欠佳;经过咨询如来访者认为汽车又起动了,则可作为良好咨询效果的标记。所以,来访者的比喻是研究心理咨询的最佳变量。

## 六、心理咨询师的培训

心理咨询师的培训是一种人与人之间的协同作用过程,其目的是促进受训者的个人成长和专业发展,使其能为他人提供良好的服务。咨询师的培训有三种基本模式。

### (一)专家权威模式(expert authority model)

这种模式以现代思维为基础,视培训为专家把科学知识授给受训者的过程,双方的关系是专家-非专家式的。经过培训后的人能对来访者的问题作客观的专业化的理解,进而干预和改变来访者。这种培训的效果取决于受训者科学知识的水平,如果通过大样本控制实验证明了某些有效的咨询模式,那么就可以确定受训者所要做的是什么。因而,培训就是教他们去执行已被证明了的程序。这种模式也称为"存款(banking)"教育,受训者是存款机,教师是存款人。在这种思维的指导下,不少专家设计了咨询菜单,教师的工作就是指导受训者遵从这些专家权威提出的规则。精神分析技术、行为矫正技术和倾听技术都是常用的培训菜单。

菜单化的训练(manualized training)能提高学生使用菜单中的技巧的能力,最有效的培训者是经常停住录音磁带提供反馈的教师;但严格遵守菜单的人与受训前相比对来访者表现出较少热情和较强的敌意。此外,这种培训是自上而下地进行的,培训者控制着培训中的人际关系,扮演着专家权威的角色。因而,一个严重的问题出现了,培训者在一个多元化的社会中能成为各种受训者和来访者的专家权威吗?

## （二）建构模式（constructivist model）

这种模式以后现代思维为基础,视培训为帮助受训者认识自己的经验,共同重建这种经验的过程,双方的关系是专家-专家式的。经过培训的人能帮助来访者认识自己的经验,并与之共同再建经验,进而产生积极的人生变化。受训者是他们自身经验的最好权威和解释者;在每一次咨询后,培训者立刻与受训者会面,受训者描述自己的咨询经验,讨论以这种经验为基础,培训者鼓励受训者自己去积极探索咨询经验。由于培训过程涉及培训者、受训者和来访者三方面的关系,每一种关系都是独特的,因而,培训者可以控制部分的关系,但焦点在于受训者自己的经验。

不难理解那些不断反思自己的经验的咨询师倾向于发展出适合每一个来访者的独特方法,在专业上成长快;而那些不反思的咨询师只根据单一的建立在良好研究基础之上的方法工作,其专业发展不太理想,有时则放弃了咨询职业。所以,培训者的任务不是告诉初学者应该做什么,而是支持他们反思咨询经验。培训者要鼓励受训者根据对某一来访者的咨询经验和以往的知识经验提出假设,分析来访者的每一个反应以检验假设,从而发展出适合这一来访者的咨询方法。

## （三）综合模式

综合模式结合了现代思维和后现代思维方式,它一方面认为受训者的个人咨询经验有利于发展适合于某一来访者的独特方法,因而应该参加个别咨询(如用精神分析法)和团体咨询(如用人本主义方法);另一方面认为培训者在这种咨询活动中又是方法上的权威,因为他决定采取某一种方法,如精神分析分或格式塔方法。

发展方法(the developmental approaches)是有代表性的综合模式,它在过去十多年中占居着主导地位。它从建构主义的角度反对一种培训方法适合所有人的观点,要求培训者对每一个受训者作出评估,在其发展的每一个阶段配上适合的方法。

它又从现代主义的角度把评估完全基于这样一种思想:受训的年份代表着发展的水平。这一思想得到了实证研究的证明。而用实证常模判断个体发展水平是与建构思想背道而驰的。

系统方法(systems approach)是另一种综合模式,它强调培训关系是背景性的,背景因素包括风俗习惯,培训者、受训者和来访者个人的性格特征和处理问题的方式等。同时,它根据自己的研究,认为培训者应该控制培训关系,并把理论和研究翻译成实践方式。

从表16.3中我们可以了解现代思维和后现代思维在心理咨询培训中的基本差别。

表16.3　心理咨询的培训原理

| 培训原理 | 现代思维 | 后现代思维 |
|---|---|---|
| 变化的本质 | 变化是培训方法决定的,所有的受训者都应该产生相同的发展变化,培训者不必了解受训者的个人背景,如价值、信仰、个性等 | 变化是在一定的内外背景条件下发生的,受训者之间有个别差异,培训者应该尽可能了解受训者的个人背景 |
| 知识的来源 | 知识来自实证研究,是专家权威传授的,具有统一性和标准性 | 知识来自个体的专业经验,是培训者和受训者共同建构的,具有背景性和特有性 |

续表

| 培训原理 | 现代思维 | 后现代思维 |
|---|---|---|
| 假设的提出 | 培训者为受训者提出假设,让受训者去执行 | 培训者鼓励受训者自己提出假设,让其自己决定去做 |
| 假设的检验 | 通过统计方法检验咨询假设 | 通过考察结果的有效性检验咨询假设 |

## 七、评估与展望

西方心理咨询中的现代思维和后现代思维是时代精神的反映。文艺复兴后,科学技术飞速发展,用机器来比喻宇宙和人是最自然不过的事情。人们希望像操纵机器一样来操纵人的内心世界,像做外科手术一样来治疗心理疾病。弗洛伊德的初衷就在于建立机械主义的科学心理学,当发现行不通时才转向心灵主义;行为主义和心理测量则削足就履般地迎合了这一需求。到了20世纪中叶,后现代主义兴起,有机整体论取代机械还原论,使心理学家重新审视心理咨询的理论和实践。无疑,现代思维给心理咨询作出了巨大贡献,如各种行为矫正技术的发明。但用实证主义的方法研究普遍的心理咨询技术已被证明是不成功的,其致命弱点在于把心理现象从时间和社会背景中抽象出来,把心理现象随时间的流动性歪曲为按空间的固定性(即强调非时间性结构),通过考察心理现象在不同时间点的状态来分析其发展变化。如在记忆力测验中,被试今天识记的内容一百天后能再现的程度被用来确定记忆力水平。这里,基本的假定是,良好的记忆能力是记忆内容不随时间和社会历史条件而变化,就像把它从一个房间移到另一个房间一样。在心理咨询中,这种假设表现为,认为咨询效果是线性发展的,就像匀速运动一样,相同的时间间隔(如每周一次)产生相同的心理变化,并与环境的变化无关,因而咨询可采用固定时间间隔的方式进行,并用心理测量进行评估。事实是,时间本身意味着变化,心理现象处在时间流之中,并植根于社会文化之中。由此可见,希望在心理咨询领域发现普遍性规律的现代思维所面临的困境。事实上,人类的心理是如此的复杂以致不适合用逻辑实证主义的方法进行研究。

显然,心理咨询(乃致整个心理科学)需要一种新的认识论,后现代思维为之提供了契机。后现代思维解构了传统主流和非主流心理学中对普遍心理实体、统一的心理健康标准和咨询模式的建构,用一种更开放的态度考察心理现象的发展变化。它把心理学知识视为一种社会话语,一种理解现实的方式,而不是现实本身。这种话语是人建构的,反过来也建构人。如DSM-Ⅳ是人建构的心理疾病诊断系统,包含200多种类型;一旦应用于社会,这些种类就会变成人人皆知的共同语言或社会话语(如神经症),它影响(建构)着人们对行为的看法,并建构着人的行为。科学的语境是一种社会过程,它限制着我们对被研究现象的理解。这也是后现代思维消解一切给定的假设、抛弃对心理定理的探究的原因。

后现代思维对心理咨询的未来主要有三方面的启示。

第一,范式的转变。当人的思维方式表现出局限性时,解决的方法是追求更高水平的思维,即库恩所谓的范式(paradigm)的转变。后现代思维的范式本质上是模糊的,它不仅要求我们以不同的方式思考,而且要求我们成为不同的人。这不是去发展新的技巧,而是发展永远展开着的认识论立场(ever-expanding epistemological positions)。这种立场的特征不是稳定的认识，而是模糊的变化，这种变化是多层面的和以语境为基础的。哈根斯和葛浩（Hargens，Grau，1994）[1]提出心理咨询的建构主义立场，强调咨询者要保持合作、反省和开放的态度，并提出了后对话（meta-dialogue）的咨询方式，即咨询师要与另一个观察者当着来访者的面讨论咨询师为什么这样而不是那样看问题，由此打破咨询者的权威性，突出咨询的建构性。这种思维范式的转变会造就新的心理学家，他们对现实的相关性和建构性本质十分敏感，对变化没有抗拒心理。

第二，包容与整合的趋势。后现代思维认为知识之间的界线是人建构的，因而也是可以打破的。它所采用的是更为复杂的、包容的和整合的认识论姿态，能使以前互相对立的成分被系统地整合起来。从这一角度讲，建构主义的元理论是探索和整合各种看似矛盾的理论的最佳选择，因为建构主义方法可能会很快地鉴别出各种理论关于心理变化的共同原理。在这种理论的指导下，定量研究和定性研究、发现和证明方法应该灵活地运用，心理咨询也应该采取博采众长的整合模式。

第三，宣传员的角色。后现代思维者寻求的是一种新的意义系统，它能使人对于知识的社会效果有敏锐的洞察力。知识是有价值导向的，有社会性、政治性和教育性，它的目的是使人减轻痛苦，幸福地生活。知识不是价值中立的，因而需要不断地加以修正。心理咨询的研究者和实践者都对自己所创造的知识的社会效果负有责任。未来的咨询师们是否持有这样的思维方式直接影响咨询效果。因而，后现代思维者必须扮演宣传员的角色，推进新的思维方式的传播。

总之，西方心理咨询领域正在发生着一场以后现代思维为基础的理论变革。后现代思维批判现代思维，但又或多或少地包容它，有意无意地受其影响，这一点在非主流心理咨询对待主流心理咨询的态度中表现得较为突出，这反映了后现代思维自身的迷茫和矛盾。如它在极力摆脱传统心理学的各种预设的同时，又在寻找新的统一的规律；在运用辩证法的同时，又过分强调人对环境的建构作用和语言与内心体验的一致性；在强调心理现象万物皆流般的变化性，主张不固着于某一时刻的心理常态的同时，又十分固着于语义本身，似乎语义是一种绝对真理；在无情批判实证主义的同时又不得不承认它的合法性；等等。不难看出，由于西方知识领域的思维一直是片面的、极端的，似乎不走极端不足以标新立异，不标新立异不足以生存。后现代思维在否定现代思维的极端性的同时，也表现出相反的极端性。心理咨询经过百年的片面探索，造成了四分五裂的局面。终于，心理学家们开始醒悟心理世界的辩证法原理。但后现代思维能否真正使已习惯于片面思维的西方心理咨询朝向辩证唯物主义和历史唯物主义的世界观和方法论前进？目前还不能断言。

那么，西方心理咨询中的现代和后现代思维方式对我国心理咨询的发展有什么启示呢？

例如，我们的努力方向是试图建立我国心理咨询的元理论呢，还是追求咨询理论的多元化？

我们研究的重点是中国人心理发展的普遍规律呢，还是一种开放的、适应变化的、灵活机动的咨询态度，抑或两者兼顾？

① Hargens J，Grau U. Cooperating，reflecting，making open and meta-dialogue——outline of a systemic approach on constructivist grounds. The Australian and New Zealand Journal of Family Therapy，1994，15(2)：81-90.

在飞速变化的社会中,能否找到中国人心理发展的普遍规律、统一的心理健康标准和咨询模式及技巧?

如何在我国心理咨询的理论和实践研究中应用后现代思维特别是辩证思维原理?

我国的心理咨询实践与培训是应该采用"专家-非专家"模式呢,还是采用"专家-专家"模式,抑或采用两者的结合模式?

培训的焦点是传授知识技能呢,还是培养一种人格?

如何把我国古代的辩证心理学思想翻译成适合现代社会的有活力的语言?

如何处理定性研究和定量研究的关系?

如何用活力而非效度标准来评估中国心理咨询研究成果(如各种心理健康量表)的科学性?

我们的杂志是否应该鼓励发表大段运用咨询对话的案例研究报告?

个案报告的学术水平如何评估? 等等。

以上这些均值得我们思考和研究。

# 第二节　心理咨询的哲学基础

从 20 世纪 80 年代中期以来,心理咨询在我国发展很快,理论研究成果层出不穷,但大多集中于述评国外理论、阐述心理咨询的本土化、论述开展心理咨询工作的必要性和迫切性、探讨心理咨询与思想工作的关系、剖析心理咨询工作的误区等,对心理咨询中的哲学基础几乎无人问津。这与整个心理学界轻视哲学研究有关。自从心理学从哲学母体脱颖而出便极力向经验科学靠拢,摒弃哲学问题,似乎一谈哲学就意味着倒退,这种一边倒的倾向自然影响心理咨询领域。事实上,心理学脱离哲学而成为经验科学并不意味着与哲学没有了关系,而仅仅是改变了这种关系的性质,心理咨询作为心理学的分支自然不能例外。不管心理咨询者们承认与否,心理咨询的任何一种流派都有自己的哲学倾向,都自觉或不自觉地从一定的哲学立场出发来论述其对心理咨询的理解。下面试图从本体论、认识论与方法论的角度,以精神分析疗法、行为疗法、来访者中心疗法、理性情绪疗法、基督教心理咨询和后现代心理咨询为特例,以辩证唯物主义为指导思想,对心理咨询的哲学基础作一探讨。

## 一、本体论与心理咨询

哲学的根本问题是世界的本原问题,唯心主义认为世界的本原是精神的,唯物主义认为世界的本原是物质的。这些对世界本原的看法构成了本体论。本体论派生的一个问题是,世界的本原是可知的还是不可知的? 由此便产生了可知论和不可知论,可知论认为世界是可以认识的,不可知论则认为世界是不可认识的。这些哲学思想反映在心理咨询中表现为对心理问题本质及其可知性的理解。从唯心主义的本体论看,心理问题根本上是精神活动的产物,或者说是由精神自身决定的;从唯物主义的本体论看,心理问题从根本上说是物质(大脑)的机能,或者说心理问题最终是由物质因素决定的。可知论认为心理问题的本质是可以认识的,不可知论认为心理问题的本质是不可认识的。

关于精神分析疗法的本体论属性问题,有人把它纳入唯心主义范畴,主要理由是它视潜意识和本能为心理问题和社会问题的决定因素①。诚然,弗洛伊德在晚期探讨个体心理与社会发展的机制时,确实夸大了潜意识和本能的作用,忽视了社会文化的作用,表现出了唯心主义倾向。但在早期,他确实发现了一系列事实,在这些事实的基础上探讨了潜意识的活动机制,并在实践中反复验证;此外,他始终坚信,一切心理活动都有其生理基础,并认为心理一旦从生理基础上产生,便有其相对独立的性质,在没有彻底认清心理的生理基础的情况下,只研究心理活动的规律是可取的。从这一点看,弗洛伊德又有意无意地拒绝了唯心主义夸大自我的作用到本体论的观点,也否定了机械唯物论关于心理是由物质机械地决定的观点,在一定程度上反映出了辩证唯物论的思想。因此,弗洛伊德在哲学取向上存在一些自相矛盾的地方。

　　行为疗法是行为主义心理学在心理咨询中的应用,行为主义心理学以机械唯物论为其哲学基础,认为心理学的研究对象应该是可以观察的客观行为,行为的本质是环境刺激引起的机体活动,行为问题是不良环境刺激引起的机体活动,环境刺激和机体的活动都是可以客观观察的。显然,行为疗法的本体论属于唯物主义。来访者中心疗法以现象学为哲学基础,认为每个人都生活在自己的主观世界(即现象场)之中,这个现象场是心理的本来面目,是心理的现实,而"心理的现实是人的直接现实",每个人的心理现实是其行为的直接原因,也是根本原因。心理学的研究对象就是这个心理现实的方方面面,包括个人的需要、尊严、价值、意义、人格等,心理现实被扭曲或者受压抑是心理问题的本质所在。尽管现象学回避本体论问题,既反对唯心主义也反对唯物主义,希望走第三条道路,但由于它夸大心理现实的真实性和真理性,置客观事实于不顾,难免陷入主观唯心主义的泥沼。因此,来访者中心疗法在本体论上属于主观唯心主义。理性情绪疗法以理性主义为哲学背景,以哲学家爱比克泰德的一段话为其逻辑起点:"困扰人们心灵的不是事情而是对事情的看法。"它强调认知对行为和情感的决定作用,认为不合理的认知是心理问题的本质所在,忽视了对事情的看法和事情本身之间的辩证关系,夸大了认知的作用,且认为不合理的认知源自天生的不合理思维倾向,因而从本体论的角度看,其观点属于主观唯心主义。基督教心理咨询认为人类的心理问题归根到底来自原罪(sin),是灵魂世界魔鬼撒旦引诱的结果,尽管也承认一些生理变化也会导致心理问题,但主张人类的一切病痛都来自原罪,因此其本体论属于客观唯心主义。后现代主义心理咨询是后现代主义哲学在心理咨询中的反映,现代心理学相信有一个客观存在的心理世界,这个世界的本质是一元的、稳定的,而后现代心理学则否定存在一个人人看来都一样的客观心理世界,否定了关于心理问题本质的一元观和稳定观。它强调心理问题本质的多元性和可变性,且认为在心理咨询实践中"心理问题的本质"是一种语言建构或语意,不同的人面对同一个心理问题可以有不同的本质描述,因而本质是一个可以变化的语意现象,传统意义上的"真正的本质"是不存在的。这样,后现代主义心理咨询抹杀了心理问题的客观性,本质上属于主观唯心主义。

　　至于心理问题的本质是否可知的问题,大多数流派持可知论。精神分析疗法认为心理问题的本质是压抑在潜意识中的早期创伤性经验或情结,且往往与性欲有关。行为疗法认为心理问题的本质是不良环境刺激引起的习得性行为。理性情绪疗法认为心理问题的本质

---

　　①　弗尔斯特·J B. 神经症患者:他的内外世界. 徐飞锡,译. 北京:科学出版社,1959:vii-viii.

是人对事物的歪曲认知。来访者中心疗法认为心理问题的本质是真实自我的压抑。基督教心理咨询认为心理问题的本质是原罪。而后现代心理咨询则认为既然"本质"是一种语言建构,因人而异,随时可变,因而真正的本质是不可知的,抑或根本不存在。

## 二、认识论与心理咨询

人的认识是怎样发生发展的,其规律是什么?这便是认识论要回答的问题。唯心主义认为人天生具有知识或认为知识来自神灵的启示,唯物主义认为知识来自人对客观世界的反映。这一问题在心理咨询中主要表现为对如何认识心理问题的理论探讨。弗洛伊德早年认为精神分析作为心理学的分支学科,必须接受一般的科学主义世界观。"宇宙的知识没有他种来源,只能得自探究,或细心的理智的观察,决不能得自天启、直觉或灵感。"[①]"我的意图在于提供一种可以成为自然科学的心理学,就是说,将精神过程表现为一种定量的确定状态,可用物质粒子详加说明,从而使这些过程得以清晰表达并避免互相矛盾。"[②]说明他在早期受科学主义认识论思想影响比较大。但在后期,他放弃了这一立场,转向人文主义世界观。首先,他把心理世界作为一个系统加以研究,具有整体论思想;其次,他用矛盾运动的思想分析意识和潜意识及本我、自我和超我之间的关系,用量变和质变的观点阐释神经症状的形成过程,并用发展的眼光分析力比多在不同年龄阶段的表现形式,反映出了辩证的认识论思想。

行为疗法在认识论上继承了行为主义心理学的观点。行为主义创始人华生认为心理学是一门研究动物和人类行为的自然科学,人的行为和动物的行为必须在同一水平上加以考虑。他认为行为的基本构成因素是刺激和反应,心理学的一切问题都应该并且可以用"刺激—反应"公式得到解决。这种认识论思想表现为元素论、还原论和机械决定论,行为主义心理学曾因此被人嘲讽为肌跳心理学或砖泥心理学。新行为主义者斯金纳也坚持把行为区分为刺激和反应两个因素,有刺激引起反应的反射为应答性反射,由反应引起刺激的反射为操作性反射,行为的规律只是刺激变化和引起的行为变化的表述,而行为主要是由操作性反射构成的,研究操作性反射及其消退是行为科学的最好途径。行为疗法的另一个科学基础是班杜拉的模仿学习理论,班杜拉认为模仿是行为的主要来源,模仿并不是一个机械的刺激反应过程,而是一个从观察到记忆到生成行为的过程,内在因素在模仿中有举足轻重的作用。应该说,从模仿的角度认识人的行为在认识论上已超越了机械唯物论的反映论,表现出了唯物论的反映论。

来访者中心疗法推崇现象学的认识论,现象学主张内在经验的对象即现象场是知识的逻辑起点,其认识论可以归纳为以下几个要点:①整体观。现象场是一个整体,其中任何部分的变化都只有从其与整体的联系中才能找到解释,任何部分的变化会造成整体的改变。②主观论。个人的现象场是一个私人世界,只有当事人自己才能确切地了解,旁观者永远无法像当事人那样真切、准确地了解内心发生的事情。③建构观。现象场是个人根据已有的参照系对经验进行主动加工建构的结果。由于每个人的参照系不同,面对同样的客观世界,建构的现象场是不同的。建构是一个主客观相互作用的过程,个体在不断地与客体相互作

① 弗洛伊德.科学心理学设计//车文博.弗洛伊德主义原著选辑:上卷.沈阳:辽宁人民出版社,1988:47.
② 弗洛伊德.精神分析引论新编.高觉敷,译.北京:商务印书馆,1996:127.

用中验证经验的真实性,使现象场与客观世界保持一致。但另一方面,每个人的现象场或多或少存在与客观世界不一致的地方。有时这种不一致是容易改变的,有时则很稳定,贯穿一生。根据这样的观点,心理问题具有整体性、主观性和建构性。必须强调的是,对心理问题的认识同样具有这些特性,因为所谓的"心理问题"是呈现于认识者(如咨询师)现象场中的意识经验,与认识者的整个现象场(如知识背景、生活经验等)有关,这种认识是主观的,是认识者根据自己的参照系建构的。换言之,心理问题并非独立于咨询师的客观现象,而是存在于咨询师现象场中的主观经验。正如罗杰斯所说的,科学知识从根本上说是个体的主观经验,而非对事物的客观描述。这种现象学的认识论夸大了认识的主观性,误把意识经验本身当作真理,因此属于主观唯心主义。

理性情绪疗法的理论核心从某种意义上说是一种认识论思想,因为事件(A)通过信念(B)而产生情绪(C)反映了这么一种认识论:人并没有生活在客观世界之中,而是生活在对客观世界的认知之中,与其说是客观事件决定人们的情绪,倒不如说是对客观事件的认知决定了人们的情绪,合理的认知导致合理的情绪,不合理的认知导致不合理的情绪。认识心理问题的关键在于分析对客观事件的认知是否合理,这种分析需要人的理性思维,因为理性才是知识的源泉。艾利斯认为,当我们用理性思维去分析认知时需要有一个标准来区分其合理性,凡是使当事人感到快乐的认知为合理认知,否则为不合理认知。这样,该理论忽视了合理认识的客观性和实践性,其认识论属于主观唯心主义。

基督教认识论的一个基本前提是,上帝是一切认识或知识或智慧的源泉,或者说上帝是一切认识或知识或智慧本身,因为上帝是真理本身,是全知的。上帝按照自己的形象造人,给人以知识,人的知识必定在上帝的全知之中,且永远只能是其中的一部分,不可能达到和超越上帝的水平。通俗地说,万事万物的规律都是上帝创造的,知识是对规律的认识,所以知识来自上帝。由于人是被造物,不可能认识造物主能认识的全部规律,因而人的认识永远是有局限的。根据这样的认识论,关于心理问题的知识也应该来自上帝,《圣经》是上帝的话,是认识心理问题的唯一依据,凡是与之相矛盾的认识标准都是不正确的。这一认识论属于客观唯心主义。后现代主义心理咨询认为心理学家不可能找到一个客观的心理世界,心理学家也不可能创立一种人人看来都一样的心理学知识体系,事实上由于研究者各种个人因素的影响,心理学家们发现的心理事实是不同的,也许不同心理学家发现了"共同的事实",但这只是一种使用共同语言的主观协议,而不是客观知识。在心理咨询中,当事人往往对自己的心理问题有一个语言描述,咨询师往往有另一个主观语言描述,且不同的咨询师会有不同的描述,最后可能达成一致的看法,但这种看法的本质是一种协议,而不是传统意义上的"心理问题的本质"。因此,对心理问题的认识是一种语言建构过程,关于心理问题的知识在一定程度上等于语言。显然,后现代主义心理咨询强调语言建构的作用,重视心理咨询中的话语现象,但由于夸大语言建构的个体性和主观性,忽视语言建构的共性和客观性,其认识论属于主观唯心主义。

## 三、方法论与心理咨询

方法论是关于认识世界和改造世界的根本方法的理论,它对具体学科的研究起指导作用,但不替代具体学科的研究方法。在心理咨询中,方法论表现为沿着怎样的途径去认识心理问题和改造心理问题。多数心理咨询流派在方法论上持因果决定论。如弗洛伊德的理论可以归结为三个决定论:潜意识决定论、性欲决定论和早期经验决定论。他相信一切心理问题都有其潜在的原因,挖掘原因是解决问题的关键,所以他用大量的时间帮助来访者回忆童年经历,分析梦境、口误、笔误等,寻找问题背后的决定因素。一旦来访者领悟了原因,问题也就迎刃而解了。同时,他又用辩证的目光看待心理问题,认为自我、本我和超我一直在矛盾中寻求平衡,神经症是这种矛盾运动不能达到平衡的结果,而心理咨询就是让这种矛盾运动达到平衡。行为疗法信奉机械决定论,认为只要改变环境刺激,行为问题就能自然得到解决。因此,心理咨询的任务在于提供一定的刺激,改造当事人的行为。理性情绪疗法持认知决定论,认为不合理的认知是心理问题的决定因素,咨询师必须用哲学思辨分析当事人的不合理认知,并设法纠正它,使当事人确立合理的(即能使自己快乐的)认知,从而解决心理问题。基督教心理咨询虽然也运用现代心理学的研究成果,但从根本上说主张原罪决定论,认为心理问题是原罪肆虐、灵命(spiritual life)虚弱的表现,心理问题的解决是遏止原罪、增强灵命的过程,因此强调用灵修的方式(如忏悔和祷告)解决心理问题。这些流派都主张心理问题是由某种原因决定的,但对原因的认识各不相同。而来访者中心疗法反对决定论,主张人是自由的、主动的,能作出选择并对自己的选择负责。"面向事实本身"这一现象学的原则也就成了来访者中心疗法的方法论原则。所谓"面向事实",就是直接面对当事人的直接经验,包括意向、理解、体验、目的、价值、需要等。为此,咨询师必须把过去的经验和假设暂时搁置起来,以免曲解当事人的直接经验;用整体的方法看问题,以免支解当事人的直接经验,以免只见树木不见森林;用倾听的方法鼓励当事人展现自我,以免压制其表达。罗杰斯非常重视"同感""真诚"和"尊重"等原则,其目的就是为了面向当事人的真实内心世界。他假设当事人具有成长的趋势,具有自发性或自主性,会自觉解决成长中的发展性问题。至于当事人如何解决自己的问题,不是完全由咨询师提供的"刺激"或"干预"决定的。在这一点上,后现代主义心理咨询表现得尤为强烈,该流派彻底否定决定论思想,视当事人的发展为一个不可预测的现象。罗杰斯至少承认只要提供良好的环境,当事人会朝着积极的方向发展,而后现代主义心理咨询则认为,即使提供良好的环境条件,也不能保证当事人会朝着积极的方向发展,当事人也可能朝相反的方向发展。后现代主义心理咨询方法论的另一个信念是强调参与性,传统心理学把当事人及其心理问题当作客观的认识和改造对象,把咨询师当作分析者和改造者,后现代主义心理咨询否定这种"科学主义"的态度,认为咨询师不是心理问题的旁观者,而是参与者,当事人的心理问题并非与咨询师无关,而是与咨询师有关的现象,"心理问题"中有咨询师的成分,心理问题是否变化、如何变化都与咨询师有密切的关系。因此,心理咨询是一个积极参与、共同变化的过程。

### 四、结语:辩证唯物主义与心理咨询

辩证唯物主义是迄今为止最科学的哲学,应当成为心理咨询的哲学基础。辩证唯物主义认为,世界的本原是物质的,物质是第一性的,精神是第二性的,物质决定精神,但精神对物质具有反作用。世界是可知的,只有人类尚未认识的事物,没有不可知的事物。人的认识是在与客观世界的相互作用即实践中产生的,既有客观性又有主观性。认识是相对的,是在不断发展的。认识了事物发展的规律就能有效地改造世界。根据这一哲学原理,我们不难

推论：

第一，从本体论的角度看，心理问题的本质是大脑对客观世界的主观反映，没有大脑和客观世界，心理问题无从产生。但人的心理问题并非大脑和客观世界的机械产物，而是人与世界的互动中产生的，心理问题一旦产生有其相对的独立性，有自身的活动规律。心理问题是可以认识的，只有尚未认识的心理问题，没有不可认识的心理问题。

第二，从认识论的角度看，对心理问题的认识是在实践中产生和发展的，它既有客观性，也有主观性。心理问题是一种客观存在，它的许多本质特征和表现形式至少在性质上能被客观地认识，但由于人的认识能力的种种局限，加上认识者的兴趣、经验和自我心理的投射等原因，认识的主观性是难免的。提高客观性是认识心理问题的目标，其有效途径是实践。通过不断的实践，对心理问题的认识是在不断提高的，过去的认识可能被现在的认识否定，现在的认识可能被将来的认识否定。

第三，从方法论的角度看，认识和改造心理问题必须从实际出发，实事求是，既要反对抹杀主观能动性的机械决定论，也要反对夸大主观能动性的唯心主义，既要避免生搬硬套心理学知识的教条主义，又要避免不可知论和神秘主义。为此，必须从当事人的生活环境出发来分析问题，解决问题，因为人的本质是社会关系的总和。心理咨询中的大量问题属于发展性问题，其本质存在于当事人的社会关系之中，通过剖析当事人的社会关系能找到问题的根源，也只有通过帮助当事人改变社会关系才能改变心理问题。离开了这一辩证唯物主义方法论的精髓，心理咨询最终会误入歧途。

需要指出的是，心理咨询的哲学基础不等于心理咨询本身，有了正确的哲学指导思想能为科学的心理咨询提供可能，要把这种可能性转变成现实性，需要咨询师在实践中不断探索，积累经验，提高咨询水平。同时，一些心理咨询的理论和方法在哲学基础上与辩证唯物主义相违背，但这并不等于其理论和方法一无是处，相反，它们在一定程度上提供了心理咨询的科学知识，尤其在操作层面上提供了不少有效的方法。因此，哲学上的立与破不应机械地等同于心理咨询理论和方法本身的取与舍，对各种心理咨询流派取其精华，舍其糟粕，以人为本，为人服务，是马克思主义的治学态度。

## 思考题

1. 什么是现代思维和后现代思维？
2. 现代思维和后现代思维是如何看心理问题、心理咨询、咨访关系和咨询结果的？
3. 如何用辩证唯物主义看心理问题、心理咨询、咨访关系和咨询结果？

## 小组活动

1. 分析已经学过的理论流派中的现代思维和后现代思维成分。
2. 用现代思维、后现代思维和辩证唯物主义分析自己的一个心理问题，提出解决方法，在小组中分享讨论。